创建电力优质工程策划与控制6系列丛书

（2015版）

电力建设标准责任清单

第4册 输变电工程

中国电力建设专家委员会 编

内 容 提 要

《电力建设标准责任清单（2015 版）第 4 册　输变电工程》以“创建电力优质工程策划与控制 6 系列丛书”（以下简称《创优 6》）的形式出版。

《创优 6》是电力工程执行标准的质量责任大全。丛书包括管理与安健环、火电工程、水电水利工程、输变电工程、风光储工程和全集电子书共 6 册，本书为第 4 册。

本书以输变电工程建设相关标准、规范为编写依据，列出每项标准的名称、编号、时效性，并对每项标准的针对性、内容与要点、关联与差异进行解读。力求简明表述标准适用范围及内容，精炼归纳标准执行要点及相关标准之间的差异，以指导工程建设者正确的选用标准。

本书共五章：第一章输变电工程建设标准体系；第二章综合通用标准清单名录；第三章电气工程标准清单名录，包括技术导则、设计、设备、施工机具、施工及验收；第四章线路工程标准清单名录，包括技术导则、设计、材料、施工机具、施工及验收；第五章调试工程执行标准清单名录，包括试验规程、试验方法、交接试验、试验仪器。

本书可供从事输变电工程的建设、监理、设计、施工、调试和运营等单位相关技术、管理人员使用。

图书在版编目（CIP）数据

电力建设标准责任清单：2015 版．第 4 册，输变电工程/中国电力建设专家委员会编．—北京：中国电力出版社，2015.3
（创建电力优质工程策划与控制．第 6 辑）
ISBN 978-7-5123-7348-8

Ⅰ．①电…　Ⅱ．①中…　Ⅲ．①电力工程－工程质量－质量管理－中国②输电－电力工程－工程质量－质量管理－中国③变电所－电力工程－工程质量－质量管理－中国　Ⅳ．①TM7

中国版本图书馆 CIP 数据核字（2015）第 043561 号

中国电力出版社出版、发行
（北京市东城区北京站西街 19 号　100005　http：//www.cepp.sgcc.com.cn）
三河市百盛印装有限公司印刷
各地新华书店经售

*

2015 年 3 月第一版　2015 年 3 月北京第一次印刷
787 毫米×1092 毫米　16 开本　19.25 印张　446 千字
印数 0001—3000 册　定价 **60.00** 元

中国电力建设企业协会文件

中电建协〔2015〕5号

关于印发《电力建设标准责任清单(2015版)》的通知

各理事单位、会员单位及有关单位:

为促进电力建设工程质量提升、适应电力建设新常态，中国电力建设企业协会组织中国电力建设专家委员会编制了《电力建设标准责任清单(2015版)》。现印发给你们，请遵照执行。

中国电力建设企业协会(印)

2015年3月1日

本书编审委员会

序

为促进电力建设工程质量提升，适应电力建设新常态，继《创建电力优质工程策划与控制1、2、3、4、5》出版之后，中国电力建设企业协会以主动创新的新思维，组织中国电力建设专家委员会编写了《电力建设标准责任清单（2015版）》，以“创建电力优质工程策划与控制6系列丛书”（以下简称《创优6》）的形式出版。

李克强总理提出“要明确责任清单，完善质量管理体系，提高质量管理水平”。《创优6》采用责任清单管理模式，对电力建设涉及的法规、标准体系进行全面的梳理和汇集，倡导了履行国家政策导向的社会责任，明确了标准执行主体的质量责任。

《创优6》以直接涉及电力建设现行有效版本的法规、标准为编写依据，收集相关法律法规240余部、标准规范3700余项、国家政策导向及提倡的技术（材料）清单650余项和国家各部委节能减排名录20余项。为了助力我国电力企业“走出去”发展战略，还收录了国际标准1800余项。

《创优6》对每项法规、标准的针对性、内容与要点、关联与差异进行解读，力求明确标准适用范围、简明反映标准内容、突出标准执行要点、指出标准之间的差异，是电力建设执行法规、标准的质量责任大全。根据不同工程类型划分为管理与安健环、火电工程、水电水利工程、输变电工程、风光储工程和全集电子书6个分册，可供工程建设人员熟悉标准体系、掌握标准内容、了解标准更新动态、正确选用标准。

《创优6》以质量理论为指导，以质量实践为对象，着力体现“规范质量行为、执行质量规定、落实质量要求、严控质量流程、完善质量手段、遵守质量纪律、提升质量程度、确保质量结果、降低质量成本、消灭质量事故、承担质量责任、实现质量目标”12个方面的质量管控体系要求。

住建部“两年行动计划”中提出了“工程建设质量终身责任制”。推行电力建设标准责任清单的管理模式，必将推动质量管理体系的完善，强化工程建设质量终身责任制的落实，促进电力建设质量水平的提升。

中国电力企业联合会党组书记、常务副理事长 張玉才

2015年3月1日

前　　言

为适应电力建设新常态，落实质量管理责任，提高电力建设工程质量。中国电力建设企业协会依据国家的政策导向，以主动创新的新思维，组织中国电力建设专家委员会编写了《电力建设标准责任清单（2015版）》，并以“创建电力优质工程策划与控制6系列丛书”的形式出版。

清单由“数字+关键词”构成，清单的定义已经编入牛津词典中。清单管理模式是逻辑最清晰、最全面、最简练、最可操作的模式，是效率最高的管理模式之一，是国际上公认的优秀管理方法。

丛书采用责任清单管理模式，对电力建设涉及的法规、标准体系进行全面的梳理和汇集，按照工程类型、专业列出了需要执行的法规、标准名录，并对每项法规、标准的针对性、内容与要点、关联与差异进行了精炼、准确的解读。力求明确标准适用范围、简明表述标准内容、突出标准执行要点、指出标准之间的差异、了解标准更新动态、指导正确选用标准，明确了标准执行主体的质量责任。

电力建设标准责任清单是电力工程建设全过程应执行的法律、法规、标准、规范大全，是电力建设执行法规、标准的质量责任大全。丛书以直接涉及电力建设现行有效版本的法规、标准为编写依据，收集相关法律法规240余部、标准规范3700余项、国家政策导向及提倡的技术（材料）清单650余项和国家各部委节能减排名录20余项。为了助力我国电力企业“走出去”发展战略，还收录了与电力建设相关的国际主流标准1800余项。

丛书覆盖火电工程、水电水利工程、输变电工程及风光储工程，共包括6册，分别为：

第1册 管理与安健环

第2册 火电工程

第3册 水电水利工程

第4册 输变电工程

第5册 风光储工程

第 6 册　全集电子书

《管理与安健环》分册为火电、水电水利、输变电、风光储工程通用。

《全集电子书》包含前 5 册全部内容，可实现计算机检索功能。

电力建设标准责任清单中每条内容均包括：序号、标准名称/法规名称、标准编号/法规文号、时效性、针对性、内容与要点、关联与差异。

（1）时效性：指标准（法规）的实施时间，丛书收录的标准（法规）均为截至 2015 年 2 月的有效版本。

（2）针对性：明确列出标准（法规）的适用范围和不适用范围。

（3）内容与要点：概括标准（法规）的主要内容，对该标准（法规）的重点和要点进行提炼和摘录。

（4）关联与差异：标准（法规）中有关条款应执行相关标准的标准名称和标准号；指向相同，但与本标准（法规）规定存在差异的相关标准，简述了不一致的内容，并列出差异标准的标准号、标准名和标准条款号。

丛书法规、标准收录原则如下：

（1）2000 年以前发布的法律、法规和标准，原则上不选入。

（2）2001～2005 年发布的施工技术标准、检验标准、验收标准，仍在执行中且无替代标准的，已编入；其他标准原则上不选入。

（3）2005 年后发布的现行标准，全部选入。

（4）设计标准按照直接涉及施工的技术要求、验收的质量要求的原则，选择性收入。

（5）产品标准按照直接涉及设备、装置选型、材料选择、工序、进厂检验、产品使用特殊技术要求的原则，选择性收入。

（6）2005 年后发布的国家政策导向及提倡的技术（材料）名录，全部选入。

（7）为保持丛书收录标准的全面性和时效性，截至 2014 年 12 月进入报批稿阶段且 2015 年实施的标准选入本书，如有差异以正式发布的标准为准。

李克强总理多次在讲话中肯定了建设部“两年行动计划”中提出的，工程建设“质量终身责任制”。丛书力求通过电力建设标准责任清单的管理模式，帮助电力工程建设者理解、掌握和正确执行相关法规、标准，从而提升电力建设工程质量。

丛书在编写过程中得到电网、发电、电建等集团的大力支持和帮助，在此一并表示感谢。鉴于水平和时间所限，书中难免有疏漏、不妥或错误之处，恳请广大读者批评指正。

丛书编委会

2015 年 3 月 1 日

目　　录

第一章　输变电工程建设标准体系

一、输变电工程标准体系分为三个层次：

（1）基础标准，包括各类电力工程都适用的安全、环保、术语等标准；

（2）通用标准，包含输变电工程的勘测、设计和施工、调试等专业的通用标准；

（3）各相应专业的专用标准。

输变电工程标准体系结构

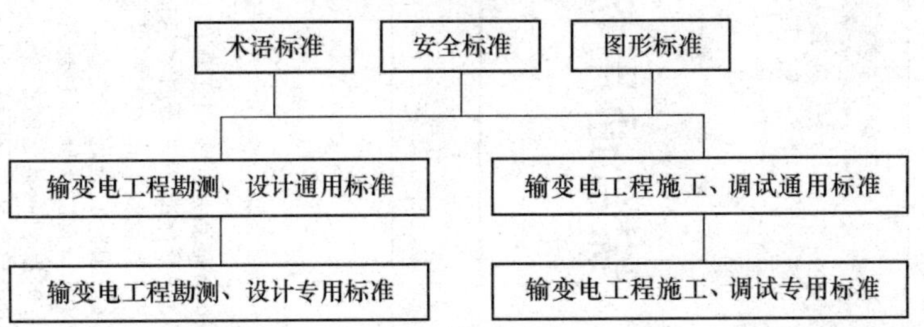

二、本书按下图结构进行分类：

输变电工程建设标准

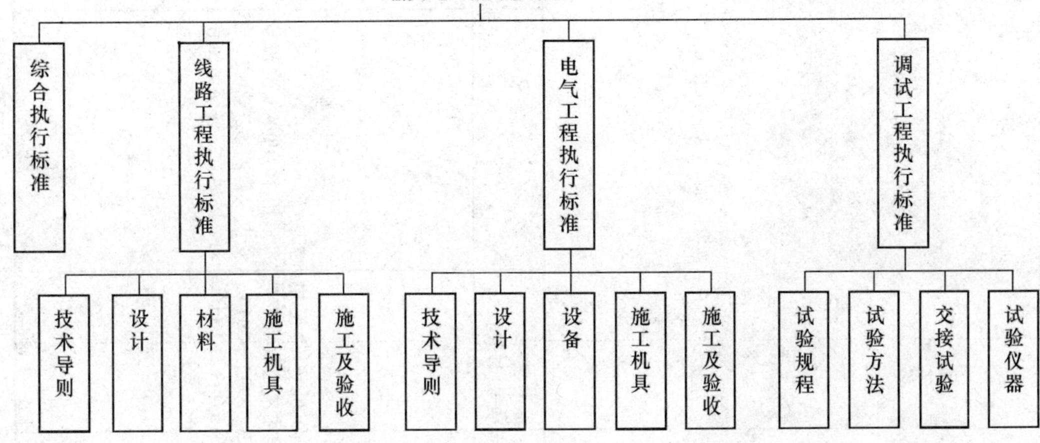

第二章　综合通用标准清单名录

序号	标准名称/标准号/时效性	针对性	内容与要点	关联与差异
1	《1000kV 输变电工程竣工验收规范》 GB 50993—2014 2015年3月1日实施	适用于1000kV交流输变电工程的竣工验收、启动、试运行、移交等工作	**主要内容：** 规定了1000kV新建送变电工程的启动及竣工验收的项目、方法及评价标准，主要内容包括： （1）启动及竣工验收工作的组织机构； （2）启动及竣工验收程序； （3）工程竣工验收的步骤和主要内容； （4）工程带电启动应具备的条件； （5）工程带电启动和试运行； （6）工程移交	**差异：** 本标准 7.0.3 规定：工程连续带电试运行时间不少于24h。 《110kV及以上送变电工程启动及竣工验收规程》DL/T 782—2001 中 6.4.1 规定：系统调试完成后经连续带电试运行时间不少于24h，对线路以额定电压冲击合闸3次。 《高压直流输电工程系统试验规程》DL/T 1130—2009 中 6.4 规定：试运行时间由工程启动委员会批准的试运行方案确定。 《±800kV及以下直流输电工程启动及竣工验收规程》DL/T 5234—2010 中 6.0.7 规定：特高压直流输电系统单极连续试运行时间按合同规定不小于20天，背靠背换流站连续试运行时间不小于168h。 《±800kV直流输电工程系统试验规程》DL/T 1131—2009 中 6.4 规定：±800kV直流输电工程的试运行时间应不少于20天

续表

序号	标准名称/标准号/时效性	针对性	内容与要点	关联与差异
2	《110kV 及以上送变电工程启动及竣工验收规程》 DL/T 782—2001 2002年2月1日实施	1．适用于 110kV 及以上的各类新建送变电工程的启动及竣工验收。 2．规模很小的工程和 110kV 以下送变电工程的启动验收可选择性执行。 3．国外成套设备进口的工程应按合同规定进行启动及竣工验收	**主要内容：** 规定了 110kV 及以上的各类新建送变电工程的启动及竣工验收的项目、方法及评价标准，主要内容包括： （1）总体要求； （2）启动及竣工验收工作的组织和职责； （3）工程竣工验收检查； （4）工程带电启动应具备的条件； （5）工程的带电启动调试和试运行； （6）工程的移交。 **重点与要点：** 1．新（扩、改）建的送变电工程项目的质量未经过电力建设质量监督机构审查认可严禁启动试运。 2．110kV 及以上送变电建设工程移交生产运行前，必须进行启动和竣工验收。送变电工程的启动验收是全面检查工程的设计、设备制造、施工、调试和生产准备的重要环节，是保证系统及设备能安全、可靠、经济、文明地投入运行，并发挥投资效益的关键性程序。 3．110kV 及以上送变电工程的启动验收由建设项目法人或省（直辖市、自治区）电力公司主持，跨省区、跨大区工程由国家电网公司主持，并组织成立工程启动验收委员会进行工作	**差异：** 本标准 6.2.1 规定：系统调试完成后经连续带电试运行时间不少于 24h；6.4.1 规定：对线路以额定电压冲击合闸 3 次。 《1000kV 输变电工程竣工验收规范》GB 50993—2014 中 7.0.3 规定：工程连续带电试运行时间不少于 24h。 《±800kV 及以下直流输电工程启动及竣工验收规程》DL/T 5234—2010 中 6.0.7 规定：特高压直流输电系统单极连续试运行时间按照合同规定不小于 20 天，背靠背换流站连续试运行时间不小于 168h。 《高压直流输电工程系统试验规程》DL/T 1130—2009 中 6.4 规定：试运行时间由工程启动委员会批准的试运行方案确定。 《±800kV 直流输电工程系统试验规程》DL/T 1131—2009 中 6.4 规定：±800kV 直流输电工程的试运行时间应不少于 20 天
3	《输变电工程质量管理规程》 DL/T 1362—2014 2015年3月1日实施	适用于 110kV 及以上的新建、扩建、改建的输变电工程	**主要内容：** 1．对输变电工程项目建设全过程质量管理进行了规定，主要包括： （1）工程建设管理； （2）工程勘察、设计管理； （3）工程监理管理； （4）工程设备、材料管理； （5）工程施工管理； （6）工程调试管理； （7）工程质量文件管理；	**关联：** 1．总承包应按照《建设项目工程总承包管理规范》GB/T 50358 的规定组织项目建设。 2．项目管理应符合《建设工程项目管理规范》GB/T 50326 的规定。 3．项目资料应按照《国家重大建设项目文件归档要求与档案整理规范》DA/T 28 和《电力工程竣工图文件编制规定》DL/T 5229 的规定进行收集、整理和归档。 4．工程开工前应按照《输变电工程达标投产验收规程》DL 5279 的规定编制达标投产规划。 5．勘察、设计单位应按照《工程建设勘察企业质量

续表

序号	标准名称/标准号/时效性	针对性	内容与要点	关联与差异
3			（8）工程技术创新管理； （9）生产准备及试运行质量管理； （10）工程质量验收及评价； （11）工程质量事件、事故报告和调查处理。 2. 规定了新建输变电工程推荐施工工期和施工图设计周期。 3. 明确了输变电工程设计人员、施工项目部人员、调试人员的资格要求。 4. 确定了输变电工程调试专业主控项目。 **重点与要点：** 1. 涉及改变设计方案、改变设计原则、改变原定主要设备规范、扩大进口范围、增减投资超过 50 万元等内容时，其设计变更应报原主审单位或建设单位审批确认。 2. 施工单位应按施工质量验收范围划分执行班组自检、项目部复检、公司专检的三级自检。班组自检率应为 100%、项目部复检率应为 100%、公司专检率应不低于 30%，且变电工程应覆盖所有分项工程、线路工程耐张塔和重要跨越塔应全检	管理规范》GB/T 50379 和《工程建设设计企业质量管理规范》GB/T 50380 的规定进行勘察设计质量管理。 6. 竣工图编制应符合《电力工程竣工图文件编制规定》DL/T 5229 的规定。 7. 监理项目部组建及人员应符合《电力建设工程监理规范》DL/T 5434 的规定。 8. 设备监造应符合《电力设备监造技术导则》DL/T 586、《超、特高压电力变压器（电抗器）设备监造技术导则》DL/T 363、《±800kV 及以下直流输电工程主要设备监理导则》DL/T 399 的规定。 9. 大件设备运输应符合《电力大件运输规范》DL/T 1071 的规定。 10. 施工单位应按照《工程建设施工企业质量管理规范》GB/T 50430 的规定进行企业质量管理。 11. 施工过程质量检验及评定应符合《110kV～500kV 架空电力线路工程施工质量及评定规程》DL/T 5168、《±800kV 及以下直流架空输电线路工程施工质量检验及评定规程》DL/T 5236、《电气装置安装工程质量检验及评定规程》DL/T 5161、《±800kV 及以下直流换流站电气装置施工质量检验及评定规程》DL/T 5233、《电力建设施工质量验收及评定价规程　第 1 部分：土建工程》DL/T 5210.1 的规定。 12. 工程移交应符合《110kV 及以上送变电工程启动及竣工验收规程》DL/T 782、《±800kV 及以下直流输电工程启动及竣工验收规程》DL/T 5234 的规定
4	《±800kV 及以下直流输电工程启动及竣工验收规程》 DL/T 5234—2010 2010 年 10 月 1 日实施	适用于±800kV 特高压及以下直流输电工程和背靠背换流站的启动及竣工验收	**主要内容：** 对±800kV 特高压及以下直流输电工程启动及竣工验收工作进行了规定，主要内容包括： （1）启动及竣工验收工作的组织机构； （2）启动及竣工验收程序； （3）工程竣工验收的步骤和主要内容； （4）站系统调试应具备的条件和主要调试项目；	**差异：** 本标准 6.0.7 规定：特高压直流输电系统单极连续试运行时间按合同规定不小于 20 天，背靠背换流站连续试运行时间不小于 168h。 《高压直流输电工程系统试验规程》DL/T 1130—2009 中 6.4 规定：试运行时间由工程启动委员会批准的试运行方案确定。

续表

序号	标准名称/标准号/时效性	针对性	内容与要点	关联与差异
4			（5）系统调试应具备的条件和主要调试项目； （6）试运行应具备的条件和主要工作内容； （7）工程移交程序及应履行的手续； （8）工程资料的移交； （9）工程移交后遗留问题的处理原则； （10）鉴定书样本的基本要求。 **重点与要点：** 直流输电工程的启动及竣工验收是全面检查工程设计、设备制造、施工、安装、调试及生产准备的重要手段，是保证工程安全、可靠、经济运行的关键程序。高压直流输电工程在投入商业运行之前，必须进行启动及竣工验收	《±800kV直流输电工程系统试验规程》DL/T 1131—2009中6.4规定：±800kV直流输电工程的试运行时间不应少于20天。 《110kV及以上送变电工程启动及竣工验收规程》DL/T 782—2001中6.4.1规定：系统调试完成后经连续带电试运行时间不少于24h；对线路以额定电压冲击合闸3次。 《1000kV输变电工程竣工验收规范》GB 50993—2014中7.0.3规定：工程连续带电试运行时间不少于24h
5	《输变电工程达标投产验收规程》 DL 5279—2012 2012年7月1日实施	适用于新建、扩建的输变电工程达标投产验收	**主要内容：** 1．主要内容包括： （1）达标投产检查验收内容； （2）达标投产初验； （3）达标投产复验； （4）达标投产验收结论。 2．变电站、开关站与换流站工程达标投产检查验收内容应包括： （1）职业健康安全与环境管理； （2）变电站、开关站与换流站建筑工程质量； （3）变电站、开关站与换流站电气安装工程质量； （4）变电站、开关站与换流站交流场电气调试与技术指标； （5）换流站直流场电气调整试验与技术指标； （6）工程综合管理与档案管理。 3．架空电力线路与接地极工程达标投产检查验收内容应包括： （1）职业健康安全与环境管理； （2）架空电力线路与接地极工程质量； （3）工程综合管理与档案管理。	**关联：** 其他类别工程执行各自的电力行业标准或能源标准，如火电工程执行《火电工程达标投产验收规程》DL 5277—2012、水电水利工程执行《水电水利工程达标投产验收规程》DL 5278—2012、风力发电工程执行《风力发电工程达标投产验收规程》NB/T 31022—2012

续表

序号	标准名称/标准号/时效性	针对性	内容与要点	关联与差异
5			4. 电缆线路工程达标投产检查验收内容应包括： （1）职业健康安全与环境管理； （2）电缆线路工程质量； （3）工程综合管理与档案管理。 **重点与要点：** 1. 输变电工程建设应对工程建设程序的合规性、全过程质量控制的有效性以及工程投产后的整体工程质量，采取量化指标比照和综合检验相结合的方式进行质量符合性验收。 2. 工程综合管理与档案检查验收以核查文件的完整性及系统性为重点，其他部分以核查技术内容的真实性及正确性为重点	
6	《绝缘配合　第1部分：定义、原则和规则》 GB 311.1—2012 2013年5月1日实施	1. 适用于设备最高电压在1kV以上三相交流电力系统中使用的户内和户外输变电设备的绝缘配合。 2. 不适用范围： （1）安装在严重污秽或带有对绝缘有害的气体、蒸汽、化学沉积物的场合下的设备； （2）相对湿度较高且易出现凝露场合的户内设备	**主要内容：** 1. 规定了三相交流系统中的高压输变电设备和设施的相对地绝缘、相间绝缘和纵绝缘的额定耐受电压的选择原则，规定了这些设备的标准额定耐受电压，并给出了标准额定耐受电压的系列，额定耐受电压原则上宜从该系列中选取。 2. 确定了绝缘配合和耐受电压试验的有关要求。 3. 绝缘配合程序包括选取设备的最高电压以及与之相应的、表征设备绝缘特性的一组标准耐受电压。 4. 规定了U_m为800kV和1100kV输变电设备的绝缘水平。 **重点与要点：** 1. 选取的额定耐受电压应与设备的最高电压相关联（该关联仅是为了绝缘配合的目的）。 2. 输电线路的绝缘配合，其耐受电压值可以与本部分规定的标准额定耐受电压不同。 3. 在制定各设备标准时，应根据本标准的要求，规定适合于该类设备的额定耐受电压和试验程序	**关联：** 1. 1000kV特高压交流输变电工程的过电压与绝缘配合执行《1000kV特高压交流输变电工程过电压和绝缘配合》GB/Z 24842—2009的有关规定。 2. ±800kV直流换流站换流设备和直流场设备的绝缘配合执行《±800kV高压直流换流站设备的绝缘配合》GB/T 28541—2012的有关规定

第三章　电气工程标准清单名录

第一节　技　术　导　则

序号	标准名称/标准号/时效性	针对性	内容与要点	关联与差异
1	《高压开关设备和控制设备标准的共用技术要求》 GB/T 11022—2011 2012年5月1日实施	1．适用于电压3kV及以上，频率50Hz的电力系统中运行的高压交流开关设备和控制设备。 2．不适用于产品标准中另有规定的高压交流开关设备和控制设备	**主要内容：** 1．规定了高压开关和控制设备相关参数及技术要求，主要包括： （1）设计与结构； （2）型式试验； （3）出厂试验； （4）查询、投标和订货时提供的资料； （5）运输、储存、安装、运行和维护规则； （6）安全； （7）产品对环境的影响。 2．明确了需进行全部或部分型式试验的产品范围。 3．规定了型式试验和出厂试验的试验方法和试验标准。	**关联：** 1.对充油的开关设备和控制设备，新绝缘油应遵守《电工流体　变压器和开关用的未使用过的矿物绝缘油》GB 2536的有关规定。 2.对充有SF_6的开关设备和控制设备，可采用符合《工业六氟化硫》GB/T 12022的SF_6气体。 3．开关设备和控制设备的外壳应按照《外壳防护等级（IP代码）》GB 4208和《电器设备外壳对外界机械碰撞的防护等级（IK代码）》GB/T 20138规定其防护等级。 4．开关设备和控制设备的绝缘试验应按照《高电压试验技术　第1部分：一般定义及试验要求》GB/T 16927.1进行。

续表

序号	标准名称/标准号/时效性	针对性	内容与要点	关联与差异
1			**重点与要点：** 1. 开关设备和控制设备应该设置可靠的接地端子，接地螺栓的直径应该不小于 12mm。 2. 接地连接点应有“保护接地”标识符号。 3. 正常运行期间可以触及并接地的所有金属部件和外壳应与接地端子连接。 4. 开关设备和控制设备的控制和辅助回路的两个端子排之间的电缆应没有中间接头或焊接。接线应考虑与加热元件的距离	**差异：** 1. 本标准 7.4 规定：主回路电阻的测量中规定，对于出厂试验，主回路每极电压降或电阻的测量，测得的电阻值不应该超过 $1.2R_0$，这里 R_0 等于温升试验前测得的电阻。试验电流应该取 100A 到额定电流之间的任一方便值。 《电气装置安装工程 电气设备交接试验标准》GB 50150—2006 中 13.0.3 规定：交接试验中应进行每相导电回路的电阻测量，宜采用电流不小于 100A 的直流压降法。 2. 本标准与《高压开关设备和控制设备标准的共用技术要求》DL/T 593—2006 的主要差异： （1）本标准表 1 规定：“额定工频短时耐受电压”和“额定雷电冲击耐受电压”缺少中性点接地系统使用的数值（也为湿试时的数值）标准。 （2）本标准第 7 章规定：出厂试验中缺少了机械操作和机械特性试验。 （3）本标准 5.14 规定：仅规定了用 IEC 60815 给出的一般规则选择绝缘子。 DL/T 593 中 5.14 规定：规定了户内开关设备的最小爬电比距参数。 （4）本标准 7.3.4 规定：绝缘试验中增加了试验电压应为 2.5kV，持续时间为 1s 的规定。 （5）本标准 7.5.4 规定：真空断路器真空度的出厂绝缘试验由制造厂自己规定。 DL/T 593 中 7.2.4.2 规定：真空断路器真空度的出厂绝缘试验电压为额定短时工频耐受电压。 3. 本标准 5.15.4 规定：为满足预期的工作寿命要求，SF_6 系统的漏气率应不大于 0.1%/年。 《电气装置安装工程 电气设备交接试验标准》GB 50150 中 12.0.4 规定：以 24h 的漏气量换算，每一个气室年漏气率应不大于 0.5%。 4. 本标准 5.3 规定：开关设备和控制设备应设置可靠的适用于规定故障条件的接地端子，该端子有一紧固的螺钉或螺栓用于连接接地导体，接地螺栓的直径应不小于 12mm。

续表

序号	标准名称/标准号/时效性	针对性	内容与要点	关联与差异
1				《电气装置安装工程 接地装置施工及验收规范》GB 50169—2014 中 4.2.10 的 5 规定：110kV 及以上电压等级的重要电气设备及设备构架宜设两根接地线，且每一根均应满足设计要求，连接引线应便于定期进行检查测试
2	《继电保护和安全自动装置技术规程》 GB/T 14285—2006 2006 年 11 月 1 日实施	适用于 3kV 及以上电压等级电力系统中电力设备和线路的继电保护和安全自动装置	**主要内容：** 1. 规定了电力系统继电保护和安全自动装置的技术要求和基本准则，主要包括： （1）总则； （2）继电保护； （3）安全自动装置； （4）对相关回路及设备的要求。 2. 规定了发电机保护、电力变压器保护、直流输电系统保护等 13 类继电保护的性能指标、装设原则、配置原则。 3. 规定了自动重合闸装置、备用电源自动投入装置等 7 类安全自动装置性能指标、装设原则、配置原则。 4. 规定了与继电保护和安全自动装置相关二次回路、直流电源等 5 类相关电力一次设备、保护与厂站自动化系统的配合及接口、继电保护通道的配置原则、相关的性能指标。 5. 制定了继电保护和安全自动装置电磁兼容、抗干扰度的标准及处理措施。 **重点与要点：** 1. 继电保护和安全自动装置的配置要满足电力网结构和厂站主接线的要求，并考虑电力网和厂站运行方案的灵活性。 2. 在确定继电保护和安全自动装置的配置方案时，应优先选用具有成熟运行经验的数字式装置。 3. 电力系统中的电力设备和线路，应装设短路故障和异常运行的保护装置。电力设备和线路短路故障	**关联：** 1. 装设安全自动装置应按照《电力系统安全稳定导则》DL 755 和《电力系统安全稳定控制技术导则》DL/T 723 的要求。 2. 保护用电流互感器的准确性能应符合《电流互感器和电压互感器选择及计算导则》DL/T 866 的有关规定。 **差异：** 本标准 6.1.5 规定：控制电缆或绝缘导线的芯线最小截面，强电控制回路应不小于 $1.5mm^2$，屏柜内导线的芯线应不小于 $1.0mm^2$，弱电控制回路应不小于 $0.5mm^2$。 《火力发电厂、变电站二次接线设计技术规程》DL/T 5136—2012 中 7.5.2 规定：发电厂和变电站应采用铜芯控制电缆和绝缘导线。按机械强度要求，强电回路导体截面积应不小于 $1.5mm^2$，弱电回路导体截面积应不小于 $0.5mm^2$。 《电力系统继电保护及安全自动装置柜（屏）通用技术条件》DL/T 720—2013 中 4.4.1 规定：继电保护柜内选用的连接导线信号回路采用多股铜质软导线，截面积不小于 $0.5mm^2$，电压回路采用多股铜质软导线截面积不小于 $1mm^2$，电流回路采用多股铜质软导线不小于 $1.5mm^2$。 《电气装置安装工程 盘、柜及二次回路接线施工及验收规范》GB 50171—2012 中 6.0.2 规定：盘柜内电流回路配线应采用截面积不小于 $2.5mm^2$ 的铜芯绝缘导线，其他回路截面积不小于 $1.5mm^2$，电子元件、弱电回路可采用截面积不小于 $0.5mm^2$ 的绝缘导线

续表

序号	标准名称/标准号/时效性	针对性	内容与要点	关联与差异
2			的保护应有主保护和后备保护，必要时可增设辅助保护。 4. 继电保护和安全自动装置应满足可靠性、选择性、灵敏性和速动性的要求	
3	《电力工程直流电源设备通用技术条件及安全要求》 GB/T 19826—2005 2006年7月1日实施	1. 适用于电力系统发电厂、变电站及其他电力工程中，为直流控制负荷、直流动力负荷等供电的直流电源设备。 2. 适用于冶金、石化、铁路等行业电力工程所使用的直流电源设备	**主要内容：** 1. 对电力工程直流电源设备的通用技术条件和安全要求进行了规定，主要包括： （1）通用要求； （2）检验方法； （3）检验规则； （4）标识、包装、运输和贮存等。 2. 明确了合闸冲击放电、导线颜色与截面积的相关要求，附图说明了直流电源设备的充放电特性。 3. 明确了在进行容量测试时蓄电池放电终止电压及放电电流、充电电流的要求。 **重点与要点：** 1. 屏柜外形尺寸优先采用2260mm×800mm×600mm（高×宽×深）。 2. 当充电装置输出的充电电流、充电电压通过数字式整定方式进行整定时，充电电流小于30A时，整定误差不超过±0.3A，充电电流大于30A时，整定误差不超过±1%，充电电压的整定误差不超过±0.5%。 3. 产品应配绝缘监察装置、电压监察装置。 4. 当产品发生故障时，如交流电源故障、充电装置故障、蓄电池熔丝熔断、蓄电池放电欠压等，均应可靠发出相应告警信号，并具有远方信号触点	**关联：** 1. 充电装置的数量和额定电流、蓄电池的容量和数量、直流断路器、熔断器按照《电力工程直流系统设计技术规程》DL/T 5044的相关规定选取。 2. 直流电源设备抗扰度试验应执行《电磁兼容 试验和测量技术》GB/T 17626的相关规定。 3. 直流电源设备结构要求、表面涂敷层及系统模拟图要求、元件安装要求、母线、连接导线的要求、绝缘导线的敷设和连接、结构及工艺要求应符合《电力系统二次电路用控制及继电保护屏（柜、台）通用技术条件》JB/T 5777.2及《电力系统二次电路用控制及继电保护屏（柜、台）基本试验方法》的相关规定。 4. 直流电源设备绝缘电阻、介质强度、冲击电压、温升试验应符合《继电器及装置基本试验方法》GB/T 7261的相关规定

续表

序号	标准名称/标准号/时效性	针对性	内容与要点	关联与差异
4	《互感器　第3部分：电磁式电压互感器的补充技术规定》 GB 20840.3—2013 2014年11月14日实施	1．适用于频率为15Hz～100Hz，供电气测量仪表和电气保护装置用的电磁式电压互感器。 2．测量和保护两种用途的电压互感器应符合本标准所有条款要求。 3．包括三相电压互感器的特殊要求，但第4～10章技术要求的有关部分也适用于三相电压互感器	**主要内容：** 1．对电磁式的电压互感器设计、测量用电压互感器、保护用电压互感器、油浸式电压互感器的技术要求做了补充规定，主要包括： （1）额定值； （2）试验； （3）设计和结构。 2．明确了试验的一般要求及型式试验、例行试验的试验项目、试验条件、试验方法、试验评判标准。 **重点与要点：** 1．电压互感器的接地连接处应有直径不小于8mm的接地螺栓。 2．电压互感器二次出线端子的螺纹直径应不小于5mm，应由铜或铜合金制成，并有可靠的防锈镀层。二次出线端子板应具有良好的防潮性能。 3．设备最高电压大于40.5kV的电压互感器，应有保证绝缘油与外界不直接接触或完全隔离的装置	**关联：** 1．油浸式电压互感器所用绝缘油应符合《运行中变压器油质量》GB/T 7595和《变压器油中溶解气体分析和判断导则》GB/T 7252的要求。 2．本标准需与《互感器　第1部分：通用技术要求》GB 20840.1—2010配套使用。 **差异：** 本标准与《电气装置安装工程　电气设备交接试验标准》GB 50150—2006差异如下： （1）本标准7.3.2.302规定：外施工频耐压试验参照《互感器　第1部分：通用技术要求》GB 20840.1—2010中5.2表2规定，该表按不同电压等级规定了互感器额定工频耐受电压（方均根值）。 GB 50150中9.0.5规定：互感器交流耐压试验应按出厂试验电压的80%进行。 （2）本标准5.3.3.301规定：接地端子的工频耐受电压规定：当一次绕组的接地端子与箱壳或底座绝缘时，应能承受额定短时工频耐受电压3kV（方均根值），如果互感器的设备最高电压U_m≥40.5kV，则应能承受额定短时工频耐受电压5kV（方均根值）。 GB 50150中9.0.5规定：电压等级110kV及以上的电流互感器末屏及电压互感器接地端（N）对地的工频耐压试验电压标准，应为3kV。 （3）本标准5.3.5规定：二次绕组绝缘的额定工频耐受电压为3kV（方均根值）。 GB 50150中9.0.5规定：二次绕组之间及其对外壳的工频耐压试验电压标准应为2kV。 （4）本标准7.3.4规定：电压互感器一次绕组tanδ在电压为$U_m/\sqrt{3}$及正常环境温度下，其值通常不大于0.005。串级式电压互感器在10kV测量电压和正常温度下的tanδ允许值通常不大于0.02，其绝缘支架的tanδ允许值通常不大于0.05。 GB 50150表9.0.3规定：tanδ限值中规定：油浸式电压互感器绕组在20kV～35kV等级时tanδ≤3%，在66kV～220kV时tanδ≤2.5%，串级式电压互感器支架tanδ≤6%

续表

序号	标准名称/标准号/时效性	针对性	内容与要点	关联与差异
5	《互感器 第5部分：电容式电压互感器的补充技术要求》 GB/T 20840.5—2013 2013年7月1日实施	1. 适用于额定电压 $U_N \geq 72.5kV$，频率为15Hz～100Hz，连接在线与地之间，为测量、控制和继电保护装置提供低电压的新制造的单相电容式电压互感器。 2. 当电容式电压互感器配置有载波附件时，适用于载波频率范围为30kHz～500kHz的电力线路载波（PLC）系统中。 3. 如有用户需要，U_m 为40.5kV的电容式电压互感器也可采用本标准	**主要内容：** 1. 对电容式的电压互感器设计、测量用电压互感器、保护用电压互感器的技术要求做了补充规定，主要包括： （1）额定值； （2）试验； （3）设计和结构。 2. 明确了试验的一般要求及型式试验、例行试验的试验项目、试验条件、试验方法、试验评判标准。 **重点与要点：** 1. 单相测量用电容式电压互感器的标准准确级为0.2、0.5、1.0、3.0。 2. 保护用电容式电压互感器的标准准确级为3P和6P	**关联：** 本标准需与《互感器 第1部分：通用技术要求》GB 20840.1—2010配套使用。 **差异：** 本标准与《电气装置安装工程电气设备交接试验标准》GB 50150—2006的差异： （1）本标准7.1表4规定：按不同电压等级规定了互感器额定短时工频耐受电压（方均根值）。 GB 50150中9.0.5规定：互感器交流耐压试验应参照电磁式电压互感器，按出厂试验电压的80%进行。 （2）本标准5.3.3.501规定：具有低压端子的电容分压器，其低压端子与接地端子之间应承受工频试验电压4kV（方均根值）。 本标准5.3.3.502规定：如果电容分压器的低压端子暴露于大气中，其低压端子与接地端子之间应承受工频试验电压10kV（方均根值）。 GB 50150中9.0.5规定：电压等级110kV及以上的电流互感器末屏及电压互感器接地端（N）对地的工频耐压试验电压标准，应为3kV。 （3）本标准5.3.3.502规定：用矿物油或合成油浸渍的各种介质的电容器，在20℃（293K）及 $0.9U_{pr}$～$1.1U_{pr}$ 条件下的典型 $\tan\delta$ 值为 1)复合介质：膜—纸—膜或纸—膜—纸不大于0.0015； 2）全膜介质：不大于0.001。 GB 50150中9.0.12规定：$\tan\delta$ 应不大于0.5%
6	《高压直流换流站无间隙金属氧化物避雷器导则》 GB/T 22389—2008 2009年8月1日实施	1. 适用于高压直流换流站避雷器。 2. 不适用于气体绝缘金属封闭避雷器	**主要内容：** 1. 对高压直流换流站无间隙金属氧化物避雷器进行了规定，主要包括： （1）避雷器布置及其所受的应力； （2）运行条件； （3）技术要求； （4）测量设备及试品；	**关联：** 1. ±800kV直流换流站避雷器的选择和使用执行《±800kV直流系统用金属氧化物避雷器》GB/T 25083的有关规定。 2. 交流1000kV避雷器的选择和使用执行《1000kV交流系统用无间隙金属氧化物避雷器技术规范》GB/Z 24845的有关规定。

续表

序号	标准名称/标准号/时效性	针对性	内容与要点	关联与差异
6			（5）试验方法； （6）检验规则等。 2. 明确了高压直流换流站无间隙金属氧化物避雷器的型式试验、抽样试验、例行试验、验收试验的试验项目及要求。 3. 对高压直流换流站避雷器的布置位置和具体作用作了说明，主要包括： （1）阀避雷器； （2）直流中点母线避雷器； （3）换流桥避雷器； （4）换流器直流母线避雷器； （5）换流器避雷器； （6）直流母线避雷器； （7）直流线路避雷器； （8）中性母线避雷器； （9）直流滤波器避雷器； （10）平波电抗器避雷器； （11）交流母线避雷器； （12）交流滤波器避雷器。 **重点与要点：** 1. 避雷器在工频试验电压下的局部放电量应不大于10pC，无线电干扰电压应不大于500μV。 2. 多柱并联避雷器的电流分布不均匀系数应不大于1.1。 3. 复合外套表面单个缺陷面积（如缺胶、杂质、凸起等）不应超过 5mm^2，深度不大于 1mm，凸起表面与合缝应清理平整，凸起高度应不超过 0.8mm，黏结缝凸起高度应不超过 1.2mm，总缺陷面积应不超过复合外套总表面积的 0.2%	3. 交流 750kV 避雷器的选择和使用执行《交流无间隙金属氧化物避雷器》GB 11032 的有关规定。 4. 金属氧化物避雷器的各类试验应执行《交流无间隙金属氧化物避雷器》GB 11032、《高压绝缘子瓷件》GB/T 772、《高电压试验技术》GB/T 16927 等的有关规定。 **差异：** 与《±800kV 直流系统用金属氧化物避雷器》GB/T 25083 相比，本标准例行试验少了“拉伸负荷试验”，验收试验少了“例行密封试验”、“局部放电试验”、“避雷器底座绝缘电阻试验”

续表

序号	标准名称/标准号/时效性	针对性	内容与要点	关联与差异
7	《1000kV 变电站监控系统技术规范》 GB/T 24833—2009 2010 年 5 月 1 日实施	适用于新建、扩建、改建的交流 1000kV 变电站监控系统	**主要内容：** 规定了 1000kV 变电站监控系统的技术原则，主要包括： （1）系统结构及配置； （2）系统功能； （3）性能指标； （4）电源； （5）机柜； （6）场地与环境； （7）防雷与接地。 **重点与要点：** 1．系统结构和配置应满足可靠性、开放性、可维护性和安全性要求。 2．监控系统接地应采取下列措施： （1）监控系统信号电缆遵循“一点接地”原则，接地线连接到主接地网的一个点上； （2）监控系统的机箱、机柜、打印机外设等均应可靠接地； （3）通信设备各直流电源正极在电源设备侧均应直接接地； （4）控制电缆的屏蔽层两端均应可靠接地； （5）信号电缆的内屏蔽层在计算机侧一点接地，外屏蔽层宜两端接地； （6）主控室应采取屏蔽措施	**关联：** 1．模拟量、开关量采集本身的电气特性及电源应执行《远动终端设备》GB/T 13729 的有关规定。 2．串口方式、通信规约执行《运动设备及系统》DL/T 667，以太网方式，通信规约执行《变电站通信网络和系统》DL/T 860 的有关规定。 3．具有与电能计量系统通信的接口、通信规约执行《远动设备及系统　第 5 部分：传输规约　第 102 篇：电力系统电能累计量传输配套标准》DL/T 719 的有关规定。 4．防雷接地执行《220kV～500kV 变电所计算机监控系统设计技术规程》DL/T 5149 的有关规定。 5．测试执行《计算机软件测试规范》GB/T 15532 的有关规定。 6．变电站培训仿真系统的功能和技术要求执行《变电站仿真机技术规范》DL/T 1023 的有关规定。 7．监控系统机柜执行《高度进制为 20mm 的面板、架和柜的基本尺寸系列》GB/T 3047.1 和《电力系统继电保护及安全自动装置柜（屏）通用技术条件》DL/T 720 的有关规定。 8．储存、运输极限环境温度、周围环境执行《输电线路保护装置通用技术条件》GB/T 15145 的有关规定
8	《1100kV 气体绝缘金属封闭开关设备技术规范》 GB/Z 24836—2009 2010 年 5 月 1 日实施	适用于 1100kV 户外安装、频率为 50Hz 的单极封闭 SF_6 气体绝缘金属封闭开关设备	**主要内容：** 1．规定了 1100kV 气体绝缘金属封闭开关设备的各项技术原则，主要包括： （1）正常和特殊使用条件； （2）额定值； （3）设计和结构； （4）型式试验、出厂试验； （5）开关设备和控制设备选择选用导则；	**关联：** 1．新充 SF_6 气体的质量应执行《工业六氟化硫》GB/T 12022 的规定。 2．本标准应与《高压开关设备和控制设备标准的共用技术要求》GB/T 11022 一起使用。 **差异：** 1．本标准与《电气装置安装工程 电气设备交接试验标准》GB 50150—2006 的差异：

续表

序号	标准名称/标准号/时效性	针对性	内容与要点	关联与差异
8			（6）查询、投标和订货时应提供的资料； （7）运输、储存、安装、运行和维护、安全； （8）产品对环境的影响。 2．明确了 1100kV GIS 型式试验、出厂试验、交接试验的项目和要求。 3．1100kV GIS 完成安装后，在投运前，为了检查设备的动作正确性和绝缘完整性，应对 GIS 进行下列交接试验： （1）主回路的绝缘试验； （2）辅助回路的绝缘试验； （3）主回路电阻的测量； （4）气体密封性试验； （5）检查和验证； （6）气体质量验证。 **重点与要点：** 1．GIS 辅助地网与主地网的连接线应为截面积不小于 250mm^2 的铜导体，并采用焊接连接。 2．1100kV GIS 每个隔室均应装设密度监视装置，并有防雨箱，监视装置应装设逆止阀和阀门，以便进行校验和维修	（1）本标准 6.15.4 规定：GIS 单个隔室六氟化硫年漏气率应不大于 0.5%。 GB 50150 中 13.0.4 规定：年漏气率应不大于 1%。 （2）本标准 11.2.1.6 规定：SF_6 含水量检测应在最终充入气体至少 5 天后进行检查。 GB 50150 中 14.0.4 规定：气体含水量的测量应在封闭式组合电器充气 48h 后进行。 2．本标准 6.3.2 规定：GIS 辅助地网与主地网的连接线应为截面积不小于 250mm^2 的铜导体，并采用焊接连接。 《交流电气装置的接地设计规范》GB 50065 中 4.4.5 规定：气体绝缘金属封闭开关设备区域专用接地网与变电站总接地网的连接线，应不少于 4 根
9	《1100kV 高压交流隔离开关和接地开关技术规范》 GB/Z 24837—2009 2010 年 5 月 1 日实施	适用于户外运行频率 50Hz、额定电压 1000kV 的特高压交流隔离开关和接地开关及其操动机构和辅助设备	**主要内容：** 对 1100kV 高压交流隔离开关和接地开关的技术要求进行了规定，主要包括： （1）使用条件； （2）额度值； （3）设计与结构； （4）试验； （5）选用导则； （6）运输、储存； （7）安装、运行和维护。 **重点与要点：**	**关联：** 1．本标准依据《高压交流隔离开关和接地开关》GB 1985—2004 制定，应与《高压开关和控制设备标准的共用技术要求》GB/T 11022 一起使用。 2．气体绝缘封闭开关设备和控制设备中的流隔离开关和接地开关的附加要求应符合《额定电压 72.5kV 及以上气体绝缘金属封闭开关设备》GB 7674 的有关规定

续表

序号	标准名称/标准号/时效性	针对性	内容与要点	关联与差异
9			1. 选择隔离开关和接地开关的型号时要留有一定的裕度以适合将来发展的需要。 2. M1 级隔离开关机械操作循环次数应不小于 3000 次。M2 级隔离开关机械操作循环次数应不小于 10000 次。 3. 配气动或液压操动机构的隔离开关和接地开关，当气（液）源压力在其额定值的 85%～110%时，应能可靠合闸和分闸。 4. 接地开关可动部件与其底座之间的铜质软连接的截面积应不小于 $50mm^2$	
10	《1100kV高压交流断路器技术规范》 GB/Z 24838—2009 2010 年 5 月 1 日实施	1. 适用于户外运行频率 50Hz、标称电压 1000kV 的特高压交流断路器及其操动机构和辅助设备。 2. 不包含线路串联电容器和其保护设备并联的旁路断路器。 3. 除单极自动重合闸的断路器外，不包含具有预定的极间不同期性的断路器	**主要内容：** 1. 规定了 1100kV 高压交流断路器的技术原则，主要包括： （1）使用条件； （2）额度值； （3）设计与结构； （4）试验； （5）选用导则； （6）运输、储存、安装、运行和维护。 2. 明确了特高压交流断路器的型式试验、出厂试验、现场试验的试验项目和要求。 **重点与要点：** 1. 罐式断路器或 GIS 中断路器安装后，主绝缘回路必须进行 1100kV 80%的工频耐压试验和局部放电的测量。 2. SF_6 气体允许湿度：出厂时、交接地不大于 150μL/L，运行中不大于 300μL/L。 3. 机构箱和汇控柜的防护等级应达到 IP44，壳体板厚度不小于 2mm。 4. 在无操作的情况下，液压机构的漏油量不致使加压泵的启动次数每天超过 2 次	**关联：** 1. 特高压交流断路器及其辅助设备在结构与设计、试验、运输、储存等方面应符合《高压开关设备和控制设备标准的共用技术要求》GB/T 11022 以及《高压交流断路器》GB 1984 的有关规定。 2. 耐地震试验应按《高压开关设备抗地震性能试验》GB/T 13540 的规定进行。 3. 断路器中的气体应符合《工业六氟化硫》GB/T 12022 的有关规定

续表

序号	标准名称/标准号/时效性	针对性	内容与要点	关联与差异
11	《1000kV 交流支柱绝缘子技术规范》 GB/Z 24839—2009 2010 年 5 月 1 日实施	1．适用于标称电压1000kV、频率为50Hz的交流变电站中运行的电力设备和装置上的户外瓷、复合瓷芯和复合支柱绝缘子。不包括为特定运行条件下选取支柱绝缘子所涉及的一些要求。 2．可作为直流系统用支柱绝缘子的参考标准	**主要内容：** 1．规定了1000kV瓷、复合瓷芯和复合支柱绝缘子的有关要求，主要包括： （1）一般使用条件； （2）通用技术要求； （3）检验规则； （4）包装、标志和运输。 2．明确了支柱绝缘子尺寸特性、安装结构、电气特性、机械强度等级，以及均压环、镀锌层等通用技术要求。 3．确定了瓷支柱绝缘子型式试验、抽检试验、逐个试验的有关要求。 4．支柱绝缘子的尺寸特性主要包括：结构高度、绝缘件的最大公称直径、公称爬电距离、安装结构、公差。 **重点与要点：** 1．支柱绝缘子安装螺孔中心距离偏差不超过±0.5mm；安装光孔中心距离偏差不超过±1mm。 2．绝缘子的运输和搬运必须在包装完好的情况下进行，支柱复合绝缘子不应脚踩、手撕及尖物碰撞，以免损伤	**关联：** 1．绝缘子的外形参数执行《污染条件下高压绝缘子的选择和尺寸确定　第1部分：定义、信息和一般原理》IEC 60815-1的有关规定。 2．绝缘子的外观质量和主要尺寸执行《标称电压高于1000V系统用户内和户外支柱绝缘子　第1部分：瓷或玻璃绝缘子的试验》GB/T 8287.1、《标称电压高于1000V系统用户内和户外支柱绝缘子　第2部分：尺寸与特性》GB/T 8287.2、《标称电压高于1000V的交流用棒形支柱复合绝缘子——定义、试验方法及验收规则》DL/T 1048的有关规定。 3．绝缘子的瓷件应执行《高压绝缘子瓷件　技术条件》GB/T 772中的有关规定。 4．安装螺孔偏差执行《普通螺纹　公差》GB/T 197中等精度的有关规定。 5．安装光孔偏差执行《极限与配合》GB/T 1800.1和GB/T 1800.2中H16级的有关规定。 6．绝缘子金属附件的热镀锌层执行《绝缘子金属附件热镀锌层　通用技术条件》JB/T 8177的有关规定。 7．绝缘子的瓷件执行《超声波探测瓷件内部缺陷》JB/T 9674逐个进行超声波探伤检测的有关规定。 8．水泥胶合剂执行《绝缘子胶装用水泥胶合剂》JB/T 4307的有关规定。 9．绝缘子抽样试验执行《高压绝缘子抽样方案》JB/T 3384的有关规定。 **差异：** 本标准6.1.4规定：瓷支柱绝缘子按GB/T 775.1的规定经受温度循环试验而不损伤。热水与冷水的温差为50K，循环3次。 《绝缘子试验方法　第1部分：一般试验方法》GB/T 775.1中7.1规定：试验用的热水和冷水应足够多，使在浸入试品后，水温变化不超过2K。冷水与热水之温度差按产品规定调整好，容器内各部位的水温应均匀一致，热水温度应不低于60℃

续表

序号	标准名称/标准号/时效性	针对性	内容与要点	关联与差异
12	《1000kV 交流系统用套管技术规范》 GB/Z 24840—2009 2010 年 5 月 1 日实施	适用于 1000kV 交流系统变压器类和气体绝缘金属封闭开关设备用的 1000kV 电压等级套管	**主要内容：** 规定了 1000kV 交流系统用高压套管的技术原则，主要包括： （1）一般使用条件； （2）系统概况； （3）基本技术参数； （4）技术性能要求； （5）试验要求与方法； （6）试验分类； （7）运输、存放、安装、运行和维护规则。 **重点与要点：** 1．套管内 SF_6 气体水分含量不大于 250μL/L。 充气套管年泄漏率不大于 0.5%。 2．套管的安装角度：套管轴线与水平方向呈 0°～30°	**关联：** 1．套管的瓷套应执行《额定电压为 1000V 以上的电气设备用空心增压和未增压陶瓷和玻璃绝缘子》IEC 62155 的规定。 2．套管用空心绝缘子的外形结构执行《污秽条件下高压绝缘子的选择和尺寸确定》IEC 60815 的有关规定。 3．套管用空心复合绝缘子的技术要求应执行《户外和户内电气设备用空心复合绝缘子——定义、试验方法、接收准则和设计推荐》GB/T 21429 的规定。 4．套管的试验方法还应执行《交流电压高于 1000V 的绝缘套管》GB/T 4109、《交流变压器在长期工作时的发热》GB/T 763、《电力变压器　第 3 部分：绝缘水平、绝缘试验和外绝缘空气间隙》GB 1094.3、《绝缘油击穿电压测定法》GB/T 507、《液体绝缘材料工频相对介电常数、介质损耗因数和体积电子率的测量》GB/T 5654 、《变压器油中溶解气体分析和判断导则》GB/T 7252、《局部放电测量》GB/T 7354、《运行中变压器油水分含量测定法（库仑法）》GB/T 7600、《运行中变压器、汽轮机油水分含量测定法（气相色谱法）》GB/T 7601、《户外和户内电气设备用空心复合绝缘子——定义、试验方法、接收准则和设计推荐》GB/T 21429 和《交流 1000V 以上的绝缘套管》IEC 60137 的规定。 **差异：** 本标准 7.16 规定：套管内变压器油的性能指标：击穿电压不小于 70kV，$\tan\delta$（90℃）≤0.1%，乙炔为 0，总烃不大于 10μL/L，氢不大于 30μL/L。 《±800kV 直流系统用穿墙套管》GB/T 26166 中 7.4.7 规定：击穿电压不小于 60kV，$\tan\delta$（90℃）≤0.4%，乙炔小于 1.0μL/L，总烃不大于 70μL/L，氢不大于 70μL/L

续表

序号	标准名称/标准号/时效性	针对性	内容与要点	关联与差异
13	《1000kV 交流系统用电容式电压互感器技术规范》 GB/Z 24841—2009 2010 年 5 月 1 日实施	适用于标称电压为 1000kV、频率 50Hz 交流系统中使用的 1000kV 电容式电压互感器的选型、制造、试验和验收	**主要内容：** 1. 规定了 1000kV 系统用电容式电压互感器的技术原则，主要包括： （1）使用条件； （2）技术参数及性能要求； （3）结构要求； （4）试验； （5）使用期限、包装、运输及贮存等。 2. 确定了 1000kV 系统用电容式电压互感器型式试验、例行试验、特殊试验的项目及要求。 **重点与要点：** 1. 电容式电压互感器应装有起吊环、地脚螺栓、不锈钢铭牌，应有直径不小于 12mm 的接地螺栓。 2. 电磁单位应设油位指示器、排油阀和取样阀。 3. 在运输过程中，电容器应直立运输，无严重振动、颠簸和冲击现象	**关联：** 1. 35kV～750kV 电压等级电容式电压互感器的选型、订货、验收和维护可参照《电力用电容式电压互感器使用技术规范》DL/T 1251—2013 执行。 2. 本标准在试验及铭牌参数要求等方面引用《电容式电压互感器》GB/T 4703 为作废规范，其替代规范为《互感器　第 1 部分：通用技术要求》GB 20840.1—2010 和《互感器　第 5 部分：电容式电压互感器的补充技术要求》GB/T 20840.5—2013，应执行现行有效规范
14	《1000kV 单相油浸式自耦电力变压器技术规范》 GB/Z 24843—2009 2010 年 5 月 1 日实施	适用于 1000kV 级，额定容量为 1000MVA 和 1500MVA 的单相油浸式自耦电力变压器	**主要内容：** 1. 规定了 1000kV 油浸式自耦电力变压器的技术原则，主要包括： （1）使用条件； （2）性能参数； （3）结构要求； （4）试验； （5）标志、包装和运输等。 2. 明确了 1000kV 单相油浸式自耦电力变压器基本参数、绝缘水平、温升限制、损耗和效率、特快速暂态过电压、局部放电水平、无线电干扰电压、噪声水平、过负载能力、承受短路的能力、励磁特性、工频电压升高时的运行持续时间、预期寿命等性能参数要求。 3. 对 1000kV 单相油浸式自耦电力变压器绕组及绝缘、油箱、储油柜、无励磁分接开关、冷却系统、套管、绝缘油、铭牌等技术要求进行了规定。	**关联：** 1. 试验方法执行《电力变压器》GB 1094 的有关规定。 2. 变压器绝缘油应满足《电工流体　变压器和开关用的未使用过的矿物绝缘油》GB 2536 环烷基油的要求。 3. 压器套管端子型式和尺寸应满足《变压器、高压电器和套管的接线端子》GB/T 5273 的有关规定。 **差异：** 1. 本标准 6.3.2 规定：变压器主油箱应能承受正压 0.12MPa 而不出现永久变形。 《800kV 直流输电用油浸式换流变压器技术参数和要求》GB/T 25082 中 6.3 规定：换流变压器油箱应能承受正压力为 98kPa，不产生永久变形。 2. 本标准 6.7.2 和 6.7.3 规定：过滤后的绝缘油中直径大于 5μm 的颗粒不多于 1000 个/100mL，油中应无乙炔，氢和总烃含量小于 10μL/L。

续表

序号	标准名称/标准号/时效性	针对性	内容与要点	关联与差异
14			4．确定了主体变压器、调压补偿变压器及整体的例行试验、型式试验的要求。 **重点与要点：** 1．1000kV 油浸式自耦电力变压器的型式为单相、三绕组，调压方式为中性点无励磁调压。 2．在规定的试验电压下，局放电量高压绕组不大于100pC，中压绕组不大于200pC，低压绕组不大于300pC。 3．变压器运输须充干燥的氮气或干燥的空气后进行运输。充入的氮气纯度应大于99%。运输前应进行密封试验以确保在20kPa～30kPa压力时密封良好。 4．变压器在规定的工作条件和负载条件下运行，预期寿命不低于30年	《1000kV 系统电气装置安装工程电气设备交接试验标准》GB/T 50832—2013 中 3.0.12、表 13.0.1 规定：油中溶解气体含量应无乙炔，总烃小于或等于 20μL/L，氢气小于或等于 10μL/L。5μm～100μm 的颗粒不多于 1000 个/ 100mL，无 100μm 以上颗粒。 《1000kV 电力变压器、油浸电抗器、互感器施工及验收规范》GB 50835—2013 中 3.8.1 规定：5μm～100μm 的颗粒不多于 1000 个/100mL，无 100μm 以上颗粒
15	《1000kV 交流系统用油浸式并联电抗器技术规范》 GB/Z 24844—2009 2010 年 5 月 1 日实施	适用于电压等级为交流 1000kV，额定容量为200Mvar～320Mvar 的单相油浸式并联电抗器	**主要内容：** 1．规定了1000kV 交流系统用油浸式并联电抗器的技术原则，主要包括： （1）使用条件； （2）性能参数； （3）结构要求； （4）试验； （5）标志、包装和运输等。 2．明确了1000kV 交流系统用油浸式并联电抗器基本参数、绝缘水平、温升限制、过励磁能力、磁化特性、局部放电水平、无线电干扰电压、振动、噪声水平、阻抗偏差、谐波电流等性能参数要求。 3．对1000kV 交流系统用油浸式并联电抗器绕组及绝缘、油箱、储油柜、散热器、安装保护装置、油温测量装置、套管、绝缘油等技术要求进行了规定。 4．确定了1000kV 交流系统用油浸式并联电抗器例行试验、型式试验的试验项目及要求。	**关联：** 1．电抗器技术一般要求还应执行《电力变压器　第1部分：总则》GB 1094.1、《电力变压器　第2部分：温升》GB 1094.2、《电力变压器　第3部分：绝缘水平、绝缘试验和外绝缘空气间隙》GB 1094.3、《电抗器》GB/T 10299、《电力变压器　第六部分：电抗器》IEC 60076.6 的有关规定。 2．新生产的电抗器的绝缘油应为环烷基新油并执行《电工流体 变压器和开关用的未使用过的矿物绝缘油》GB 2536 和《电力变压器用绝缘油选用指南》DL/T 1094 的有关规定。 3．电抗器套管端子型式和尺寸应满足《变压器、高压电器和套管的接线端子》GB/T 5273 的有关规定。 **差异：** 1．本标准 6.3.1 规定：电抗器主油箱应能承受正压 0.12MPa 而不出现永久变形。 《800kV 直流输电用油浸式换流变压器技术参数和要求》GB/T 25082 中 6.6.3 规定：换流变压器油箱应能承受正压力为 98kPa，不产生永久变形。

续表

序号	标准名称/标准号/时效性	针对性	内容与要点	关联与差异
15			**重点与要点：** 1. 在规定的试验电压下，电抗器的绕组线端局部放电量不大于 100pC，中性点线端不大于 300pC。 2. 在规定的工作条件下运行，预期寿命不低于 30 年。 3. 当电抗器内部压力超过 0.055MPa 时，压力释放器应能可靠动作，并发出报警脉冲。 4. 电抗器运输时应安装三维冲撞记录仪。 5. 额定电压、额定频率时的噪声声压级应不大于 75dB（A）	2. 本标准 6.9.2 规定：过滤后的绝缘油中直径大于 5μm 的颗粒不多于 1000 个/100mL，油中应无乙炔，氢和总烃含量小于 10μL/L。 《1000kV 系统电气装置安装工程电气设备交接试验标准》GB/T 50832—2013 中 3.0.12、表 13.0.1 规定：油中溶解气体含量应无乙炔，总烃小于等于 20μL/L，氢气小于等于 10μL/L。5μm～100μm 的颗粒不多于 1000 个/100mL，无 100μm 以上颗粒。 《1000kV 电力变压器、油浸电抗器、互感器施工及验收规范》GB 50835—2013 中 3.8.1 规定：5μm～100μm 的颗粒不多于 1000 个/100mL，无 100μm 以上颗粒
16	《1000kV 交流系统用无间隙金属氧化物避雷器技术规范》 GB/Z 24845—2009 2010 年 5 月 1 日实施	适用于为限制 1000kV 交流系统过电压而设计的瓷套无间隙金属氧化物避雷器和 GIS 用罐式避雷器	**主要内容：** 1. 对 1000kV 交流系统用无间隙金属氧化物避雷器的有关要求进行了规定，主要包括： （1）标准额定值； （2）运行条件； （3）技术要求、试验项目和方法； （4）铭牌、包装、运输及保管条件。 2. GIS 避雷器安装后的现场试验项目包括： （1）持续电流试验； （2）工频参考电压试验； （3）气体密封性试验； （4）SF_6气体的水分检测。 **重点与要点：** 1. 所涉及的避雷器的额定电压为 828kV（有效值）、额定频率为 50Hz、标称放电电流为 20kA。 2. 避雷器应装设满足接地热稳定电流要求的接地极板，并配有引接接地线连接用的接地螺钉，螺钉直径不小于 16mm。	**关联：** 1. 1000kV 交流系统用无间隙金属氧化物避雷器的试验等还应符合《交流无间隙金属氧化物避雷器》GB 11032 的有关规定。 2. 避雷器瓷外套的爬电系数、外形系数、直径系数以及表示伞裙形状的参数，应满足《高压架空线路和发电厂、变电所环境污区分级及外绝缘选择标准》GB/T 16434 的有关规定。 3. 泄漏电流监测器应符合《金属氧化物避雷器监测装置》JB/T 10492 的有关规定。 4. GIS 避雷器内 SF_6气体应满足《工业六氟化硫》GB/T 12022 的有关规定，水分含量应满足《六氟化硫电气设备中气体管理和检测导则》GB/T 8905 的有关规定。 5. 绝缘底座绝缘电阻试验应执行《电气装置安装工程 电气设备交接试验标准》GB 50150 的有关规定。 **差异：** 1. 本标准 7.3.19 规定：0.75 倍直流参考电压下的漏电流不超过 100μA。 《±800kV 直流系统用金属氧化物避雷器》GB/T 25083—2010 中 6.5 规定：0.75 倍直流参考电压下的漏电流应不超过 50μA/柱。

续表

序号	标准名称/ 标准号/时效性	针对性	内容与要点	关联与差异
16			3. 对多节元件组成的避雷器应标出避雷器元件编号及各元件之间的连接图	2. 本标准 7.3.16.3 规定：耐地震烈度 8 度的地震负荷，地面最大水平加速度：$3m/s^2$，地面最大垂直加速度：$1.5m/s^2$。 《±800kV 直流系统用金属氧化物避雷器》GB/T 25083—2010 中 6.1.7 规定：避雷器应承受 7 度地震烈度，地震水平加速度 0.20g，垂直加速度 0.10g。 3. 本标准 14.10.17 规定：GIS 避雷器 SF_6 气体泄漏率应小于 1%/年。 《气体绝缘金属封闭开关设备技术条件》DL/T 617—2010 中 6.14 规定：每个密封压力系统或隔室允许的年漏气率应不大于 0.5%
17	《800kV 直流输电用油浸式换流变压器技术参数和要求》 GB/T 25082—2010 2011 年 2 月 1 日实施	适用于采用双 12 脉波变流器串联的±800kV 级直流输电系统用高端单相油浸式换流变压器	**主要内容：** 对±800kV 直流输电系统用高端（600kV 和 800kV）油浸式换流变压器的有关要求进行了规定，主要包括： （1）性能参数； （2）绝缘水平； （3）技术要求； （4）测试项目； （5）标志、包装、运输和贮存等。 **重点与要点：** 1. 阀侧采用 SF_6 气体绝缘的套管应配有气体压力在线检测装置。 2. 换流变压器的整体应能承受真空度 13.3Pa 的能力。 3. 当换流站要求备用换流变压器需要转体后替换故障换流变压器，则需考虑提供转体用小车	**关联：** 1. 本标准应与《变流变压器　第 2 部分：高压直流输电用换流变压器》GB/T 18494.2 配套使用。 2. 换流变压器制造的基本要求应执行《电力变压器　第 1 部分：总则》GB 1094.1、《电力变压器　第 2 部分：温升》GB 1094.2、《电力变压器　第 3 部分：绝缘水平、绝缘试验和外绝缘空气间隙》GB 1094.3、《电力变压器　第 5 部分：承受短路的能力》GB 1094.5 和《变流变压器　第 2 部分：高压直流输电用换流变压器》GB/T 18494.2 的有关规定。 3. 变压器使用的油应执行《电工流体 变压器和开关用的未使用过的矿物绝缘油》IEC 60296 的有关规定。 **差异：** 本标准 6.6.3 规定：换流变压器油箱应能承受正压力为 98kPa，不产生永久变形。 《1000kV 单相油浸式自耦电力变压器技术规范》GB/Z 24843 中 6.3.2 规定：变压器主油箱应能承受正压 0.12MPa 而不出现永久变形
18	《±800kV 特高压直流输电控制与保护设备技术导则》	1. 适用于±800kV 特高压直流输电控制与保护设备。	**主要内容：** 1. 规定了±800kV 特高压直流输电系统中控制保护设备在科研、设计、制造、试验和换流站二次回路设计等方面的基本原则。	**关联：** 1. 控制与保护设备抗干扰性能应满足《±800kV 特高压直流换流站二次设备抗扰度要求》DL/T 1087 的有关规定。

续表

序号	标准名称/标准号/时效性	针对性	内容与要点	关联与差异
18	GB/Z 25843—2010 2011年5月1日实施	2. ±800kV 电压等级以下采用每极两个12脉动换流器串联结构的直流输电系统控制与保护设备也可参照执行	2. 确定了控制与保护设备的可靠性和安全性、电磁兼容、可扩展性要求。 **重点与要点：** 1. 直流系统保护设备可以采用双重化冗余也可采用三重化冗余。 2. 特高压直流工程的极控系统一般以12脉动换流器为基本单元，按照双极、极和换流器等3个层次的控制功能，分别配置独立的双极和极层控制设备以及换流器层控制设备。 3. 极控设备及其功能的配置应使直流系统的每一单极和每个12脉动换流器的运行相对独立，实现各种运行方式的切换以及局部故障的切除，以提高整个直流系统运行的灵活性和可用率。 4. 特高压直流系统保护包括直流保护、换流变压器保护、交流滤波器保护和直流滤波器保护等设备。 5. 换流变压器保护以12脉动换流单元为基础配置，每个12脉动换流器所对应的换流变压器分别配置独立的换流变压器保护。 6. 特高压直流工程的直流保护由双极层保护、极层保护和12脉动换流器保护等构成。 7. 整个换流站可配置一套独立的双极层保护设备，也可将双极保护功能集成在极层保护设备中；极层保护按极配置，每个直流极配置一套独立的极保护设备；换流器保护以12脉动换流器为单元配置，每个12脉动换流器配置一套独立的换流器保护设备。 8. 直流保护系统的保护功能和动作值应能根据特高压直流系统的主回路运行方式，在运行过程中进行动态的配置和调整，自动适应包括完整和不完整双极、完整和不完整单极、金属返回和大地返回、降压运行、空载加压试验等所有工程确定的运行方式，并且不应在运行方式切换过程中出现保护误动	2. 支撑软件应符合《地区电网调度自动化系统》GB/T 13730的有关规定。 3. 远动工作站的功能和性能应符合《远动终端设备》GB/T 13729的有关规定。 4. 特高压直流工程的运行人员控制系统，交直流系统站控设备，直流系统极控设备、保护设备、故障定位装置、暂态故障录波装置，均应符合《高压直流输电系统控制与保护设备》GB/T 22390的有关规定。 **差异：** 1. 本标准6.1.9规定： （1）交流和直流回路不宜合用同一根电缆； （2）强电和弱电回路不宜合用同一根电缆； （3）交流电流和交流电压回路不宜合用同一根电缆； （4）低电平信号与高电平信号回路不宜合用同一根电缆； （5）交流电压互感器二次回路的三相电压和开口三角零序电压的引入线宜采用各自独立的电缆； （6）同一根电缆中不宜有不同安装单位的电缆芯。 《电力装置的继电保护和自动装置设计规范》GB/T 50062—2008中15.4.4规定： （1）弱电回路和强电回路不应共用同一根电缆； （2）低电平回路和高电平回路不应共用同一根电缆； （3）交流回路和直流回路不应共用同一根电缆。 2. 本标准对二次回路抗干扰规定更为详细，但用词的严格程度上不及GB/T 50062

续表

序号	标准名称/标准号/时效性	针对性	内容与要点	关联与差异
19	《1000kV 断路器保护装置技术要求》 GB/T 29323—2012 2013 年 6 月 1 日实施	适用于 1000kV 双断路器接线或一个半断路器接线的微机型继电保护装置的设计、制造、检验和应用	**主要内容：** 1. 规定了 1000kV 双断路器接线或一个半断路器接线的微机型继电保护装置的技术原则，主要包括： （1）技术要求； （2）试验方法； （3）检验规则； （4）标志、包装、运输、贮存。 2. 明确了 1000kV 断路器保护装置的环境条件、额定电气参数、功率消耗、整套装置的主要功能、装置的主要技术性能、过载能力、绝缘性能、耐湿热性能、电磁兼容要求、直流电源影响、静态模拟、动态模拟、连续通电、机械性能、结构、外观及其他等技术要求。 3. 确定了试验条件、技术性能试验、温度试验、贮存、运输极限环境温度试验、功率消耗试验、过载能力试验、绝缘试验、湿热试验、电磁兼容要求试验、直流电源影响试验、连续通电试验、机械性能试验、结构和外观检查等试验要求。 4. 明确了 1000kV 断路器保护装置断路器失灵保护、充电保护、死区保护、重合闸等技术要求。 5. 对 1000kV 断路器保护装置型式试验、出厂试验的相关技术要求进行了规定。 **重点与要点：** 1. 与线路相连的断路器保护应配重合闸功能，自动重合闸只实现一次重合闸，任何情况下不应发生多次重合闸。 2. 断路器保护应按断路器配置，包括断路器失灵保护、充电保护、死区保护	**关联：** 1. 装置的使用场地执行《计算机场地安全要求》GB/T 9361—2011 中 B 类安全要求。 2. 通信传输协议符合《远动设备及系统　第 5 部分：传输规约》DL/T 667 或《变电站通信网络和系统》DL/T 860 的有关规定。 3. 装置的自检功能执行《继电保护和安全自动装置技术规程》GB/T 14285 的有关规定。 4. 冲击响应、冲击耐久、碰撞等执行《量度继电器和保护装置的冲击与碰撞试验》GB/T 14537 的有关规定。 5. 装置的机箱尺寸执行《电子设备机械机构》GB/T 19520 的有关规定。 6. 功率消耗试验、过载能力试验、绝缘试验等执行《继电保护和安全自动装置基本试验方法》GB/T 7261 的有关规定。 7. 静电放电试验、浪涌抗扰度试验等执行《量度继电器和保护装置》GB/T 14598 的有关规定。 8. 工频磁场抗扰度试验、脉冲磁场抗扰度试验等执行《电磁兼容试验和测量技术》GB/T 17626 的有关规定
20	《智能变电站技术导则》 GB/T 30155—2013 2014 年 8 月 1 日实施	适用于 110（66）kV～750kV 电压等级智能变电站	**主要内容：** 1. 明确了智能变电站的相关术语和定义、规定了智能变电站的有关原则，主要包括： （1）体系架构； （2）主要设备功能要求； （3）设计；	**关联：** 1. 对于智能变电站的技术要求与常规变电站的技术要求不同时，优先采用本标准的规定。 2. 智能电力变压器应执行本标准及《电力变压器（所有部分）》GB 1094 的有关规定。

续表

序号	标准名称/标准号/时效性	针对性	内容与要点	关联与差异
20			（4）检测； （5）调试； （6）运行维护。 2．明确了智能变电站以下主要设备及功能要求（这些要求在常规变电站中是没有的）： （1）智能高压设备； （2）电子式互感器； （3）合并单元； （4）继电保护及安全自动装置； （5）站域保护控制装置； （6）监控系统； （7）数据通信网关机； （8）网络通信系统； （9）站用时间同步系统； （10）电力系统动态记录装置； （11）网络报文记录仪； （12）计量系统； （13）电能质量监测系统； （14）站用电源系统； （15）辅助设施。 **重点与要点：** 1．应优先采用节能、环保、集成、紧凑的设备和设计。 2．应符合易扩展、易升级、易改造、易维护的工业化应用要求。 3．应建立全站统一的通信网络，应遵循网络专用、横向隔离、纵向认证的原则，对不同类型的信息进行安全分区，以保障信息安全。 4．应具有全站信息数字化、信息共享标准化、通信平台网络化、系统功能集成化、结构设计紧凑化、高压设备智能化和运行状态可视化等技术特征。 5．应支持与相关变电站、输电线路、发电厂、大用户（含大型充电站）之间的信息互动；支持风能、太阳能等可再生能源接入。	3．智能高压开关设备应执行本标准及《高压交流断路器》GB 1984、《高压交流隔离开关和接地开关》GB 1985、《额定电压 72.5kV 及以上气体绝缘金属封闭开关设备》GB 7674、《高压开关设备和控制设备标准的共用技术要求》GB 11022 等的有关规定。 4．电子式互感器应执行本标准及《互感器（所有部分）》GB/T 20840 的有关规定。 5．合并单元应执行本标准及《合并单元技术条件》DL/T 282 的有关规定。

续表

序号	标准名称/标准号/时效性	针对性	内容与要点	关联与差异
20			6. 宜对站域电测量信息及设备状态信息进行统一管理和展示，通过对站域信息的综合分析，辨识基础数据品质，提升辅助决策能力。 7. 智能高压设备除应符合常规高压设备的技术标准要求外，还应实现数字测量、网络控制、状态评估、信息互动全部或部分功能。 8. 在具备条件时，宜先在工厂完成集成调试，调试内容为设备（或系统）功能和性能的符合性检验	6. 继电保护装置及安全自动装置应执行本标准及《继电保护和安全自动装置技术规程》GB/T 14285、《继电保护和安全自动装置通用技术条件》DL/T 478、《电力系统安全稳定控制系统通用技术条件》DL/T 1092等的有关规定
21	《超高压可控并联电抗器控制保护系统技术规范　第1部分　分级调节式》 GB/T ××××—201×报批稿	1. 适用于电压等级为500kV、750kV电力系统中使用的分级式可控高抗控制保护系统的设计、制造及试验。 2. 其他电压等级分级式可控高抗控制保护系统可参照执行	**主要内容：** 1. 主要内容包括： （1）通用技术要求、功能及性能要求； （2）试验类型、试验条件、试验项目及试验结果评判标准； （3）标志和资料附件、包装、贮存。 2. 明确了超高压可控并联电抗器高阻抗变压器保护典型配置。 3. 分级式可控高抗控制保护系统应包含调节控制器、阀基电子单元、监控设备、阀保护单元、高阻抗变压器保护、通信接口单元等，具备自动调节控制、设备监控、设备保护、通信、事件记录等功能，使分级式可控高抗满足系统无功电压控制的要求。 **重点与要点：** 1. 分级式可控高抗控制设备应采用可靠的冗余结构，具备切换跟随逻辑功能；电气量保护设备应双重化配置。 2. 分级式可控高抗控制保护设备在现场和系统发生紧急情况时，应具有手动操作干预的功能。 3. 阀基电子单元应保证送往晶闸管阀组高电位触发板触发信号的完整性和正确性，采用编码方式时应保证编码数据的完整性，采用非编码方式时应保证触发脉冲的宽度符合设备技术文件的要求	**关联：** 1. 试验判定标准参照《继电器和安全自动装置基本试验方法》GB/T 7261—2008执行。 2. 保护装置应满足《继电保护和安全自动装置技术规程》GB/T 14285—2006的有关规定。 3. 外壳防护应符合《外壳防护等级（IP代码）》GB 4208的有关规定。 4. 通信接口宜符合《变电站通信网络和系统　第5部分：功能的通信要求和装置模型》DL/T 860.5的有关规定。 5. 交流电流回路和电压回路过载能力、冲击电压试验应符合《继电保护和安全自动装置通用技术条件》DL/T 478的有关规定

续表

序号	标准名称/ 标准号/时效性	针对性	内容与要点	关联与差异
22	《330kV～750kV油浸式并联电抗器使用技术条件》 DL/T 271—2012 2012年7月1日实施	1．适用于330kV～750kV油浸式并联电抗器。 2. 330kV～750kV三相一体油浸式并联电抗器、220kV及以下油浸式并联电抗器可参照执行。 3．不适用于可控电抗器	**主要内容：** 规定了330kV～750kV油浸式并联电抗器及中性点电抗器的技术原则，主要包括： （1）使用条件； （2）系统条件和基本要求； （3）形式、电气技术参数和性能要求； （4）设计、制造和结构的一般要求； （5）控制保护和监测装置； （6）试验要求。 **重点与要点：** 1．在额定电压和频率下，电抗器的额定电抗的允许偏差为±5%，每相电抗与三相电抗平均值间的允许偏差不超过±2%。 2．损耗实测值与规定值的允许偏差不超过±10%。 3．电抗器在额定电压和频率下，声级水平（声压级）不超过80dB（A）	**关联：** 1．并联电抗器例行试验的项目和方法按《电力变压器》GB 1094的要求进行。 2．电抗器的内绝缘水平原则上参照《绝缘配合　第1部分：定义、原则和规则》GB 311.1和《交流电气装置的过电压保护和绝缘配合》DL/T 620的有关规定。 **差异：** 1．本标准6.1.4规定：330kV和500kV油浸式并联电抗器的额定损耗值均小于《330kV及500kV油浸式并联电抗器技术参数和要求》GB/T 23753中4.1.1所列值。 2．本标准电抗器套管的绝缘水平原则上参照《高压套管技术条件》GB/T 4109，其局部放电量不大于10pC。《电气装置安装工程　电气设备交接试验标准》GB 50150—2006第8章：电抗器及消弧线圈条款中未规定电抗器套管局部放电量标准。 3．本标准6.1.15规定的绝缘油性能指标与《电气装置安装工程　电力变压器、油浸电抗器、互感器施工及验收规范》GB 50148—2010中4.4.1的主要差异： （1）330kV电抗器击穿电压：本标准不低于60kV；GB 50148不低于50kV。 （2）颗粒度：本标准100mL油中大于5μm的颗粒不大于2000个；GB 50148规定5μm～100μm颗粒不大于1000个，无100μm以上颗粒。 （3）含水量：本标准不大于10μL/L；GB 501485规定750kV不大于8μL/L、500kV不大于10μL/L、330kV不大于15μL/L
23	《220kV～750kV油浸式电力变压器使用技术条件》 DL/T 272—2012 2012年7月1日实施	适用于频率为50Hz、电压等级220kV～750kV油浸式电力变压器	**主要内容：** 1．规定了油浸式电力变压器使用时应遵循的有关原则，主要包括： （1）使用条件； （2）技术要求； （3）变压器试验；	**关联：** 1．中压侧和低压侧的绝缘水平按《绝缘配合　第1部分：定义、原则和规则》GB 311.1选用相应等级的绝缘水平。 2．损耗值可按《电力变压器经济运行》GB/T 13462提出相应的要求。

续表

序号	标准名称/标准号/时效性	针对性	内容与要点	关联与差异
23			（4）贮存等。 2. 确定了目前国家和行业标准未涉及的如三绕组变压器短路承受能力、片式散热器多种组合冷却方式、直流偏磁承受能力、重合闸耐受能力和寿命设计等要求。 3. 明确目前国家和行业标准规定不明确或有矛盾的，如温升试验、套管低温负压、气体继电器真空密封要求等。 4. 增加了“过电流和过励磁试验”、“直流偏磁承受能力试验”、“变压器短路承受能力重合闸试验”和“变压器短路承受能力设计验证”等试验项目内容。 **重点与要点：** 1. 在1.5倍额定电压下，油纸套管视在放电量不大于10pC。 2. 出厂试验中规定500kV及以上应进行绝缘油颗粒度测试。 3. 现场试验中规定高压和中压端子的局部放电量应不大于100pC	3. 220kV及以上变压器过负荷能力应符合《电力变压器　第7部分：油浸式电力变压器负载导则》GB/T 1094.7的有关规定。 4. 局部放电试验方法应符合《电力变压器　第3部分：绝缘水平、绝缘试验和外绝缘空气间隙》GB 1094.3和《局部放电测量》GB/T 7354的规定。 5. 三相变压器进行小电流短路阻抗测试时应三相短路，按《电力变压器试验导则》JB/T 501的规定进行单相测试，试验电流为5A
24	《高压直流接地极技术导则》 DL/T 437—2012 2012年3月1日实施	1. 适用于单极和双极运行的高压直流输电系统两端接地极系统。 2. 不适用换流站接地网	**主要内容：** 规定了直流接地极的技术条件、试验方案及运行维护的技术原则，主要包括： （1）技术条件； （2）试验标准及要求； （3）对周围设施影响的评估与防护标准及要求； （4）运行维护要求； （5）测量深层大地电阻率的不等距四极法； （6）热导率、热容率和焦炭要求； （7）地面最大允许跨步电压的标准。 **重点与要点：** 1. 直流接地极设计应分别考虑额定电流、最大过负荷电流和最大暂态电流3种工况。 2. 直流接地极埋深应根据本导则中跨步电压的要求，并结合接地极址土壤气候特性、工程开挖以及外力因素等进行综合技术经济比较来确定，一般不小于1.5m。	**关联：** 1. 接地电阻测试布线应参照《接地装置特性参数测量导则》DL/T 475的有关规定。 2. 接地极的测量方法应符合《直流接地极接地电阻、地电位分布和分流的测量方法》的有关规定。 **差异：** 本标准附录C：地面最大允许跨步电压计算式为 $E_m=7.42+0.0318\rho s$

续表

序号	标准名称/标准号/时效性	针对性	内容与要点	关联与差异
24			3. 直流接地极址一般应远离人口稠密的城市和乡镇以及地下有较多公共设施的地区。 4. 直流接地极设计前对环境影响的评估可参照金属构筑物防止腐蚀的相关标准及法规。 5. 直流接地极材料选择的基本原则：来源广泛；加工方便；良好的导电性；耐电腐蚀性强；蚀生成物无毒，不污染环境；经济性好；使用寿命长。 6. 接地极通电后应测量入地总电流，该项工作应在系统调试的整个过程中进行，以便为其他的各项测试工作提供最基本的参数。 7. 直流接地极接地电阻测试应采用电流注入法（电流表—电压表法），不得采用便携式接地电阻测试仪表测量。 8. 接地极在设计寿命内每 10 年、设计寿命外每 5 年以及每运行设计寿命 1/3A・h 数后，可进行一次局部开挖检查，以确定接地极地下部分（馈电元件、连接电缆、接头等）的运行状况	《±800kV及以下直流输电接地极施工及验收规程》DL/T 5231—2010 中 12.2 规定：单极带负荷试验运行时，测量接地极周边跨步电压应满足设计要求，小于或等于 5V+0.03ρ
25	《继电保护及控制装置电源模块（模件）技术条件》 DL/T 527—2013 2014 年 4 月 1 日实施	适用于继电保护及控制装置使用的电源模块或模件，作为产品设计、制造、试验和选用的依据	**主要内容：** 规定了对继电保护及控制装置电源模块的技术条件，主要包括： （1）技术要求。 （2）试验方法、检验规则及检验结果评判标准。 （3）标志、包装、运输及贮存。 **重点与要点：** 1. 电源模块（模件）输出电压中的交流分量输入电压在（80%～120%）U_n 范围内变化，载电流在（10%～100%）I_n 范围内变化。 2. 同一 PWM 控制（反馈）回路中的任一路发生短路故障，电源保护应使电源模块（模件）在 5ms 内停止工作。 3. 额定负载、额定输入电压下，开机冲击电流不大于 20A，冲击电流下降到 1.5 倍额定输入电流的时间不大于 10ms；在电源模块（模件）工作时间 30min 以后，输入电源关断 0.2s～1s，再开机时，冲击电流不大于 20A，冲击电流下降到 1.5 倍额定输入电流的时间不大于 10ms	**关联：** 1.本标准实施后代替《静态继电保护装置逆变电源技术条件》DL/T 527—2002，其主要差别： （1）短路保护方式改为“电源输出电压不宜自动恢复正常”，适应实际应用需求； （2）5.9 规定：温升改为“不超过 40K”； （3）对引用标准进行更新，并对相应的技术参数进行更新。 2. 电源模块（模件）的中断和暂降相关试验执行《继电保护和安全自动装置基本试验方法》GB/T 7261 和《电磁兼容 试验和测量技术 直流电源输入端口电压暂降、短时中断和电压变化的抗扰度试验》GB/T 17626.29 的有关规定

续表

序号	标准名称/标准号/时效性	针对性	内容与要点	关联与差异
26	《高压/低压预装箱式变电站选用导则》 DL/T 537—2002 2002 年 9 月 1 日实施	适用于高压侧交流额定电压为 7.2kV～40.5kV、低压侧交流额定电压不超过 1kV、变压器最大容量为 1600kVA、工作频率为 50Hz 的公众能接近的户外预装箱式变电站	**主要内容：** 1．规定了高压/低压预装箱式变电站选用的基本原则，主要包括： （1）户外预装箱式变电站的使用条件； （2）额定参数； （3）一般结构要求和试验方法； （4）选用导则。 2．箱式变电站的主要元件包括变压器、高压开关设备和控制设备、低压开关设备和控制设备和辅助设备等。 **重点与要点：** 1．预装箱式变电站是通过电缆连接的，可以在其内部或外部进行操作。 2．预装箱式变电站可以在地面上安装，也可以部分或全部在地面下安装。 3．高压开关设备隔室和低压开关设备隔室的门的内侧应标出主回路的线路图，同时应注明操作程序和注意事项	**关联：** 1．箱式变电站接地系统设计应符合《交流电气装置的接地》DL/T 621 的要求。 2．箱式变电站内高压开关设备和控制设备应执行《高压开关设备的共用订货技术导则》DL/T 593 的有关规定。 3．箱式变电站内低压开关设备和控制设备应执行《低压成套开关设备和控制设备 第 1 部分：总则》GB 7251.1 的有关规定。 4．箱式变电站内变压器应执行《电力变压器 第 1 部分：总则》GB 1094.1 或《干式电力变压器技术参数和要求》GB/T 10228 的有关规定。 5．箱式变电站内电能计量设备应执行《电能计量柜》GB/T 16934 的有关规定。 6．箱式变电站外壳的防护等级应不低于《外壳防护等级（IP 代码）》GB 4208 中的 IP23D
27	《电力系统通信站过电压防护规程》 DL/T 548—2012 2012 年 3 月 1 日实施	1．适用于电力系统通信站过电压防护系统的建设、施工、验收和运行维护管理。 2．电力系统通信站的过电压防护设计也可参照执行	**主要内容：** 1．规定了电力系统通信站过电压防护的有关原则，主要包括： （1）过电压防护技术要求； （2）过电压防护管理。 2．明确了调度通信楼、独立通信站、独立避雷针接地电阻及一般要求。 3．确定了通信站、微波站、光通信站接地与均电压、屏蔽与隔离及限幅的技术要求。 4．对过电压防护管理中的管理原则、管理职责、工程建设与竣工验收、运行维护、过电压损害统计分析等方面的要求进行了规定。	**关联：** 1．通信机房内的接地在满足本标准的同时还应符合《通信局（站）防雷与接地工程设计规范》YD 5098 的有关要求。 2．通信站的过电压防护应符合《交流电气装置的过电压保护和绝缘配合》DL/T 620、《交流电气装置的接地》DL/T 621 的有关规定。 3．设置在电力调度通信楼内的通信机房的防雷设计应符合《建筑物防雷设计规范》GB 50057 的有关规定。当对建筑物电子信息系统防雷有要求时，还应执行《建筑物电子信息系统防雷技术规范》GB 50343 的有关规定。

续表

序号	标准名称/标准号/时效性	针对性	内容与要点	关联与差异
27			**重点与要点：** 1. 通信机房内应围绕机房敷设环形接地母线。环形接地母线应采用截面积不小于 $90mm^2$ 的铜排或 $120mm^2$ 镀锌扁钢。 2. 引入通信站的 OPGW 应在引下塔或门形杆终端接续盒后换用全介质光缆。 3. 室外通信电缆应采用屏蔽电缆，屏蔽层应等电位接地，对于既有铠带又有屏蔽层的电缆，在机房内应将铠带和屏蔽层同时接地，在另一端只将屏蔽层接地	4. 电源浪涌保护器 SPD 的能量配合、安装及技术性能要求应符合《通信局（站）防雷与接地工程设计规范》YD 5098、《通信局（站）低压配电系统用电涌保护器技术要求》YD/T 1235.1、《通信局（站）低压配电系统用电涌保护器测试方法》YD/T 1235.2 的有关规定
28	《电力系统动态记录装置通用技术条件》 DL/T 553—2013 2014 年 4 月 1 日实施	1. 适用于 220kV 及以上电压等级电力系统动态记录装置。可作为这类产品研制、生产和检测部门的检测依据。 2. 110kV 及以下电压等级电网和发电厂的装置可参照执行	**主要内容：** 1. 规定了电力系统动态记录装置通用技术条件，主要包括： （1）技术要求、试验方法、检验规则监测结果的判定方法； （2）型式检验、出厂检验和现场检验的试验项目及要求。 2. 明确了电力系统动态记录装置采用 DMF 文件描述装置记录的通道与一、二次设备间的关联关系的数据输出格式要求。 **重点与要点：** 1. 电力系统动态记录装置接入方式分为交/直流模拟量、开关量或数字信号。 2. 动态记录装置的记录分为触发记录和连续记录两种方式	**关联：** 1. 电子式互感器的激励量采用数字量输入，其额定值应符合《互感器　第 7 部分：电子式电压互感器》GB/T 20840.7—2007 中 5.1.2 和《互感器　第 8 部分：电子式电流互感器》GB/T 20840.8—2007 中表 5 的规定。 2. 装置数据通信应符合《电力自动化通信网络和系统》DL/T 860 的相关要求。 3. 试验用仪器仪表应符合《继电保护和安全自动装置基本试验方法》GB/T 7261—2008 中 4.4 的规定。 4. 现场检验的项目、要求和方法应符合《继电保护和电网安全自动装置检验规程》DL/T 995 的规定。 5. 气候环境试验、电磁兼容试验、绝缘试验的技术要求和试验方法、试验结果判定等主要以《继电保护和安全自动装置通用技术条件》DL/T 478 为依据。 6. 220kV 及以上电压装置，其电力系统动态模拟试验或数字仿真试验模拟接线、模拟参数执行《电力系统继电保护产品动模试验》GB/T 26864 的规定
29	《高压开关设备和控制设备标准的共用技术要求》 DL/T 593—2006 2006 年 10 月 1 日实施	1. 适用于电压 3kV 及以上，频率 50Hz 的电力系统中运行的高压交流开关设备和控制设备。 2. 不适用于产品标准中另有规定的高压交流开关设备和控制设备	**主要内容：** 1. 对高压开关设备和控制设备标准的共用技术要求进行了规定，主要包括： （1）正常和特殊使用条件； （2）术语和定义； （3）额定值；	**关联：** 1. 对充油的开关设备和控制设备，新绝缘油应符合《电工流体　变压器和开关用的未使用过的矿物绝缘油》GB 2536 的有关要求。 2. 对充 SF_6 的开关设备和控制设备，新 SF_6 应符合《工业六氟化硫》GB 12022 的有关规定。

续表

序号	标准名称/标准号/时效性	针对性	内容与要点	关联与差异
29			（4）设计和结构； （5）型式试验； （6）出厂试验； （7）开关设备和控制设备的选用导则； （8）查询、投标和订货时应提供的资料； （9）运输、储存、安装、运行和维护规则； （10）安全； （11）产品对环境的影响。 2．确定了型式试验和出厂试验的试验方法和试验标准。明确了需进行全部或部分型式试验的产品范围，规定了环境试验的试验项目和试验标准，推荐了高压开关和控制设备腐蚀的最低要求和试验要求。 **重点与要点：** 1．每台开关装置的底架上均应设置可靠的接地端子，紧固螺栓或螺钉直径不小于 12mm，并标有保护接地符号。 2．两个端子排之间的电缆应没有中间接头和焊接点。接线应考虑与加热元件的距离。 3．一个端子只允许连接一根导线，只有专门设计的端子，才允许连接两根或多根导线。 4．气体封闭压力系统的密封性能用每个隔室的相对漏气率来表示：对于 SF_6 气体，标准值为每年 0.5%。对于 SF_6 系统补气间隔至少为 10 年以上。 5．从开关设备和控制设备最后的制造日期算起，在不少于 10 年的期限内，制造厂负责确保维修备件的不断供应	3．导线和电缆的正常截面积和特性应满足《电缆的导体》GB/T 3956 的有关规定。 **差异：** 1．本标准 7.3 规定：主回路电阻的测量，对于出厂试验，主回路每极电压降或电阻的测量，测得的电阻值不应该超过 $1.2R_0$，这里 R_0 等于温升试验前测得的电阻。试验电流应该取 100A 到额定电流之间的任一方便值。 《电气装置安装工程 电气设备交接试验标准》GB 50150—2006 中 13.0.3 规定：交接试验中应进行每相导电回路的电阻值测量，宜采用电流不小于 100A 的直流压降法，测试结果应符合产品技术条件的规定。 2．本标准 7.2.4.2 规定：真空断路器真空度的出厂绝缘试验电压为额定短时工频耐受电压。 《高压开关设备和控制设备标准的共用技术要求》GB/T 11022 的真空断路器真空度的出厂绝缘试验由制造厂自己规定
30	《高压交流断路器参数选用导则》 DL/T 615—2013 2014 年 4 月 1 日实施	适用于额定电压 7.2kV～1100kV、频率 50Hz 的高压交流断路器的参数选用。不包括发电机断路器的选择	**主要内容：** 1．对额定电压 7.2kV～1100kV、频率 50Hz 的高压交流断路器的参数选用进行了规定，主要包括： （1）使用环境条件； （2）额定值的选择； （3）主要参数选定；	**关联：** 1．高压交流断路器的使用条件、爬电距离等应执行《高压开关设备和控制设备标准的共用技术要求》DL/T 593 的有关规定。 2．7.2kV～1100kV 各额定电压的额定绝缘水平取自《绝缘配合 第 1 部分：定义、原则和规则》GB 311.1。

续表

序号	标准名称/标准号/时效性	针对性	内容与要点	关联与差异
30			（4）时间参量； （5）绝缘特性； （6）电寿命； （7）机械行程特性曲线； （8）合闸电阻的选择； （9）与开断和关合特性有关的工况； （10）型式试验项目； （11）近区故障； （12）容性开合电流； （13）SF_6的湿度、泄漏率与凝露等。 2．明确了交流断路器额定电压、额定电流、额定短路开断电流、额定短路关合电流、额定短时耐受电流及额定短路持续时间、额定峰值耐受电流、额定频率、额定绝缘水平、额定操作顺序等主要参数的选定标准和要求。 **重点与要点：** 1．如果对极间同期操作没有规定特别的要求，合闸时触头接触时刻的最大差异不超过 5ms，分闸时触头接触时刻的最大差异不超过 3ms。 2．GIS、断路器 SF_6气体年泄漏率应不大于 0.5%。SF_6开关柜年泄漏率应不大于 2%，SF_6环网柜年泄漏率应不大于 1%	3．额定电流应执行《标准电流等级》GB/T 762 的规定。 4．额定短路开断电流的交流分量标准值应在《标准电流等级》GB/T 762—2002 规定的 R10 系列中选取。 5．第 13 章中所列断路器试验项目后带括号的内容为该项目的适用条件，具体试验方法应执行《高压交流断路器订货技术条件》DL/T 402 第 6 章的有关规定。 6．冲击试验应执行《高电压试验技术　第 1 部分：一般定义及试验要求》GB/T 16927.1 的规定。 **差异：** 本标准与《电气装置安装工程　电气设备交接试验标准》GB 50150—2006 的主要差异： （1）本标准 19.2 规定：SF_6 气体年泄漏率应不大于 0.5%。 GB 50150 中 13.0.4 规定：年漏气率应不大于 1%。 （2）本标准 19.1 规定：不产生电弧的气室 SF_6的含水量的交接验收允许值为 500μL/L。 GB 50150 中 13.0.3 规定：应小于 250μL/L
31	《气体绝缘金属封闭开关设备技术条件》 DL/T 617—2010 2010 年 10 月 1 日实施	1．适用于全部或部分采用SF_6气体而不是大气压下的空气作为绝缘介质的气体绝缘金属封闭开关设备。 2．介于敞开式和 GIS 之间的成套开关设备也可以参考本标准	**主要内容：** 1．对额定电压为 72.5kV 及以上，频率为 50Hz 的户内、户外型气体绝缘金属封闭开关设备进行了规定，主要包括： （1）使用条件； （2）额定参数； （3）设计与结构； （4）试验； （5）选用导则； （6）工厂监造； （7）运输、保管；	**关联：** 1．新充 SF_6气体的质量应执行《工业六氟化硫》GB/T 12022 的规定。 2．GIS 的接地应执行《高压开关设备和控制设备标准的共同技术要求》GB/T 11022 的规定。 3．GIS 中隔离开关和接地开关应执行《高压交流隔离开关和接地开关》GB 1985 的规定。 4．GIS 出线与架空线连接出线套管的接线端子应执行《变压器、高压电器和套管的接线端子》GB/T 5273 的规定。

续表

序号	标准名称/标准号/时效性	针对性	内容与要点	关联与差异
31			（8）现场安装； （9）运行。 2. 明确了气体绝缘金属封闭开关设备的型式试验、出厂试验、安装后的现场试验的项目及要求。 **重点与要点：** 1. GIS 的每个封闭压力系统应装设气体密度监视装置。 2. 户外 GIS 的气体密度监视装置（包括充放气阀门、接头）应有防雨箱。 3. 监造工作不替代制造厂的自行检验及对设备的最终检验，设备的质量和性能始终由制造厂全面负责。 4. GIS 应密封和充低压力的干燥气体进行运输和储存。 5. GIS 每个运输单元应安装冲击记录仪。 6. 户内设备安装应在土建已施工完毕并验收合格后方可进行，安装现场应洁净无灰尘。湿度不大于 80%。 7. 户外设备安装应搭建临时防尘、防潮的作业间。环境温度－5℃～40℃，湿度不大于 80%。 8. 零部件开箱后必须清理干净才能送入安装作业区。 9. GIS 的扩建部分进行耐压试验时，GIS 相邻设备原有部分在绝缘试验期间应停电并接地	5. GIS 出线与电缆连接出线套管的接线端子应执行《额定电压 72.5kV 及以上气体绝缘金属封闭开关设备与充流体及挤包绝缘电力电缆的连接 充流体及干式电缆终端》GB/T 22381 的规定。 6. GIS 与变压器、电抗器直连应执行《额定电压 72.5kV 及以上气体绝缘金属封闭开关设备与电力变压器之间的直接连接》GB/T 22382 的有关规定。 7. 局部放电试验测量方法应执行《局部放电测量》GB/T 7354 的规定。 8. GIS 中的高压开关试验方法应执行《高压开关设备常温下的机械试验》GB/T 3309 的规定。 9. GIS 安装后应按《气体绝缘金属封闭开关设备现场交接试验规程》DL/T 618 和《电气装置安装工程 电气设备交接试验标准》GB 50150 要求进行现场试验。 **差异：** 本标准与《气体绝缘金属封闭开关设备现场交接试验规程》DL/T 618 的主要差异： （1）本标准 9.1 规定：现场试验项目与 DL/T 618 第 3 章相比，缺少机械操作及机械特性试验、局部放电测量两项。多一项检查和核实。 （2）本标准 9.6.3 规定：抽真空检漏，当试品抽真空到真空度或已达到或小于 133Pa 时，再继续抽真空 30min 后停泵。 DL/T 618 中 9.3.1 规定：当真空度达到 113Pa 时开始计算时间，维持真空泵运转至少 30min 以上。 （3）本标准 9.6.4 规定：定量检漏无合格标准。 DL/T 618 中 9.3.2 规定：历时 5h 后测得的 SF_6 气体含量不大于 15μL/L 为合格。 （4）本标准 9.7 规定：SF_6 气体湿度测量应在最后充入气体至少 48h 后进行，测量时环境相对湿度一般不大于 95%。

续表

序号	标准名称/标准号/时效性	针对性	内容与要点	关联与差异
31			10．局部放电试验应在所有其他绝缘试验后进行。 11．GIS 设置伸缩节时，应考虑外壳位移时内部导体相对位移不应导致电接触能力的下降，GIS 的支架应为可调式，以适应土建允许的基础误差	DL/T 618 中 8.3 规定：SF_6 气体湿度测量必须在充气至额定压力下至少静止 24h 后进行，测量时环境湿度一般不大于 85%。 （5）本标准 9.8 规定：现场绝缘试验应在耐压试验前，其他试验项目完成并合格后进行，耐压试验前应进行试品的绝缘电阻测量，GIS 上所有电流互感器的二次绕组应短路并接地，电压互感器的二次绕组应开路并一点接地。 DL/T 618 第 13 章无明确要求。 （6）本标准 9.8.16 规定：耐压试验程序 C，进行工频耐压电压试验并持续 1min。 DL/T 618 中 13.8 规定：在电压值不低于 $U_m/\sqrt{3}$ 或 U_m 下耐压 5min。 （7）本标准 9.8.19 规定：操作冲击波到达峰值的时间采用 150μs～10ms 为宜。 DL/T 618 中 13.6.2 规定：操作冲击波波头时间一般应为 150μs～1000μs
32	《母线保护装置通用技术条件》 DL/T 670—2010 2011 年 5 月 1 日实施	适用于 110kV 及以上电压等级的母线保护装置，是产品设计、制造、检验和应用的依据	**主要内容：** 1．对母线保护装置的通用技术条件进行了规定，主要包括： （1）一般技术要求； （2）功能及其技术要求； （3）安全要求； （4）试验方法、检验规则； （5）标志、包装、运输及贮运。 2．一般技术要求包括环境条件、额定电气参数、准确度和变差、功率消耗、过载能力、装置内的时钟精度、开关量输入和输出、配线端子要求、电磁兼容要求、绝缘要求、机械要求、连续通电等内容。 3．确定了母线保护、分布式母线保护、断路器失灵保护以及保护装置其他功能的要求。 4．明确了试验的基准条件及试验用仪器、仪表的要求。	**关联：** 1．安装使用场地执行《计算机场地安全要求》GB/T 9361 中 B 类安全要求的规定。 2．使用地点满足《量度继电器和保护装置的冲击与碰撞试验》GB/T 14537 规定的严酷等级为Ⅰ级的振动。 3．电子式互感器的激励量采用数字量输入，额定值执行《互感器　第 8 部分：电子式电流互感器》GB/T 20840.8 中表 5 的规定。 4．开关量输出触点性能执行《基础机电继电器　第 1 部分：总则与安全要求》GB/T 21711.1 的有关规定。 5．电磁兼容试验执行《电磁兼容试验和测量技术 直流电源输入端口纹波抗扰度试验》GB/T 17626.17 和《电磁兼容试验和测量技术 直流电源输入端口电压暂降、短时中断和电压变化的抗扰度试验》GB/T 17626.29 的有关规定。

续表

序号	标准名称/标准号/时效性	针对性	内容与要点	关联与差异
32			5．确定了出厂检验、型式检验和现场检验项目，规定了技术性能试验项目的试验方法和试验结果判断的依据标准。 **重点与要点：** 1．安装地点应敷设首尾相连、截面积不小于 $100mm^2$ 的专用接地铜排构成的等电位地网。 2．装置应有安全地、信号地、等电位地等连接点。装置的接地端子应能可靠连接截面积不小于 $4mm^2$ 的多股铜线。 3．装置应能在母线区内发生各种故障时正确动作，在各种类别区外故障时不误动。装置动作时间应小于20ms。 4．装置应能适应被保护母线的各种运行方式，并应保证选择性和快速性。 5．失灵保护宜与母线保护共用出口	6．试验仪器、仪表及装置的过载能力试验、装置的结构和外观检查、整定值的准确度和变差的具体试验方法等执行《继电保护和安全自动装置基本试验方法》GB/T 7261 的有关规定。 7．装置的现场检验执行《继电保护和电网安全自动化装置检验规程》DL/T 995 的有关规定。 8．高温运行试验、低温运行试验、温度变化试验等执行《继电保护和安全自动装置通用技术条件》DL/T 478 的有关规定。 9．装置功能试验中试验模拟接线、模拟参数按《电力系统继电保护产品动模试验》DL/T 871 标准规定执行
33	《电力系统继电保护及安全自动装置柜（屏）通用技术条件》 DL/T 720—2013 2014 年 4 月 1 日实施	适用于电力系统中使用的继电保护及安全自动装置柜（屏），是继电保护柜设计、生产质量检验的依据	**主要内容：** 对电力系统继电保护及安全自动装置柜（屏）的通用技术条件进行了规定，主要包括： （1）技术要求； （2）试验方法； （3）检验规则； （4）标志、包装、运输及储存。 **重点与要点：** 1．继电保护柜的结构应简洁，布局合理。柜体应采用冷轧钢板、不锈钢板等金属材料制造。 2．端子排距继电保护柜后框架外侧的距离应不小于150mm。 3．继电保护柜柜内距地面 250mm 范围内一般不宜布置元器件。 4．对长期发热的元器件，其安装位置宜在机柜的上部，功率较大者与周围元器件及线束应保持不小于 20mm 的间隙。	**关联：** 1．安装使用场地执行《计算机场地安全要求》GB/T 9361 中 B 类安全要求的规定。 2．继电保护柜接地安装应符合《电气装置安装工程接地施工及验收规范》GB 50169 的规定。 3．继电保护柜内采用的电镀零件的镀锌层厚度及结合强度应符合《金属及其他无机覆盖层 钢铁上经过处理的锌电镀层》GB/T 9799 的有关规定。 4．框架、面板、门板等采用喷塑或喷漆的表面涂层的附着力应满足《色漆和清漆 漆膜的划格试验》GB/T 9286 的有关规定。 5．户内继电保护柜外壳防护等级不应低于《外壳防护等级（IP 代码）》GB 4208 规定的 IP30，户外不低于 IP54。 **差异：** GB 4208 中 4.4.1 规定：继电保护柜内选用的连接导线信号回路采用多股铜质软导线，截面积不小于 $0.5mm^2$，

续表

序号	标准名称/标准号/时效性	针对性	内容与要点	关联与差异
33			5．继电保护柜下部应设有截面积不小于 $100mm^2$ 的接地铜排，接地铜排上应均匀分布接地预留螺孔，螺孔直径为 M8。 6．继电保护柜的前门玻璃应采用厚度不小于 4mm 的钢化玻璃，玻璃大小应便于观察柜内设备。 7．所有导线的中间不允许有接头。每一个端子的一个连接点上不允许连接超过两根的导线。连接两根导线时，应将两根导线压接在一个端头后，再接入端子。对于电流、电压和跳闸回路，一个端子的连接点只能连接一根导线，以确保连接可靠。 8．保护跳、合闸出口连接片与失灵回路相关连接片采用红色，功能连接片采用黄色，连接片底座及其他连接片采用浅驼色。 9．包装好的继电保护柜应保存在相对湿度不大于 85%、周围空气温度为－20℃～＋55℃的场所	电压回路采用多股铜质软导线截面积不小于 $1mm^2$，电流回路采用多股铜质软导线不小于 $1.5mm^2$。 《电气装置安装工程 盘、柜及二次回路接线施工及验收规范》GB 50171—2012 中 6.0.2 规定：盘柜内电流回路配线应采用截面积不小于 $2.5mm^2$ 的铜芯绝缘导线，其他回路截面积不小于 $1.5mm^2$，电子元件、弱电回路可采用截面积不小于 $0.5mm^2$ 的绝缘导线。 《火力发电厂、变电站二次接线设计技术规程》DL/T 5136—2012 中 7.5.2 规定：发电厂和变电站应采用铜芯控制电缆和绝缘导线。按机械强度要求，强电回路导体截面积不应小于 $1.5mm^2$，弱电回路导体截面积应不小于 $0.5mm^2$。 《继电保护和安全自动装置技术规程》GB/T 14285—2006 中 6.1.5 规定：控制电缆或绝缘导线的芯线最小截面积，强电控制回路应不小于 $1.5mm^2$，屏柜内导线的芯线应不小于 $1.0mm^2$，弱电控制回路应不小于 $0.5mm^2$
34	《交流电力系统金属氧化物避雷器》 DL/T 804—2014 2015 年 3 月 1 日实施	1．适用于系统标称电压为 3kV～1000kV 交流系统无间隙金属氧化物避雷器，以及系统标称电压为 110(66)kV～220kV 敞开式变电站用于保护线路入口设备免受多重雷过电压损坏的有串联间隙金属氧化物避雷器。 2．不适用于线路防雷用金属氧化物避雷器	**主要内容：** 1．对交流电力系统金属氧化物避雷器进行了规定，主要包括： （1）使用环境条件和电力系统条件； （2）类型； （3）选择的一般程序； （4）参数选择和应用； （5）试验和检验规则等。 2．明确了交流电力系统金属氧化物避雷器的型式试验、定期试验、抽样试验、例行试验、验收试验、交接试验、预防性试验的试验项目及要求。 3．无间隙避雷器的交接试验项目包括： （1）测量避雷器及基座绝缘电阻； （2）对绝缘外套式避雷器，测量直流参考电压及 75% 直流参考电压下的漏电流； （3）测量避雷器的交流参考电压和持续电流。	**关联：** 1．高压直流换流站避雷器的选择和使用执行《±800kV 直流系统用金属氧化物避雷器》GB/T 25083 的有关规定。 2．交流 1000kV 避雷器的选择和使用还应符合《1000kV 交流系统用无间隙金属氧化物避雷器技术规范》GB/Z 24845 的有关规定。 3．交流无间隙金属氧化物避雷器还应执行《交流无间隙金属氧化物避雷器》GB 11032 的有关规定。

续表

序号	标准名称/标准号/时效性	针对性	内容与要点	关联与差异
34			（4）检查放电计数器动作指示及监视电流表的指示。 4．有间隙避雷器的交接试验项目包括： （1）测量避雷器本体绝缘电阻及基座绝缘电阻； （2）测量避雷器本体的直流参考电压及75%直流参考电压下的漏电流； （3）间隙距离的测量应符合厂家规定值。 **重点与要点：** 1．在1000kV特高压工程中，线路侧避雷器的额定电压和母线侧避雷器的额定电压可取相同值。 2．66kV～110kV系统，避雷器的标称放电电流可选用5kA；220kV～330kV系统，避雷器的标称放电电流可选用10kA；500kV系统，避雷器的标称放电电流可选用10kA～20kA。 3．避雷器的局部放电量应不超过10pC。 4．额定电压84kV以上避雷器应进行无线电干扰电压试验，且干扰电压应不超过2500μV	4．金属氧化物避雷器的选择和使用、各类试验等应执行《交流无间隙金属氧化物避雷器》GB 11032、《绝缘配合　第1部分：定义、原则和规则》GB 311.1、《交流电气装置的过电压保护和绝缘配合》DL/T 620的有关规定。 5．有间隙避雷器型式试验项目可参照《交流输电线路用复合外套金属氧化物避雷器》DL/T 815的有关规定
35	《自动准同期装置通用技术条件》 DL/T 1348—2014 2015年3月1日实施	适用于微机型自动准同期装置，并作为该类装置设计、制造、试验、使用和检验的依据。适用于不带调频、调压功能的自动准同期装置	**主要内容：** 对自动准同期装置的通用技术条件进行了规定，主要包括： （1）技术要求、功能要求、安全要求； （2）检验及检验结果评判标准； （3）标志、包装、运输及贮存。 **重点与要点：** 1．装置应具有独立性、完整性，应含有能反应并网对象可能影响同期功能的异常状态的闭锁功能，应满足可靠性和准确性的要求。 2．装置检测运行系统与待并系统之间的频率差，在合闸脉冲发出时，频率差的误差不应超过整定值的±10%。 3．装置检测运行系统与待并系统之间的电压差，在合闸脉冲发出时，电压差的误差不应超过整定值的±10%。	**关联：** 1．装置应满足《继电保护和安全自动装置通用技术条件》DL/T 478—2013的有关规定。 2．装置试验应符合《继电保护和安全自动装置基本试验方法》GB/T 7261、《继电保护和安全自动装置技术规程》GB/T 14285等的有关规定。 3．以太网通信规约宜采用《变电站通信网络和系统》DL/T 860，串口通信规约应符合《远动设备及系统　第5部分：传输规约　第103篇：继电保护设备及信息接口配套标准》DL/T 667的有关规定

续表

序号	标准名称/标准号/时效性	针对性	内容与要点	关联与差异
36	《断路器保护装置通用技术条件》 DL/T 1349—2014 2015 年 3 月 1 日实施	适用于 220kV～750kV 电压等级的断路器保护装置，并作为该类产品设计、制造、试验和运行的依据	**主要内容：** 1. 对 220kV～750kV 断路器保护装置的技术条件进行了规定，主要包括： （1）技术要求； （2）试验方法、检验规则及检验结果评判标准； （3）标志、包装、运输及贮存。 2. 断路器保护可包含以下功能： （1）充电/过流保护； （2）三相不一致保护； （3）失灵保护、死区保护； （4）重合闸。 **重点与要点：** 1. 为保证符合有关通信标准或规范，宜结合系统整组试验进行通信验证测试。 2. 直流电源回路的装置功率消耗，当正常工作时，不大于 50 W，当装置动作时，不大于 80W	**关联：** 1. 装置的自动检测功能应符合《继电保护和安全自动装置技术规程》GB/T 1428 的要求。 2. 装置应采用《远动设备及系统　第 5 部分：传输规约　第 103 篇：继电保护设备信息接口配套标准》DL/T 667 或《变电站通信网络和系统系列标准》DL/T 860 系列标准规定的通信协议。 3. 基本性能试验应符合《继电保护和安全自动装置通用技术条件》DL/T 478 的相关规定
37	《变电站故障解列装置通用技术条件》 DL/T 1350—2014 2015 年 3 月 1 日实施	适用于变电站 110kV 及以下电压等级侧的并网联络线路故障解列装置，并作为其设计、制造、检验和运行的依据。其他电压等级、电厂侧可参照执行	**主要内容：** 规定了变电站故障解列装置的技术条件进行了规定，主要包括： （1）基本技术要求； （2）试验方法、检验规则、检验结果评判标准； （3）标志、包装、运输、贮存的要求等。 **重点与要点：** 1. 装置宜具备低电压、过电压、低频、过频和零序过电压解列功能；装置宜按母线配置。 2. 低电压解列应具备两段解列功能，同时应具备电压互感器断线闭锁功能。 3. 过电压解列宜具备两段解列功能，过电压元件应采用线电压进行判断。 4. 低频解列、过频解列宜具备两段解列功能	**关联：** 1. 装置的功能应满足《继电保护和安全自动装置技术规程》GB/T 14285 的规定。 2. 装置通信接口的通信数据格式应遵循统一的规约，采用《远动设备及系统　第 5 部分：传输规约　第 103 篇：继电保护设备信息接口配套标准》DL/T 667 或 DL/T 860 系列标准通信协议。 3. 对装置进行直流电源端口电压跌落、短时中断、瞬变和纹波实验应执行《继电保护和安全自动装置通用技术条件》DL/T 478—2013 的规定和方法

续表

序号	标准名称/标准号/时效性	针对性	内容与要点	关联与差异
38	《电力系统暂态过电压在线测量及记录系统技术导则》 DL/T 1351—2014 2015年3月1日实施	适用于变电站、发电厂的暂态过电压的定性测量，其结果用于电力系统运行情况的分析	**主要内容：** 对暂态过电压的测量仪器和整个测量系统的各项试验要求以及具体实施方法进行了规定，主要包括： （1）电力系统暂态过电压在线测量系统概述； （2）电力系统暂态过电压分压系统、电力系统暂态过电压记录系统； （3）在线测量及记录系统的组建、整体测量及记录系统的性能校核及校核记录； （4）暂态过电压的类型识别及在线测量数据不确定度的估算； （5）过电压测量系统其他注意事项。 **重点与要点：** 1. 暂态过电压分压系统主要由电压互感器或变压器高压套管构成。暂态过电压分压系统高压臂的输入电压即被监测的暂态过电压，由高压端和接地回路引入，低压臂的输出电压通过测量电缆或光纤输出。 2. 在线测量系统的组建和设备的选取应根据现有电力系统高压设备的安装情况并充分考虑测量与记录系统的一般要求。 3. 隔离变压器一次侧和二次侧应采用不共地连接，以保证二次设备的绝缘安全性	**关联：** 由一次传递至二次端子的过电压应不超过规定的限值，应满足《互感器　第5部分：电容式电压互感器的补充技术要求》GB/T 20840.5—2013的规定
39	《超高压分级式可控并联电抗器技术规范》 DL/T 1376—2014 2015年3月1实施	适用于500kV、750kV电压等级的分级式可控并联电抗器，其他电压等级可参照执行	**主要内容：** 1. 规定了分级式可控并联电抗器的技术原则，主要包括： （1）设计选用原则、使用条件； （2）一次设备技术要求、二次设备技术要求； （3）试验、试运行； （4）标志、包装、运输和贮存等内容。 2. 分级式可控并联电抗器由一次设备和二次设备组成。	**关联：** 1. 分级式可控并联电抗器设计应满足《330kV～750kV变电站无功补偿装置设计技术规定》DL/T 5014和《电力系统设计技术规程》DL/T 5429的相关规定。 2. 局部放电试验按《电力变压器　第3部分：绝缘水平、绝缘试验和外绝缘空气间隙》GB 1094.3的规定进行。

续表

序号	标准名称/ 标准号/时效性	针对性	内容与要点	关联与差异
39			3. 一次设备包括高阻抗变压器、晶闸管阀和辅助设备，辅助设备包括辅助电抗器、旁路断路器、隔离开关和接地开关、取能电抗器、中性点电抗器、避雷器等。 4. 二次设备包括控制系统、阀控系统、继电保护系统、后台监控系统等设备。 **重点与要点：** 1. 分级式可控并联电抗器的容量调节响应时间应满足对电磁暂态控制功能的要求和因系统潮流变化引起的无功调节需求。 2. 分级式可控并联电抗器安装于线路时，或安装于母线参与电磁暂态控制功能时，容量调节的响应时间要求为：故障相为故障发生后 100ms 以内，非故障相为故障发生后 50ms 以内。 3. 应根据高阻抗变压器参数和晶闸管元件参数设计并优化晶闸管阀耐压水平、通流能力、连续导通时间和最小间隔时间等参数。 4. 每个晶闸管阀中冗余晶闸管级的冗余度应不小于 10%，至少应为 1 级；短接所有冗余晶闸管级时，晶闸管阀的性能和功能应不受影响。 5. 控制系统应具备自动调节计算、监视、保护、通信、事件记录等功能，能有效控制分级式可控并联电抗各部件的运行状态，达到设计预期的性能指标	3. 750kV 高阻抗变压器试验应符合《电力变压器　第 1 部分：总则》GB 1094.1、《电力设备预防性试验规程》DL/T 596、《电气装置安装工程 电气设备交接试验标准》GB 50150 的有关规定
40	《电力变压器用吸湿器选用导则》 DL/T 1386—2014 2015 年 3 月 1 日实施	1. 适用于油浸式电力变压器（电抗器）用吸湿器。 2. 其他电力设备用吸湿器可参照执行	**主要内容：** 对电力变压器（电抗器）用吸湿器做出了规定，主要包括： （1）使用条件、技术要求； （2）试验分类及项目； （3）例行试验和型式试验； （4）标志、包装、运输、贮存等要求。 **重点与要点：** 1. 吸湿剂应采用无钴变色硅胶。吸湿剂的质量应不低于变压器储油柜油重的千分之一。	**关联：** 1. 三防试验（防潮试验、防霉菌试验、防盐雾试验）应符合《电工电子产品环境试验》GB/T 2423 的相关规定。 2. 产品包装储运图示标志应符合《包装储运图示标志》GB/T 191 的规定

续表

序号	标准名称/ 标准号/时效性	针对性	内容与要点	关联与差异
40			2. 吸湿器外表应保持清洁，且涂覆完好。玻璃壳体表面应光滑、透明、无裂纹。 3. 不锈钢护罩和金属壳体应进行开窗，开窗方式应便于观察吸湿剂的变色情况。 4. 油杯应透明，油位线标志应鲜明	
41	《直流电源系统绝缘监测装置技术条件》 DL/T 1392—2014 2015年3月1日实施	适用于电力系统发电厂、变电站和其他电力工程的直流电源系统中，具有接地故障自动检测、自动选线和自动报警功能的绝缘监测装置的设计、制造、选择、订货和试验	**主要内容：** 对电力用直流电源系统绝缘监测装置做出了规定，主要包括： （1）基本技术要求和安全要求； （2）检验方法、检验规则及检验结果评判标准； （3）标志、包装、运输、贮存等要求。 **重点与要点：** 1. 直流系统绝缘监测装置应具有较高的绝缘故障监测灵敏度和绝缘阻值测量精度，应能连续长期运行，必须具有防止直流系统一点接地引起保护误动的功能。 2. 直流系统绝缘监测装置主机应安装在直流馈线屏（柜）内，应具有系统绝缘及馈线屏（柜）馈出支路绝缘监测功能，并配置平衡桥、检测桥及相应的电流传感器。 3. 直流系统绝缘监测装置应能实时监测并显示直流系统母线电压、正负母线对地电压、正负母线对地交流电压、正负母线对地绝缘电阻及支路对地绝缘电阻等数据	**关联：** 1. 电磁兼容性（抗扰度）试验项目符合《电磁兼容 试验和测量技术》GB/T 17626 的相关要求。 2. 环境试验的试验项目符合《电工电子产品环境试验》GB/T 2423 的相关要求
42	《电力直流电源系统用测试设备通用技术条件 第4部分：直流断路器动作特性测试系统》 DL/T 1397.4—2014 2015年3月1日实施	1. 适用于变电站、换流站、发电厂及其他电力工程中，为直流电源系统安装、使用的直流断路器进行动作特性和级差配合测量或验证测试系统的设计、制造、检验和使用。	**主要内容：** 规定了直流断路器动作特性测试系统的技术原则，主要包括： （1）基本技术要求和安全要求； （2）检验方法、检验规则及检验结果评判标准； （3）标志、包装、运输、贮存等要求。 **重点与要点：** 1. 直流输出电压为 220（110）V 时，最大输出直流电流不小于 1500A，且保持时间不小于 1s。 2. 时间常数可调范围为 2ms～5ms。	**关联：** 1. 固定式工作电源应符合《继电保护和安全自动装置基本试验方法》GB/T 7261 的相关要求。 2. 大气压力为 80kPa 以下时，制造厂应根据《特殊环境条件 高原电工电子产品 第1部分：通用技术要求》GB/T 20626.1 的要求进行设计和生产。 3. 产品应按《低压开关设备和控制设备 低压断路器》GB 14048.2 和《家用及类似场所用过电流保护断路器 第2部分：用于交流和直流的断路器》GB 10963.2 以及《电力工程直流系统设计技术规程》DL/T 5044 的相关要

续表

序号	标准名称/标准号/时效性	针对性	内容与要点	关联与差异
42		2．适用于在试验室或安装现场进行设备验收和例行试验使用的产品	3．30%最大输出直流电流的连续工作时间不小于120min，且直流电流稳定度不超过±5%。 4．记录短路保护和配合级差的试验电流和动作时间，应采用数字式存储示波器（或满足同等要求的装置），采样率不低于20MHz	求进行单个直流断路器动作时间测试和判断，并对变电站直流电源系统直流回路中安装的各级直流断路器间的级差配合进行验证

第二节 设　　计

序号	标准名称/标准号/时效性	针对性	内容与要点	关联与差异
1	《海底电缆管道路由勘察规范》 GB/T 17502—2009 2010年4月1日实施	1．适用于海底电缆工程、海底管道工程的选址和勘察。 2．其他海底线性、浅基础构筑物的选址和勘察可选择性执行	**主要内容：** 1. 对海底电缆管道路由勘察的内容、方法和技术要求、成果报告书编制和资料归档进行了规定，主要包括： （1）路由预选； （2）登陆段调查； （3）导航定位； （4）工程地球物理勘察； （5）地质采样； （6）工程地址钻探； （7）原位试验； （8）船上和实验室土工试验； （9）腐蚀性环境参数测定； （10）地震安全性评价； （11）海洋电缆管道铺设后调查； （12）路由条件评价与成果报告编制； （13）资料归档。	**关联：** 1．登陆段水深地形测量、海上测量按《海洋工程地形测量规范》GB 17501的有关规定进行。 2．DGPS导航定位应符合《差分全球导航卫星系统（DGNSS）技术要求》GB/T 17424的规定，且工作前应进行定位中误差比对试验。导航定位有差分信号，有效观测卫星应不小于4颗，卫星仰角不小于5°，点位几何因子不大于6，差分信号更新率不大于30s。 3．工程地质钻探的孔位布设、钻探方法、采样方法、标准贯入试验应符合《岩土工程勘察规范》GB 50021的有关规定。腐蚀性环境参数测定时进行底层水化学测试、海底土参数测定和评价执行GB 50021的相关要求。 4．区域地震活动性和地震构造环境评价、近场区地震活动性和地震构造环境评价、区域地震动衰减关系确定应执行《工程场地地震安全性评价》GB 17741的相关要求。按《建筑抗震设计规范》GB 50011的相关规定进行

续表

序号	标准名称/标准号/时效性	针对性	内容与要点	关联与差异
1			2. 提供了海底电缆管道路由预选报告编写大纲、土的统一分类与定名、综合图样式。 **重点与要点：** 1. 定点式调查导航定位时，实际钻孔位置与设计钻孔位置的最大偏离，在近岸段应小于 20m，浅海段应小于 50m。采样作业时，宜将采样作业一侧船舷调置在上风位。 2. 近海勘察船应能适应 2 级海况或蒲氏风级 3 级条件下作业，远海勘察船应能适应 4 级海况或蒲氏风级 5 级条件下作业。 3. 测量分幅时，相邻图幅之间和路由转折点区域应有一定重叠，重叠量应不小于图上 3cm。 4. 勘察仪器设备的技术指标应满足勘察项目的要求，应在检定、校准证书有效期内使用，并处于正常工作状态。 5. 采用几种地球物理勘察方法同步作业时．应统一定位时间和洲线、测点编号。因故测量中断或同一测线分次作业，则要按同一方法进行补测，并重叠 3 个定位点以上	地震地质灾害评价。 5. 船上土工试验的含水率、密度、无侧限压缩试验按《土工试验方法标准》GB/T 50123 的要求进行。 6. 根据本标准要求，海洋水文气象资料收集与观测依据《海洋调查规范　第 2 部分：海洋水文观测》GB/T 12763.2 的相关要求进行。 **差异：** 本标准与 GB 17502—1998 相比主要变化如下： （1）增加了水下机器人、静力触探试验等术语和定义； （2）修改了登陆段路由调查走廊带的范围、调查内容与技术要求； （3）修改了走航式地球物理勘察导航定位和定点式勘察导航定位的技术要求； （4）“工程地球物理勘察”一章增加了多波束水深测量的内容； （5）修改了对各项勘察仪器设备性能、海上实施、资料采集与处理的要求
2	《±800kV 高压直流换流站设备的绝缘配合》 GB/T 28541—2012 2012 年 11 月 1 日实施	适用于±800kV 直流换流站设备和直流场设备的绝缘配合	**主要内容：** 1. 规定了±800kV 直流换流站设备绝缘水平选择原则、给出了具有代表性的耐受电压值，主要包括： （1）使用条件； （2）设备绝缘配合的基本原则； （3）过电压及避雷器保护方式； （4）设备的绝缘配合方法； （5）设备绝缘水平。 2. 要求在制定各设备标准时，应根据本标准的要求，确定设备的绝缘水平。 3. 明确了换流阀、换流变压器、平波电抗器、极线设备、换流器间的母线设备、中性母线设备、交流滤波器、直流滤波器等换流站设备典型的避雷器保护方式。	**关联：** 1. 1000kV 特高压交流输变电工程的过电压与绝缘配合执行《1000kV 特高压交流输变电工程过电压和绝缘配合》GB/Z 24842 的有关规定。 2. 1kV 以上交流系统的绝缘配合执行《绝缘配合　第 1 部分：定义、原则和规则》GB 311.1 和《绝缘配合　第 2 部分：使用导则》GB 311.2 的有关规定。

续表

序号	标准名称/ 标准号/时效性	针对性	内容与要点	关联与差异
2			**重点与要点：** 1. 根据设备可能承受的过电压，并考虑设备的绝缘特性及可能影响绝缘特性的因素，从安全运行和技术经济合理两方面确定设备的绝缘水平。 2. 换流站设备可以采用避雷器直接保护或几种避雷器串联的方式保护，重要设备应尽可能由靠近的避雷器直接保护。 3. ±800kV 直流换流站设备绝缘配合方法采用确定性法（惯用法），原则是在惯用过电压（即可接受的接近于设备安装点的预期最大过电压）与耐受电压之间，按设备制造和电力系统的运行经验选取适宜的配合系数。 4. 直流换流站设备的最高电压从 816kV、408kV、125kV、100kV、50kV 中选取	3. 无标准绝缘水平规定的高压直流换流站的绝缘配合执行《绝缘配合　第 3 部分：高压直流换流站绝缘配合程序》GB 311.3 的有关规定
3	《爆炸危险环境电力装置设计规范》 GB 50058—2014 2014 年 10 月 1 日实施	1. 适用于在生产、加工、处理、转运或贮存过程中出现或可能出现爆炸危险环境的新建、扩建和改建工程的爆炸危险区域划分及电力装置设计。 2. 不适用于下列环境中： （1）矿井井下； （2）制造、使用或贮存火药、炸药、起爆药、引信及火工品生产等的环境； （3）利用电能进行生产并与生产工艺过程直接关联的电解、电镀等电力装置区域；	**主要内容：** 规定了爆炸危险环境电力装置设计的基本原则，主要包括： （1）爆炸性气体环境； （2）爆炸性粉尘环境； （3）爆炸性环境的电力装置设计。 **重点与要点：** 1. 爆炸危险区域的划分应由负责生产工艺加工介质性能、设备和工艺性能的专业人员和安全、电气专业的工程技术人员共同商议完成。 2. 在生产、加工、处理、转运或贮存过程中出现或可能出现下列爆炸性气体混合物环境之一时，应进行爆炸性气体环境的电力装置设计： （1）在大气条件下，可燃气体与空气混合形成爆炸性气体混合物； （2）闪点低于或等于环境温度的可燃液体的蒸汽或薄雾与空气混合形成爆炸性气体混合物； （3）在物料操作温度高于可燃液体闪点的情况下，当可燃液体有可能泄漏时，可燃液体的蒸汽或薄雾与空气	**关联：** 爆炸性环境内设置的防爆电气设备应符合《爆炸性环境　第 1 部分：设备通用要求》GB 3826.1 的有关规定。 **差异：** 本标准 5.5.3 规定：下列不需要接地的部分，在爆炸性环境内仍应进行接地： （1）在不良导电地面处，交流额定电压为 1000V 以下和直流额定电压为 1500V 及以下的设备正常不带电的金属外壳。 （2）在干燥环境，交流额定电压为 127V 及以下，直流电压为 110V 及以下的设备正常不带电的金属外壳。 （3）安装在已接地的金属结构上的设备。 《交流电气装置的接地设计规范》GB 50065 中 3.2.2 规定：附属于高压电气装置和电力生产设施的二次设备等的下列金属部分可不接地：

续表

序号	标准名称/标准号/时效性	针对性	内容与要点	关联与差异
3		（4）使用强氧化剂以及不用外来点火源就能自行起火的物质的环境； （5）水、陆、空交通运输工具及海上和陆地油井平台； （6）以加咪天然气做燃料进行采暖、空调、烹饪、洗衣以及类似的管线系统； （7）医疗室内； （8）灾难性事故。 3．本规范不考虑间接危害对于爆炸危险区域划分及相关电力装置设计的影响	混合形成爆炸性气体混合物。 3．爆炸性气体环境应根据爆炸性气体混合物出现的频繁程度和持续时间分为 0 区、1 区和 2 区。 4．释放源应按可燃物质的释放频繁程度和持续时间长短分为连续级释放源、一级释放源、二级释放源。 5．爆炸危险区域的划分应按释放源级别和通风条件确定，存在连续级释放源的区域可划为 0 区，存在一级释放源的区域可划为 1 区，存在二级释放源的区域可划为 2 区。 6．爆炸危险区域的范围应根据释放源的级别和位置、可燃物质的性质、通风条件、障碍物及生产条件、运行经验，经技术经济比较综合确定。 7．爆炸性气体混合物应按其最大试验安全间隙（MESG）或最小点燃电流比（MICR）分级。应按引燃温度分组。 8．在生产、加工、处理、转运或贮存过程中出现可燃性粉尘与空气形成的爆炸性粉尘混合物环境时，应进行爆炸性粉尘环境的电力装置设计。 9．爆炸危险区域应根据爆炸性粉尘环境出现的频繁程度和持续时间分为 20 区、21 区和 22 区。 10．防爆电气设备的级别和组别应不低于该爆炸性气体环境内爆炸性气体混合物的级别和组别。 11．变电站、配电所和控制室应布置在爆炸性环境以外，当为正压室时，可布置在 1 区、2 区内。 12．除本质安全电路外，爆炸性环境的电气线路和设备应装设过载、短路和接地保护。 13．在爆炸危险环境内，设备的外露可导电部分应可靠接地	（1）在木质、沥青等不良导电地面的干燥房间内，交流标称电压 380V 及以下、直流标称电压 220V 及以下的电气装置外壳，但当维护人员可能同时触及电气装置外壳和接地物件时除外。 （2）安装在配电屏、控制屏和配电装置上的电测量仪表、继电器和其他低压电器等的外壳，以及当发生绝缘损坏时在支持物上不会引起危险电压的绝缘子金属底座等。 （3）安装在已接地的金属架构上，且保证电气接触良好的设备
4	《35kV～110kV 变电站设计规范》 GB 50059—2011 2012 年 8 月 1 日实施	适用于电压为 35kV～110kV、单台变压器容量 5000kVA 及以上的新建、扩建和改造工程的变电站设计	**主要内容：** 1．规定了 35kV～110kV 变电站设计的基本原则，主要包括： （1）站址选择；	**关联：** 1．变电站站址的选择，应符合《工业企业总平面设计规范》GB 50187 的有关规定。

续表

序号	标准名称/标准号/时效性	针对性	内容与要点	关联与差异
4			（2）站区布置； （3）电气部分； （4）土建部分； （5）消防； （6）环境保护； （7）劳动安全和职业卫生； （8）节能。 2．土建部分明确了荷载、建筑物、构筑物、采暖与通风和空气调节、给水与排水等的设计要求。 3．电气部分明确了电气主接线、主变压器、配电装置、无功补偿、过电压保护和接地设计、站用电系统、直流系统、照明、控制室电气二次布置、监控及二次接线、继电保护和自动装置、调度自动化、计量与测量、通信、电缆敷设等的设计要求。 **重点与要点：** 1．变电站的设计应从全局出发，统筹兼顾，按负荷性质、用电容量、环境特点，结合地区发展水平，合理地确定设计方案。 2．变电站的设计应坚持节约资源、兼顾社会效益的原则。 3．城区变电站、企业变电站围墙形式应与周围环境相协调。 4．装有两台及以上主变压器的变电站，当断开一台主变压器时，其余主变压器的容量（包括过负荷能力）应满足全部一、二级负荷用电的要求。 5．35kV～110kV 电气接线宜采用桥形、扩大桥形、线路变压器组或线路分支接线、单母线接线或单母线分段的接线	2．与爆炸危险气体区域邻近的变电站站址选择及其设计应符合《爆炸和火灾危险环境电力装置设计规范》GB 50058 的有关规定。 3．变电站抗震设计应符合《电力设施抗震设计规范》GB 50260 的有关规定。 4．变电站配电装置的设计，符合《3kV～10kV 高压配电装置设计规范》GB 50060 的有关规定。 5．无功补偿装置的设计应符合《并联电容器装置设计规范》GB 50227 的有关规定。 6．过电压保护的设计，应符合《交流电气装置过电压和绝缘配合》DL/T 620 的规定。 7．变电站的照明设计应符合《建筑照明设计标准》GB 50034 的有关规定。 8．变电站继电保护和自动装置的设计应符合《继电保护和安全自动装置技术规程》GB/T 14285 和《电力装置的继电保护和自动装置设计规范》GB/T 50062 的有关规定。 9．变电站计量与测量装置的设计应符合《电气装置的电测量仪表装置设计规范》GB 50063 的有关规定。 10．变电站电缆选择与敷设设计应符合《电力工程电缆设计规范》GB 50217 的有关规定
5	《3kV～110kV 高压配电装置设计规范》 GB 50060—2008 2009 年 6 月 1 日实施	适用于新建和扩建 3kV～110kV 高压配电装置工程的设计	**主要内容：** 1．规定了 3kV～110kV 高压配电装置设计的基本原则，主要包括： （1）一般规定； （2）环境条件； （3）导体和电器的选择；	**关联：** 1．配电装置的抗震设计应符合《电力设施抗震设计规范》GB 50260 的有关规定。 2．电气设备的绝缘耐受水平应符合《绝缘配合　第 1 部分：定义、原则和规则》GB 311.1 的有关规定。

续表

序号	标准名称/标准号/时效性	针对性	内容与要点	关联与差异
5			（4）配电装置； （5）气体绝缘金属封闭开关设备配电装置； （6）配电装置对建筑物及构筑物的要求。 2. 确定了配电装置最小安全净距、型式选择、布置、通道与围栏、防火与蓄油设施等的设计要求。 3. 明确了屋内配电装置对建筑的要求、屋外配电装置对构筑物的要求，屋内气体绝缘金属封闭开关设备配电装置对建筑物的要求。 **重点与要点：** 1. 高压配电装置的设计，应根据负荷性质、容量、环境条件、运行、安装、维护等要求，合理地选用设备和制定布置方案。 2. 屋内、屋外配电装置的隔离开关与相应的断路器和接地开关之间应装设闭锁装置。屋内配电装置设备低式布置时，还应设置防止误入带电间隔的闭锁装置。 3. 正常运行和短路时，电气设备引线的最大作用力应不大于电气设备端子允许的荷载。屋外配电装置的导体、套管、绝缘子和金具，应根据当地气象条件和不同受力状态进行力学计算。 4. 屋外配电装置的电气设备外绝缘体最低部位距地小于2500mm时，应装设固定遮栏；屋内配电装置的电气设备外绝缘体最低部位距地小于2300mm时，应装设固定遮栏。 5. 屋外配电装置裸露的带电部分的上面和下面，不应有照明、通信和信号线路架空跨越或穿过；屋内配电装置裸露的带电部分上面不应有明敷的照明、动力线路或管线跨越。 6. 充油电气设备间的门开向不属配电装置范围的建筑物时，应采用非燃烧体或难燃烧体的实体门。 7. 配电装置室的门应设置向外开启的防火门，并应装弹簧锁；严禁采用门闩；相邻配电装置室之间有门时，应能双向开启	3. 配电装置紧邻居民区时，居民区围墙外侧的噪声标准应符合《声环境质量标准》GB 3096和《工业企业厂界环境噪声排放标准》GB 12348的有关规定。 4. 配电装置中的绝缘水平应符合《交流电气装置的过电压保护和绝缘配合设计规范》GB 50064的有关规定。 **差异：** 本标准5.5.3规定：当设置有总事故储油池时，油池容量宜按最大一个油箱容量的60%确定。 《高压配电装置设计技术规程》DL/T 5352—2006中8.5.3规定：当设置有总事故储油池时，其容量宜按最大一个油箱容量的100%确定

续表

序号	标准名称/标准号/时效性	针对性	内容与要点	关联与差异
6	《电力装置的继电保护和自动装置设计规范》 GB/T 50062—2008 2009年6月1日实施	适用于3kV～110kV电力线路和设备、单机容量为50MW及以下发电机、63MVA及以下电力变压器等电力设备的继电保护和自动装置的设计	**主要内容：** 规定了继电保护和自动装置设计的基本原则，主要包括下列电力设备： （1）发电机保护； （2）电力变压器保护； （3）3kV～66kV电力线路保护； （4）110kV电力线路保护； （5）母线保护； （6）电力电容器和电抗器保护； （7）3kV及以上电动机保护； （8）自动重合闸； （9）备用电源和备用设备的自功投入装置； （10）自功低频低压自动减负荷装置； （11）同步并列； （12）自动调节励磁和自动灭磁； （13）二次回路及相关设备。 **重点与要点：** 1. 电力设备和线路应装设反应短路故障和异常运行的继电保护和自动装置，能尽快切除故障和恢复供电。 2. 电力设备和线路应装设主保护、后备保护和异常运行保护，必要时可增设辅助保护。 3. 继电保护和自动装置应满足可靠性、选择性、灵敏性和速动性的要求。 4. 容量为0.4MVA及以上的车间内油浸式变压器、容量为0.8MVA及以上的油浸式变压器，以及带负荷调压变压器的充油调压开关均应装设瓦斯保护。 5. 3kV～110kV电力线路应装设接地短路、相间短路和过负荷保护装置	**关联：** 本标准对应的发电机容量上限为50MW，侧重于小机组，100MW（125MW、135MW）发电机、220kV及以上电压等级电力线路和设备继电保护和自动装置设计可参照《继电保护和安全自动装置技术规程》GB/T 14285执行。 **差异：** 本标准与《继电保护和安全自动装置技术规程》GB/T 14285—2006差异： （1）本标准15.3.1规定：继电保护和自动装置应由可靠的直流电源装置供电，直流母线电压允许波动范围应为额定电压的85%～110%，波纹系数应不大于1%。 GBT 14285—2006中6.3.1规定：继电保护和自动装置的直流电源，波纹系数应不大于2%，最低电压不低于额定电压的85%，最高电压不高于额定电压的110%。 （2）本标准15.4.2规定：继电保护和自动装置屏柜下应敷设截面积不小于100mm²的接地铜排，接地铜排应首尾相连形成接地网，接地网应与主接地网可靠连接。 GB/T 14285—2006中6.5.3.2规定：装设静电保护和控制装置的屏柜地面下设置的等电位接地网宜用截面积不小于100mm²的接地铜排直接连接成等电位接地母线。接地母线应首末可靠连接成环网，并用截面积不小于50mm²，不少于4根铜排与厂、站的接地网直接连接
7	《交流电气装置的接地设计规范》 GB/T 50065—2011 2012年6月1日实施	适用于交流标称电压1kV以上至750kV发电、变电、送电和配电高压电气装置，以及1kV及以下低压电气装置的接地设计	**主要内容：** 规定了交流电气装置接地设计的基本原则，主要包括下列电气装置： （1）高压电气装置接地；	**差异：** 1. 本标准3.2.2规定：标称电压为220V及以下的蓄电池室内的支架可不接地。 《电气装置安装工程接地装置施工及验收规范》GB 50172—2006中4.1.3规定：蓄电池基架宜接地。

续表

序号	标准名称/标准号/时效性	针对性	内容与要点	关联与差异
7			（2）发电厂和变电站的接地网； （3）高压架空线路和电缆线路的接地； （4）高压配电电气装置的接地； （5）低压系统接地型式； （6）架空线路的接地； （7）电气装置的接地电阻和保护总等电位联结系统； （8）低压电气装置的接地装置和保护导体。 **重点与要点：** 1. 发电厂和变电站内不同用途和不同额定电压的电气装置或设备，应使用一个总的接地网。地网电阻应满足其中最小值的要求。 2. 各类铜覆钢材的铜层厚度应不小于0.25mm。	2. 本标准 4.3.2 规定：接地网的埋设深度不宜小于0.8m。 《交流电气装置的接地》DL/T 621—1997 中 6.2.1 规定：接地网的埋设深度不宜小于 0.6m。 3. 本标准与《电气装置安装工程接地装置施工及验收规范》GB 50169—2006 的差异有： （1）本标准 4.3.7 第 3 点规定：潮湿的或有腐蚀性蒸汽的房间内，接地导体（线）离墙不应小于 10mm。 GB 50169—2006 中 4.2.6 第 5 点规定：接地线与建筑物墙壁间的间隙宜为 10mm～15mm。 （2）本标准 4.3.7 第 6 点 1）规定：采用铜或铜覆钢材的接地导体（线）应采用放热焊接方式连接。钢接地导体（线）使用搭接焊接方式时，其搭接长度应为扁钢宽度的 2 倍或圆钢直径的 6 倍。 GB 50169—2006 中 4.3.4 规定：接地线、接地极采用电弧焊连接时应采用搭接焊缝，其搭接长度应符合下列规定： 1）扁钢为其宽度的 2 倍且不得少于 3 个棱边焊接； 2）圆钢为其直径的 6 倍； 3）圆钢与扁钢连接时，其长度为圆钢直径的 6 倍； （3）本标准 4.3.7 第 1 点规定：发电厂和变电站电气装置中，下列部位应采用专门敷设的接地导体（线）接地：3）箱式变电站和环网柜的金属箱体。 GB 50169—2006 中 4.2.10 第 1 点规定：发电厂、变电站电气装置的接地线应符合下列规定：2）配电装置的金属外壳。 （4）本标准 4.3.7 第 5 点规定：在接地导体（线）引进建筑物的入口处应设置标志。明敷的接地导体（线）表面应涂 15mm～100mm 宽度相等的绿色和黄色相间的条纹。 GB 50169—2006 中 4.2.7 规定：明敷接地线，在导体的全长度或区间段及每个连接部位附近的表面，应涂以 15mm～100mm 宽度相等的绿色和黄色相间的条纹标

续表

序号	标准名称/标准号/时效性	针对性	内容与要点	关联与差异
7			3．采用铜或铜覆钢材的接地导体（线）应采用放热焊接方式连接。 4．钢接地导体（线）使用搭接焊接方式时，其搭接长度应为扁钢宽度的2倍或圆钢直径的6倍	识。当使用胶带时，应使用双色胶带。中性线宜涂淡蓝色标识。 GB 50169—2006中4.2.8规定：在接地线引向建筑物的入口处和在检修用临时接地点处，均应有明显的接地标识。 （5）本标准4.4.5规定：气体绝缘金属封闭开关设备区域专用接地网与变电站总接地网的连接线，不应少于4根。 《1100kV气体绝缘金属封闭开关设备技术规范》GB/Z 24836—2009中6.3.2规定：GIS辅助地网与主地网的连接线截面积应不小于250mm^{2}的铜导体，并采用焊接连接
8	《并联电容器装置设计规范》 GB 50227—2008 2009年6月1日实施	适用于750kV及以下电压等级变电站、配电站（室）中无功补偿用三相交流高压、低压并联电容器装置的新建、扩建工程设计	**主要内容：** 规定了并联电容器装置设计的基本原则，主要包括： （1）接入电网基本要求； （2）电气接线； （3）电器和导体选择； （4）保护装置和投切装置； （5）控制回路、信号回路和测量仪表； （6）布置和安装设计； （7）防火和通风。 **重点与要点：** 1．无功补偿装置的设计应根据安装地点的电网条件、补偿要求、环境情况、运行检修要求和实际经验等，确定补偿容量、接线方式、配套设备、保护与控制方式、布置及安装方式。 2．并联电容器装置接入电网的设计，应按全面规划、合理布局、分层分区补偿、就地平衡的原则确定最优补偿容量和分布方式。 3．每个串联段的电容器并联总容量不应超过3900kvar。 4．严禁放电线圈一次绕组中性点接地。	**关联：** 1．并联电容器装置的围栏对带电体的安全距离应符合《高压配电装置设计技术规程》DL/T 5352的有关规定。 2．户外并联电容器装置与变电站内建构筑物和设备的防火间距应符合《火力发电厂与变电站设计防火规定》GB 50229的有关规定。 3．本标准不包含静止无功补偿装置的设计要求，静止无功补偿装置的设计应执行《330kV～750kV变电站无功补偿装置设计技术规定》DL/T 5014和《35kV～220kV变电站无功补偿装置设计技术规定》DL/T 5242的有关规定。 **差异：** 本标准5.6.6规定：低压并联电容器的放电器件应满足电容器断电后，在3min内将电容器的剩余电压降至50V及以下。 《35kV～220kV变电站无功补偿装置设计技术规定》DL/T 5242中7.7.3规定：放电线圈的放电时间应能满足电容器组脱开电源后，在5s内将电容器组的剩余电压降至50V以下。

续表

序号	标准名称/标准号/时效性	针对性	内容与要点	关联与差异
8			5. 并联电容器组均应设置不平衡保护、速断保护、过电流保护、母线过电压保护、母线失电压保护等。 6. 并联电容器的投切装置严禁设置自动重合闸。 7. 并联电容器装置的断路器与相应的隔离开关和接地开关之间，应设置闭锁装置。 8. 集合式电容器在地面安装时，外壳应可靠接地。 9. 并联电容器安装连接线严禁直接利用电容器套管连接或支承硬母线。 10. 户内安装的油浸式铁芯串联电抗器，其测量质量超过100kg时，应单独设置防爆间隔和储油设施。 11. 干式空心电抗器户内布置时，应加大对周围空间的距离，并应避开继电保护和微机监控等电气二次弱电设备。 12. 干式空心电抗器支承绝缘子的金属底座接地线，应采用放射形或开口环形。 13. 并联电容器装置必须设置消防设施。油浸集合式并联电容器，应设置储油池或挡油墙。电容器的浸渍剂和冷却油不得污染周围环境和地下水	《330kV～750kV变电站无功补偿装置设计技术规定》DL/T 5014—2010中7.8.2规定：手动投切的电容器组放电器件，应能使电容器组的剩余电压在10min内自额定电压峰值降至50V以下。自动投切的，应在5s内降至0.1倍额定电压及以下
9	《1000kV变电站设计规范》 GB 50697—2011 2012年3月1日实施	适用于电压为1000kV新建、扩建或改建变电站或开关站的设计	**主要内容：** 1. 规定了1000kV变电站设计的基本原则，主要包括： （1）电气主接线； （2）主变压器； （3）1000kV并联电抗器； （4）1000kV设备和导体选择； （5）1000kV配电装置； （6）110kV无功补偿装置； （7）防雷接地； （8）过电压保护和绝缘配合； （9）二次部分； （10）1000kV构支架； （11）噪声控制。	**关联：** 1. 主变压器容量和组数的选择，应根据《电力系统设计技术规程》DL/T 5429的有关规定和审定的电力系统规划设计方案确定。 2. 1000kV电气设备电瓷外绝缘的泄漏比距应按《高压架空线路和发电厂、变电所环境污区分级及外绝缘选择标准》GB/T 16434的有关规定执行。 3. 110kV并联电容器、并联电抗器及其他无功补偿装置的设计，应符合《并联电容器装置设计规范》GB 50227和《330kV～750kV变电站无功补偿装置设计技术规定）DL/T 5014的有关规定。

续表

序号	标准名称/标准号/时效性	针对性	内容与要点	关联与差异
9			2．明确了1000kV断路器、隔离开关、互感器和避雷器、绝缘子、导体等的设计要求。 3．确定了计算机监控系统、二次设备布置、电磁抗干扰措施、继电保护、直流及交流不停电电源系统等的设计要求。 4．规定了1000kV户外配电装置的最小安全净距。 **重点与要点：** 1．1000kV变电站在设计时应结合工程特点，采用具备应用条件的新技术、新设备、新材料、新工艺。 2．1000kV变电站在环境保护、水土保持及劳动安全卫生设施方面应与主体工程同步设计、同步施工、同步投产。 3．应根据系统及设备情况确定是否装设备用1000kV主变压器和并联电抗器。 4.1000kV构支架结构的设计使用年限应不低于50年，安全等级应为一级，结构的重要性系数应采用1.1	4．1000kV变电站过电压保护与绝缘配合的设计，除应符合本规范的规定外，尚应符合《1000kV特高压交流输变电工程过电压和绝缘配合》GB/Z 24842的规定。 5．计算机监控系统和二次接线的设计应符合《220kV～500kV 变电所计算机监控系统设计技术规》DL/T 5149、《火力发电厂、变电所二次接线设计技术规程》DL/T 5136和《电测量及电能计量装置设计技术规程》DL/T 5137的有关规定。 **差异：** 本标准5.1.4规定：1000kV设备的连续性噪声水平宜不大于75dB（A）。 《导体和电器选择设计技术规定》DL/T 5222—2005中6.0.12规定：变压器、电抗器和其他设备的连续性噪声水平应不大于85dB（A）
10	《±800kV直流换流站设计规范》 GB/T 50789—2012 2012年12月1日实施	适用于±800kV两端直流输电系统换流站工程的设计	**主要内容：** 规定了±800kV直流换流站设计的基本原则，主要包括： （1）换流站站址选择； （2）交流系统基本条件及直流输电系统的性能要求； （3）换流站电气设计； （4）换流站控制和保护设计； （5）换流站通信设计； （6）换流站土建设计； （7）换流站辅助设施设计； （8）换流站噪声控制和节能。 **重点与要点：** 1．换流站设计应结合工程特点采用新技术、新设备、新材料、新工艺。	**关联：** 1．站址选择应符合《220kV～500kV变电所设计规程》DL/T 5218、《建筑抗震规范》GB 50011、《岩土工程勘察规范》GB 50021的有关规定。 2．换流站可听噪声应符合《高压直流换流站可听噪声》GB/T 22075、《工业企业厂界环境噪声排放标准》GB 12348、《声环境质量标准》GB 3096的有关规定。 3．换流站总平面布置应符合《变电站总布置设计技术规程》DL/T 5056、《220kV～500kV变电所设计规程》DL/T 5218的有关规定。 4．换流站内建筑物的防火要求、站内防火设施应符合《建筑设计防火规范》GB 50016、《建筑内部装修设计防火规范》GB 50222的有关规定。 5．火灾自动报警系统的设计应符合《火灾自动报警系统设计规范》GB 50016的有关规定。

续表

序号	标准名称/标准号/时效性	针对性	内容与要点	关联与差异
10			2．换流站的主体工程设计应与环境保护、水体保持及安全卫生设施同步进行。 3．换流站高压站用电源宜按三回电源设置。 4．阀厅要密封防尘，保持 5Pa～30Pa 微正压。	6．换流站内建筑物、构筑物的抗震设计应符合《建筑抗震设计规范》GB 50011 的有关规定。 **差异：** 本标准与《±800kV 高压直流输电系统成套设计规程》DL/T 5426—2009、《高压直流换流站设计技术规定》DL/T 5223—2005、《高压直流系统交流滤波器》GB/T 25093—2010 的主要差异： （1）本标准 4.2.13 规定：换流器单元平均强迫停运次数不宜大于 2 次/（单元·年）； DL/T 5426 中 6.3.12 规定：对于采用双换流器串联的±800kV 直流输电系统，每极失去一个换流器，不大于 8 次/极/年。 （2）本标准 4.2.9 规定：对于 220kV 及以上交流系统，单次谐波的畸变率，奇次不宜大于 1.0%（其中 3 次和 5 次可不大于 1.25%），偶次不宜大于 0.5%；总有效谐波畸变率（D_{eff}）不宜大于 1.75%；电话谐波波形系数（*THFF*）不宜大于 1.0%； DL/T 5426 中 6.6.1 规定：换流站交流母线电压畸变限值标准一般选用的典型范围为 D_n 一般为 0.5%～1.5%，典型值为 1.0%。根据系统负序电压和背景谐波情况，可对不同次数的谐波采用不同的要求，如奇次谐波、低次谐波（3 次、5 次）采用较高的值等。D_{eff} 一般为 1%～3%；*THFF* 一般为 1%～2%。 DL/T 5223 中 6.2.12 规定：对 220kV 及以上交流系统，谐波干扰的标准为 D_n 奇次≤1.0%～1.5%，偶次≤0.5%；D_{eff}≤1.5%～2.0%；*THFF*≤1.0%～1.5%。 GB/T 25093 中 5.2.2.1 规定：对于 500kV 交流系统，奇次谐波 D_n 典型值取 1%，偶次谐波 D_n 典型值取 0.5%；D_{eff} 范围 1%～4%；*THFF* 典型限值为 1%。 （3）本标准 4.2.4 规定：直流系统降压运行的电压值宜为额定电压的 70%～80%。 DL/T 5223 中 6.2.4 规定：直流系统降压运行的电压值可为额定电压的 70%～80%。

续表

序号	标准名称/标准号/时效性	针对性	内容与要点	关联与差异
10			5. 每个换流站每种规格的换流变压器和平抗各备用一台。 6. ±800kV 换流站保护系统采用三取二保护配置方式。 7. 阀厅应设置灾后机械排烟系统	DL/T 5426 中 6.1.3 规定：直流系统任何一极至少以额定直流电流在 70%～100%的正常运行电压下连续运行。 （4）本标准 9.1.1 规定：阀厅室内相对湿度范围宜为 10%～60%。 DL/T 5223 中 10.4.2 规定：阀厅室内相对湿度宜保持在 25%～75%范围内。 （5）本标准 9.1.2 规定：阀厅应设置灾后机械排烟系统，换气次数宜按 0.25 次/h～0.5 次/h 确定。 DL/T 5223 中 10.4.16 规定：阀厅及主控制楼机械排烟系统排烟风量可按房间换气次数不少于 5 次/h 计算
11	《110（66）kV～220kV 智能变电站设计规范》 GB/T 5××××—201× 报批稿	适用于交流电压为 110（66）kV～220kV 智能变电站（开关站）新建工程，改、扩建工程可参照执行	**主要内容：** 1. 规定了 110（66）kV～220kV 智能变电站设计的基本原则，主要包括： （1）站址选择及总布置； （2）电气一次； （3）二次系统； （4）土建； （5）消防； （6）节能和环保； （7）劳动安全和职业卫生。 2. 规定了电气主接线、高压设备选择、配电装置、无功补偿、过电压保护与接地、站用电、照明、（光）电缆选择与敷设等的设计要求。 3. 确定了继电保护和安全自动装置、调度自动化、通信、变电站自动化系统、直流系统和不间断电源、时间同步系统、辅助控制系统、二次设备布置及组柜、互感器二次参数等的设计要求。 4. 规定了建构筑物、采暖通风和空气调节、给水和排水等的设计要求。	**关联：** 1. 对智能站站址选择和总布置、电气主接线、高压设备选择、配电装置等的设计规定了部分原则和要求，但《220kV～750kV 变电站设计技术规程》和《35kV～110kV 变电站设计规范》GB 50059 仍适用。 2. 电子式互感器应符合《互感器　第 7 部分：电子式电压互感器》GB 20840.7 和《互感器　第 8 部分：电子式电流互感器》GB 20840.8 的规定。 3. 高、低压并联电抗器和并联电容器及其他无功补偿装置的设计应符合《并联电容器装置设计规范》GB 50227 和《35kV～220kV 变电站无功补偿装置设计技术规定》DL/T 5242 的规定。 4. 过电压保护和绝缘配合设计应符合《交流电气装置的过电压保护和绝缘配合》DL/T 620 的规定。 5. 接地设计应符合《交流电气装置的接地设计规范》GB 50065 的规定。 6. 站用电设计应符合《低压配电设计规范》GB 50054、《220kV～500kV 变电所所用电设计技术规程》DL/T 5155 和《35kV～110kV 变电站设计规范》GB 50059 的规定。 7. 照明设计应符合《建筑照明设计标准》GB 50034 和《火力发电厂和变电站照明设计技术规定》DL/T 5390 的规定。

续表

序号	标准名称/ 标准号/时效性	针对性	内容与要点	关联与差异
11			**重点与要点：** 1．智能变电站应具有信息采集数字化、通信平台网络化、信息共享标准化、系统功能集成化、结构设计紧凑化、高压设备智能化和运行状态可视化等技术特征。 2．智能变电站设计应采用可靠、经济、集成、节能、环保的技术与设备，符合易扩建、易升级、易改造、易维护的工业化应用要求。 3．智能变电站的设计应符合国家政策和法规，达到安全可靠、先进适用、经济合理、节能环保的要求。 4．主变压器、高压电抗器、组合电器（GIS和HGIS）、柱式断路器等高压设备可根据工程实际需求，通过集成于高压断路器的传感器，配置相关的智能组件实现智能控制，可配置状态监测IED实现相应状态监测。 5．二次设备室内网络通信连接宜采用超五类屏蔽双绞线，不同房间之间的网络连接宜采用光缆，采样值和保护GOOSE等可靠性要求较高的信息传输宜采用光缆。	8．电缆选择与敷设设计应符合《电力工程电缆设计规范》GB 50217的规定。电缆防火封堵设计应符合《火力发电厂与变电所设计防火规范》GB 50229的规定。防火封堵材料应符合《防火封堵材料》GB 23864的规定。 9．继电保护和安全自动装置的设计应符合《继电保护和安全自动装置技术规程》GB/T 14285和《电力系统安全稳定导则》DL 755的规定。 10．调度自动化设计应符合《电力系统调度自动化设计技术规程》DL/T 5003和《地区电网调度自动化设计技术规程》DL/T 5002的规定。 11．电能量计量系统设计应符合《电能量计量系统设计技术规程》DL/T 5202的规定。 12．调度数据网接入设备设计应符合《电力调度数据网络工程初步设计内容深度规定》DL/T 5364的规定，调度数据网络接入设备宜双套配置。 13．变电站二次系统安全防护设计应符合《电力二次系统安全防护总体方案》（电监会5号令）的规定。 14．系统通信及站内通信设计应符合《220kV～500kV变电所通信设计技术规定》DL/T 5225的规定。 15．光纤通信设计除应符合《电力系统同步数字系列（SDH）光纤通信工程设计技术规定》DL/T 5404的规定外，还应符合地域通信网现状、工程实际业务需求以及各网省公司通信规划。 16．载波通信设计应符合《电力载波通信设计技术规定》DL/T 5189的规定。 17．调度交换机设计应符合《电力系统调度通信交换网设计技术规定》DL/T 5157的规定。 18．变电站自动化系统应符合《智能变电站技术导则》GB/T 30155的规定，应采用《变电站通信网络和系统》DL/T 860规定的通信标准。 19．变电站自动化系统、时间同步系统设计应符合《220kV～500kV变电所计算机监控系统设计技术规程》DL/T 5149的规定。

续表

序号	标准名称/标准号/时效性	针对性	内容与要点	关联与差异
11			6. 当光缆与站内电力电缆、控制电缆在同一通道内同一侧的多层支架上敷设时，光缆宜布置在支架的底层，可采用专用的槽盒或PVC塑料管保护。 7. 变电站应设置辅助控制系统，实现全站图像监视及安全警卫、火灾报警、消防、照明、采暖通风、环境监测等系统的智能联动控制	20. 直流系统设计应符合《电力工程直流系统设计技术规程》DL/T 5044的规定。 21. 不间断电源设计应符合《电力用直流和交流一体化不间断电源设备》DL/T 1074的规定。 22. 辅助控制系统宜采用符合《变电站通信网络和系统》DL/T 860的通信标准。 23. 二次设备室抗干扰设计应符合《计算机场地通用规范》GB/T 2887和《计算机场地安全要求》GB/T 9361的规定。 24. 二次设备防雷、接地和抗干扰应满足《交流电气装置的接地》DL/T 621、《火力发电厂、变电站二次接线设计技术规程》DL/T 5136和《220kV～500kV变电所计算机监控系统设计技术规程》DL/T 5149的规定。 25. 电流互感器和电压互感器的二次绕组数量、准确等级应满足电能计量、测量、保护和安全自动装置的要求，应符合《电流互感器和电压互感器选择及计算导则》DL/T 866的规定。 **差异：** 本标准5.4.5规定： （1）220kV变电站站控层网络应采用双重化以太网络；110（66）kV变电站站控层宜采用单网。 （2）110（66）kV变电站110（66）kV电压等级可设置过程层网络，宜采用单网。 （3）过程层SV网络与GOOSE网宜共网设置。 《330kV～750kV智能变电站设计规范》（报批稿）5.4.5规定： （1）站控层网络应采用双重化以太网络。 （2）66（35）kV电压等级可不配置独立的过程层网络，宜采用点对点方式实现信号传输。 （3）过程层SV网络与GOOSE网络宜共网设置。当采用3/2接线时，过程层SV网络与GOOSE网络宜分别独立设置

续表

序号	标准名称/ 标准号/时效性	针对性	内容与要点	关联与差异
12	《330kV～750kV 智能变电站设计规范》 GB/T 5××××—201× 报批稿	适用于交流电压为 330kV～750kV 智能变电站（开关站）新建工程，改、扩建工程可参照执行	**主要内容：** 1．规定了 330kV～750kV 智能变电站设计的基本原则，主要包括： （1）站址选择及总布置； （2）电气一次； （3）二次系统； （4）土建； （5）消防； （6）节能和环保； （7）劳动安全和职业卫生。 2．明确了电气主接线、高压设备选择、配电装置、无功补偿、过电压保护与接地、站用电、照明、（光）电缆选择与敷设等的设计要求。 3．确定了继电保护和安全自动装置、调度自动化、通信、变电站自动化系统、直流系统和不间断电源、时间同步系统、辅助控制系统、二次设备布置及组柜、互感器二次参数等的设计要求。 4．规定了建构筑物、采暖通风和空气调节、给水和排水等的设计要求。 **重点与要点：** 1．智能变电站应具有信息采集数字化、通信平台网络化、信息共享标准化、系统功能集成化、结构设计紧凑化、高压设备智能化和运行状态可视化等技术特征。 2．智能变电站设计应采用可靠、经济、集成、节能、环保的技术与设备，符合易扩建、易升级、易改造、易维护的工业化应用要求。 3．智能变电站的设计应符合国家政策和法规，达到安全可靠、先进适用、经济合理、节能环保的要求。	**关联：** 1．对智能站站址选择和总布置、电气主接线、高压设备选择、配电装置等的设计规定了部分原则和要求，但《220kV～750kV 变电站设计技术规程》仍适用。 2．电子式互感器应符合《互感器　第 7 部分：电子式电压互感器》GB 20840.7 和《互感器　第 8 部分：电子式电流互感器》GB 20840.8 的规定。 3．高、低压并联电抗器和并联电容器及其他无功补偿装置的设计应符合《并联电容器装置设计规范》GB 50227 和《330kV～750kV 变电站无功补偿装置设计技术规定》DL/T 5014 的规定。 4．过电压保护和绝缘配合设计应符合《交流电气装置的过电压保护和绝缘配合》DL/T 620 的规定。 5．接地设计应符合《交流电气装置的接地设计规范》GB 50065 的规定。 6．站用电设计应符合《低压配电设计规范》GB 50054 和《220kV～500kV 变电所所用电设计技术规程》DL/T 5155 的规定。 7．照明设计应符合《建筑照明设计标准》GB 50034 和《火力发电厂和变电站照明设计技术规定》DL/T 5390 的规定。 8．电缆选择与敷设设计应符合《电力工程电缆设计规范》GB 50217 的规定。电缆防火封堵设计应符合《火力发电厂与变电所设计防火规范》GB 50229 的规定。防火封堵材料应符合《防火封堵材料》GB 23864 的规定。 9．继电保护和安全自动装置的设计应符合《继电保护和安全自动装置技术规程》GB/T 14285 和《电力系统安全稳定导则》DL 755 的规定。 10．调度自动化设计应符合《电力系统调度自动化设计技术规程》DL/T 5003 和《地区电网调度自动化设计技术规程》DL/T 5002 的规定。 11．电能量计量系统设计应符合《电能量计量系统设计技术规程》DL/T 5202 的规定。

续表

序号	标准名称/标准号/时效性	针对性	内容与要点	关联与差异
12			4．主变压器、高压电抗器、组合电器（GIS 和 HGIS）、柱式断路器等高压设备可根据工程实际需求，通过集成于高压断路器的传感器，配置相关的智能组件实现智能控制，可配置状态监测 IED 实现相应状态监测。	12．调度数据网接入设备设计应符合《电力调度数据网络工程初步设计内容深度规定》DL/T 5364 的规定，调度数据网络接入设备宜双套配置。 13．变电站二次系统安全防护设计应符合《电力二次系统安全防护总体方案》（电监会 5 号令）的规定。 14．系统通信及站内通信设计应符合《220kV～500kV 变电所通信设计技术规定》DL/T 5225 的规定。 15．光纤通信设计除应符合《电力系统同步数字系列（SDH）光纤通信工程设计技术规定》DL/T 5404 的规定外，还应符合地域通信网现状、工程实际业务需求以及各网省公司通信规划。 16．载波通信设计应符合《电力载波通信设计技术规定》DL/T 5189 的规定。 17．调度交换机设计应符合《电力系统调度通信交换网设计技术规定》DL/T 5157 的规定。 18．变电站自动化系统应符合《智能变电站技术导则》GB/T 30155 的规定，应采用《变电站通信网络和系统》DL/T 860 规定的通信标准。 19．变电站自动化系统、时间同步系统设计应符合《220kV～500kV 变电所计算机监控系统设计技术规程》DL/T 5149 的规定。 20．直流系统设计应符合《电力工程直流系统设计技术规程》DL/T 5044 的规定。 21．不间断电源设计应符合《电力用直流和交流一体化不间断电源设备》DL/T 1074 的规定。 22．辅助控制系统宜采用符合《变电站通信网络和系统》DL/T 860 的通信标准。 23．二次设备室抗干扰设计应符合《计算机场地通用规范》GB/T 2887 和《计算机场地安全要求》GB/T 9361 的规定。

续表

序号	标准名称/标准号/时效性	针对性	内容与要点	关联与差异
12			5. 二次设备室内网络通信连接宜采用超五类屏蔽双绞线，不同房间之间的网络连接宜采用光缆，采样值和保护 GOOSE 等可靠性要求较高的信息传输宜采用光缆。 6. 变电站应设置辅助控制系统，实现全站图像监视及安全警卫、火灾报警、消防、照明、采暖通风、环境监测等系统的智能联动控制	24. 二次设备防雷、接地和抗干扰应满足《交流电气装置的接地》DL/T 621、《火力发电厂、变电站二次接线设计技术规程》DL/T 5136 和《220kV～500kV 变电所计算机监控系统设计技术规程》DL/T 5149 的规定。 25. 电流互感器和电压互感器的二次绕组数量、准确等级应满足电能计量、测量、保护和安全自动装置的要求，应符合《电流互感器和电压互感器选择及计算导则》DL/T 866 的规定。 **差异：** 本标准 5.4.5 规定： （1）站控层网络应采用双重化以太网络。 （2）66（35）kV 电压等级可不配置独立的过程层网络，宜采用点对点方式实现信号传输。 （3）过程层 SV 网络与 GOOSE 网络宜共网设置。当采用 3/2 接线时，过程层 SV 网络与 GOOSE 网络宜分别独立设置。 《110kV～220kV 智能变电站设计规范》（报批稿）5.4.5 规定： （1）220kV 变电站站控层网络应采用双重化以太网络；110（66）kV 变电站站控层宜采用单网。 （2）110（66）kV 变电站 110（66）kV 电压等级可设置过程层网络，宜采用单网。 （3）过程层 SV 网络与 GOOSE 网宜共网设置
13	《330kV～750kV 变电站无功补偿装置设计技术规定》 DL/T 5014—2010 2010 年 12 月 15 日实施	1. 适用于 330kV～750kV 变电站新建工程无功补偿装置设计。 2. 涉及的无功补偿装置包括 330kV～750kV 高压并联电抗器装置、35kV～66kV 并联电抗器和并联电容器装置、静止无功补偿装置。	**主要内容：** 规定了 330kV～750kV 变电站中无功补偿装置设计的基本原则，主要包括： （1）系统要求； （2）接线； （3）电器和导体选择； （4）安装与布置； （5）二次接线、继电保护和自动投切； （6）建筑与结构设计。	**关联：** 1. 无功补偿装置导体和电器选择，应符合《导体和电器选择设计技术规定》DL/T 5222 的规定。 2. 35kV～220kV 变电站无功补偿装置的设计执行。《35kV～220kV 变电站无功补偿装置设计技术规定》DL/T 5242 的有关规定。 **差异：** 本标准与《35kV～220kV 变电站无功补偿装置设计技术规定》DL/T 5242—2010、《并联电容器装置设计规范》GB 50227—2008 的主要差异：

续表

序号	标准名称/标准号/时效性	针对性	内容与要点	关联与差异
13		3．涉及的无功补偿装置不包括调相机。 4．扩建、改建工程可参照执行	（7）采暖通风。 **重点与要点：** 1．无功补偿装置的设计应根据安装地点的电网条件、谐波水平、负荷特性、环境情况、运行检修要求和实际经验等，合理地选择装置型式，确定补偿容量、电压等级、补偿方式、接线方式、布置型式及控制、保护方式。 2．设计应遵照安全可靠，技术经济合理，运行检修方便的原则。 3．静止无功补偿装置的型式应通过技术经济比较确定，可采用的主要类型有：晶闸管控制电抗器（TCR）型、晶闸管投切电容器（TSC）型、晶闸管投切电抗器（TSR）型。 4．无功电力平衡实行分层分区、就地平衡的原则。 5．330kV、500kV、750kV 电压等级与下一级电网之间不宜有无功电力交换，330kV、500kV、750kV 电压等级输电线路的充电功率应按就地补偿的原则采用高、低压并联电抗器予以补偿。 6．无功补偿装置应优先采用投资省、损耗小、可分组投切的并联电容器和并联电抗器。 7．330kV、500kV、750kV 变电站安装有 2 台及以上变压器时，每台变压器配置的无功补偿容量应互相协调、匹配	（1）本标准 7.4.4 规定：低压并联电抗器总损耗一般不宜大于额定容量的 0.3%。 DL/T 5242 中 7.3.3 规定：低压并联电抗器总损耗一般不宜大于额定容量的 0.5%。 （2）本标准 5.0.9 规定：确定各级电压母线的谐波电压畸变率时，当谐波为 5 次及以上的电抗率宜取 4.5%～5%。 DL/T 5242 中 7.4.2 规定：用于限制 5 次及以上谐波，串联电抗率可取 4.5%～6%。 （3）本标准 7.8.2 规定：手动投切的电容器组放电器件，应能使电容器组的剩余电压在 10mim 内自额定电压峰值降至 50V 以下。自动投切的，应在 5s 内降至 0.1 倍额定电压及以下。 DL/T 5242 中 7.7.3 规定：放电线圈的放电时间应能满足电容器组脱开电源后，在 5s 内降至 50V 及以下。 GB 50227 中 5.6.6 规定：低压并联电容器的放电器件应满足电容器断电后，在 3min 内将电容器的剩余电压降至 50V 及以下。 （4）本标准 11.0.6 规定：静止无功补偿装置的配电装置室应设置事故排风装置，换气次数不少于 6 次/h。 DL/T 5242 中 10.2.4 规定：静止无功补偿装置的配电装置室应设置事故排风装置，换气次数不少于 10 次/h。 （5）DL/T 5242 中 7.9.8 规定：静止无功补偿装置正常运行时工作人员需进入地方，磁场强度应低于 2mT。 本标准未做规定。 （6）DL/T 5242 中 7.10.3 规定：密闭循环去离子纯水冷却系统的正常运行水阻率应不低于 5MΩ/cm，异常情况下不低于 3MΩ/cm。 本标准未做规定
14	《火力发电厂、变电站二次接线设计技术规程》	1．适用于单机额定容量为 12MW～1000MW 等级的新建火力发电厂。	**主要内容：** 规定了火力发电厂、变电站二次接线设计应遵循的原则，主要包括：	**关联：** 1．控制电缆的敷设和选型应符合《电力工程电缆设计规范》GB 50217 的有关规定。

续表

序号	标准名称/标准号/时效性	针对性	内容与要点	关联与差异
14	DL/T 5136—2012 2013年3月1日实施	2．适用于额定电压为35kV～1000kV、单台变压器额定容量为5MV·A及以上的新建变电站	（1）控制方式； （2）控制室、继电器室及其屏（台）的布置； （3）二次回路设计的基本要求； （4）控制室控制的各安装单位的接线； （5）二次回路设备的选择及配置； （6）励磁系统； （7）同步系统； （8）直流及交流不间断电源（UPS）； （9）发电厂电气系统在DCS的监控； （10）变电站和发电厂电力网络部分的计算机监控； （11）发电厂电气系统在ECMS的监控； （12）继电保护及安全自动装置； （13）电力系统调度自动化； （14）接地与抗干扰。 **重点与要点：** 1．二次接线设计应积极采用通过审定的标准设计和典型设计，以提高设计质量，并为保护及控制设备的标准化生产制造条件。 2．电缆的屏蔽层应可靠接地，并应符合下列规定： （1）计算机监控系统的模拟信号回路控制电缆屏蔽层，不得构成两点或多点接地，应集中式一点接地。 （2）对于双层屏蔽电缆，内屏蔽应一端接地，外屏蔽应两端接地。	2．继电保护及安全自动装置的设计应符合《继电保护和安全自动装置技术规程》GB/T 14285的规定。 3．电能计量系统的基本要求和设置原则应符合《电能量计量系统设计技术规程》DL/T 5202的有关规定。 **差异：** 1．本标准附录B规定的模拟母线色别与《电气装置安装工程 盘、柜及二次回路接线施工及验收规范》GB 50171—2012中3.0.8模拟母线颜色的差异： （1）本标准不包含颜色编码；GB 50171包含。 （2）本标准不包含直流500V、交流1000V电压等级；GB 50171不含交流0.1kV电压等级。 （3）本标准分13.8kV、15.75kV、18kV、20kV四个等级分别规定颜色；GB 50171对交流13.8kV～20kV规定一个颜色。 2．本标准与《电力装置的继电保护和自动装置设计规范》GB/T 50062—2008的差异： （1）本标准7.5.9规定：当芯线截面积为1.5mm²～2.5mm²时，电端芯数不宜超过24芯。当芯线截面积为4mm²时，电缆芯数不宜超过10芯，弱电控制电缆不宜超过50芯。 GB/T 50062—2008中15.1.6规定：不同截面的电缆，电缆芯数应符合下列规定： 6mm²电缆，不应超过6芯； 4mm²电缆，不应超过10芯； 2.5mm²电缆，不应超过24芯； 1.5mm²电缆，不应超过37芯； 弱电回路，不应超过50芯。 （2）本标准7.5.11规定：7芯及以上的芯线截面积小于4mm²的较长控制电缆应留有必要的备用芯。

续表

序号	标准名称/标准号/时效性	针对性	内容与要点	关联与差异
14			（3）屏蔽电缆的屏蔽层应在开关场和控制室内两端接地。在控制室内屏蔽层宜在保护屏上接于屏柜内的接地铜排；在开关场屏蔽层应在与高压设备有一定距离的端子箱接地。 （4）互感器每相二次回路经屏蔽电缆从高压箱体引至端子箱，该电缆屏蔽层在高压箱体和端子箱两端接地	GB/T 50062—2008 中 15.1.6 规定：控制电缆宜选用多芯电缆．并应留有适当的备用芯。 3．本标准 7.5.2 规定：发电厂和变电站应采用铜芯控制电缆和绝缘导线。按机械强度要求，强电回路导体截面积不应小于 $1.5mm^2$，弱电回路导体截面积不应小于 $0.5mm^2$。 《电力系统继电保护及安全自动装置柜（屏）通用技术条件》DL/T 720—2013 中 4.4.1 规定：继电保护柜内选用的连接导线信号回路采用多股铜质软导线，截面积不小于 $0.5mm^2$，电压回路采用多股铜质软导线截面积不小于 $1mm^2$，电流回路采用多股铜质软导线不小于 $1.5mm^2$。 《电气装置安装工程 盘、柜及二次回路接线施工及验收规范》GB 50171—2012 中 6.0.2 规定：盘柜内电流回路配线应采用截面积不小于 $2.5mm^2$ 的铜芯绝缘导线，其他回路截面积不小于 $1.5mm^2$，电子元件、弱电回路可采用截面积不小于 $0.5mm^2$ 的绝缘导线。 《继电保护和安全自动装置技术规程》GB/T 14285—2006 中 6.1.5 规定：控制电缆或绝缘导线的芯线最小截面积，强电控制回路不应小于 $1.5mm^2$，屏柜内导线的芯线应不小于 $1.0mm^2$，弱电控制回路应不小于 $0.5mm^2$。 4．本标准 16.2.5 规定：应在主控室、继电器室、敷设二次电缆的沟道、配电装置的就地端子箱及保护用结合滤波器等处，使用截面积不小于 $100mm^2$ 的裸铜排（缆）敷设与主地网连接的等电位接地网。 《电气装置安装工程 接地装置施工及验收规范》GB 50169 中 4.9.1 规定：装设保护和控制装置的屏柜地面下设置的等电位接地网宜用截面积不小于 $100mm^2$ 的接地铜排连接成首末可靠连接的环网，并用截面积不小于 $50mm^2$、不少于 4 根铜缆与厂、站的接地网一点直接连接

续表

序号	标准名称/标准号/时效性	针对性	内容与要点	关联与差异
15	《220kV～500kV变电所所用电设计技术规程》 DL/T 5155—2002 2002年9月1日实施	1. 适用于新建220kV～500kV变电站站用电的设计。 2. 对扩建和改建工程，可参照使用	**主要内容：** 1. 规定了220kV～500kV变电站站用电设计的基本原则，主要包括： （1）站用电接线； （2）站用变压器选择； （3）短路电流计算及电器、导体的选择； （4）站用电设备的布置； （5）站用电系统的继电保护、控制、信号、测量及自动装置。 2. 确定所用电源、所用电接线方式、所用电负荷的供电方式、交流不停电电源等的设计要求。 3. 明确所用变压器的负荷计算及容量选择、型式及阻抗选择、短路电流计算、所用电高低压电器和导体选择等的设计要求。 **重点与要点：** 1. 所用电的设计应积极慎重采用成熟的新材料、新设备等先进技术。 2. 容量为800kVA及以上的油浸变压器、容量为400kVA及以上车间内油浸变压器，均应装设瓦斯保护	**关联：** 1. 站用配电装置的接地和过电压保护设计应符合《交流电气装置过电压和绝缘配合》DL/T 620、《交流电气装置的接地》DL/T 621的规定。 2. 站用电测量仪表的设置应符合《电测量及电能计量装置设计技术规程》DL/T 5137的规定。 3. 直流换流站工程站用电设计执行《换流站站用电设计技术规定》DL/T 5460的有关规定。 **差异：** 本标准7.1.2规定：220V～380V户内配电装置不同相导体间及带电部分至接地部分的安全净距为不小于15mm。 《电气装置安装工程 母线装置施工及验收规范》GB 50149—2010中3.1.14规定：0.4kV户内配电装置不同相导体间及带电部分至接地部分的安全净距为不小于20mm
16	《220kV～750kV变电站设计技术规程》 DL/T 5218—2012 2012年12月1日实施	适用于交流电压为220kV～750kV变电站（开关站）新建及改、扩建工程的设计	**主要内容：** 1. 规定了220kV～750kV变电站设计的基本原则，主要包括： （1）站址选择； （2）站区规划与总布置； （3）电气一次； （4）系统及电气二次； （5）土建部分； （6）采暖、通风和空调； （7）给水和排水； （8）消防； （9）环境保护； （10）劳动安全和职业卫生；	**关联：** 1. 变电站高压配电装置的设计，应符合《高压配电装置设计技术规程》DL/T 5352的规定。 2. 配电装置中导体的设计，应符合《导体和电器选择设计技术规定》DL/T 5222的规定。 3. 并联电容器、并联电抗器及其他无功补偿装置的设计，应符合《并联电容器装置设计规范》GB 50227、《330～750kV变电站无功补偿装置设计技术规定）DL/T 5014和《35～220kV变电站无功补偿装置设计技术规定》DL/T 5242的有关规定。 4. 变电站过电压保护与绝缘配合的设计，应符合《交流电气装置过电压和绝缘配合》DL/T 620的规定。

续表

序号	标准名称/标准号/时效性	针对性	内容与要点	关联与差异
16			（11）节能。 2．确定了站区规划、总平面布置、竖向布置、管沟布置、道路、场地处理、围墙和大门、土建荷载、建筑物、构筑物等的设计要求。 3．明确了电气主接线、主变压器、配电装置、无功补偿、过电压保护与绝缘配合、站用电、照明、电缆选择与敷设、附属设施等的设计要求。 4．规定了继电保护和自动装置、调度自动化、通信、计算机监控和二次接线、直流系统和不间断电源、主控制室和继电器室布置、视频安全监控系统等的设计要求。 **重点与要点：** 1．变电站的设计应符合国家政策和法规，达到安全可靠、先进适用、经济合理、节能环保的要求。 2．在设计时应结合工程特点，积极慎重采用具备应用条件的新技术、新设备、新材料、新工艺。 3．开关站和 220kV 变电站应装设两台互为备用的站用工作变压器，330kV～750kV 变电站应装设两台站用工作变压器和一台站用备用工作变压器。 4．防酸隔爆蓄电池室采用电采暖时应采用防爆型	5．变电站接地的设计，应符合《交流电气装置的接地设计规范》GB/T 50065 和《交流电气装置的接地》DL/T 621 的规定。 6．变电站站用电的设计，应符合《低压配电设计规范》GB 50054、《220kV～500kV 变电所所用电设计技术规程》DL/T 5155 的规定。 7．计算机监控系统的设计，应符合《220kV～500kV 变电所计算机监控系统设计技术规程》DL/T 5149 的规定。 8．二次接线的设计，应符合《火力发电厂、变电所二次接线设计技术规程》DL/T 5136 的规定。 9．计量与测量的设计，应符合《电测量及电能计量装置设计技术规程》DL/T 5137 的有关规定。 **差异：** 1．本标准 3.0.12 规定：抗震设防烈度为 9 度及以上地区，不宜建设 220kV～750kV 变电站。 《高压配电装置设计技术规程》DL/T 5352—2006 中 8.2.6 规定：地震烈度为 9 度及以上地区的 110kV 及以上配电装置宜采用气体绝缘金属封闭开关设备（GIS）。 2．本标准 8.2.5 规定：免维护蓄电池的通风设计，按换气次数不少于 3 次/h 设置事故排风装置。 《高压直流换流站设计技术规定》DL/T 5223—2005 中 10.4.9 规定：免维护式蓄电池室应设置换气次数不少于 12 次/h 的事故排风装置。 3．本标准 8.2.5 规定：总事故油池容量宜按最大一台设备油量的 60%确定。 《高压配电装置设计技术规程》DL/T 5352—2006 中 8.5.3 规定：当设置有总事故储油池时，其容量宜按最大一个油箱容量的 100%确定
17	《高压直流换流站设计技术规定》 DL/T 5223—2005 2005 年 6 月 1 日实施	1．适用于单极和双极远距离高压直流输电系统换流站工程的设计，背靠背直流工程换流站可参照	**主要内容：** 1．规定了高压直流换流站设计的基本原则，主要包括： （1）设计原则； （2）换流站站址选择；	**关联：** 1．换流站站址选择参考《火力发电厂设计技术规程》的有关规定。

续表

序号	标准名称/标准号/时效性	针对性	内容与要点	关联与差异
17		执行。 2. 直流接地极设计不在本标准范围内	（3）直流输电系统及换流站的性能要求； （4）直流换流站电气设计； （5）主要设备选择； （6）换流站控制和保护设计； （7）换流站通信设计； （8）换流站建、构筑物及辅助设施。 2. 明确了交流系统的基本条件、直流输电系统的稳态性能要求、直流输电系统的暂态性能等方面的设计原则。 3. 确定了换流站的建设规模、电气主接线、电气设备布置、换流站过电压保护和接地、换流站污秽水平和直流外绝缘设计、主要设备选择等方面的设计原则。 4. 规定了高压直流控制保护系统、换流站计算机监控系统、直流线路故障定位系统、直流暂态故障录波系统、阀冷却系统控制保护、站用直流系统及交流不停电电源系统、图像监视及安全警卫系统等方面的设计原则。 5. 明确了换流站主要通信设施、系统通信、站内通信、与主管供电公司（或超高压局）的通信、与当地市话局的通信、通信电源、通信专业要求的建筑面积、与控制保护的接口等方面的设计原则。 6. 确定了总平面及竖向布置、换流站建筑、结构部分、采购、通风和空气调节、阀冷却系统、供水系统、火灾探测和灭火系统等方面的设计原则。	2. 换流站过电压保护应符合《高压直流换流站绝缘配合导则》DL/T 605、《交流电气装置的过电压保护和绝缘配合》DL/T 620 的有关规定。 3. 换流站接地设计应符合《交流电气装置的接地》DL/T 621 的有关规定。 4. 换流站直流系统设计可执行《电力工程直流系统设计技术规程》DL/T 5044 的有关规定。 5. 换流站计算机监控系统应满足《电网与电厂计算机监控系统及调度数据网络安全防护规定》的有关规定。 6. 换流站总平面布置应满足《变电所总布置设计技术规程》DL/T 5056 及《220kV～500kV 变电所设计技术规程》DL/T 5218 的有关规定。 7. 换流站采暖通风与空调设计应遵守《采暖通风与空气调节设计规范》GB 50019 的有关规定。 8. 换流站火灾自动报警系统应满足《火灾自动报警系统设计规范》GB 50116 的有关规定。 9. 换流站建筑物应符合《建筑结构荷载规范》GB 50009 及《建筑物抗震设计规范》GB 50011 的有关规定。 10. 阀厅及其他钢结构建筑应符合《钢结构设计规范》GB 50017 的有关规定。 **差异：** 1. 本标准与《±800kV 高压直流输电系统成套设计规程》DL/T 5426—2009、《±800kV 直流换流站设计规范》GB/T 50789—2012、《高压直流系统交流滤波器》GB/T 25093—2010 的主要差异： （1）本标准 6.2.12 规定：对 220kV 及以上交流系统，谐波干扰的标准 D_n 奇次≤1.0%～1.5%，D_n 偶次≤0.5%；D_{eff}≤1.5%～2.0%；*THFF*≤1.0%～1.5%。 GB/T 50789 中 4.2.9 规定：对于 220kV 及以上交流系统，单次谐波的畸变率 D_n，奇次不宜大于 1.0%（其中 3 次和 5 次可不大于 1.25%），偶次不宜大于 0.5%；总有效谐波畸变率（D_{eff}）不宜大于 1.75%；电话谐波波形系数（*THFF*）不宜大于 1.0%。

续表

序号	标准名称/标准号/时效性	针对性	内容与要点	关联与差异
17			**重点与要点：** 1. 换流站站址不宜选择在大气严重污秽地区和严重盐雾地区。 2. 换流站生产用水对水质的要求比变电站高，而且用水量比变电站大，应重点考虑水源的稳定性和可靠性	DL/T 5426 中 6.6.1 规定：换流站交流母线电压畸变限值标准选用的典型范围为 D_n 为 0.5%～1.5%，典型值为 1.0%；根据系统负序电压和背景谐波情况，可对不同次数的谐波采用不同的要求，如奇次谐波、低次谐波（3 次、5 次）采用较高的值等。D_{eff} 一般为 1%～3%。*THFF* 一般为 1%～2%。 GB/T 25093 中 5.2.2.1 规定：对于 500kV 交流系统，奇次谐波 D_n 典型值取 1%，偶次谐波 D_n 典型值取 0.5%，D_{eff} 范围 1%～4%。*THFF* 典型限值为 1%。 （2）本标准 6.2.4 规定：直流系统降压运行的电压值可为额定电压的 70%～80%。 GB/T 50789 中 4.2.4 规定：直流系统降压运行的电压值宜为额定电压的 70%～80%。 DL/T 5426 中 6.1.3 规定：直流系统任何一极至少以额定直流电流在 70%～100%的正常运行电压下连续运行。 （3）本标准 10.4.2 规定：阀厅室内相对湿度宜保持在 25%～75%范围内。 GB/T 50789 中 9.1.1 规定：阀厅室内相对湿度范围宜为 10%～60%。 （4）本标准 10.4.16 规定：阀厅及主控制楼机械排烟系统排烟风量可按房间换气次数不少于 5 次/h 计算。 GB/T 50789 中 9.1.2 规定：阀厅应设置灾后机械排烟系统，换气次数宜按 0.25 次/h～0.5 次/h 确定。 2. 本标准 10.4.9 规定：免维护式蓄电池室应设置换气次数不少于 12 次/h 的事故排风装置。 《220kV～750kV 变电站设计技术规程》DL/T 5218—2012 中 8.2.5 规定：免维护蓄电池的通风设计，按换气次数不少于 3 次/h 设置事故排风装置
18	《35kV～220kV 变电站无功补偿装置设计技术规定》 DL/T 5242—2010	1. 适用于 35kV～220kV 变电站新建工程无功补偿装置设计。	**主要内容：** 规定了 35kV～220kV 变电站中无功补偿装置工程设计的基本原则（包括 10kV～66kV 并联电容器装置、并联电抗器装置、静止无功补偿装置、静止无功发生器装	**关联：** 1. 无功补偿装置导体和电器选择，应符合《导体和电器选择设计技术规定》DL/T 5222 的规定。 2. 无功补偿装置及其配电装置的带电距离，应符合

续表

序号	标准名称/标准号/时效性	针对性	内容与要点	关联与差异
18	2010年10月1日实施	2．扩建、改建工程可参照执行	置），主要包括： （1）系统要求； （2）接线； （3）电器和导体选择； （4）安装与布置； （5）二次接线、继电保护和自动投切； （6）防火、通风与采暖。 **重点与要点：** 1．无功补偿装置的设计应根据安装地点的电网条件、谐波水平、负荷特性、环境情况、运行检修要求和实际经验等，合理地选择装置型式，确定补偿容量、电压等级、补偿方式、接线方式、布置型式及控制、保护方式。 2．无功功率平衡实行分层分区、就地平衡的原则。 3．无功补偿装置应优先采用投资省、损耗小、可分组投切的并联电容器和并联电抗器。 4．变电站内用于补偿输电线路充电功率的并联电抗器一般装在主变压器低压侧，需要时也可装在高压侧。 5．并联电容器装置一般装设在变压器的低压侧，当条件允许时，应装设在变压器的主要负荷侧	《高压配电装置设计技术规程》DL/T 5352的规定。 3．330kV～750kV 变电站无功补偿装置的设计执行《330kV～750kV 变电站无功补偿装置设计技术规定》。 **差异：** 本标准与《330kV～750kV 变电站无功补偿装置设计技术规定》DL/T 5014—2010、《并联电容器装置设计规范》GB 50227—2008的主要差异： （1）本标准7.3.3规定：低压并联电抗器总损耗一般不宜大于额定容量的0.5%； DL/T 5014中7.4.4规定：低压并联电抗器总损耗一般不宜大于额定容量的0.3%； （2）本标准7.4.2规定：用于限制5次及以上谐波，串联电抗率可取4.5%～6%； DL/T 5014中5.0.9规定：确定各级电压母线的谐波电压畸变率时，当谐波为5次及以上的电抗率宜取4.5%～5%； （3）本标准7.7.3规定：放电线圈的放电时间应能满足电容器组脱开电源后，在5s内降至50V及以下； DL/T 5014中7.8.2规定：手动投切的电容器组放电器件，应能使电容器组的剩余电压在10mim内自额定电压峰值降至50V以下。自动投切的，应在5s内降至0.1倍额定电压及以下； GB 50227中5.6.6规定：低压并联电容器的放电器件应满足电容器断电后，在3min内将电容器的剩余电压降至50V及以下； （4）本标准10.2.4规定：静止无功补偿装置的配电装置室应设置事故排风装置，换气次数不少于10次/h； DL/T 5014中11.0.6规定：静止无功补偿装置的配电装置室应设置事故排风装置，换气次数不少于6次/h； （5）本标准7.9.8规定：静止无功补偿装置正常运行时工作人员需进入地方，磁场强度应低于2mT。 DL/T 5014未做规定。 （6）本标准7.10.3规定：密闭循环去离子纯水冷却系统的正常运行水阻率应不低于5MΩ/cm，异常情况下不低于3MΩ/cm。 DL/T 5014未做规定

续表

序号	标准名称/标准号/时效性	针对性	内容与要点	关联与差异
19	《高压配电装置设计技术规程》 DL/T 5352—2006 2007年3月1日实施	1. 适用于发电厂和变电站工程中交流3kV～500kV新建配电装置的设计。 2. 扩建或改建配电装置的可参照执行	**主要内容：** 1. 规定了敞开式和GIS两类配电装置的设计原则，主要包括： （1）基本规定； （2）环境条件； （3）导体和电气设备的选择； （4）配电装置型式及布置； （5）配电装置对建筑物和构筑物的要求。 2. 确定了配电装置最小安全净距、型式选择、布置、通道与围栏、防火与蓄油设施等的设计要求。 3. 明确了户内配电装置建筑要求、户外配电装置的架构载荷条件要求和GIS对土建的要求。 4. 规定了750kV户外配电装置最小安全净距。 **重点与要点：** 1. 高压配电装置的设计，应根据负荷性质、容量、环境条件、运行维护等要求，合理选用设备和制定布置方案。 2. 在技术经济合理时，应选用效率高、能耗小的电气设备和材料。 3. 高压配电装置的设计应根据工程特点，规模和发展规划，做到远近结合，以近期为主。 4. 必须坚持节约用地的原则。 5. 户内GIS配电装置应设置起吊设备，其容量应能满足起吊最大检修单元要求，并满足设备检修要求	**差异：** 1. 本标准6.0.5规定：选择330kV及以上户外配电装置的导体和电气设备时的最大风速，可采用离地10m高，30年一遇10min平均最大风速。选择500kV户外配电装置的导体和电气设备时的最大风速，可采用离地10m高，50年一遇10min平均最大风速。 《1000kV变电站设计规范》GB 50697—2011中5.1.2规定：选择1000kV导体和电器时的最大风速，应取离地10m高，100年一遇10min平均最大风速。 2. 本标准表8.1.1和表8.1.3规定：户内、户外配电装置的最小安全净距未包含0.4kV电压等级。 《电气装置安装工程　母线装置施工及验收规范》GB 50149—2010表3.1.14规定：包含0.4kV电压等级有关要求。 3. 本标准8.2.6规定：地震烈度为9度及以上地区的110kV及以上配电装置宜采用气体绝缘金属封闭开关设备（GIS）。 《220kV～750kV变电站设计技术规程》DL/T 5218—2012中3.0.12规定：抗震设防烈度为9度及以上地区，不宜建设220kV～750kV变电站。 4. 本标准8.5.3规定：当设置有总事故储油池时，其容量宜按最大一个油箱容量的100%确定。 《3kV～110kV高压配电装置设计规范》GB 50060中5.5.3规定：当设置有总事故储油池时，油池容量宜按最大一个油箱容量的60%确定。 《220kV～750kV变电站设计技术规程》DLT 5218中8.2.5规定：总事故油池容量宜按最大一台设备油量的60%确定
20	《±800kV高压直流输电系统成套设计规程》 DL/T 5426—2009 2009年12月1日实施	1. 适用于±800kV高压直流输电系统成套设计。 2. 不包括直流线路和接地极线路设计的内容。	**主要内容：** 1. 对±800kV高压直流输电工程直流系统研究和换流站成套设计的工作范围、程序、技术要求和深度进行了规定，主要包括： （1）总体要求； （2）设计条件；	**关联：** 1. 系统设计参照《高压直流系统性能》IEC 919-3。 2. 目前我国直流工程设计中的海拔修正均依照《绝缘配合》IEC TS60071-2标准进行。 3. 换流站设备的绝缘配合参照《高压直流换流站绝缘配合导则》DL/T 605，交流设备的绝缘配合参照《绝

续表

序号	标准名称/标准号/时效性	针对性	内容与要点	关联与差异
20		3．对于某些工程特殊的要求，可根据具体的功能规范在此标准的基础上进一步研究确定。 4．其他电压等级的直流输电工程和背靠背直流联网工程可参照本标准执行	（3）设计要求； （4）换流站一次设备参数要求； （5）换流站控制保护系统； （6）辅助系统设计要求。 2．确定了换流站整体直流系统设计应完成的工作，主要内容包括： （1）直流主回路设计； （2）无功补偿和控制； （3）暂态性能设计； （4）直流系统性能设计； （5）滤波器设计； （6）直流控制策略和保护配置设计。 3．规定了换流站下列主设备或子系统的技术规范： （1）晶闸管阀； （2）换流变压器； （3）平波电抗器； （4）开关设备； （5）测量设备； （6）避雷器； （7）交流滤波器； （8）直流滤波器； （9）绝缘子； （10）套管； （11）换流站运行人员控制系统； （12）直流极控制/换流器控制系统； （13）交、直流站控系统； （14）直流保护系统； （15）暂态故障录波系统； （16）保护信息管理子站； （17）电能量计费系统终端设备； （18）直流线路故障定位系统； （19）换流站主时钟系统。	缘配合 第1部分：定义、原则和规则》GB 311.1执行。 4．换流站噪声应符合《工业企业厂界环境噪声排放标准》GB 12348、《声环境质量标准》GB 3096、《城市区域环境噪声适用区划分技术规范》GB/T 15190的要求。 5．换流站采暖通风和空气调节设计应遵守《采暖通风与空气调节设计规范》GB 50019的有关规定。 **差异：** 本标准与《±800kV直流换流站设计规范》GB/T 50789—2012、《高压直流换流站设计技术规定》DL/T 5223—2005、《高压直流系统交流滤波器》GB/T 25093—2010的主要差异： （1）本标准6.3.12规定：对于采用双换流器串联的±800kV直流输电系统，每极失去一个换流器，不大于8次/极/年； GB/T 50789中4.2.13规定：换流器单元平均强迫停运次数不宜大于2次/（单元·年）； （2）本标准6.6.1规定：换流站交流母线电压畸变限值标准一般选用的典型范围为D_n一般为0.5%～1.5%，典型值为1.0%。根据系统负序电压和背景谐波情况，可对不同次数的谐波采用不同的要求，如奇次谐波、低次谐波（3次、5次）采用较高的值等，D_{eff}一般为1%～3%，*THFF*一般为1%～2%； GB/T 50789中4.2.9规定：对于220kV及以上交流系统，单次谐波的畸变率，奇次不宜大于1.0%（其中3次和5次可不大于1.25%），偶次不宜大于0.5%；总有效谐波畸变率（D_{eff}）不宜大于1.75%；电话谐波波形系数（*THFF*）不宜大于1.0%； DL/T 5223中6.2.12规定：对220kV及以上交流系统，谐波干扰的标准为：D_n奇次≤1.0%～1.5%，D_n偶次≤0.5%；D_{eff}≤1.5%～2.0%；*THFF*≤1.0%～1.5%。

续表

序号	标准名称/标准号/时效性	针对性	内容与要点	关联与差异
20			4. 在进行系统设计和设备成套时应取得换流站的下列环境资料和条件： （1）气象数据； （2）污秽水平； （3）地震烈度或动峰值加速度； （4）海拔； （5）水文地质数据； （6）大件运输条件； （7）交流系统条件。 5. 规定了换流站站用电系统、阀冷却系统、消防系统及采暖、通风和空气调节等辅助系统的设计要求。 6. 明确了直流输电线路及接地极的参数要求。 **重点与要点：** 1. 在所有运行方式下，远距离直流输电系统正常运行直流电压在考虑所有设备公差和控制误差后，一般不得超过额定电压的±2%～±3%；直流输电系统允许的最小直流电流一般应不大于额定电流的10%。 2. 最高环境温度和备用冷却设备投入的条件下，直流输电系统连续过负荷能力为1.05倍的额定功率。 3. 直流输电系统功率倒送的能力一般不低于额定值的90%。 4. 为了保护高压直流设备而必须闭锁阀组并投旁通时，则阀组应能在换流站交流母线三相整流电压恢复到正常值的40%之后的20ms内解锁	GB/T 25093中5.2.2.1规定：对于500kV交流系统，奇次谐波 D_n 典型值取1%，偶次谐波 D_n 典型值取0.5%，D_{eff} 范围1%～4%，*THFF* 典型限值为1%； （3）本标准6.1.3规定：直流系统任何一极至少以额定直流电流在70%～100%的正常运行电压下连续运行； GB/T 50789中4.2.4规定：直流系统降压运行的电压值宜为额定电压的70%～80%； DL/T 5223中6.2.4规定：直流系统降压运行的电压值可为额定电压的70%～80%
21	《换流站站用电设计技术规定》 DL/T 5460—2012 2013年3月1日实施	适用于直流输电工程中的换流站站用电设计	**主要内容：** 1. 规定了换流站站用电设计应遵循的原则，主要包括： （1）站用电接线； （2）站用变压器选择及电动机启动时的电压校验； （3）短路电流计算及电器和导体选择； （4）站用配电装置； （5）站用电源二次系统的标准及要求。	**关联：** 1. 高压站用变压器和10kV及以上电压等级站用配电装置的布置应符合《高压配电装置设计技术规程》DL/T 5352的有关规定。 2. 站用配电装置的接地及过电压保护设计应符合《交流电气装置的接地》DL/T 621及《交流电气装置的过电压保护和绝缘配合》DL/T 620的有关规定。

续表

序号	标准名称/标准号/时效性	针对性	内容与要点	关联与差异
21			2．明确了站用电源的配置、站用工作电源从站内引接的方式、站用电接线方式、站用电负荷的供电方式、低压检修供电网络、交流不间断电源等方面的设计原则。 3．确定了站用负荷计算及站用电变压器容量选择、站用变压器电压调整、站用变压器型式及阻抗选择、电动机启动时的电压校验等方面的设计原则。 4．规定了高压站用电系统短路电流计算、站用电高压电器和导体选择、低压站用电系统短路电流计算、站用电低压电器和导体选择、低压电器组合等方面的设计原则。 5．确定了站用变压器布置、站用配电装置型式和布置等方面的设计原则。 6．明确了站用电继电保护、站用电电源、信号及测量、站用电源自动投入等方面的设计原则。 **重点与要点：** 1．检修电源的供电半径不宜大于50m。 2．检修网络应装设漏电保护。 3．站用电各级母线的电压偏移不应超过额定电压的±5%。 4．低压站用变宜选用Dyn11联结组别，低压侧额定电压宜采用400V。 5．对起吊设备的电源回路，宜增设就地安装的隔离电器	3．站用配电装置的建筑物应符合《高压直流换流站设计技术规定》DL/T 5223和《220kV～500kV变电所设计技术规程》DL/T 5218的有关规定。其采暖通风应符合《采暖通风与空气调节设计规范》GB 50019的有关规定。 4．站用电系统继电保护应符合《继电保护和安全自动装置技术规程》GB/T 14285和《电力装置的继电保护和自动装置设计规范》GB/T 50062的有关规定。 5．控制和信号回路的设计、35kV及以上站用电源二次设备的布置应符合《火力发电厂、变电所二次接线设计技术规程》DL/T 5136和《电力装置的电测量仪表装置设计规范》GB 50063的有关规定

第三节 设 备

序号	标准名称/标准号/时效性	针对性	内容与要点	关联与差异
1	《电力变压器 第1部分：总则》 GB 1094.1—2013 2014年12月14日实施	1．适用于三相及单相变器（包括自耦变压器）。 2．不包括某些小型和特殊变压器，如：	**主要内容：** 1．对变压器制造与设计进行了规定，主要包括： （1）使用条件； （2）额定值和一般要求； （3）联结和联结组标号；	**关联：** 1．术语定义执行《电工术语 变压器、互感器、调压器和电抗器》GB/T 2900.15的规定。个别术语和定义进行了修改。 2．液浸式变压器的温升、绝缘水平及试验、电力变压

续表

序号	标准名称/标准号/时效性	针对性	内容与要点	关联与差异
1		（1）额定容量小于1kVA的单相变压器和5kVA的三相变压器； （2）所有绕组额定电压均不高于1000V的变压器、互感器； （3）电机车牵引变压器； （4）起动变压器； （5）试验变压器； （6）电焊变压器； （7）防爆矿用变压器； （8）深水（浸水）用变压器。 3．当某些类型的变压器（尤其是所有绕组电压均不高于1000V的工业用特种变压器）没有相应的标准时，本部分可以整体或部分适用。 4．不涉及变压器安装在公共场所的要求	（4）铭牌； （5）安装环境及其他要求； （6）偏差； （7）试验； （8）电磁兼容； （9）高频操作暂态。 2．确定了变压器例行试验、型式试验及特殊试验的有关要求。 **重点与要点：** 1．变压器应设计、制造成能在各个方向承受至少3*g*连续加速度而无损坏。 2．变压器的铭牌必须包括：变压器种类、制造单位名称、出厂序号、制造年月、产品型号、额定容量、额定频率、联结组标号、额定电压及分接范围、额定电流、短路阻抗、冷却方式、总质量、绝缘液体的质量种类等。 3．运输质量超过5t的变压器，应在至少两个相邻面标出运输中的重心点永久性标示	器、电抗器的雷电冲击和操作冲击试验导则、承受短路的能力、电抗器、油浸式电力变压器负载导则、声级测定及应用导则、干式变压器及干式电力变压器负载导则、采用高温绝缘材料的液浸式变压器的设计和应用、风力发电用变压器应执行《电力变压器》GB 1094的有关规定。 3．变压器套管应符合《交流电压高于1000V的绝缘套管》GB/T 4109的有关规定。 4．变压器分接开关应符合《分接开关　第1部分：性能要求和试验方法》GB 10230.1的有关规定。 5．变压器绝缘液体应符合《电工流体　变压器和开关用的未使用过的矿物绝缘油》GB 2536的有关规定。 6．变压器电工钢带应符合《冷轧取向和无取向电工钢带（片）》GB/T 2521的有关规定
2	《电力变压器　第2部分：液浸式变压器的温升》 GB 1094.2—2013 2014年12月14日实施	1．适用于液浸式变压器。 2．主要针对液浸式变压器的设计和制造	**主要内容：** 对液浸式变压器的温升进行了规定，主要包括： （1）冷却方式； （2）正常冷却条件； （3）温升限值； （4）温升试验方法等。 **重点与要点：** 1．一台变压器可规定有几种不同的冷却方式，并在说明书和铭牌上给出不同冷却方式下的容量值。 2．变压器顶层绝缘液体的温升限值为60K，ON及OF冷却方式的绕组平均温升限值为65K，OD冷却方式的绕组平均温升限值为70K	**关联：** 1．术语定义、空气冷却方式电力变压器正常环境温度限值等要求执行《电力变压器　第1部分：总则》GB/T 1094.1的有关规定。 2．由制造方与用户协商确定温升限值的保证值和/或规定与负载周期运行相关的特殊试验执行《电力变压器　第7部分：油浸式电力变压器负载导则》GB/T 1094.7的有关规定。 3．多绕组变压器的损耗计算执行《电力变压器应用导则》GB/T 13499的有关规定

续表

序号	标准名称/标准号/时效性	针对性	内容与要点	关联与差异
3	《电力变压器 第3部分：绝缘水平、绝缘试验和外绝缘空气间隙》 GB 1094.3—2003 2004年1月1日实施	1．适用于《电力变压器 第1部分：总则》GB 1094.1 所规定的单相和三相油浸式电力变压器（包括自耦变压器），不适用于某些小型和专用变压器。 2．对于某些有各自标准的电力变压器和电抗器类产品，本标准只有在被这些产品标准明确引用时才适用	**主要内容：** 对电力变压器绝缘水平、绝缘试验和外绝缘空气间隙进行了规定，主要包括： （1）设备最高电压和绝缘水平； （2）适用于某些特殊类型变压器的规则； （3）绝缘要求和绝缘试验的基本规定； （4）带分接绕组的变压器的试验； （5）重复的绝缘试验； （6）辅助接线的绝缘； （7）外施耐压试验； （8）感应电压试验、雷电冲击试验； （9）波尾截断的雷电冲击试验； （10）操作冲击试验； （11）外绝缘空气间隙。 **重点与要点：** 1．采用电缆盒连接或直接接到SF_6组合电器的变压器，应设计成必要时可用临时套管连接的结构，以便进行绝缘试验。 2．绝缘试验通常在制造厂的车间里进行，变压器的温度应接近环境温度，但最低为10℃。 3．变压器试验前，应将变压器本体及监测设备装配完整，不影响内绝缘介电强度的各种附件可不安装	**关联：** 1．本标准同时代替《电力变压器 第3部分：绝缘水平和绝缘试验》GB 1094.3—1985和《电力变压器绝缘水平和绝缘试验 外绝缘的空气间隙》GB/T 10237—1988。 2．雷电冲击试验对试验线路的要求以及对认可测量设备的性能试验和例行检查执行《高电压试验技术 第一部分：一般定义及试验要求》GB/T 16927.1的有关规定。 3．操作冲击试验对试验线路的要求以及对认可测量设备的性能试验和例行检查执行《高电压试验技术 第1部分：一般定义及试验要求》GB/T 16927.1和《高电压试验技术 第2部分：测量系统》GB/T 16927.2的有关规定。 4．套管应单独按照《高压套管技术条件》GB/T 4109承受型式试验和例行试验，以验证其相对地的外绝缘和内绝缘
4	《电力变压器 第4部分：电力变压器和电抗器的雷电冲击和操作冲击试验导则》 GB/T 1094.4—2005 2006年4月1日实施	1．适用于电力变压器的雷电冲击和操作冲击试验。 2．通常也适用于电抗器试验	**主要内容：** 提供了电力变压器和电抗器的雷电冲击和操作冲击试验的准则和说明，作为《电力变压器 第3部分：绝缘水平、绝缘试验和外绝缘空气间隙》GB 1094.3的补充，主要包括： （1）波形； （2）试验电路； （3）校正； （4）雷电冲击试验； （5）操作冲击试验；	**关联：** 1．变压器和电抗器的雷电冲击试验和操作冲击试验时采用的电压波形执行《电力变压器 第3部分：绝缘水平、绝缘试验和外绝缘空气间隙》GB 1094.3的有关规定。

续表

序号	标准名称/标准号/时效性	针对性	内容与要点	关联与差异
4			（6）波形图或数字记录的判断； （7）传递函数分析在内的数字处理； （8）冲击试验报告。 **重点与要点：** 1．在大型电力变压器和电抗器的冲击试验中，由于其绕组电感小或冲击电容大，往往不可能得到规定的波形，此时应允许波形有较大的误差。 2．当任何非被试端子通过阻抗接地时，星形联结绕组必须确保任何非被试端子上的对地电压不超过端子额定耐受电压的75%，三角形联结绕组不超过50%	2．测量装置的校验应执行《高电压试验技术》GB/T 16927系列的有关规定
5	《电力变压器　第6部分：电抗器》 GB/T 1094.6—2011 2011年12月1日实施	1．适用于： （1）并联电抗器； （2）串联电抗器（包括限流电抗器、中性点接地电抗器、功率控制电抗器、电动机启动电抗器和电弧炉串联电抗器）； （3）滤波（调谐）电抗器； （4）电容器阻尼电抗器； （5）接地变压器（中性点耦合器）； （6）消弧线圈； （7）高压直流输电和工业用平波电抗器。 2．不包括： （1）额定容量小于1kvar的单相电抗器和额定容量小于5kvar的三相电抗器。 （2）高频的线路阻波器或安装于铁道车辆上的电抗器等专用电抗器	**主要内容：** 1．主要内容包括： （1）使用条件； （2）设计、试验、偏差和应用； （3）并联电抗器； （4）限流电抗器和中性点接地电抗器； （5）与电容器连接的滤波电抗器、阻尼电抗器和放电电抗器； （6）接地变压器（中性点耦合器）； （7）消弧线圈； （8）平波电抗器。 2．明确了各类电抗器的例行试验、型式试验、特殊试验的具体要求。 **重点与要点：** 1．干式电抗器附近的磁场强度，可能造成附近的金属体发热或受到一定的作用力，制造方应提供一个适当的磁间距的指导原则。 2．干式电抗器绕组端子的温度限值为： （1）铜、铜合金、铝和铝合金制作的裸露端子为90℃。 （2）铜、铜合金、铝和铝合金制作的镀锡端子为105℃。 （3）铜、铜合金、铝和铝合金制作的镀银或镀镍端子为115℃	**关联：** 1.设备例行试验、型式试验和特殊试验的一般要求应执行《电力变压器　第1部分：总则》GB 1094.1的规定。 2．绝缘试验一般执行《电力变压器　第3部分：绝缘水平、绝缘试验和外绝缘空气间隙》GB 1094.3、《电力变压器　第4部分：电力变压器和电抗器的雷电冲击和操作冲击试验导则》GB 1094.4和《电力变压器　第11部分：干式变压器》GB 1094.11的规定。 3．雷电冲击试验、操作冲击试验应执行《电力变压器　第3部分：绝缘水平、绝缘试验和外绝缘空气间隙》GB 1094.3和《电力变压器　第4部分：电力变压器和电抗器的雷电冲击和操作冲击试验导则》GB 1094.4的规定。 4．雷电冲击湿试验的喷水应执行《高压试验技术　第1部分：一般定义及试验要求》GB/T 16927.1的规定

续表

序号	标准名称/ 标准号/时效性	针对性	内容与要点	关联与差异
6	《电力变压器 第10部分：声级测定》 GB/T 1094.10—2003 2003年12月1日实施	1. 适用于电力变压器在工厂进行的噪声测量。 2. 当需要在现场进行噪声测量时，可遵循本部分所给出的一般规则	**主要内容：** 规定了声压和声强的测量方法，以此确定变压器、电抗器及其所安装的冷却设备的声功率级，主要包括： （1）测量仪器和校准； （2）试验方法选择； （3）负载条件； （4）基准发射面； （5）规定轮廓线； （6）传声器位置； （7）测量表面面积、声功率级、远场计算； （8）声压法、声强法； （9）试验结果的表达。 **重点与要点：** 1. 声级试验应在分接开关处于主分接时进行（除非另有规定）。 2. 声压测量和声强测量均可用来确定声功率级数值，两种方法均有效，至于选择哪种方法，则应在订货时由制造单位与用户协商确定	**关联：** 1. 测量方法符合《电力变压器》GB 1094系列、《电抗器》GB/T 10229、《干式电力变压器》GB 6450及《变流变压器》GB/T 18494系列，且容量和电压等级不受限制的变压器和电抗器以及它们所安装的正常冷却设备（如果有）。 2. 声压测量方法应执行《声学 声压法测定噪声源的声功率级 反射面上方采用包络测量表面的简易法》GB/T 3768的规定。 3. 声强测量方法应执行《声学 声强法测定噪声源的声功率级 第1部分：离散点上的测量》GB/T 16404的规定
7	《电力变压器 第11部分：干式变压器》 GB 1094.11—2007 2008年4月1日实施	1. 适用于设备最高电压为40.5kV及以下，且至少有一个绕组是在高于1.1kV时运行的干式电力变压器（包括自耦变压器）。 2. 适用于各种结构、工艺的干式变压器。 3. 不适用于： （1）充气干式变压器（当所充气体不是空气时）； （2）额定容量小于5kVA的单相变压器；	**主要内容：** 规定了干式变压器的技术原则，主要包括： （1）运行条件； （2）分接； （3）联结组； （4）承受短路的能力； （5）额定值； （6）铭牌； （7）冷却方式的标志； （8）温升限值、绝缘水平； （9）气候、环境和燃烧性能等级； （10）试验的一般要求； （11）例行试验、型式试验和特殊试验； （12）偏差；	**关联：** 1. 干式变压器外壳防护等级应执行《外壳防护等级（IP代码）》GB 4208的有关规定。 2. 干式变压器过负荷运行的要求应执行《干式电力变压器负载导则》GB/T 17211的有关规定。 **差异：** 1. 本标准与《电力变压器 第11部分：干式变压器》IEC 60076-11：2004（英文版）的技术性差异： （1）设备最高电压的适用范围改为40.5kV及以下。 （2）主要采用我国国家标准，而非国际标准。 （3）本标准对于所设计的变压器，如果不是在正常使用条件下工作（如：冷却空气温度高或安装地点的海拔高于1000m），在规定限值内的额定值和试验方面不作补充要求。

续表

序号	标准名称/标准号/时效性	针对性	内容与要点	关联与差异
7		额定容量小于 15kVA 的多相变压器； （3）互感器； （4）启动变压器； （5）试验变压器； （6）机车牵引变压器； （7）隔爆和矿用变压器； （8）焊接用变压器； （9）调压变压器； （10）侧重考虑安全的小型电力变压器。 4．当上述变压器或其他专用变压器没有相应标准时，本标准可以全部或部分参考使用	（13）防止直接接触的保护； （14）外壳防护等级； （15）接地端子。 **重点与要点：** 1．干式变压器的铭牌必须包括：制造单位名称、出厂序号、制造年月、每个绕组的绝缘系统温度、每种冷却方式的额定容量、额定频率、联结组标号、额定电压及分接范围、额定电流、短路阻抗、冷却方式、总质量、防护等级等。 2．变压器应有一个接地端子供保护导线连接用，所有裸露的不带电金属构件均应接到接地端子上。 3．定期的型式试验应至少每五年进行一次。 4．局部放电水平的最大值为 10pC	（4）本标准增加“标称系统电压”；将设备最高电压“36kV”改为“40.5kV”；将额定短时外施耐受电压“28kV”改为“35kV”。 （5）本标准增补“型式试验应至少每五年进行一次”的内容。 2．本标准第 22 章规定：所有的干式变压器均应进行局部放电试验。 《电气装置安装工程 电气设备交接试验标准》GB 50150—2006 中 7.0.14 规定：新安装变压器电压等级在 220kV 及以上时进行局部放电试验，电压等级为 110kV 变压器在对绝缘有怀疑时应进行局部放电试验
8	《电流互感器》 GB 1208—2006 2007 年 3 月 1 日实施	1．适用于频率为 15Hz～100Hz，供电气测量仪表和电气保护装置用的新制造的电流互感器。 2．主要以独立绕组的互感器为基准，但如合适，也可用于自耦互感器。 3．兼作测量和保护用的电流互感器应符合本标准的全部条款	**主要内容：** 1．规定了最高电压为 550kV 及以下电流互感器的技术原则，主要包括： （1）正常和特殊使用条件； （2）额定值； （3）温升限值； （4）设计要求； （5）试验； （6）标志、包装、储运； （7）测量用电流互感器的补充要求； （8）保护用电流互感器的补充要求； （9）PR 级保护用电流互感器的补充要求；	**差异：** 本标准与《电气装置安装工程 电气设备交接试验标准》GB 50150—2006 的差异： （1）本标准 7.1.1.3 中表 3、表 5 按不同电压等级规定了互感器额定工频耐受电压（方均根值）。 GB 50150 中 9.0.5 规定：互感器交流耐压试验应按出厂试验电压的 80%进行。 （2）本标准 6.1.2.6 规定：对设备最高电压 $U_m≥40.5kV$，且采用电容型绝缘结构的电流互感器，其末屏对地应能承受额定短时工频耐受电压 5kV（方均根值），如果互感器的设备最高电压 $U_m≥40.5kV$，则应能承受额定短时工频耐受电压 5kV（方均根值）。 GB 50150 中 9.0.5 规定：电压等级 110kV 及以上的电流互感器末屏及电压互感器接地端（N）对地的工频耐压试验电压标准应为 3kV。 （3）本标准 6.1.4 规定：二次绕组绝缘的额定工频耐受电压为 3kV（方均根值）。

续表

序号	标准名称/标准号/时效性	针对性	内容与要点	关联与差异
8			（10）PX级保护用电流互感器的补充要求。 2．明确了电流互感器型式试验、例行试验、特殊试验的试验项目、试验条件、试验方法、试验评判标准、测试仪器的性能参数。 **重点与要点：** 1．电流互感器的接地连接处应有直径不小于8mm的接地螺栓，并有明显的接地标志。 2．具有一次绕组的电流互感器，应由制造方提供连接母线用的全部紧固件。 3．二次出线端子板应具有良好的防潮性能	GB 50150中9.0.5规定：二次绕组之间及其对外壳的工频耐压试验电压标准应为2kV。 （4）本标准附录F规定：设备最高电压U_m为550kV的电容型绝缘的油浸式电流互感器在测量电压为$U_m/\sqrt{3}$时，tanδ不大于0.004，设备最高电压为363kV≥U_m≥40.5kV的电容型绝缘的油浸式电流互感器在测量电压为$U_m/\sqrt{3}$时，tanδ不大于0.005；同时规定对采用电容型绝缘结构的电流互感器，制造厂应提供测量电压为10kV下的tanδ，但未提供该电压下的tanδ允许值。 GB 50150中表9.0.3规定：油浸式电流互感器绕组为20kV～35kV等级时tanδ≤2.5%，为66kV～110kV时tanδ≤0.8%，为220kV时tanδ≤0.6%，为330kV～500kV时tanδ≤0.5%。 （5）本标准附录F规定：对于电容型绝缘结构电流互感器的末屏，在测量电压为3kV下的tanδ不应大于0.02。 GB 50150中9.0.2规定：若末屏对地绝缘电阻小于1000MΩ时，应测量其tanδ。未提供tanδ允许值。 （6）本标准6.1.3规定：当一次绕组或二次绕组分成两段或多段时，段间绝缘的额定工频耐受电压应为3kV（方均根值）。 GB 50150未规定此项试验
9	《高压交流断路器》 GB 1984—2014 2015年1月22日实施	1．适用于运行频率为50Hz、电压为3000V及以上系统中的交流断路器，也适用于断路器的操动机构和其辅助设备。 2．仅适用于三相系统	**主要内容：** 1．规定了高压交流断路器的技术原则，主要包括： （1）设计与结构； （2）型式试验、出厂试验、交接试验的试验项目及试验标准； （3）断路器运行的选用导则； （4）运输、储存、安装、运行和维护规则；	**差异：** 本标准与《电气装置安装工程 电气设备交接试验标准》GB 50150—2006的差异： （1）本标准规定交接试验时断路器时间参数应在现场电源电压（流过满负荷电流时设备端子处测量的）和最大压力（切断泵装置时）下进行测量。 GB 50150规定了断路器时间参数测量应在产品额定

续表

序号	标准名称/标准号/时效性	针对性	内容与要点	关联与差异
9		中的三极断路器及单相系统中的单极断路器。 3. 用于单相系统中的两极断路器及使用频率低于50Hz时应遵从制造厂和用户之间的协议	(5) 安全性和产品对环境的影响。 2. 明确了各种断路器的机械性能参数、电气参数标准。 3. 确定了断路器机械试验和环境试验的标准。 **重点与要点：** 1. 对设计用于额定电压 72.5kV 及以上，额定短路开断电流大于 12.5kA，直接与架空输电线路连接的三级断路器，要求具有近区故障性能。 2. 标准断路器 M1 级机械操作循环次数应不小于 2000 次。特殊使用要求的断路器 M2 级机械操作循环次数应不小于 10000 次。 3. 并联脱扣器的最低电源电压不应小于额定电源电压的 30%	操作电压及气压下进行。 (2) 本标准第 10 章规定：时间参量对地测量中对断路器合—分时间、辅助开关动作试验进行了规定。在型式试验、出厂试验、交接试验中均要求实施。 GB 50150 对合—分时间的检查无相关规定，也无操动机构辅助开关的转换时间与断路器主触头动作时间的配合试验规定
10	《运行中变压器油质量》 GB/T 7595—2008 2009年8月1日实施	1. 适用于充入电气设备的矿物变压器油和断路器油在运行中的质量监督，发电机用油可参考使用。 2. 不适用于在电缆或电容器中用作浸渍剂的矿物油	**主要内容：** 1. 对运行中变压器油和断路器油进行了规定，主要包括： (1) 技术要求； (2) 检验周期和检验项目。 2. 提出了运行中变压器油防劣化措施。 **重点与要点：** 1. 变压器的电压等级大于等于 500kV 时，应做油中颗粒度检查。 2. 330kV～1000kV 电压等级的变压器中油的含水量，运行前应小于等于 10mg/L	**关联：** 1. 变压器用油的选用应按《电力变压器用绝缘油的选用指南》DL/T 1094 的有关规定进行。 2. 油样的采集应按《电力用油（变压器油、汽轮机油）取样方法》GB/T 7597 的规定进行。 3. 新变压器油、低温开关油的验收按《电工流体 变压器和开关用的未使用过的矿物绝缘油》GB 2536 的规定进行。断路器油的验收按《断路器油》SH 0351 的规定进行。新油组成不明的按照《变压器油族组成的红外光谱测定法》DL/T 929 确定其组成成分。 4. 运行中的变压器油的维护管理按照《运行变压器油维护管理导则》GB/T 14542 执行。 5. 油中溶解性气体的分析和故障诊断按照《绝缘油中溶解气体组分含量的气相色谱测定法》GB/T 17623 和《变压器油中溶解气体分析与判断导则》GB/T 7252 执行

续表

序号	标准名称/标准号/时效性	针对性	内容与要点	关联与差异
11	《交流无间隙金属氧化物避雷器》 GB 11032—2010 2011年8月1日实施 （本标准将于2015年5月1日发布第1号修改单 GB 11032—2010/XG1—2014）	适用于为限制交流电力系统过电压而设计的无间隙金属氧化物避雷器	**主要内容：** 1．对以下类型避雷器的性能要求和试验要求进行了规定： （1）瓷外套避雷器； （2）复合外套避雷器； （3）分离型避雷器； （4）外壳不带电型避雷器； （5）液浸式避雷器； （6）气体绝缘金属封闭避雷器（GIS-避雷器）。 2．确定了各类避雷器的试验项目和试验方法： （1）型式试验； （2）例行试验； （3）验收试验； （4）定期试验； （5）抽检试验。 3．明确了避雷器在各种安装位置、各类规格下的技术参数和试验标准。 **重点与要点：** 1．避雷器在1.05倍持续运行电压下的局部放电量应不大于10pC。 2．制造厂应规定多柱避雷器中单柱的最大电流值，电流分布最大不均匀系数不大于1.10。 3．额定电压42kV及以上避雷器和保护发电机用避雷器应具有压力释放装置	**差异：** 1．本标准未规定避雷器底座绝缘电阻标准。 《电气装置安装工程 电气设备交接试验标准》GB 50150—2006中21.0.2规定了底座绝缘标准及不同电压等级金属氧化物避雷器在测试绝缘电阻时必须使用不同规格的绝缘电阻表。 2．本标准9.6规定：要求避雷器工频参考电压和持续电流试验项目与直流参考电压和0.75倍直流参考电压下的泄漏电流试验项目均必须进行。 《电气装置安装工程 电气设备交接试验标准》GB 50150—2006中21.0.1规定：无间隙金属氧化物避雷器的工频参考电压和持续电流试验项目与直流参考电压和0.75倍直流参考电压下的泄漏电流试验项目可选做一项
12	《工业六氟化硫》 GB/T 12022—2014 2014年12月1日实施	适用于氟与硫直接反应并经过精制的工业SF_6。该产品主要用于电力工业、冶金工业和气象部门等	**主要内容：** 1．对工业SF_6的相关要求进行了规定，主要包括： （1）技术要求； （2）检验规则； （3）试验方法； （4）包装、标志、贮运及安全警示等。 2．工业SF_6试验主要包括： （1）SF_6质量分数的测定；	**关联：** 气瓶的颜色、字样应执行《气瓶颜色标志》GB 7144的有关规定；标签应执行《气瓶警示标签》GB 16804的有关规定。 **差异：** 1．本标准4.1.2规定：抽样时从每批产品中随机选取：

续表

序号	标准名称/标准号/时效性	针对性	内容与要点	关联与差异
12			（2）空气和四氟化碳含量的测定； （3）六氟乙烷、八氟丙烷含量的测定； （4）水含量的测定； （5）酸度的测定； （6）可水解氟化物含量的测定； （7）矿物油的测定； （8）毒性试验。 **重点与要点：** 1．试验中使用部分试剂具有毒性或腐蚀性，操作者须小心谨慎，如溅到皮肤上应立即用水冲洗，严重者应立即治疗。 2．气瓶压力为8MPa时，充装系数不大于1.17kg/L，气瓶压力为12.5MPa时，充装系数不大于1.33kg/L。 3．气瓶出厂前应检查气瓶瓶嘴及颈部无泄漏，戴上瓶帽，加装防振圈。 4．同一生产线连续稳定生产的工业六氟化硫构成一批产品，每批产品的质量不超过5t	每批1瓶抽1瓶，2～40瓶抽2瓶，41～70瓶抽3瓶，71瓶以上抽4瓶。 《电气装置安装工程电气设备交接试验标准》GB 50150—2006中20.0.4规定：对电气用SF_6新气充入设备前的抽检率为10%。 2．本标准与《工业六氟化硫》GB/T 12022—2006相比主要技术变化如下： （1）增加了六氟乙烷和八氟丙烷的测定方法，增加了其他测定空气、四氟化碳、六氟乙烷和八氟丙烷含量的方法，增加了安全警示； （2）修改了空气、四氟化碳含量的测定方法，修改了酸度测定试样体积的计算公式，修改了毒性试验操作； （3）删去了重量法、露点法
13	《电力电缆导体用压接型铜、铝接线端子和连接管》 GB/T 14315—2008 2009年10月1日实施	1．适用于35kV（U_m=40.5kV）及以下电力电缆导体用压接型铜、铝及铜铝过渡接线端子和铜、铝连接管。 2．适用于铜导体截面积范围为（10～630）mm^2、铝导线截面积范围为（16～630）mm^2，对固定敷设用的其他电线电缆也可参照采用	**主要内容：** 1．对35kV（U_m=40.5kV）及以下电力电缆导体用压接型铜、铝及铜铝过渡接线端子和铜、铝连接管的有关要求进行了规定，主要包括： （1）技术要求； （2）检验规则； （3）包装及贮运。 2．产品型号由产品类型、材料特征及结构特征的代号组成。 **重点与要点：** 1．产品内外表面应平滑，不允许有毛刺、裂纹、锐边、折叠，端子板部应平整。 2．经冷轧、冷挤的铜、铝半成品在表面处理前应退火，退火后的硬度，铜HB应不大于62，铝HB应不大于25	**关联：** 1．铝材应不低于《变形铝及铝合金化学成分》GB/T 3190二号工业纯铝的相关规定。 2．铜材应不低于《加工铜及铜合金牌号和化学成分》GB/T 5231三号铜的相关规定。 3．铜挤压棒材应符合《铜及铜合金拉制棒》GB/T 4423的相关规定。 4．拉制铜管尺寸应执行《铜及铜合金拉制管》GB/T 1527的相关规定

续表

序号	标准名称/标准号/时效性	针对性	内容与要点	关联与差异
14	《高压/低压预装式变电站》 GB 17467—2010 2011 年 8 月 1 日实施	适用于高压侧交流额定电压 3.6kV～40.5kV，包含一台或多台变压器、频率 50Hz 及以下、安装在公众可接近地点的高压/低压或低压/高压户外预装式变电站	**主要内容：** 1．规定了预装式变电站的技术原则，主要包括： （1）使用条件； （2）额定值； （3）设计和结构； （4）型式试验和出厂试验； （5）预装式变电站的选用导则； （6）与询问单、标书和订单一起提供的资料； （7）运输、安装、运行、维护和寿命终了规程； （8）安全。 2．预装式变电站包括以下主要元件（功能）和部件：外壳、电力变压器、高压开关设备和控制设备、低压开关设备和控制设备、高压和低压内部连接线、辅助设备和回路。 **重点与要点：** 1．预装式变电站应方便使用、检查和维护，并最大程度保证未经授权的人员触及时的安全。 2．在预装式变电站周围应有充分的接地措施，以防止危险的接触电压和跨步电压。 3．如果高压连接线的绝缘试验事先在工厂做过，现场装配后则不需要在现场重复试验	**关联：** 1．预装式变电站的正常使用条件应执行《高压开关设备和控制设备标准的共用技术要求》GB/T 11022 的规定（除非本标准另有规定）。 2．预装式变电站外壳的最低防护等级应为《外壳的防护等级》GB 4208 的 IP23D。 3．试验电压应执行《高压开关设备和控制设备标准的共用技术要求》GB/T 11022 的规定。 4．爬电距离应执行《低压系统内设备的绝缘配合　第 1 部分：原理、要求和试验》GB/T 16935.1 的规定
15	《变流变压器　第 2 部分：高压直流输电用换流变压器》 GB/T 18494.2—2007 2007 年 8 月 1 日实施	1．适用于具有两个、三个或多个绕组的高压直流输电用三相和单相油浸式换流变压器。 2．不适用于工业用变流变压器、牵引用变流变压器	**主要内容：** 1．对换流变压器的下列内容进行了规定： （1）使用条件； （2）额定值、偏差、损耗； （3）绝缘水平； （4）声级； （5）试验； （6）换流变压器的超铭牌负载； （7）套管、分接开关。 2．明确了换流变压器的例行试验、型式试验、特殊试验、交接试验的项目和要求。 3．交接试验项目至少应包括带有局部放电测量的感	**关联：** 1．局部放电测量仪器执行《局部放电测量》GB/T 7354 的有关规定。 2．例行试验、空载损耗、负载损耗执行《电力变压器　第 1 部分：总则》GB 1094.1 的有关规定。 3．温升试验应执行《电力变压器　第 2 部分：温升》GB 1094.2 的有关规定。 4．短路承受能力试验应执行《电力变压器　第 5 部分：承受短路的能力》GB 1094.5 的有关规定。 5．操作冲击试验、雷电冲击试验、外施直流电压耐压试验、外施交流电压试验、感应电压试验应执行《电力变压器　第 3 部分：绝缘水平、绝缘试验和外绝缘空

续表

序号	标准名称/标准号/时效性	针对性	内容与要点	关联与差异
15			应电压试验及外施交流电压耐受试验。 **重点与要点：** 1．如果未与制造单位协商，换流变压器不允许在超过铭牌规定的额定负载值下运行。 2．在外施直流电压耐受试验中，油温应为10℃～30℃。 3．外施交流耐压试验允许的局部放电量最大值应不超过500pC	气间隙》GB 1094.3 的有关规定。 6．交流套管、阀侧绕组套管应执行《高压套管技术条件》GB/T 4109 的有关规定。 7．换流变压器的声级测定程序执行《电力变压器 第10部分：声级测定》GB/T 1094.10 的有关规定
16	《高压直流输电系统用直流滤波电容器及中性母线冲击电容器》 GB/T 20993—2012 2012年11月1日实施	1．适用于高压直流输电（HVDC）换流站直流侧、安装在户内或户外的两类电容器： （1）直流滤波电容器：安装在直流滤波器C1中的电容器组和电容器单元。 （2）中性母线冲击电容器：安装在换流站直流侧的中性母线与地之间的电容器组合和电容器单元。 2．不适用于直流滤波器C2和C3中的电容器组和电容器单元	**主要内容：** 1．对高压直流输电系统用直流滤波器和中性母线冲击电容器进行了规定，主要包括： （1）使用条件； （2）质量要求和试验； （3）设计和结构要求； （4）绝缘水平； （5）过负荷； （6）安全要求； （7）标志、运行导则等。 2．明确了例行试验、型式试验、特殊试验和验收试验的项目及要求。 3．说明了高压直流输电系统常用直流滤波器接线图示例、电容器放电时间的计算公式、高压直流换流站中直流滤波器和中性母线冲击电容器安装布置示意图等内容。 **重点与要点：** 1．电容和额定电容的偏差，电容器单元为－3%～＋3%，电容器组为－1%～＋1%，电容器组各串联段的电容的最大值与最小值之比应不超过1.05。 2．电容器导电杆能承受的最大扭矩值：M10为10N·m，M12为15N·m，M16为30N·m，M20为52N·m	**关联：** 1．端子与外壳间雷电冲击电压试验应按《高电压试验技术 第1部分：一般定义及试验要求》GB/T 16927.1 的规定执行。 2．内部熔丝的隔离试验应按《标称电压1kV以上交流电力系统用并联电容器 第4部分：内部熔丝》GB/T 11024.4 的规定执行

续表

序号	标准名称/标准号/时效性	针对性	内容与要点	关联与差异
17	《高压直流输电系统用并联电容器及交流滤波电容器》 GB/T 20994—2007 2008年2月1日实施	适用于安装在高压直流输电换流站交流侧的并联电容器、并联电容器组和交流滤波器电容器、交流滤波器电容器组	**主要内容：** 1．主要内容包括： （1）质量要求和试验； （2）设计和结构要求； （3）绝缘水平； （4）过负荷； （5）安全要求； （6）电容器单元的标志； （7）电容器组的标志； （8）安装和运行导则。 2．对电容器单元的例行试验、型式试验、验收试验和特殊试验的试验项目、试验方法、试验顺序、试验结果评估标准、设计和结构方面的要求进行了规定。 3．明确了电容器绝缘水平选取的原则和标准，规定了电容器单元端子与外壳间交流试验电压的选取原则。 4．规定了电容器单元的过负荷参数标准、放电器件、环境保护、标志及电容器组的标志等标准。 5．制定了电容器、电容器组的安装和运行导则。 6．未涉及对频率/阻抗特性、相角特性要求的相关内容。 7．确定了电容器导电杆能承受的最大扭矩值。 **重点与要点：** 1．对于整体频率/阻抗特性一般按设计的各自中心频率的±1%控制。 2．除另有规定，电容器介质的温度应在＋5℃～＋35℃范围内。 3．电容和额定电容的偏差范围： （1）并联电容器单元为－2%～＋4%； （2）交流滤波器单元为－3%～＋3%； （3）并联电容器组为0～＋2%； （4）交流滤波器组为－1%～＋1%； （5）电容器组各串联段的最大与最小电容之比应不超过1.05	**关联：** 1．高压直流输电系统用并联电容器及交流滤波电容器还应符合《标称电压1000V以上交流电力系统用并联电容器》GB/T 11024系列、《高电压试验技术》GB/T 16927系列的有关规定。 2．直流滤波电容器应执行《高压直流输电系统用直流滤波电容器及中性母线冲击电容器》GB/T 20993的有关规定

续表

序号	标准名称/标准号/时效性	针对性	内容与要点	关联与差异
18	《额定电压 500kV（U_m=550kV）交联聚乙烯绝缘电力电缆及其附件 第2部分：额定电压 500kV（U_m=550kV）交联聚乙烯绝缘电力电缆》 GB/T 22078.2—2008 2009年4月1日实施	1. 适用于通常安装和运行条件下额定电压 500kV（U_m=550kV）交联聚乙烯绝缘单芯电缆。 2. 不适用于如海底电缆等特殊用途电缆	**主要内容：** 1. 对固定安装的额定电压 500kV（U_m=550kV）交联聚乙烯绝缘电力电缆进行了规定，主要包括： （1）电缆特性； （2）电缆的代号和命名； （3）材料； （4）技术要求； （5）成品电缆的检验、标志； （6）验收规则； （7）包装、运输和贮存； （8）安装后的电气试验。 2. 明确了成品电缆的例行试验、抽样试验、型式试验和预鉴定试验的有关要求。 3. 确定了导体、绝缘层、屏蔽、缓冲层、外护套等结构的尺寸和技术要求。 **重点与要点：** 1. 电缆安装时最小弯曲半径推荐为 20 倍电缆外径；电缆安装后最小弯曲半径推荐为 15 倍电缆外径。 2. 电力电缆导体应采用 TR 型圆铜线，绝缘材料推荐采用超净的可交联聚乙烯料，屏蔽用半导电料推荐采用超光滑可交联半导体电料。 3. 电缆卷绕在符合电缆弯曲半径的电缆盘上交货。电缆的两个端头应有可靠防水、防潮密封，外侧端头上装有供敷设用的牵引头	**关联：** 1. 电缆试验应执行《额定电压 500kV（U_m=550kV）交联聚乙烯绝缘电力电缆及其附件 第1部分：额定电压 500kV（U_m=550kV）交联聚乙烯绝缘电力电缆及其附件——试验方法和要求》GB/T 22078.1 的有关规定。 2. 导体的结构和直流电阻执行《电缆的导体》GB/T 3956 的有关规定。 3. 成品电缆的标志应执行《电线电缆识别方法》GB 6995 的有关规定
19	《额定电压 500kV（U_m=550kV）交联聚乙烯绝缘电力电缆及其附件 第3部分：额定电压 500kV（U_m=550kV）交联聚乙烯绝缘电力电缆附件》	本部分适用于 500kV 交联聚乙烯绝缘电力电缆的户外终端、气体绝缘终端（GIS 终端）、油浸终端、复合终端、直通接头和绝缘接头	**主要内容：** 1. 对额定电压 500kV 交联聚乙烯绝缘电力电缆附件进行了规定，主要包括： （1）附件特性； （2）附件的型号和命名； （3）技术要求； （4）附件检验； （5）试验；	**关联：** 1. 附件产品及其主要部件试验执行《额定电压 500kV（U_m=550kV）交联聚乙烯绝缘电力电缆及其附件 第1部分：额定电压 500kV（U_m=550kV）交联聚乙烯绝缘电力电缆及其附件——试验方法和要求》GB/T 22078.1 的有关规定。 2. 海拔在 1000m～4000m 时，试验电压执行《绝缘配合 第1部分：定义、原则和规则》GB 311.1 的有关

续表

序号	标准名称/标准号/时效性	针对性	内容与要点	关联与差异
19	GB/T 22078.3—2008 2009年4月1日实施		（6）产品标志； （7）验收规则； （8）包装、运输和贮存。 2．明确了额定电压500kV电缆附件的例行试验、抽样试验、型式试验、附件和电缆组成系统的预鉴定试验的有关要求。 3．确定了附件的型号由系列代号、附件代号、终端内绝缘或接头绝缘代号、终端外绝缘或接头保护盒和外保护层代号四部分组成。 4．规定了导体连接杆和导体连接管、金具、密封圈、橡胶应力锥和橡胶绝缘件、环氧预制件和环氧套管、瓷套、复合套管、液体绝缘填充剂、防水浇注剂等附件产品的性能要求。 **重点与要点：** 1．附件金具应采用非磁性金属材料制作，密封金具密封性和配合性良好，组装后不能有划伤、凹痕等。 2．复合终端用复合套管的污秽等级应为Ⅲ级或以上。 3．500kV终端推荐采用经真空脱气的硅油作为液体绝缘填充剂	规定。 3．导体连接杆和导体连接管应符合《铜及铜合金拉制棒》GB/T 4423的有关规定。 4．GIS终端与GIS的安装连接尺寸配合执行《高压开关设备和控制设备》IEC 62271-209：2007的有关规定。 5．户外终端的瓷套应执行《高压绝缘子瓷件 技术条件》GB/T 772的有关规定
20	《三相组合式电力变压器》 GB/T 23755—2009 2009年11月1日实施	适用于运输条件受限制的变电站或发电厂使用的油浸式三相组合式电力变压器	**主要内容：** 对额定容量为63000kVA及以上，电压等级为110kV、220kV和500kV，额定频率为50Hz的三相组合式变压器的下列内容进行了规定： （1）使用条件； （2）产品型号、基本参数； （3）技术要求； （4）铭牌； （5）允许偏差； （6）试验项目及方法； （7）标志； （8）起吊、安装、运输和贮存。	**关联：** 1．铭牌符合《电力变压器 第1部分：总则》GB 1094.1的有关规定。 2．试验项目执行《电力变压器 第1部分：总则》GB 1094.1和《油浸式电力变压器技术参数和要求》GB/T 6451的有关规定。 3．试验方法应执行《电力变压器试验导则》JB/T 501的有关规定。 4．由于结构原因，绕组直流电阻不平衡率可能会超过《油浸式电力变压器技术参数和要求》GB/T 6451的规定，具体数值由制造方与用户协商

续表

序号	标准名称/标准号/时效性	针对性	内容与要点	关联与差异
20			**重点与要点：** 1. 组合式变压器在海拔 1000m 及以上的地区运行时，应在铭牌上标志海拔值。 2. 三相组合式变压器应按三个单元分相制造，出厂前将三个单元组合在一起进行试验，运输时分开运输。 3. 三相组合式变压器各单元在组合时应严格按制造方提供的布置图样及安装使用说明书的要求进行组合	
21	《±800kV 直流系统用金属氧化物避雷器》 GB/T 25083—2010 2011 年 2 月 1 日实施	1. 适用于瓷外套和复合外套无间隙金属氧化物避雷器。 2. 不适用于气体绝缘金属封闭氧化物避雷器	**主要内容：** 1. 规定了±800kV 直流系统用金属氧化物避雷器的技术原则，主要包括： （1）运行条件； （2）技术要求、试验项目和方法； （3）测量设备及试品； （4）检验规则； （5）典型的高压避雷器技术参数； （6）避雷器能量应力。 2. 避雷器的检验分为例行试验、型式试验、验收试验和抽样试验四种。 **重点与要点：** 1. 在正常运行条件下，避雷器应适于户外运行，而阀型避雷器 V、12 脉波换流器重点母线避雷器 M、12 脉波换流器避雷器 C 及换流变压器阀侧避雷器 A2 应适于户内运行。 2. 避雷器工频电压试验的交流电压频率在 48Hz～62Hz 之间，且近似于正弦波。直流电压试验的电压脉动系数应不大于±1.5%，高压直流换流站其他试验电压（非正弦波）的波形应尽可能模拟实际运行状况。 3. 避雷器在规定的工频试验电压下的局部放电量应不大于 10pC，无线电干扰电压应不大于 500μV	**关联：** 1. 避雷器异常运行条件的标准、交流母线避雷器的动作负荷试验和工频电压耐受时间特性试验、耐受冷热循环试验等应执行《交流无间隙金属氧化物避雷器》GB 11032 的有关规定。 2. 瓷套避雷器外套的外观应符合《高压绝缘子瓷件》GB/T 772 的有关规定。 3. 避雷器的复合外套材料，应按照《评定在严酷环境下使用的电气绝缘材料耐电痕化和蚀损的试验方法》GB/T 6553 的要求进行耐漏起痕和耐电蚀损试验，并达到 TMA4.5 级，最大电蚀深度不超过 2.5mm。 4. 瓷外套避雷器的各项试验所用试品应执行《交流无间隙金属氧化物避雷器》GB 11032 的有关规定；复合外套避雷器的各项试验所用试品应执行《交流系统用复合外套无间隙金属氧化物避雷器导则》JB/T 8952 的有关规定。 5. 瓷外套避雷器的试验方法、外绝缘爬电距离的测量应执行《绝缘子试验方法　第 1 部分：一般试验方法》GB/T 775.1 的有关规定。 **差异：** 本标准与《1000kV 交流系统用无间隙金属氧化物避雷器技术规范》GB/Z 24845—2009 的差异： 1. 本标准 6.5 规定：0.75 倍直流参考电压下的漏电

续表

序号	标准名称/标准号/时效性	针对性	内容与要点	关联与差异
21				流应不超过 50μA/每柱。 GB/Z 24845 中 7.3.19 规定：0.75 倍直流参考电压下的漏电流不超过 100μA。 2. 本标准 6.1.7 规定：避雷器应承受 7 度地震烈度，地震加速度：水平加速度 0.20g；垂直加速度 0.10g。 GB/Z 24845 中 7.3.16.3 规定：耐地震烈度 8 度的地震负荷，地面最大水平加速度：$3m/s^2$，地面最大垂直加速度：$1.5m/s^2$
22	《高压直流隔离开关和接地开关》 GB/T 25091—2010 2011年2月1日实施	适用于设计安装在户内和户外、运行于±800kV及以下高压直流系统中的隔离开关和接地开关及操动机构和辅助装置	**主要内容：** 规定了高压直流隔离开关和接地开关的技术原则，主要包括： （1）正常和特殊使用条件； （2）额定值； （3）结构型式； （4）型式试验； （5）例行试验； （6）现场交接试验； （7）直流隔离开关和接地开关的选用导则； （8）运输、储存和安装时的条件； （9）电气、机械、热及操作方面的安全。 **重点与要点：** 1. 户外直流隔离开关和接地开关应按照湿试程序进行直流耐压湿试，户内直流隔离开关和接地开关应进行直流耐压干试。 2. 直流隔离开关可以是双柱水平开启单断口或三柱水平开启双断口，独立式接地开关宜采用单柱垂直断口型式。 3. 隔离开关和接地开关应结构简单，性能可靠，易于安装和调整，便于维护和检修。 4. 隔离开关带电部分及其传动部分的结构应能防止鸟类做巢。 5. 直流隔离开关与其配用的接地开关之间应有可靠的机械联锁，并应具有实现电气联锁的条件	**关联：** 1. 安装地海拔高于 1000m 时，外绝缘在标准参考大气条件下的绝缘水平应按照《特殊环境条件 高原用高压电器的技术要求》GB/T 20635 的要求进行修正。 2. 抗震要求应符合《高压开关设备和控制设备的抗震要求》GB 13540 的有关规定。 3. 铭牌应包含“开断电流额定值”，《高压交流隔离开关和接地开关》GB 1985 无该要求。 4. 试验应执行《高电压试验技术 第 1 部分：一般定义及试验要求》GB/T 16927.1 和《高压交流隔离开关和接地开关》GB 1985 的有关规定

续表

序号	标准名称/标准号/时效性	针对性	内容与要点	关联与差异
23	《高压直流输电用干式空心平波电抗器》 GB/T 25092—2010 2011年2月1日实施	适用于±800kV 及以下直流输电系统用干式空心平波电抗器（简称平波电抗器）的制造	**主要内容：** 1. 规定了高压直流输电用干式空心平波电抗器的技术原则，主要包括： （1）使用条件； （2）有关设计、试验、偏差和应用的一般要求； （3）额定值； （4）允许偏差； （5）绝缘水平； （6）电晕电压与无线电干扰电压； （7）温升； （8）声级； （9）试验； （10）铭牌； （11）起吊、标志、包装、运输和储存。 2. 干式空心平波电抗器的试验包括例行试验、型式试验、特殊试验。 **重点与要点：** 1. 平波电抗器通常设计为自然空气冷却，无磁屏蔽，无金属外壳，具有理想的线性特征，电感量与电流的大小无关。 2. 平波电抗器主要由电抗线圈本体与由绝缘子构成的绝缘支架组成，可用于户内或户外安装方式。对于谐波电流比较大的平波电抗器，应配有具有气候防护和消声降噪功能的声罩。 3. 平波电抗器的额定直流电流、最大工作电压、额定谐波电流频谱、最大谐波电流频谱和额定电感均应由用户规定。 4. 平波电抗器绕组端子对地的雷电冲击耐受电压和操作冲击耐受电压由用户规定	**关联：** 1. 平波电抗器的试验执行《电力变压器》GB 1094系列及《绝缘子试验方法　第2部分：电气试验方法》GB 775.2的有关规定。 2. 平波电抗器的正常使用条件和特殊使用条件执行《电力变压器　第11部分：干式变压器》GB 1094.11的有关规定。 3. 在地震条件下运行的平波电抗器执行《电力设施抗震设计规范》GB 50260的有关规定。 4. 声功率级应以声压级为基础，按《电力变压器　第10部分：声级测定》GB/T 1094.10的有关规定进行折算。 5. 平波电抗器的绝缘支架进行的试验执行《绝缘子试验方法　第2部分：电气试验方法》GB/T 775.2的有关规定。 6. 平波电抗器平均温升测量执行《电力变压器　第2部分：温升》GB/T 1094.2的有关规定
24	《高压直流系统交流滤波器》 GB/T 25093—2010	仅考虑了交流侧谐波畸变和声频干扰频率范围内的滤波，不涉及用	**主要内容：** 1. 对±800kV及以下电压等级直流输电工程交流滤波器进行了规定，主要包括： （1）使用条件； （2）设计；	**关联：** 1. 电容器的例行试验和型式试验应按照《高压直流输电系统用并联电容器及交流滤波电容器》GB/T 20994进行。 2. 电抗器的例行试验和型式试验应按照《电抗器》GB 10229进行。

续表

序号	标准名称/标准号/时效性	针对性	内容与要点	关联与差异
24	2011年2月1日实施	于滤除电力系统载波（PLC）频段和无线电干扰频段谐波的滤波器	（3）试验； （4）现场测量和验证； （5）安装、使用、维护等。 2．确定了电容器、电抗器、电阻器、避雷器、互感器和滤波开关设备的例行试验和型式试验的要求。 3．明确了交流滤波器的类型及选用导则。 4．交流滤波器的现场试验可分为：在全电压带电前进行的设备和分系统试验；在全电压带电后进行的系统试验。 **重点与要点：** 1．交流滤波器保护应与交流开关场保护相配合。 2．完全放电和接地是在滤波器和并联电容器回路上进行任何工作和维护前的绝对要求。 3．交流滤波器和电容器等发声元件应设计和布置在一定区域内，使得向换流站周边噪声敏感区域辐射的噪声最小化。 4．换流站周围栅栏线内噪声限值的典型值在 50dB（A）～60dB（A）之间。 5．制造商应提供交流滤波器各设备的运输、储存、安装、运行和维修说明书	3．避雷器的例行试验和型式试验应按照《交流无间隙金属氧化物避雷器》GB 11032 进行。 4．互感器的例行试验和型式试验应按照《电流互感器》GB 1208 和《互感器》GB/T 20840 进行。 5．开关设备的例行试验和型式试验应按照《高压交流断路器》GB 1984 和《高压交流隔离开关和接地开关》GB 1985 进行。 **差异：** 1．关于互感器一次绕组工频耐压试验电压值：本标准 7.2.4 规定为出厂试验电压值的 85%。 《电气装置安装工程 交接试验标准》GB 50150 9.0.5 和《±800kV 高压直流设备交接试验》DL/T 274 中 9.5 均规定为出厂试验电压值的 80%。 2．本标准与《±800kV 高压直流输电系统成套设计规程》DL/T 5426—2009、《±800kV 直流换流站设计规范》GB/T 50789—2012、《高压直流换流站设计技术规定》DL/T 5223—2005 的差异： 本标准 5.2.2.1 规定：对于 500kV 交流系统，奇次谐波 D_n 典型值取 1%，偶次谐波 D_n 典型值取 0.5%，D_{eff} 范围 1%～4%。THFF 典型限值为 1%。 DL/T 5223 中 6.2.12 规定：对 220kV 及以上交流系统，谐波干扰的标准为：D_n 奇次≤1.0%～1.5%，偶次≤0.5%；D_{eff}≤1.5%～2.0%；*THFF*≤1.0%～1.5%。 GB/T 50789 中 4.2.9 规定：对于 220kV 及以上交流系统，单次谐波的畸变率，奇次不宜大于 1.0%（其中 3 次和 5 次可不大于 1.25%），偶次不宜大于 0.5%；总有效谐波畸变率（D_{eff}）不宜大于 1.75%；电话谐波波形系数（*THFF*）不宜大于 1.0%。 DL/T 5426 中 6.6.1 规定：换流站交流母线电压畸变限值标准一般选用的典型范围为：D_n 一般为 0.5%～1.5%，典型值为 1.0%。根据系统负序电压和背景谐波情况，可对不同次数的谐波采用不同的要求，如奇次谐波、低次谐波（3 次、5 次）采用较高的值等。D_{eff} 一般为 1%～3%。*THFF* 一般为 1%～2%

续表

序号	标准名称/标准号/时效性	针对性	内容与要点	关联与差异
25	《高压直流旁路开关》 GB/T 25307—2010 2011年5月1日实施	适用于设计安装在户内和户外、运行于±800kV及以下高压直流系统中的旁路开关。同时也适用于旁路开关的操动机构和辅助设备	**主要内容：** 1. 规定了高压直流旁路开关的技术原则，主要内容包括： （1）正常和特殊使用条件； （2）额定值； （3）设计与结构； （4）型式试验； （5）例行试验； （6）现场试验； （7）运输、储存、安装、运行和维护规则； （8）电气、机械、热及操作方面的安全。 2. 旁路开关是跨接在一个或多个换流桥直流端子间的机械电力开关装置，在换流桥退出运行过程中把换流桥短接；在换流桥投入运行过程中把电流转移到换流阀中。 **重点与要点：** 旁路开关安装处的风压超过700Pa或预期覆冰厚度超过20mm，需向制造厂咨询其安全可靠性	**关联：** 1. 高压直流旁路开关安装地海拔高于1000m时，外绝缘额定绝缘水平应按照《特殊环境条件 高原用高压电器的技术要求》GB/T 20635的有关规定进行修正。 2. 高压直流旁路开关的额定值、设计结构、铭牌及试验等应符合《高压开关设备和控制设备标准的共用技术要求》GB/T 11022、《高压交流断路器》GB 1984及《高电压试验技术 第1部分：一般定义及试验要求》GB/T 16927.1的有关规定
26	《高压直流输电系统直流滤波器》 GB/T 25308—2010 2011年5月1日实施	适用于安装在±800kV及以下电压等级高压直流（HVDC）输电系统中的无源直流滤波器	**主要内容：** 1. 规定了高压直流滤波器的技术原则，主要包括： （1）正常和特殊使用条件； （2）设计； （3）部件设计要求结构； （4）试验； （5）结构和导体要求； （6）标志等。 2. 明确了电容器、电抗器、电阻器等元件的例行试验、型式试验和现场试验的要求。 3. 确定了直流波滤器现场调谐试验和通电试验的要求。 **重点与要点：** 1. 为减小注入直流线路的谐波电流，减小直流输电系统对沿线通信线路的干扰，必须在两侧换流站直流侧装设滤波系统。	**关联：** 1. 电容器的例行试验、型式试验和现场试验应按照《高压直流输电系统用直流滤波电容器及中性母线冲击电容器》GB/T 20993进行。 2. 电抗器的例行试验和型式试验应按照《电抗器》GB 10229进行。 3. 直流滤波器选用的无间隙金属氧化物避雷器应符合《高压直流换流站无间隙金属氧化物避雷器导则》GB/T 22389的有关规定。

续表

序号	标准名称/标准号/时效性	针对性	内容与要点	关联与差异
26			2．直流滤波电抗器通常采用低噪声的干式空心平波电抗器。 3．直流滤波器的型式最常用的是双调谐滤波器和三调谐滤波器。 4．电抗器安装时应防止任何磁导材料或导体材料形成的闭合回路因位于电抗器磁场内而发生过热现象。 5．电阻器上应配有吊孔，便于快速安装和更换，同时应有防鸟害措施	4．电流互感器应符合《电流互感器》GB 1208 的有关规定。 5．隔离开关和接地开关应符合《高压交流隔离开关和接地开关》GB 1985 的有关规定
27	《高压直流转换开关》 GB/T 25309—2010 2011年5月1日实施	1．适用于±800kV及以下电压等级直流输电系统用直流转换开关，其中包括金属回线转换开关、大地回线转换开关、中性母线开关和中性母线接地开关。 2．适用于这些转换开关的操动机构及其辅助设备	**主要内容：** 1．规定了高压直流转换开关的技术原则，主要包括： （1）使用环境条件； （2）额定值； （3）技术要求； （4）试验； （5）运输、储存、安装、运行和维修规则； （6）安全性等。 2．确定了直流转换开关开断装置和单极合闸开关、绝缘平台、电抗器、避雷器、电容器组、充电装置等设备的试验要求。 3．直流转换开关的安装检查内容包括： （1）各设备位置是否正确； （2）各设备间的接线是否正确、可靠； （3）各设备间的绝缘距离； （4）测量直流转换开关导电回路电阻。 **重点与要点：** 1．SF_6气体年泄漏率不大于0.5%，水分含量不大于150μL/L。 2．绝缘平台上的其他工作完成后才能使充电装置充电，试验时应将直流转换开关与直流场其他设备隔离，直流转换开关两端接地	**关联：** 1．高压直流转换开关不包括旁路开关，高压直流旁路开关的技术要求应符合《高压直流旁路开关》GB/T 25307 的有关规定。 2．高压直流转换开关的额定值、辅助控制设备、防护等级、试验、运输、储存等应符合《高压开关设备和控制设备标准的共用技术要求》GB/T 11022 的有关规定。 3．开断装置和单极合闸开关的现场试验按普通交流断路器的现场试验程序进行，并应符合《高压交流断路器》GB 1984 的有关规定。 4．避雷器的验收试验应符合《交流无间隙金属氧化物避雷器》GB 11032 的有关规定

续表

序号	标准名称/标准号/时效性	针对性	内容与要点	关联与差异
28	《±800kV 直流系统用穿墙套管》 GB/T 26166—2010 2011年7月1日实施	适用于±800kV 直流系统用穿墙套管，包括极母线穿墙套管、中点母线穿墙套管（每极双阀并有旁路开关时）、中性母线穿墙套管	**主要内容：** 1. 规定了±800kV 直流系统用穿墙套管的技术原则，主要包括： （1）使用条件； （2）技术要求； （3）试验方法和结果判定等。 2. 确定了±800kV 直流系统用穿墙套管的型式试验、逐个试验、特殊试验、现场交接试验的项目及要求。 3. 现场交接试验包括： （1）外观检查； （2）套管主绝缘电阻测量； （3）测量端子的绝缘电阻； （4）测量套管主绝缘的 tanδ 和电容量； （5）测量套管末屏对地的 tanδ； （6）套管渗漏检查； （7）油样性能测量。 **重点与要点：** 1. 操作冲击耐受电压试验、温升试验、机械试验和特殊试验应在尽可能接近套管实际安装角度的情况下进行。 2. ±800kV 直流系统用穿墙套管应设有运行监测装置，包括气体压力监视装置、油样抽取点、测量抽头等。 3. 充气套管的年泄漏率应不大于0.5%。 4. 套管的安装角度：套管轴线与水平方向呈0°～30°	**关联：** 1. ±800kV 直流系统用穿墙套管应符合《交流电压高于1000V 的绝缘套管》GB/T 4109 的有关规定。 2. 穿墙套管的一般要求应执行《直流系统用套管》GB/T 22674 的有关规定。 3. 穿墙套管用空心瓷绝缘子应执行《额定电压高于1000V 的电器设备用承压和非承压空心瓷和玻璃绝缘子》GB/T 23752 的有关规定。 4. 穿墙套管用空心复合绝缘子应执行《户外和户内电气设备用空心复合绝缘子 定义、试验方法、接收准则和设计推荐》GB/T 21429 的有关规定。 **差异：** 本标准与《1000kV 交流系统用套管技术规范》GB/Z 24840—2009 的差异： （1）本标准 7.4.7 规定：套管内油性能参考值为击穿电压不小于60kV，tanδ（90℃）≤0.4%，乙炔<1.0μL/L，总烃≤70μL/L，氢≤70μL/L。 GB/Z 24840 中 7.16 规定：套管内变压器油的性能指标为击穿电压不小于70kV，tanδ（90℃）≤0.1%，乙炔含量为0，总烃含量不大于10μL/L，氢含量不大于30μL/L。 （2）本标准未对套管内 SF_6 水分含量做出要求。 GB/Z 24840 中 9.4.8 规定：六氟化硫气体水分含量不得大于250μL/L
29	《高压直流输电系统直流电流测量装置 第1部分：电子式直流电流测量装置》 GB/T 26216.1—2010 2011年7月1日实施	适用于安装在±800kV 及以下电压等级直流输电系统直流极母线、双十二脉动换流阀组中点（如果适用）母线及中性母线的电子式直流电流测量装置	**主要内容：** 1. 对±800kV 及以下电压等级直流输电用电子式直流电流测量装置的技术要求进行了规定，主要包括： （1）正常和特殊使用条件； （2）额定值及性能要求； （3）设计与结构； （4）试验等。	**关联：** 1. 当直流电流测量装置输出为数字信号时，合并单元应符合《互感器》GB/T 20840 的有关规定。 2. 电子式直流电流测量装置的试验应符合 GB/T 20840、《电流互感器》GB 1208 等的有关规定

续表

序号	标准名称/标准号/时效性	针对性	内容与要点	关联与差异
29			2．确定了电子式直流电流测量装置的型式试验、例行试验、现场试验、特殊试验的项目和要求。 3．现场试验应包括：外观检查、测量绝缘电阻、极性检查、准确度测量、光源检查、直流耐压试验等。 **重点与要点：** 1．分流器串接在直流母线中。一次转换器室用于放置高压侧二次电路元件，防护等级不低于IP54。 2．绝缘子为复合型，光纤包覆在其中，光纤通过连接器与探头连接，并通过连接器固定在绝缘子的另一侧。应至少有两条带有插头的光纤作为备用。其余光纤不带连接器，也可用作备用。 3．接线箱应有接地及固定拉环，探头箱、复合绝缘子及接线箱构成一个机械单元	
30	《高压直流输电系统直流电流测量装置 第2部分：电磁式直流电流测量装置》 GB/T 26216.2—2010 2011年7月1日实施	适用于安装在±800kV及以下电压等级直流输电系统直流极母线、双十二脉动换流阀组中点（如果适用）母线及中性母线的电磁式直流电流测量装置	**主要内容：** 1．对±800kV及以下电压等级直流输电用电磁式直流电流测量装置的技术要求进行了规定，主要包括： （1）正常和特殊使用条件； （2）额定值及性能要求； （3）设计与结构； （4）试验等。 2．确定了电磁式直流电流测量装置的型式试验、例行试验、现场试验、特殊试验的项目和要求。 3．现场试验应包括：外观检查、测量绝缘电阻、电容量和介质损耗因数测量、极性检查、变比检查、直流耐压试验、密封性能检查、绝缘介质性能试验等。 **重点与要点：** 1．二次回路出线端子螺杆直径不小于6mm，应用铜或铜合金制成，且防潮性能优良，并有防转动措施。 2．SF_6式直流电流测量装置，SF_6气体年泄漏率不大于0.5%，水分含量小于250μL/L，每台设备应配备一套气体运行监测装置。	**关联：** 1．电磁式直流电流测量装置的试验应符合《互感器试验导则》GB/T 22071、《互感器》GB/T 20840、《电流互感器》GB 1208等的有关规定。 2．绝缘油的性能应符合《电气装置安装工程 交接试验标准》GB 50150的有关规定

续表

序号	标准名称/ 标准号/时效性	针对性	内容与要点	关联与差异
30			3．充油式直流电流测量装置，每台设备应配有一套油面监测装置，对于油中微量水分含量，300kV 以上电压等级应不大于 10mg/L，300kV～150kV 电压等级应不大于 15mg/L，150kV 以下电压等级应不大于 20mg/L。 4．直流电流测量装置应满足卧式运输要求	
31	《高压直流输电系统直流电压测量装置》 GB/T 26217—2010 2011 年 7 月 1 日实施	适用于安装在±800kV 及以下电压等级直流输电系统直流极母线、双十二脉波换流阀组中点母线及中性母线的直流电压测量装置	**主要内容：** 1．对高压直流输电系统直流电压测量装置的技术要求进行了规定，主要包括： （1）使用条件； （2）额定值及性能； （3）设计和结构； （4）安装和试验等。 2．确定了直流电压测量装置的型式试验、例行试验、现场试验、特殊试验的项目和要求。 3．直流电压测量装置通常由直流分压器、转换器及传输系统构成。 4．现场试验应包括：外观检查、测量光电流、直流分压比检查、直流耐压试验、密封性能检查、绝缘介质性能试验等。 **重点与要点：** 1．直流分压器应有直径不小于 8mm 的接地螺栓及其他供接地用的零件，并标有明显的接地符号。 2．直流分压器二次回路出线端子螺杆直径不小于 6mm，应用铜或铜合金制成，且防潮性能优良，并有防转动措施。 3．SF_6 式直流分压器，SF_6 气体年泄漏率不大于 0.5%，水分含量小于 250μL/L，每台设备应配备一套气体运行监测装置。	**关联：** 1．当直流电压测量装置输出为数字信号时，合并单元应符合《互感器》GB/T 20840 的有关规定。 2．直流分压器复合绝缘外套应符合《户外和户内电气设备用空心复合绝缘子》GB/T 21429 和《标称电压高于 1000V 使用的户内和户外聚合物绝缘子》GB/T 22079 的有关规定。瓷质绝缘外套应符合《额定电压高于 1000V 的电器设备用承压和非承压空心瓷和玻璃绝缘子》GB/T 23752 的有关规定。

续表

序号	标准名称/标准号/时效性	针对性	内容与要点	关联与差异
31			4．充油式直流分压器，每台设备应配有一套油面监测装置，对于油中微量水分含量，300kV 以上电压等级应不大于 10mg/L，300kV～150kV 电压等级应不大于15mg/L，150kV 以下电压等级应不大于 20mg/L。 5．直流分压器应满足卧式运输要求。 6．直流分压器二次回路端子与地之间具有过电压保护装置	3．直流电压测量装置的试验应符合《互感器试验导则》GB/T 22071、《互感器》GB/T 20840 等的有关规定
32	《高压交流隔离开关和接地开关》 DL/T 486—2010 2011 年 5 月 1 日实施	1．适用于电压 3.0kV 及以上，频率为 50Hz 的电力系统中运行的交流隔离开关和接地开关，以及它们的操动机构及辅助设备。 2．不包括将熔断器作为其一个组件的隔离开关	**主要内容：** 1．对高压交流隔离开关和接地开关的技术要求进行了规定，主要包括： （1）正常和特殊使用条件； （2）额定值； （3）设计和结构； （4）试验； （5）选用导则； （6）运输、储存、安装、运行和维护规则等。 2．补充了高压交流隔离开关和接地开关的额定值，包括： （1）额定短路关合电流（仅对接地开关）； （2）额定接触区（仅对单柱式隔离开关）； （3）额定端子机械负荷； （4）对额定电压 72.5kV 及以上的隔离开关母线转换电流开合能力的额定值； （5）接地开关感应电流开合能力的额定值。 3．明确了型式试验项目、试验条件、试验方法、通过试验的判据，主要有： （1）绝缘试验； （2）回路电阻的测量； （3）温升试验； （4）短时耐受电流和峰值耐受电流试验； （5）密封试验和防护等级检验； （6）辅助和控制回路的附加试验；	**关联：** 1．高压交流隔离开关和接地开关的正常和特殊使用条件、额定值选取原则、试验等执行《高压开关设备和控制设备标准的共用技术要求》DL/T 593 的有关规定。

续表

序号	标准名称/标准号/时效性	针对性	内容与要点	关联与差异
32			（7）接地开关短路关合能力试验； （8）机械操作和机械寿命及联锁功能试验。 4. 规定了出厂试验的试验项目、试验标准。 **重点与要点：** 1. 户外设备的箱体的防护等级最低为 IP4XW，户内设备的防护等级最低为 IP3X。 2. SF_6 气体封闭压力系统年漏气率标准值为 0.5%。 3. 接地开关的运动部件与其底架之间的铜质软连接的截面积应不小于 $50mm^2$	2. 封闭式开关设备和控制设备中的隔离开关和接地开关的附加要求在《3.6kV～40.5kV 交流金属封闭开关设备和控制设备》GB 3906、《额定电压 72.5kV 及以上气体绝缘金属封闭开关设备》GB 7674 和《额定电压 1kV 以上至 38kV 气体绝缘金属封闭开关设备》IEC 6227-201 中给出
33	《配电网自动化系统远方终端》 DL/T 721—2013 2013 年 8 月 1 日实施	适用于 10kV 及以上配电网配电自动化远方终端及子站的生产、使用、检测和验收	**主要内容：** 1. 对配电自动化远方终端及子站的有关要求进行了规定，主要包括： （1）技术要求； （2）试验方法； （3）检验规则； （4）标志、包装、运输及储存等。 2. 配电网自动化系统远方终端主要技术要求包括： （1）环境条件； （2）电源要求； （3）结构要求； （4）功能要求； （5）基本性能要求； （6）绝缘性能； （7）机械振动性能。 **重点与要点：** 1. 安装在户外的终端，防护等级不得低于 IP55，安装在户内的终端，防护等级不得低于 IP54。 2. 设备应有独立的保护接地端子，接地螺栓直径不小于 6mm。 3. 设备应具有历史数据存储能力，包括不低于 256 条事件顺序记录、30 条远方和本地操作记录、10 条终端异常记录等信息	**关联：** 1. 场地安全应符合《计算机场地安全要求》GB/T 9361 的规定。 2. 配电自动化终端中的插接件应满足《电子设备用机电元件》GB/T 5095 的规定。 3. 配电自动化终端及子站的通信规约应支持《远动设备及系统　第 5101 部分：传输规约 基本远动任务配套标准》DL/T 634.5101、《远动设备及系统　第 5104 部分：传输规约采用标准传输协议集的 IEC 60870-5-101 访问网络》DL/T 634.5104 规约

续表

序号	标准名称/标准号/时效性	针对性	内容与要点	关联与差异
34	《电力设备母线用热塑管》 DL/T 1059—2007 2007年12月1日实施	适用于额定电压为35kV及以下电压等级的电力设备母线用热缩管	**主要内容：** 1．对额定电压35kV及以下电力设备母线用热缩管的有关要求进行了规定，主要包括： （1）产品的型号规格和表示方法； （2）技术要求； （3）试验方法； （4）检验规则； （5）标志、包装、运输、贮存。 2．明确了母线用热缩管的出厂检验、抽样检验和型式检验的检验项目、检验要求和检验方法等。 **重点与要点：** 1．母线用热缩管表面应清洁，无水痕、油渍，光滑，无肉眼可见的气孔和龟裂。 2．母线用热缩管的纵向变化率不大于±10%，径向收缩率不小于50%，壁厚不均匀度不应大于30%。 3．母线用热缩管的试验均在限制收缩后的试样上，并在室温下进行试验。母线用热缩管的非限制收缩温度为120℃～140℃	**关联：** 1．收缩性能执行《额定电压1kV（U_m＝1.2kV）到35kV（U_m＝40.5kV）电力电缆热收缩式终端》JB/T 7829的有关规定。热冲击试验执行JB/T 7829附录D的规定。 2．硬度试验执行《塑料和硬橡胶使用硬度计测定压痕硬度（邵氏硬度）》GB/T 2411的有关规定。 3．机械性能试验执行《塑料 拉伸性能的测定 第2部分：模塑和挤塑塑料的试验条件》GB/T 1040.2的有关规定。 4．老化试验执行《塑料热老化试验方法》GB/T 7141的有关规定。 5．介电强度试验执行《绝缘材料电气强度试验方法 第1部分：工频下试验》GB/T 1408.1的有关规定。 6．体积电阻率试验执行《固定绝缘材料体积电阻率和表面电阻率试验方法》GB/T 1410的有关规定。 7．氧指数试验执行《塑料 用氧指数法测定燃烧行为 第1部分：导则》GB/T 2406的有关规定
35	《电力变压器用绝缘油选用指南》 DL/T 1094—2008 2008年11月1日实施	适用于油浸式变压器、电抗器、互感器等设备，其中包括500kV及以上超高压和特高压交流和换流变压器、并联和平波电抗器、互感器用新（未被使用过的）变压器油的选用	**主要内容：** 1．规定了变压器等设备用油的选用原则，主要包括： （1）选用原则和技术指标； （2）包装、运输和贮存。 2．750kV及特高压变压器、电抗器，油品供应单位应提供的试验报告主要包括： （1）脉冲击穿电压； （2）析气性； （3）带电度（带电倾向，ECT）； （4）碳型结构及苯胺点分析结果； （5）界面张力。 **重点与要点：** 1．特高压变压器、换流变压器、升压变压器、并联和	**关联：** 1．一般变压器用油应执行《电工流体 变压器和开关用的未使用过的矿物绝缘油》GB 2536的有关规定。 2．500kV及以上变压器用油性能还应执行《电工用液体 变压器和开关设备用的未使用过的矿物绝缘油》IEC 60296的有关规定，两者不一致时以IEC 60296的规定为准

续表

序号	标准名称/标准号/时效性	针对性	内容与要点	关联与差异
35			平波电抗器及运行温度较高的变压器用油，应满足高氧化安定性和低硫含量的要求。 2．变压器油贮存容器必须和其他油的容器严格分开，防止混油。 3．运输和贮存过程中严禁水和颗粒杂质的混入。 4．桶装变压器油严禁与润滑油或其他油的油桶混放	
36	《电力设备用六氟化硫气体》 DL/T 1366—2014 2015年3月1日实施	适用于电力设备用新 SF_6 气体	**主要内容：** 对电力设备用新 SF_6 气体的要求进行了规定，主要内容包括： （1）基本技术要求和安全要求； （2）试验方法、检验规则及检验结果评判标准； （3）标志、包装、运输、贮存。 **重点与要点：** 1．同一生产线连续稳定生产的用于电气设备的 SF_6 构成一批产品，每批产品的质量不超过5t。 2．瓶装工业 SF_6 应随机抽样检验，成批验收。当有任何一项指标的检验结果不符合本标准技术要求时，应重新加倍随机抽样检验，如果仍有任何一项指标不符合时，则判该批产品不合格。 3．电力设备用 SF_6 由生产厂的质量监督检验部门按本标准的规定进行检验。生产厂应保证每批出厂的产品都符合本标准的要求。 4．使用单位有权按照本标准的规定对收到的电力设备用 SF_6 进行验收。验收应在到货之日起的一个月内进行	**关联：** 1．检验样品应液体取样，采样按《气体化工产品采样通则》GB/T 6681和《工业用化学产品采样安全通则》GB/T 3723的规定执行。 2．数值修约规则与极限数值的表示和判定按《数值修约规则与极限数值的表示和判定》GB/T 8170的规定执行。 3．应按《气体分析　氦离子化气相色谱法》GB/T 28726—2012规定的切割方法测定 SF_6 中的空气、四氟化碳、六氟乙烷、八氟丙烷含量。 4．电解法、露点法应按《气体中微量水分的测定》GB/T 5832的规定进行。阻容法应按《湿度测量方法》GB/T 11605的规定进行
37	《12kV高压交流自动用户分界开关设备》 DL/T 1390—2014 2015年3月1日实施	1．适用于额定电压12kV、频率50Hz、应用于系统中性点接地方式为中性点不接地、经消弧线圈接地、经小电阻	**主要内容：** 1．对12kV高压交流自动用户分界开关设备的要求进行了规定，主要包括： （1）正常和特殊使用条件；	**关联：** 1．型式试验、出厂试验符合《高压开关设备和控制设备标准的共用技术要求》DL/T 593—2006的要求。

续表

序号	标准名称/标准号/时效性	针对性	内容与要点	关联与差异
37		接地安装在用户入口处的户内或户外高压交流自动用户分界开关设备。 2．24kV、40.5kV用户分界开关可参照本标准执行	（2）额定值； （3）设计与结构； （4）检验方法、检验规则及检验结果评判标准； （5）标志、包装、运输、贮存等要求。 2．自动用户分界开关设备是一种安装在10kV配电线路分支线上各用户的入口处，能够自动隔开所辖用户侧单相接地故障或相间短路故障的高压开关设备与控制设备。 **重点与要点：** 1．分界开关或控制引线插头内含TA防开路装置，控制引线配置长度宜不大于7m。 2．绝缘引出线与导电端子进行绝缘封闭连接，绝缘引线配置长度推荐为2m，导线端头均镀锡处理	2．用户分界负荷开关的选用导则符合《3.6kV～40.5kV高压交流负荷开关》GB 3804—2004第10章的要求
38	《额定电压 10kV（U_m=12kV）至110kV（U_m=126kV）交联聚乙烯绝缘大长度交流海底电缆及附件 第2部分：额定电压 10kV（U_m=12kV）至110kV（U_m=126kV）交联聚乙烯绝缘大长度交流海底电缆》 JBT 11167.2—2011 2011年8月1日实施	1．适用于额定电压10kV（U_m=12kV）～110kV（U_m=126kV）交联聚乙烯绝缘大长度海底电缆和光纤复合海底电缆的工程接头、修理接头和户外终端及110kV GIS终端。 2．对于横跨江河湖泊的水下电缆，也可采用本标准	**主要内容：** 1．对额定电压 10kV（U_m=12kV）～110kV（U_m=126kV）交联聚乙烯绝缘大长度交流海底电缆附件的术语、使用特性、产品命名、技术要求、附件标志、试验和要求、验收规则、包装、运输和贮存进行了规定。 2．确定了橡胶料和环氧树脂固化体的性能指标。 3．明确了附件安装导则。 **重点与要点：** 1．要求单芯电缆的附件金具应采用非磁性金属材料制成。 2．工厂接头要求：导体件的连接抗拉强度应不小于185MPa。工厂接头回复后铅套外径应不超过电缆铅套外径的10%。 3．敷设电缆时，环境温度应不低于0℃。 4．敷设电缆时，允许最小弯曲半径，单芯电缆为20倍海底电缆的外径；三芯电缆为15倍海底电缆的外径。 5．进行盘绕及张力弯曲试验后的光纤复合海底电缆光纤衰减变化的绝对值应不大于0.03dB	**关联：** 1．导体连接杆和导体连接管应采用符合《铜及铜合金拉制棒》GB/T 4423规定的铜材制造，并经退火处理。 2．瓷套应符合《高压绝缘子瓷件 技术条件》GB/T 772的要求，污秽等级为Ⅳ级及以上。 3．支柱绝缘子应符合《高压绝缘子瓷件 技术条件》GB/T 772和《标称电压高于1000V系统用户内和户外支柱绝缘子 第1部分：瓷或玻璃绝缘子的试验》GB/T 8287.1的相关规定。 4．光纤单元接线盒应符合《光缆接头盒 第三部分：浅海光缆接头盒》YD/T 814.3的规定。 5．局部放电试验按《电线电缆电性能试验方法 第12部分：局部放电试验》GB/T 3048.12的规定进行。 6．工厂接头连同电缆试样应按《额定电压10kV（U_m=12kV）至110kV（U_m=126kV）交联聚乙烯绝缘大长度交流海底电缆及附件 第1部分：试验方法和要求》JB/T 11167.1的规定进行抽样试验、卷绕试验、张力弯曲试验及电气型式和微孔、突起试验

续表

序号	标准名称/标准号/时效性	针对性	内容与要点	关联与差异
39	《额定电压 10kV（U_m=12kV）至 110kV（U_m=126kV）交联聚乙烯绝缘大长度交流海底电缆及附件　第 3 部分：额定电压 10kV（U_m=12kV）至 110kV（U_m=126kV）交联聚乙烯绝缘大长度交流海底电缆附件》 JBT 11167.3—2011 2011 年 8 月 1 日实施	1．适用于在海底敷设和运行条件下的额定电压 10kV（U_m=12kV）～110kV（U_m=126kV）交联聚乙烯绝缘大长度海底电缆和光纤复合海底电缆。 2．对于横跨江河湖泊的水下电缆，也可采用本标准	**主要内容：** 1．对额定电压 10kV（U_m=12kV）～110kV（U_m=126kV）交联聚乙烯绝缘大长度交流海底电缆的术语和定义、使用特性、产品命名、技术要求、电缆识别标志、试验和要求、验收规则、装船和贮运进行了规定。 2．确定了交联聚乙烯绝缘料、半导电屏蔽料和半导电护套料的性能要求。 **重点与要点：** 1．各种绞合导体不允许整芯焊接，绞合导体的单线允许焊接，在同一层内的相邻两个接头之间的距离不小于 300mm。 2．GIS 终端应防止外绝缘的六氟化硫气体进入终端及电缆系统。 3．半导电性阻水膨胀带的直流电阻率应小于 $1.0\times10^6\Omega\cdot cm$。 4．光纤单元在 2MPa 水压下持续 336h，缆芯纵向渗水长度应不大于 200m。 5．海底电缆的工厂接头应为模塑型，含挤塑接头和包带模塑接头。 6．按 JB/T 11167.1 的规定进行盘绕及张力弯曲试验后，光纤衰减变化的绝对值应不大于 0.03dB	**关联：** 1．铜导体应采用符合《电工圆铜线》GB/T 3953 规定的 TR 型软铜线。 2．导体采用符合《电缆的导体》GB/T 3956 的第二种圆形或紧压绞合圆形结构。 3．导体应采用阻水结构，纵向阻水性能应符合《额定电压 10kV（U_m=12kV）至 110kV（U_m=126kV）交联聚乙烯绝缘大长度交流海底电缆及附件　第 1 部分：试验方法和要求》JB/T 11167.1 的规定。110kV 电缆绝缘中允许的微孔和杂质尺寸及数目、半导电屏蔽层与绝缘层界面的微孔与突起、半导电屏蔽电阻率应符合 JB/T 11167.1 的规定。 4．铅套应采用不低于《电缆金属套　第 2 部分：铅套》JB/T 5268.2 规定的铅合金。 5．金属丝铠装材料为镀锌钢丝或扁铜线，镀锌钢丝应符合《铠装电缆用热镀锌或热镀锌－5%铝—混合稀土合金镀层低碳钢丝》GB/T 3082 的规定。 6．单模光纤应符合《通信用单模光纤　第 1 部分：非色散位移单模光纤特性》GB/T 9771.1 中的非色散位移单模光纤，多模光纤应符合《通信用多模光纤　第 1 部分：A1 类多模光纤特性》GB/T 12357.1 规定的 A1 类多模光纤的规定。松套管采用激光焊接不锈钢管，其性能应符合《不锈钢冷轧钢板和钢带》GB/T 3280 的规定。外护层采用符合《电线电缆用黑色聚乙烯塑料》GB 15065 规定的高密度聚乙烯料或相当材料。 7．光纤单元水密性应符合《海底光缆规范》GB/T 18480 的规定

第四节　施　工　机　具

序号	标准名称/标准号/时效性	针对性	内容与要点	关联与差异
1	《六氟化硫气体回收装置技术条件》 DL/T 662—2009 2009年12月1日实施	适用于SF_6气体回收装置的使用、试验、包装和运输	**主要内容：** 1．对SF_6气体回收装置的技术参数、结构、性能、试验和运输等要求进行了规定，主要包括： （1）回收气体速度、充气速度、抽真空速度、装置真空度保持、净化气体质量控制、使用寿命等技术要求。 （2）型式试验、验收试验的项目和要求。 2．SF_6气体回收装置是从电气设备SF_6气室中回收、净化和储存SF_6气体，并能对设备气室抽真空及充入SF_6气体的专用装置。 3．装置主要由回收系统、充气系统、净化系统、抽真空系统、储气罐及控制系统等组成。 **重点与要点：** 1．经回收装置净化后，SF_6气体最终水分含量应小于40μL/L、油分含量小于4μg/g、尘埃粒径小于1μm。 2．真空系统应具有防止将真空油吸进被抽真空设备气室的措施。 3．回收装置开机前应检查电磁阀状态、电源相位，清洁所有接头。 4．维护时应定期进行储气罐湿度测量、定期更换滤芯、检验真空表、更换润滑油	**关联：** 1．储气罐设计制造和试验按《钢制压力容器》GB 150的有关规定进行。 2．回收装置的包装应符合《机电产品包装通用技术条件》GB/T 13384的有关规定。 3．回收装置的标志和符号应符合《包装储运图示标志》GB/T 191的有关规定。 4．铭牌的形式及尺寸应符合《标牌》GB/T 13306的有关规定。 5．型式试验及验收试验还应执行《高压开关设备六氟化硫气体密封试验方法》GB/T 11023、《声学 声压法测定噪声源声功率级 反射面上方采用包络测量表面的简易法》GB/T 3768等的有关规定
2	《真空净油机》 JB/T 5285—2008 2008年11月1日实施	适用于真空净油机	**主要内容：** 1．对真空净油机的技术原则进行了规定，主要包括： （1）型式与基本参数； （2）技术要求； （3）试验方法； （4）检验规则； （5）标志、包装、运输和贮存等。 2．真空净油机分三个系列： （1）A系列适用于净化500kV及以上的变压器油；	**关联：** 1．净油机所用铸铁件应符合《灰铁铸件》GB/T 9439的有关规定。 2．净油机所用碳素钢应符合《碳素结构钢》GB/T 7600的有关规定。 3．净油机所用不锈钢应符合《液体输送用不锈钢无缝钢管》GB/T 14976或《不锈钢冷轧钢板和钢带》GB/T 3280的有关规定。 4．油路管道、真空管道应采用无缝钢管，并符合《冷

续表

序号	标准名称/标准号/时效性	针对性	内容与要点	关联与差异
2			（2）B 系列适用于净化 500kV 以下的变压器油； （3）C 系列适用于净化润滑油、液压油、透平油等。 **重点与要点：** 1. ZJA 净油机真空系统泄漏量不大于 11Pa·L/s、ZJB 净油机真空系统泄漏量不大于 150Pa·L/s。 2. ZJA 净油机极限真空应不大于 7Pa，ZJB 净油机极限真空应不大于 90Pa。 3. 净油机应贮存在相对湿度不大于 70%、温度不高于 40℃、通风、干燥且有遮蔽的场所，存放处不得有腐蚀性气体	拔或冷轧精密无缝钢管》GB/T 3639 或《液体输送用不锈钢无缝钢管》GB/T 14976 的有关规定。 5. 净油机电气设备的安全要求应符合《机械安全 机械电气设备 第 1 部分：通用技术条件》GB 5226.1 的有关规定。 6. 涂装表面质量应符合《分离机械 涂装通用技术条件》JB/T 7217 的有关规定。 7. 铭牌的形式及尺寸应符合《标牌》GB/T 13306 的有关规定。 8. 包装应符合《机电产品包装通用技术条件》GB/T 13384 的有关规定。 9. 发货标志应符合《运输包装收发货标志》GB/T 6388 的有关规定

第五节 施工及验收

序号	标准名称/标准号/时效性	针对性	内容与要点	关联与差异
1	《1000kV 变电站监控系统验收规范》 GB/T 25737—2010 2011 年 5 月 1 日实施	1. 适用于 1000kV 监控系统的验收。 2. 其他电压等级监控系统的验收可选择性执行	**主要内容：** 1. 对 1000kV 监控系统的验收范围、内容、方法和验收规则进行了规定，主要包括： （1）验收管理； （2）验收大纲； （3）验收必备条件； （4）验收内容。 2. 1000kV 监控系统验收包括验收组织管理、工厂验收、现场验收。 3. 工厂验收（FAT）的主要项目包括： （1）系统功能测试； （2）系统性能测试；	**关联：** 1. 按照《远动设备及系统》DL/Z 634.56 的要求检验以下内容： （1）按标准要求进行互操作性配置； （2）按标准要求的测试方法和内容进行检验。

续表

序号	标准名称/标准号/时效性	针对性	内容与要点	关联与差异
1			（3）测试方法； （4）稳定性试验。 4．现场验收（SAT）的主要项目包括： （1）现场的校对； （2）数据对象的校对； （3）联动与闭锁试验； （4）工厂验收时未接入的其他子系统的接入和测试验收； （5）工厂验收时的缺陷项目； （6）系统功能测试； （7）传输规约测试。 **重点与要点：** 1. 工程建设单位应组织成立包括设备运行维护、调度、施工、调试、系统供应商等单位的验收工作组。 2. 验收工作组的职责包括制订验收工作计划和验收大纲，开展验收测试，确认验收测试结果及签署验收结果文件等工作	2．按照《变电站通信网络和系统》DL/T 860.10 的检验方法和内容进行服务的一致性测试（客户端、服务器端）
2	《电气装置安装工程 高压电器施工及验收规范》 GB 50147—2010 2010年12月1日实施	1．适用于交流 3kV～750kV 电压等级高压电器安装工程的施工及质量验收。 2. 第六章适用于 3kV～35kV 户内式真空断路器和户内式高压开关柜。 3．第十章适用于额定电压为 3kV～66kV 的干式电抗器	**主要内容：** 对下列高压电器安装工程的施工及质量验收进行了规定： （1）SF_6 断路器； （2）气体绝缘金属封闭开关设备（GIS）； （3）复合电器（HGIS）； （4）真空断路器； （5）高压开关柜； （6）隔离开关； （7）负荷开关； （8）高压熔断器； （9）避雷器和中性点放电间隙； （10）干式电抗器和阻波器； （11）电容器。 **重点与要点：** 1．产品保管期限在技术文件无规定时应不超过1年。	**关联：** 1．与高压电器安装有关的建筑工程质量应执行《建筑工程施工质量验收统一标准》GB/T 50300 的有关规定。 2．设备支架焊接质量应执行《现场设备、工业管道焊接工程施工及验收规范》GB 50236 的有关规定。 3．接线端子应执行《变压器、高压电器和套管的接线端子》GB 5273 的有关规定。 4．接地应执行《电气装置安装工程 接地装置施工及验收规范》GB 50169 的有关规定。 5．交接试验应执行《电气装置安装工程 电气设备交接试验标准》GB 50150 的有关规定。 6．设备载流部分及引下线连接应执行《电气装置安装工程 母线装置施工及验收规范》GB 50149 的有关规定。

续表

序号	标准名称/标准号/时效性	针对性	内容与要点	关联与差异
2			2. 设备安装用的紧固件，应采用镀锌制品或不锈钢制品，用于户外的紧固件应采用热镀锌制品。 3. GIS 预充氮气的箱体应先排氮、后充干燥空气，箱体内空气中的氧气含量必须达到 18%以上，安装人员才允许进入内部安装。 4. 新 SF_6 气体运到现场后每瓶应做含水量检验，抽样做全分析检验。 5. 高压开关柜应具备防止电气误操作的“五防”功能。 6. 绝缘子不得有裂纹、损伤，并不得修补，外观检查有质疑时应做探伤检查。 7. 干式空心电抗器基础内钢筋、底层绝缘子的接地线及金属围栏，不应通过自身和接地线构成闭合回路	7. 开关柜、机构箱等二次接线应执行《电气装置安装工程 盘、柜及二次回路接线施工及验收规范》GB 50171 的有关规定。 8. 支柱绝缘子应执行《高压支柱瓷绝缘子 第 1 部分：技术条件》GB 8287.1 的有关规定。 **差异：** 本标准与《电气装置安装工程 电气设备交接试验标准》GB 50150—2006 及《气体绝缘金属封闭开关设备技术条件》DL/T 617—2010 的差异： （1）本标准 5.5.2 规定：新六氟化硫气体抽样做全分析比例按每批次瓶数抽取，1 瓶抽 1 瓶，2～40 瓶抽 2 瓶，41～70 瓶抽 3 瓶，71 瓶以上抽 4 瓶。 GB 50150—2006 中 20.0.4 规定：气瓶抽检率为 10%。 （2）本标准 4.4.1、5.6.1 规定：六氟化硫气体泄漏率执行 GB 50150 的有关规定。 GB 50150—2006 中 13.0.4 规定：年漏气率不应大于 1%。 DL/T 617—2010 中 6.14 规定：每个密封压力系统或隔室允许的年漏气率应不大于 0.5%
3	《电气装置安装工程 电力变压器、油浸电抗器、互感器施工及验收规范》 GB 50148—2010 2010 年 12 月 1 日实施	1. 适用于交流 3kV～750kV 电压等级电力变压器、油浸电抗器、电压互感器及电流互感器施工及验收。 2. 消弧线圈的安装可按本规范的有关规定执行	**主要内容：** 1. 对电力变压器、油浸电抗器、电压互感器、电流互感器、消弧线圈施工及验收进行了规定，主要包括： （1）装卸、运输、就位； （2）交接与保管； （3）绝缘处理； （4）排氮； （5）器身检查； （6）内部安装、连接； （7）干燥； （8）本体及附件安装； （9）注油及热油循环； （10）补油、整体密封检查和静放。 2. 明确了变压器水路运输、陆路运输的有关技术要求。	**关联：** 1. 设备安装相关的建（构）筑物的工程质量应执行《建筑工程施工质量验收统一标准》GB/T 50300 的有关规定。 2. 设备支架及基础的焊接构件要求应执行《现场设备、工业管道焊接工程施工及验收规范》GB 50236 的有关规定。 3. 设备的保护性围栏、网门、栏杆等接地应执行《电气装置安装工程 接地装置施工及验收规范》GB 50169 的有关规定。 4. 电气接线端子用的紧固件要求应执行《变压器、高压电器和套管的接线端子》GB 5273 的有关规定。 5. 设备的瓷件质量应执行《高压绝缘子瓷件技术条件》GB/T 772、《标称电压高于 1000V 系统用户内和户

续表

序号	标准名称/标准号/时效性	针对性	内容与要点	关联与差异
3			**重点与要点：** 1．变压器、电抗器在装卸和运输过程中，不应有严重冲击和振动；电压在 220kV 及以上且容量在 150MV·A 及以上的变压器和电压为 330kV 及以上的电抗器均应装设三维冲击记录仪；冲击允许值应符合制造厂及合同的规定。 2．充干燥气体运输的变压器、电抗器油箱内的气体压力应保持在 0.01MPa～0.03MPa。 3．对变压器、电抗器、互感器的装卸、运输、就位及安装，应制定施工及安全技术措施，经批准后方可实施。 4．设备安装用的紧固件，应采用镀锌制品或不锈钢制品，用于户外的紧固件应采用热镀锌制品。 5．不同牌号的绝缘油或同牌号的新油与运行过的油混合使用前，必须做混合试验。 6．变压器本体应两点接地。中性点接地引出后，应有两根接地引线与主接地网的不同干线连接，其规格应满足设计要求。 7．电流互感器备用二次绕组端子应短接接地；套管顶部结构的接触及密封应符合产品技术文件的要求。 8．气体绝缘的互感器应密封检查合格后方可充 SF_6 气体。	外支柱绝缘子　第1部分：瓷或玻璃绝缘子的试验》GB/T 8287.1、《标称电压高于 1000V 系统用户内和外支柱绝缘子　第2部分：尺寸与特征》GB/T 8287.2、《高压套管技术条件》GB/T 4109 的有关规定。 6．绝缘油取样试验执行《电力用油（变压器油、汽轮机油）取样方法》GB 7597 的有关规定。 7．绝缘油等试验应执行《电气装置安装工程　电气设备交接试验标准》GB 50150 的有关规定。 **差异：** 1．本标准与《1000kV 电力变压器、油浸电抗器、互感器施工及验收规范》GB 50835—2013、《±800kV 及以下直流换流站换流变压器施工及验收规范》GB 50776—2012 及《±800kV 及以下直流换流站电气装置安装工程施工及验收规程》DL/T 5232—2010 的差异： （1）本标准 4.2.4 规定：设备在保管期间，500kV 绝缘油抽样试验击穿电压应不小于 60kV/2.5mm，750kV 绝缘油击穿电压应不小于 70kV/2.5mm。 GB 50835—2013 中 3.1.3 规定：击穿电压应不小于 60kV/2.5mm。 （2）本标准只有充油保管时对变压器油样性能指标的要求。 GB 50835—2013 中 3.1.3 规定了带油运输时对变压器油样性能指标的要求。 （3）本标准 4.2.4 规定：变压器充油保管时油含水量要求不大于 10μL/L。 GB 50835—2013 中 3.1.4.1 规定：变压器油含水量不大于 8mg/L。 （4）本标准 4.10.1 规定：热油循环时，环境平均温度低于 15℃时采取保温措施。 GB 50835—2013 中 3.9.1 规定：低于 10℃时采取保温措施。 （5）本标准 4.5.6 规定：当空气相对湿度小于 75%时器身暴露在空气中的时间不得超过 16h。

续表

序号	标准名称/标准号/时效性	针对性	内容与要点	关联与差异
3			9．互感器的下列各部位应可靠接地： （1）分级绝缘的电压互感器，其一次绕组的接地引出端子； （2）电容型绝缘的电流互感器，其一次绕组末屏的引出端子、铁芯引出接地端子；	GB 50835—2013 在器身检查章节无露空时间要求，但在 3.5.1 中规定，环境相对湿度小于 80%，器身连续露空时间不宜超过 8h，累计不宜超过 24h。 （6）本标准 4.10.1 规定：热油循环过程中，滤油机出口绝缘油温度应控制在（65±5）℃范围内。 GB 50835—2013 中 3.9.1 规定与此相同。 DL/T 5232—2010 中 7.8.1 规定：热油循环过程中，滤油机加热脱水缸中的温度控制在 60℃±5℃范围内。 （7）本标准没有专门抽真空的章节。 GB 50835—2013 中有抽真空章节，3.7.3 规定：真空泵能力宜大于 10000L/min，机械增压泵能力宜大于 2500m^3/h。 （8）本标准 4.3.2.2 规定：500kV 及以上变压器油过滤，真空滤油机运行油温应为 20℃～70℃。 GB 50835—2013 中 3.2.2 规定：真空滤油机运行油温为 20℃～80℃。 （9）本标准 4.9.4.3 规定：220kV～500kV 变压器真空度不应大于 133Pa，750kV 的变压器真空度不应大于 13Pa。 GB 50776—2012 中 8.0.4 规定：真空残压符合产品技术规定，无规定不得大于 133Pa。 GB 50835—2013 中 3.7.3 规定：真空度宜小于或等于 13Pa。 （10）本标准 4.9.4.4 规定：220kV～330kV 真空度保持时间不少于 8h，500kV 真空度保持时间不少于 24h，750kV 真空度保持时间不少于 48h。 GB 50835—2013 中 3.7.6 规定：真空度保持无要求时持续时间不少于 48h，或累计真空保持不少于 60h，抽真空间隔次数不超过 2 次，间断时间不应超过 1h。 （11）本标准 4.11.4 规定：变压器注油完毕加电压之前静置时间 110kV 及以下不少于 24h，220kV～330kV 不少于 48h，500kV～750kV 不少于 72h。 GB 50835—2013 中 3.11.2 规定：静置时间不少于 120h。

续表

序号	标准名称/标准号/时效性	针对性	内容与要点	关联与差异
3			（3）互感器的外壳； （4）电流互感器的备用二次绕组端子应先短路后接地； （5）倒装式电流互感器二次绕组的金属导管。 10．互感器应保证工作接地点有两根与主接地网不同地点连接的接地引下线	（12）本标准4.10.2规定：热油循环持续时间不少于48h。 GB 50776—2012中10.0.2规定：不应少于72h。 GB 50835—2013中3.9.1规定：不少于48h。 2．本标准4.4.1与《330kV～750kV油浸式并联电抗器使用技术条件》DL/T 271—2012中6.1.15绝缘油性能指标的主要差异： （1）330kV电抗器击穿电压：本标准不低于50kV；DL/T 271不低于60kV。 （2）颗粒度：本标准规定5μm～100μm颗粒不大于1000个，无100μm以上颗粒；DL/T 271规定100mL油中大于5μm的颗粒不大于2000个。 （3）含水量：本标准规定750kV不大于8μL/L、500kV不大于10μL/L、330kV不大于15μL/L；DL/T 271规定不大于10μL/L
4	《电气装置安装工程 母线装置施工及验收规范》 GB 50149—2010 2011年10月1日实施	1．适用于750kV及以下电压等级母线装置安装工程的施工及质量验收。 2．不包含交流1000kV、直流±800kV电压等级的母线装置施工技术部分。 3．穿墙套管部分不包含直流高压穿墙套管的内容	**主要内容：** 对母线装置的安装质量进行了规定，主要包括： （1）母线安装； （2）绝缘子和穿墙套管安装； （3）工程交接验收。 **重点与要点：** 1．母线接触面经加工后的截面减少值：铜母线不应超过原截面的3%、铝母线不应超过原截面的5%。 2．母线连接接触面间应清洁，并涂电力复合脂，连接应紧密，使用力矩扳手紧固。 3．母线焊接接头应做探伤、抗拉强度、直流电阻检测，合格后再施工。 4．耐张线夹压接前，应对每种规格导线的耐张线夹试压，并取试件两件送检，合格后再施工。 5．金属封闭母线在封闭前，应对母线进行清理、检查、验收。	**关联：** 1．与母线装置安装有关的建筑工程质量应执行《建筑工程施工质量验收统一标准》GB/T 50300的有关规定。 2．绝缘子及穿墙套管的瓷件应执行《高压绝缘子瓷件 技术条件》GB/T 772的有关规定。 3．母线与设备端子连接应执行《变压器、高压电器和套管的接线端子》GB/T 5273的有关规定。 4．接地应执行《电气装置安装工程 接地装置施工及验收规范》GB 50169的有关规定。 5．交接试验执行《电气装置安装工程 电气设备交接试验标准》GB 50150的有关规定。 6．母线焊接所用的焊条、焊丝应符合《铝及铝合金焊条》GB/T 3669、《铝及铝合金焊丝》GB/T 10858、《铜及铜合金焊条》GB/T 3670和《铜及铜合金焊丝》GB/T 9460的有关规定。

续表

序号	标准名称/标准号/时效性	针对性	内容与要点	关联与差异
4			6. 气体绝缘金属封闭母线安装完毕后应进行检漏、检测 SF_6 气体含水量。 7. 绝缘子和穿墙套管安装前应对瓷件和法兰进行检查，应完整无裂纹，胶合处填料应完整，结合应牢固。 8. 穿墙套管固定在钢板上时，套管周围不得形成闭合磁路。 9. 600A 及以上穿墙套管端部的金属夹板应采用非磁性材料	7. 母线焊接应执行《母线焊接技术规程》DL/T 754—2013 的有关规定（本规范引用《铝母线焊接技术规程》DL/T 754—2001 已被该规范替代）。 8. 交流 1000kV 母线装置施工及验收应执行《1000kV 母线装置施工及验收规范》Q/GDW 198 的有关规定。 9. 直流±800kV 母线装置施工及验收应执行《±800kV 换流站母线装置施工及验收规范》Q/GDW 223 的有关规定。 10. 复合绝缘子及穿墙套管施工要求执行《高压交直流架空线路用复合绝缘子施工、运行和维护管理规范》DL/T 257—2012 的有关规定。 **差异：** 1. 本标准 3.4.2 规定：经热处理强化的铝合金，其焊缝抗拉强度值，不低于原材料标准值的 60%。 《母线焊接技术规程》DL/T 754—2013 中 A.11 规定：不低于原材料标准值下限的 75%。 2. 本标准与《输变电工程架空导线及地线液压压接工艺规程》DL/T 5285—2013 的主要差异： （1）液压压接导线时相邻两模的重叠值，本标准 3.5.8 规定：相邻两模的重叠值不小于 5mm。 DL/T 5285 中 6.1.5 规定：钢管相邻两模间重叠不应小于 5mm，铝管相邻两模间重叠不应小于 10mm。 （2）压接后六角形对边尺寸 S 的允许值，本标准 3.5.8 规定：$S=0.866D+0.2$。 DL/T 5285 中 7.0.5 规定：$S=0.866kD+0.2$，k 取 0.997。 3. 本标准 4.0.7 规定：耐张绝缘子碗口应向下。 《110～500kV 架空送电线路施工及验收规范》GB 50233—2005 中 7.6.7 规定：耐张绝缘子串当使用 W 弹簧销时，碗口应向上，当使用 R 销时，碗口应向下
5	《电气装置安装工程 接地装置施工及验收规范	1. 适用于电气装置安装工程接地装置的施工及验收。	**主要内容：** 对电气装置的接地、交接验收进行了规定，主要内容包括：	**关联：** 1. 降阻材料中重金属及放射性物质含量应符合《土壤环境质量标准》GB 15618 中一级标准的规定。

续表

序号	标准名称/标准号/时效性	针对性	内容与要点	关联与差异
5	GB 50169—2014 报批稿	2．不适用于高压直流输电接地极的施工及验收	（1）接地装置的选择、敷设； （2）接地极（线）的连接； （3）接地装置的降阻； （4）风力发电机组与光伏发电站的接地； （5）接闪器的接地； （6）输电线路杆塔的接地； （7）主（集）控楼、调度楼和通信站的接地； （8）继电保护及安全自动装置的接地； （9）电力电缆金属护层的接地； （10）配电电气装置、建筑物电气装置的接地； （11）携带式和移动式用电设备的接地； （12）防雷电感应和防静电的接地。 **重点与要点：** 1．接地装置的安装应与建筑工程配合施工，隐蔽部分在覆盖前应做好检查及验收并形成记录。 2．接地装置验收测试应在接地装置施工后尽快进行，接地电阻应符合设计规定。 3．对高土壤电阻率地区的接地装置，在接地电阻不能满足要求时，应由设计确定采取相应的措施，达到要求后方可投入运行。	2．使用的降阻材料的电气和理化性能应符合《接地降阻材料技术条件》DL/T 380的规定。 3．本标准4.3.5对放热焊接接头的成品质量作出了规定，有关放热焊接的材料、工艺试验、焊接操作及质量检验的更为具体的要求应执行《接地装置放热焊接技术导则》Q/GDW 467—2010和《电力工程接地装置用放热焊剂技术条件》DL/T 1315—2013的有关规定。 **差异：** 1．本标准3.0.12规定：额定电压为220V及以下的蓄电池室内的金属支架可不接地。 《电气装置安装工程　蓄电池施工及验收规范》GB 50172—2012中4.1.3规定：蓄电池基架宜接地。 2．本标准4.2.1规定：接地网的埋设深度不宜小于0.8m。 《交流电气装置的接地》DL/T 621—1997中6.2.1规定：接地网的埋设深度不宜小于0.6m。 3．本标准4.2.10第5款规定：110kV及以上电压等级的重要电气设备及设备构架宜设两根接地线，且每一根均应满足设计要求，连接引线应便于定期进行检查测试。 《高压开关设备和控制设备标准的共用技术要求》GB/T 11022—2011中5.3规定：开关设备和控制设备应设置可靠的适用于规定故障条件的接地端子，该端子有一紧固的螺钉或螺栓用于连接接地导体，接地螺栓的直径应不小于12mm。 4．本标准与《交流电气装置的接地设计规范》GB/T 50065—2011的差异有： （1）本标准4.2.6第5点规定：接地线与建筑物墙壁间的间隙宜为10mm～15mm。 GB/T 50065—2011中4.3.7第3点规定：潮湿的或有腐蚀性蒸汽的房间内，接地导体（线）离墙不应小于10mm。 （2）本标准4.3.4规定：接地线、接地极采用电弧焊连接时应采用搭接焊缝，其搭接长度应符合下列规定： 1）扁钢为其宽度的2倍且不得少于3个棱边焊接； 2）圆钢为其直径的6倍；

续表

序号	标准名称/标准号/时效性	针对性	内容与要点	关联与差异
5			4. 各类铜覆钢材的铜层厚度不应小于 0.25mm。 5. 电气装置的接地必须单独与接地母线或接地网相连接，严禁在一条接地线中串接两个及以上需要接地的电气装置	3）圆钢与扁钢连接时，其长度为圆钢直径的 6 倍； GB/T 50065—2011 中 4.3.7 第 6 点 1）规定：采用铜或铜覆钢材的接地导体（线）应采用放热焊接方式连接。钢接地导体（线）使用搭接焊接方式时，其搭接长度应为扁钢宽度的 2 倍或圆钢直径的 6 倍。 （3）本标准 4.2.10 第 1 点规定：发电厂、变电站电气装置的金属外壳应采用专门敷设的接地线接地。 GB/T 50065—2011 中 4.3.7 第 1 点规定：发电厂和变电站电气装置中，箱式变电站和环网柜的金属箱体应采用专门敷设的接地导体（线）接地。 （4）本标准 4.2.7 规定：明敷接地线，在导体的全长度或区间段及每个连接部位附近的表面，应涂以 15mm～100mm 宽度相等的绿色和黄色相间的条纹标识。当使用胶带时，应使用双色胶带。中性线宜涂淡蓝色标识。 4.2.8 规定：在接地线引向建筑物的入口处和在检修用临时接地点处，均应有明显的接地标识。 GB/T 50065—2011 中 4.3.7 第 5 点规定：在接地导体（线）引进建筑物的入口处应设置标志。明敷的接地导体（线）表面应涂 15mm～100mm 宽度相等的绿色和黄色相间的条纹
6	《电气装置安装工程 盘、柜及二次回路接线施工及验收规范》 GB 50171—2012 2012 年 12 月 1 日实施	适用于盘、柜及二次回路接线安装工程的施工及验收	**主要内容：** 1. 对盘、柜及二次回路接线的施工及验收进行了规定，主要内容如下： （1）盘柜的安装； （2）盘柜上电器安装； （3）二次回路接线； （4）盘柜及二次系统接地； （5）质量验收。 2. 所指盘柜包括保护盘、控制盘、直流屏、励磁屏、	**关联：** 1. 盘、柜及与二次回路接线施工有关的建筑物的工程质量执行《建筑工程施工质量验收统一标准》GB/T 50300 的有关规定。 2. 交接试验执行《电气装置安装工程 电气设备交接试验标准》GB 50150 的有关规定。 **差异：** 1. 本标准 6.0.2 规定：盘、柜内电流回路配线应采用标称电压不低于 450V/750V 的铜芯绝缘导线。

续表

序号	标准名称/标准号/时效性	针对性	内容与要点	关联与差异
6			信号屏、远动屏、动力屏、照明盘、微机控制屏或盘及高、低压开关柜等。 3. 二次回路包括保护回路、控制回路、信号回路及测量回路等。 **重点与要点：** 1. 盘柜搬运时，应采取防振、防潮、防止框架变形和漆面受损等保护措施。 2. 盘柜存在室内或能避雨、雪、风沙的干燥场所。对有特殊保管要求的装置性设备和电气元件应按规定保管。 3. 设备安装用的紧固件应为镀锌制品或其他防锈蚀制品。 4. 二次回路的电源回路送电前，应检查绝缘，其绝缘电阻值不应小于 1MΩ，潮湿地区不应小于 0.5MΩ。 5. 盘柜间及盘柜上的设备与各构件间连接应牢固。控制、保护盘柜和自动装置盘等与基础型钢不宜焊接固定。 6. 端子箱安装牢固、密封良好，并能防潮、防尘；安装位置便于检查；成列安装时，排列应整齐。 7. 成套柜、手车式柜的机械闭锁、电气闭锁应动作准确、可靠。 8. 二次回路的连接件均应采用铜质制品，绝缘件采用自熄性阻燃材料。 9. 引入盘、柜内的电缆及其芯线中间不应有接头，屏蔽电缆应保证原有的屏蔽电气连接作用。 10. 盘、柜基础型钢接地可靠，且不少于两点。 11. 成套柜的接地母线应与主接地网连接可靠。 12. 盘、柜内二次回路接地应设接地铜排；静态保护和控制装置屏、柜内部应设有截面积不小于 $100mm^2$ 的接地铜排，接地铜排上应预留螺栓孔；静态保护和控制装置屏、柜接地连接线应采用 $50mm^2$ 以上的带绝缘铜导线或铜缆与接地网连接。 13. 盘、柜上装置的接地端子连接线、电缆铠装及屏蔽接地线用黄绿绝缘多股铜导线与接地铜排相连。电缆铠装的接地线截面积不应小于 $4mm^2$，屏蔽层接地线截面积应大于屏	《电气装置安装工程 质量检验及评定规程》DL/T 5161.8—2002 中 4.0.2 规定：盘内配线电流回路应采用电压不低于 500V 的铜芯绝缘导线。 2. 本标准 6.0.2 规定：盘、柜内电流回路配线应采用截面积不小于 $2.5mm^2$ 的铜芯绝缘导线，其他回路截面积不小于 $1.5mm^2$，电子元件、弱电回路可采用截面积不小于 $0.5mm^2$ 的绝缘导线。 《电力系统继电保护及安全自动装置柜（屏）通用技术条件》DL/T 720—2013 中 4.4.1 规定：继电保护柜内选用的连接导线信号回路采用多股铜质软导线，截面积不小于 $0.5mm^2$，电压回路采用多股铜质软导线，截面积不小于 $1mm^2$，电流回路采用多股铜质软导线，截面积不小于 $1.5mm^2$。 《火力发电厂、变电站二次接线设计技术规程》DL/T 5136—2012 中 7.5.2 规定：发电厂和变电站应采用铜芯控制电缆和绝缘导线。按机械强度要求，强电回路导体截面积不应小于 $1.5mm^2$，弱电回路导体截面积不应小于 $0.5mm^2$。 《继电保护和安全自动装置技术规程》GB/T 14285—2006 中 6.1.5 规定：控制电缆或绝缘导线的芯线最小截面积，强电控制回路应不小于 $1.5mm^2$，屏柜内导线的芯线应不小于 $1.0mm^2$，弱电控制回路应不小于 $0.5mm^2$。 3. 本标准 3.0.8 规定的模拟母线颜色与《火力发电厂、变电站二次接线设计技术规程》DL/T 5136—2012 附录 B 规定的模拟母线色存在差异： （1）本标准包含颜色编码要求；DL/T 5136 不包含。 （2）本标准不含交流 0.1kV 电压等级；DL/T 5136 不包含直流 500V、交流 1000V 电压等级。 （3）本标准对交流 13.8kV～20kV 规定一个颜色；DL/T 5136 分 13.8kV、15.75kV、18kV、20kV 四个等级分别规定颜色

续表

序号	标准名称/标准号/时效性	针对性	内容与要点	关联与差异
6			蔽层截面积的2倍。当接地线较多时，可将不超过6根的接地线压在一个接线鼻子上，并与接地铜排可靠连接。 14．电流互感器二次回路中性点应一点接地，接地线截面积不应小于4mm^2，并不得与其他回路接地线压在同一接线鼻子内。	
7	《电气装置安装工程 蓄电池施工及验收规范》 GB 50172—2012 2012年12月1日实施	适用于下列蓄电池组安装工程的施工与质量验收： （1）电压为12V及以上，容量为25A·h及以上的阀控式密封铅酸蓄电池组。 （2）容量为10A·h及以上的镉镍碱性蓄电池组	**主要内容：** 对蓄电池的下列施工内容进行了规定： （1）阀控式密封铅酸蓄电池组的安装、充放电； （2）镉镍碱性蓄电池组的安装、配液与注液、充放电。 **重点与要点：** 1．蓄电池应轻搬轻放，不得倒置、重压及日晒雨淋。 2．阀控式密封铅酸蓄电池宜在5℃～40℃的环境温度、相对湿度低于80%的环境下存放。 3．镉镍碱性蓄电池宜在−5℃～35℃的环境温度、相对湿度低于75%的环境下存放。 4．蓄电池从出厂之日起到安装后的初始充电时间超过六个月时，应采取充电措施。 5．蓄电池室应采用防爆型灯具、通风电机，室内照明线应穿管暗敷，室内不得装设开关和插座。 6．阀控式蓄电池安装应平稳，间距应一致，单体间距不应小于5mm。 7．蓄电池组充电期间，电源应可靠，不得断电。 8．阀控式密封铅酸蓄电池组在进行10h率容量放电测试时，应以0.1C_{10}（A）恒定电流放电到其中一个蓄电池电压为1.8V时终止放电。 9．阀控式密封铅酸蓄电池组10h率容量测试第一次循环不应低于0.95C_{10}，在第三次循环内应达到1.0C_{10}，容量测试循环达到1.0C_{10}可停止容量测试。 10．蓄电池组充、放电试验，应按规定时间记录每个蓄电池的电压、表面温度和环境温度及整组蓄电池的电压、电流，绘制整组充、放电特性曲线	**关联：** 1．与蓄电池安装有关的建筑物的建筑工程质量执行《建筑工程施工质量验收统一标准》GB/T 50300的有关规定。 2．蓄电池直流电源柜订货技术要求、试验方法、包装及贮运条件执行《电力系统直流电源柜订货技术条件》DL/T 459的有关规定。 3．直流柜安装应执行《电气装置安装工程 盘、柜及二次回路接线施工及验收规范》GB 50171的有关规定。 4．蓄电池组的引出电缆的敷设应执行《电气装置安装工程 电缆线路施工及验收规范》GB 50168的有关规定。 5．开路电压的测试标准及要求执行《固定型阀控式铅酸蓄电池》GB/T 19638、《阀控式密封铅酸蓄电池订货技术条件》DL/T 637等的有关规定。 6．交接试验应执行《电气装置安装工程 电气设备交接试验标准》GB 50150的有关规定。 **差异：** 1．本标准4.1.3规定：蓄电池基架宜接地。 《电气装置安装工程 接地装置施工及验收规范》GB 50169—2006中3.1.2规定：额定电压220V及以下的蓄电池室内的金属支架可不接地。 2．本标准4.2.5规定：10h率容量测试第一次循环不应低于0.95C_{10}。 《电气装置安装工程 质量检验及评定规程》DL/T 5161.9—2002规定：10h率容量测试第一次循环不小于0.85C_{10}

续表

序号	标准名称/标准号/时效性	针对性	内容与要点	关联与差异
8	《电气装置安装工程 低压电器施工及验收规范》 GB 50254—2014 2014年12月1日实施	1．适用于交流50Hz或60Hz、额定电压为1000V及以下，直流额定电压为1500V及以下通用低压电器的安装与验收。 2．不适用于： （1）无须固定安装的家用电器、电工仪器仪表及成套盘、柜、箱上电器的安装与验收。 （2）特殊环境下的低压电器的安装与验收	**主要内容：** 对下列低压电器的施工及验收进行了规定： （1）低压断路器、开关； （2）隔离器、隔离开关及熔断器组合电器； （3）剩余电流保护器及电涌保护器； （4）低压接触器、电动机启动器及变频器； （5）控制开关、低压熔断器； （6）电阻器、变阻器、电磁铁。 **重点与要点：** 1．低压电器的安装环境应符合产品技术文件的要求；当环境超出规定时，应按产品技术文件要求考虑降容系数。 2．低压电器的安装应符合产品技术文件的要求，当无明确规定时，宜垂直安装，其倾斜度不宜大于5°。 3．需要接地的电器金属外壳、框架必须可靠接地。 4．三相四线系统安装熔断器时，必须安装在相线上，中性线（N线）、保护中性线（PEN线）严禁安装熔断器。 5．低压电器连同连接电缆及二次回路的绝缘电阻值不应小于1MΩ，潮湿场所绝缘电阻值不应小于0.5MΩ	**关联：** 1．与低压电器安装有关的建筑物、构筑物的建筑工程质量应执行《建筑工程施工质量验收统一标准》GB/T 50300的有关规定。 2．低压电器试验应执行《电气装置安装工程 电气设备交接试验标准》GB 50150的有关规定。 3．剩余电流保护器接线应执行《剩余电流动作保护装置安装和运行》GB 13955的有关规定。 4．低压电器动作性能的检查应执行《低压开关设备和控制设备 第1部分：总则》GB 14048.1的有关规定
9	《电气装置安装工程 电力变流设备施工及验收规范》 GB 50255—2014 2014年10月1日实施	适用于除电力系统高压直流输电和柔性交流输电以外的电力变流设备的施工、调试及验收	**主要内容：** 1．对电力变流设备的施工及验收进行了规定，主要包括： （1）电力变流设备的安装； （2）冷却系统的安装； （3）电力变流设备的试验； （4）工程交接验收。 2．电力变流器的试验项目主要包括： （1）绝缘试验； （2）辅助装置的检验； （3）空载试验或轻载试验； （4）控制性能的检验； （5）保护系统的协调检验；	**关联：** 1．设备基础的预埋件施工应执行《混凝土结构工程施工质量验收规范》GB 50204的有关规定。 2．与设备安装相关的建、构筑物的工程质量应执行《建筑工程施工及验收规范》GB/T 50300中的有关规定。 3．电力变流设备的变流柜和控制柜的安装应执行《电气装置安装工程 盘、柜及二次回路接线施工及验收规范》GB 50171的有关规定。 4．母线的制作与安装应执行《电气装置安装工程 母线装置施工及验收规范》GB 50149的有关规定。 5．电缆的敷设应执行《电气装置安装工程 电缆线路施工及验收规范》GB 50168的有关规定。 6．金属管路安装应执行《工业金属管道工程施工质

续表

序号	标准名称/标准号/时效性	针对性	内容与要点	关联与差异
9			（6）低压大电流试验、负载试验； （7）电流均衡度试验。 3. 电力变流设备包括电力电子变流器和变流器自身运行必要的辅助装置以及不能进行物理拆分的其他专用的应用部件设备。 **重点与要点：** 1. 电力变流设备在搬运和安装时，应采取防振、防潮、防止框架变形和漆面受损等保护措施。 2. 电力变流设备保管宜存放在室内。对有特殊保管要求的设备和元件，应按产品技术文件的要求保管。 3. 设备安装使用的紧固件应采用热浸镀锌制品。地脚螺栓宜采用热浸镀锌制品。 4. 变流柜和控制柜除设计采用绝缘安装外，其外露金属部分均应可靠接地，接地方式、接地线应符合设计要求，接地标识应明显。 5. 电力变流设备油浸冷却系统的密封用材料应具有耐油性能。 6. 电力变流设备绝缘试验宜在制造厂技术人员现场指导下进行。对采用水冷却方式的变流设备，其绝缘试验应在无水的情况下进行	量验收规范》GB 50184 的有关规定。 7. 冷却系统的水质应执行《半导体变流器　通用要求和电网换相变流器　第 1-1 部分：基本要求规范》GB/T 3859.1 的有关规定。 8. 与电力变流设备配套的变压器、电抗器、高压电器或低压电器、电缆及母线等电气设备的试验应执行《电气装置安装工程　电气设备交接试验标准》GB 50150 的有关规定
10	《电气装置安装工程　爆炸与危险环境电气施工规范》 GB 50257—2014 报批稿	1. 适用于在生产、加工、处理、转运或贮存过程中出现或可能出现气体、蒸汽、粉尘、纤维爆炸性混合物和火灾危险物质环境的电气装置安装工程的施工及验收。 2. 不适用于下列环境： （1）矿井井下； （2）制造、使用、贮存火药、炸药、起爆药等爆炸物质的环境；	**主要内容：** 对爆炸与危险环境的电气施工进行了规定，主要包括： （1）防爆电气设备的安装； （2）爆炸危险环境的电气线路； （3）火灾危险环境的电气装置； （4）接地； （5）工程交接验收。 **重点与要点：** 1. 设备应有铭牌，防爆电气设备应有防爆标志。 2. 爆炸和火灾危险环境电气装置安装完毕，投入运行前，防爆通风系统和易爆物泄漏控制应符合设计要求并运行合格。	**关联：** 1. 建筑物、构筑物的工程质量应执行《建筑工程施工质量验收统一标准》GB/T 50300 的有关规定。 2. 爆炸性气体环境、爆炸性粉尘环境和火灾危险环境的分区，应执行《爆炸和火灾危险环境电力装置设计规范》GB 50058 的有关规定。 3. 防爆电气设备的安装应执行《爆炸性气体环境用电气设备　第 15 部分：危险场所电气安装（煤矿除外）》GB 3836.15 和《可燃性粉尘环境用电气设备》GB 12476 的规定，同时还应符合本标准规定。 4. 螺纹隔爆结构，其螺纹的最少啮合扣数和最小啮合深度，应执行《爆炸性气体环境用电气设备　第 2 部

续表

序号	标准名称/标准号/时效性	针对性	内容与要点	关联与差异
10		（3）利用电能进行生产并与生产工艺过程直接关联的电解、电镀等电气装置区域； （4）使用强氧化剂以及不用外来点火源就能自行起火的物质的环境； （5）水、陆、空交通运输工具及海上油、气井平台； （6）核电厂的核岛	3．防爆电气设备应有“Ex”标志和标明防爆电气设备的类型、级别、组别标志的铭牌，并在铭牌上标明国家指定的检验单位发给的防爆合格证号。 4．爆炸危险环境内采用的低压电缆和绝缘导线，其额定电压必须高于线路的工作电压，且不得低于500V，绝缘导线必须敷设于钢管内。电气工作中性线绝缘层的额定电压，应与相线电压相同，并应在同一护套或钢管内敷设。 5．架空线路严禁跨越爆炸性危险环境，架空线路与爆炸性危险环境的水平距离，应不小于杆塔高度的1.5倍。 6．电缆线路在爆炸危险环境内必须在相应的防爆接线盒或分线盒内连接或分路。 7．本质安全电路与关联电路不得共用同一电缆或钢管；本质安全电路或关联电路，严禁与其他电路共用同一电缆或钢管。 8．在爆炸危险环境的电气设备的金属外壳、金属构架、金属配线管及其配件、电缆保护管、电缆的金属护套等非带电的裸露金属部分，均应接地。 9．引入爆炸危险环境的金属管道、配线的钢管、电缆的铠装及金属外壳，必须在危险区域的进口处接地	分：隔爆型“d”》GB 3836.2 的有关规定。 5．本质安全型“i”电气设备与关联电气设备的组合，应执行《爆炸性环境　第18部分：本质安全系统》GB 3836.18 的有关规定。 6．在火灾危险环境22区内的母线应有IP5X型结构的外罩，并应执行《外壳防护等级（IP代码）》GB 4208 的有关规定
11	《±800kV及以下换流站干式平波电抗器施工及验收规范》 GB 50774—2012 2012年5月28日实施	适用于±800kV及以下换流站干式平波电抗器的施工及验收	**主要内容：** 1．对±800kV及以下换流站干式平波电抗器的施工及验收进行了规定，主要包括： （1）装卸与运输； （2）安装前的检查与保管； （3）安装与调整； （4）工程交接验收。 2．规定了干式平波电抗器安装与调整的内容： （1）绝缘支架安装与调整； （2）主体的安装与调整； （3）主体的吊装要求；	**关联：** 1．设备基础的预埋件施工应执行《混凝土结构工程施工质量验收规范》GB 50204 的有关规定。 2．采用的设备及附件应执行《高压直流输电用干式空心平波电抗器》GB/T 25092 的有关规定。 3．设备接线端子使用的紧固件应执行《变压器、高压电器和套管的接线端子》GB 5273 的有关规定。 4．垂直支撑的绝缘子垂直度应执行《标称电压高于1000V系统用户内和户外支柱绝缘子　第1部分：瓷或玻璃绝缘子的试验》GB/T 8287.1、《标称电压高于1000V系统用户内和外支柱绝缘子　第2部分：尺寸与特征》

续表

序号	标准名称/标准号/时效性	针对性	内容与要点	关联与差异
11			（4）引线连接要求； （5）接地要求。 **重点与要点：** 1．预埋地脚平铁、槽钢、接地线等金属件不得形成闭合回路。基础及支架施工时应按设计要求做好磁性材料的隔磁措施。 2．设备吊具必须使用产品专用起吊工具。 3．降噪装置外表面应光滑无毛刺，并应确保整体的圆度以均匀电场。 4．每只支柱绝缘子底座均应接地。 5．在距离电抗器本体中心两倍电抗器本体直径的范围内不得形成磁闭合回路	GB/T 8287.2 的有关规定。 5．设备接线端子与母线的连接应执行《电气装置安装工程 母线装置施工及验收规范》GB 50149 的有关规定。 6．设备接地引下线施工应执行《电气装置安装工程 接地装置施工及验收规范》GB 50169 的有关规定
12	《±800kV 及以下换流站换流阀施工及验收规范》 GB/T 50775—2012 2012 年 12 月 1 日实施	适用于±800kV 及以下电压等级换流站换流阀的施工及验收	**主要内容：** 对±800kV 及以下电压等级换流站换流阀及阀冷却系统设备的施工及验收进行了规定，主要包括： （1）运输、装卸和保管； （2）安装前对阀厅的要求； （3）换流阀本体、阀避雷器、阀冷却系统安装； （4）工程交接验收。 **重点与要点：** 1．在阀厅土建、空调通风、照明系统工作施工完毕，且阀厅进行全封闭并经验收合格后达到阀厅内保持微正压、温度保持在 10℃～55℃、湿度不超过 60%的条件方可进行安装施工。 2．设备和器材应按原包装置于干燥清洁的室内保管（厂家规定的可户外存放的设备和要求除外）。 3．当保管期超过产品的技术规定时（存放期限一般应为一年），应按产品技术要求进行处理。 4.设备和器材在安装前应按照技术协议或供货合同的要求在建设管理单位、供货商、监理、商检（如果需要）、施工单位共同在场的情况下进行检查。有质量问题的产品做好相应的记录，并要求供货商做相应处理。	**关联：** 1．换流阀组的层间管母线和避雷器的管母线安装应执行《电气装置安装工程 母线装置施工及验收规范》GB 50149 的有关规定。 2．换流阀组及冷却系统设备的接地应执行《电气装置安装工程 接地装置施工及验收规范》GB 50169 的有关规定。 3．阀避雷器的安装应执行《电气装置安装工程 高压电器施工及验收规范》GB 50147 的有关规定。 4．阀冷却设备及管道安装应参照《电力建设施工技术规范 第 6 部分：水处理及制氢设备和系统》DL 5190.6 有关规定执行。 5．阀冷却系统仪表线路的安装应执行《自动化仪表工程施工及验收规范》GB 50093 的有关规定。 6．注入内冷却系统的原水在现场制水时，使用的自来水水质应符合《生活饮用水卫生标准》GB 5749 的有关规定。 7．阀冷却系统运行产生的工业污水对外排放时，应符合《污水综合排放标准》GB 8978 及地方污水综合排放标准的规定。

续表

序号	标准名称/标准号/时效性	针对性	内容与要点	关联与差异
12			5．注入内冷却系统的原水应为去离子水，去离子水的电导率应符合产品的技术规定。在现场制水时，应使用水质符合现行国家标准规定的自来水，且经外配的离子交换器处理合格后再注入内冷却系统，不得使用内冷却系统的离子交换器处理自来水	8．阀厅的土建工程验收应按照《±800kV 换流站阀厅施工及验收规范》Q/GDW 218 的有关要求进行
13	《±800kV 及以下换流站换流变压器施工及验收规范》 GB 50776—2012 2012年12月1日实施	适用于±800kV 及以下换流站换流变压器的施工及验收	**主要内容：** 对±800kV 及以下换流站换流变压器的施工及验收进行了规定，主要包括： （1）装卸与运输； （2）安装前的检查与保管； （3）排氮和内部检查； （4）本体及附件安装； （5）本体抽真空； （6）真空注油； （7）热油循环； （8）整体密封检查和静置； （9）工程交接和验收。 **重点与要点：** 1．换流变压器在装卸和运输的过程中不应有严重的冲撞和振动，三维冲击允许值水平和垂直冲击加速度不应大于3g或符合产品技术规定。 2．充干燥空气（或氮气）运输的换流变压器应设置压力监视和气体补偿装置，气体压力应保持为 0.01MPa～0.03MPa，露点应低于－40℃。 3．现场安装一般不需要进行内部检查，当设备在运输过程中有严重冲击或振动，三维冲击加速度大于规定值，或对冲撞记录持有怀疑时，应由厂家技术人员进行器身内部检查。 4．当油箱内含氧量未达到18%及以上时，人员不得进入油箱内。	**关联：** 1．绝缘油新油取样试验应执行《电力用油（变压器油、汽轮机油）取样方法》GB/T 7597 的规定。电气强度试验结果不小于 35kV/2.5mm、含水量不大于 20mg/L、tanδ 不大于 0.5%（90℃时）。 2．绝缘油试验结果应符合《电气装置安装工程 电气设备交接试验标准》GB 50150 的有关规定。 3．控制箱的安装应执行《电气装置安装工程盘、柜及二次回路接线施工及验收规范》GB 50171 的有关规定。 4．经过热油循环处理的绝缘油，油中溶解气体组分含量色谱分析执行《变压器油中溶解气体分析和判断导则》GB/T 7252 的有关规定。 5．换流变压器的电气试验应执行《电气装置安装工程 电气设备交接试验标准》GB 50150 和《±800kV 高压直流设备交接试验》DL/T 274 的有关规定。 **差异：** 本标准与《1000kV 电力变压器、油浸电抗器、互感器施工及验收规范》GB 50835—2013、《电气装置安装工程：电力变压器、油浸电抗器、互感器施工及验收规范》GB 50148—2010、《±800kV 及以下直流换流站电气装置安装工程施工及验收规程》DL/T 5232—2010 的差异： （1）本标准 10.0.1 规定：热油循环时滤油机出口绝缘油温度应符合产品技术文件规定或控制在（65±5）℃范围内。

续表

序号	标准名称/标准号/时效性	针对性	内容与要点	关联与差异
13			5. 本体抽真空前应将在真空下不能承受机械强度的附件与油箱隔离，对允许抽真空的部件应同时抽真空。 6. 真空残压应符合产品技术规定（无规定时，不应大于 133Pa）。真空度达到规定值时，持续抽真空时间应符合产品技术规定且不应少于 48h。 7. 抽真空时，应监视并记录油箱弹性变形，其最大值不得超过壁厚的 2 倍。 8. 铁芯和夹件的接地引出套管、套管的接地小套管及电压抽取装置不使用时，其抽出端子均应接地；备用电流互感器二次端子应短路接地；套管顶部结构的接触及密封应良好	GB 50835 中 3.9.1 及 GB 50148 中 4.10.1 规定与此相同，但 DL/T 5232—2010 中 7.8.1 规定：热油循环过程中，滤油机加热脱水缸中的温度控制在 60℃±5℃范围内。 （2）本标准 10.0.1 规定：热油循环时，环境温度全天平均低于 5℃时，应对油箱及金属管路采取保温措施。 GB 50835 中 3.9.1 规定：热油循环时，环境温度全天平均低于 10℃时，应对油箱采取保温措施。 GB 50148 中 4.10.1 规定：热油循环时，环境温度全天平均低于 15℃时，应对油箱及金属管路采取保温措施。 （3）本标准 10.0.2 规定：热油循环时间不应少于 72h。 GB 50835 中 3.9.1 规定：产品无要求时，热油循环时间不应少于 48h。 （4）本标准 11.0.2 规定：换流变压器静置时间应符合产品技术规定且不应少于 72h。 GB 50835 中 3.11.2 规定：静置时间不少于 120h。 （5）本规范 8.0.3 规定：持续抽真空时间不得低于 48h。 GB 50835 中 3.7.6 规定：真空度保持无要求时持续时间不少于 48h，或累计真空保持不少于 60h，抽真空间隔次数不超过 2 次，间断时间不应超过 1h
14	《±800kV 构支架施工及验收规范》 GB 50777—2012 2012 年 12 月 1 日实施	适用于±800kV 及以下电压等级换流站新建、改建和扩建构支架的施工及质量验收	**主要内容：** 对±800kV 构支架的施工及验收进行了规定，主要包括： （1）施工准备； （2）运输与保管； （3）地面组装； （4）吊装前验收； （5）吊装； （6）交接验收。 **重点与要点：** 1. 构支架施工前必须制定包含施工部署、起重机选择、强度及稳定性验算等内容的施工方案及安全技术措施。 2. 构支架地面组装前应对高强螺栓连接副进行批次检验。	**关联：** 1. 高强螺栓的检验结果应符合《紧固件机械性能 螺栓、螺钉和螺柱》GB/T 3098.1 和《紧固件机械性能 螺母和粗牙螺纹》GB/T 3098.2 的有关规定。 2. 构支架组装前各构件连接质量的检查执行《钢结构工程施工质量验收规范》GB 50205 有关规定。 3. 采用焊接连接时，应符合设计要求并执行《钢结构焊接规范》GB 50661 有关规定。 4. 接地应执行《电气装置安装工程 接地装置施工及验收规范》GB 50169 有关规定。 **差异：** 1. 本标准 5.0.1 规定：要求构支架地面组装前应对高强螺栓连接副进行批次检验。

续表

序号	标准名称/标准号/时效性	针对性	内容与要点	关联与差异
14			3．法兰螺栓应按圆周分布角度对称拧紧，节点螺栓应从中心到边缘的顺序对称拧紧。 4．构架柱就位后，必须立即做好接地。 5．设计要求顶紧的节点，接触面应有75%以上的面积紧贴	《钢结构工程施工质量验收规范》GB 50205—2001中6.2.1规定：普通螺栓在设计有要求或对其质量有质疑时，应进行螺栓最小拉力载荷复验。 2．本标准与《1000kV构支架施工及验收规范》GB 50834—2013的差异： （1）本标准6.0.5：列出了4.8、6.8、8.8三个级别M16、M20、M24三种规格螺栓的紧固值。4.8级M20螺栓的紧固值为150N·m。 GB 50834中2.0.4：列出了4.8级M12、M16、M20、M24四种规格螺栓的紧固值。4.8级M20螺栓的紧固值为100N·m。 （2）本标准6.0.1规定了杯口基础偏差要求。 GB 50834中3.0.3规定：基础偏差中无杯口基础偏差要求。 （3）本标准规定了构支架地面组装的质量要求。 GB 50834无构支架地面组装的质量标准。 （4）本标准7.2.1与GB 50834中5.0.1在构支架质量交接验收标准值方面多项不一致
15	《1000kV构支架施工及验收规范》 GB 50834—2013 2013年5月1日实施	1．适用于1000kV构支架的施工及质量验收。 2．不包含750kV及以下构支架的施工及验收。 3．不包含±800kV及以下换流站构支架的施工及验收	**主要内容：** 对1000kV构架柱、构架梁、设备支架的施工及验收进行了规定，主要包括： （1）基本规定； （2）施工准备； （3）构支架施工； （4）质量验收。 **重点与要点：** 1．法兰螺栓应按圆周分布角度对称拧紧，节点螺栓应从中心到边缘的顺序对称拧紧。	**关联：** 1．接地应执行《电气装置安装工程 接地装置施工及验收规范》GB 50169有关规定。 2．750kV及以下变电站工程构支架的施工及质量验收执行《钢结构工程施工规范》GB 50755、《钢结构工程施工质量验收规范》GB 50205有关规定。 **差异：** 1．本标准3.0.3规定：地脚螺栓露出长度偏差为0～10mm。 《钢结构工程施工规范》GB 50755中11.3.2规定：地脚螺栓露出长度偏差为0～30mm。 2．本标准与《±800kV及以下换流站构支架施工及验收规范》GB 50777—2012的差异：

续表

序号	标准名称/标准号/时效性	针对性	内容与要点	关联与差异
15			2. 设计要求顶紧的节点，接触面应有75%以上的面积紧贴。 3. 构架柱底段、支架就位后必须及时进行接地连接	（1）本标准2.0.4：列出了4.8级M12、M16、M20、M24四种规格螺栓的紧固值。规定4.8级M20螺栓的紧固值不小于100N·m。 GB 50777中6.0.5：列出了4.8、6.8、8.8三个级别M16、M20、M24三种规格螺栓的紧固值。规定4.8级M20螺栓的紧固值不小于150N·m。 （2）本标准3.0.3规定：基础偏差中无杯口基础偏差要求。 GB 50777中6.0.1规定了杯口基础偏差要求。 （3）本标准无构支架地面组装的质量标准。 GB 50777第5章规定了构支架地面组装的质量要求。 （4）本标准5.0.1在构支架质量交接验收标准值方面与GB 50777中7.2.1有多项不一致
16	《1000kV电力变压器、油浸电抗器、互感器施工及验收规范》 GB 50835—2013 2012年12月25日实施	适用于1000kV油浸电力变压器、油浸电抗器及电容式电压互感器的施工与验收	**主要内容：** 对1000kV油浸电力变压器、油浸电抗器及电容式电压互感器的施工及验收进行了规定，主要包括： （1）检查与保管； （2）绝缘油； （3）本体检查与判断； （4）附件安装； （5）内部安装连接； （6）抽真空及真空注油； （7）热油循环； （8）整体密封检查； （9）静置和电气试验； （10）调压变压器施工。 **重点与要点：** 1. 所有外露的螺栓和螺母等紧固件外表面应热镀锌、渗锌或采取其他有效的防腐措施。	**关联：** 1. 与设备施工有关的建筑物和构筑物的质量应执行《混凝土结构工程施工质量验收规范》GB 50204、《钢结构工程施工质量验收规范》GB 50205、《电力建设施工质量验收及评定规程　第1部分：土建工程》DL/T 5210.1的有关规定。 2. 设备的瓷件表面质量应执行《高压绝缘子瓷件　技术条件》GB/T 772的有关规定。 3. 绝缘油新油取样应执行《电力用油（变压器油、汽轮机油）取样方法》GB/T 7597的有关规定。 4. 绝缘油新油抽样试验应执行《电工流体　变压器和开关用的未使用过的矿物绝缘油》GB 2536的规定，且击穿电压应大于35kV/2.5mm、介损因数tanδ应小于或等于0.5%（90℃）。 5. 变压器、电抗器交接试验项目及试验标准应执行《1000kV系统电气装置安装工程　电气设备交接试验标准》GB/T 50832的有关规定。 6. 控制箱及内部元件外壳、框架的接零或接地和设备本体的接地施工应执行《电气装置安装工程　接地装置施工及验收规范》GB 50169的有关规定。

续表

序号	标准名称/标准号/时效性	针对性	内容与要点	关联与差异
16			2．当变压器、电抗器的任一方向冲击加速度大于 3g 时，或冲击加速度监视装置出现异常时，应对运输、装卸和就位过程进行分析，明确相关责任，并应确定现场进行器身检查或返厂处理。 3．当油箱内含氧量未达到18%及以上时，人员不得进入油箱内。 4．抽真空时，应监视并记录油箱弹性变形，其最大值不得超过壁厚的2倍。 5．真空注油前，设备各接地点及连接管道必须可靠接地	**差异：** 1．本标准 3.11.2 规定：注油完毕后，在进行耐压试验前静置时间不应少于 120h。 《1000kV 系统电气装置安装工程 电气设备交接试验标准》GB/T 50832—2013 中 1.0.4 规定：对于 1000kV 充油电气设备，在真空注油和热油循环后应静置不小于 168h，方可进行耐压试验。 2．本标准 3.9.1 规定：热油循环时，环境温度全天平均低于 10℃时，应对油箱及金属管路采取保温措施。 《±800kV 及以下直流换流站换流变压器施工及验收规范》GB 50776—2012 中 10.0.1 规定：热油循环时，环境温度全天平均低于 5℃时，应对油箱及金属管路采取保温措施。 《电气装置安装工程 电力变压器、油浸电抗器、互感器施工及验收规范》GB 50148—2010 中 4.10.1 规定：热油循环时，环境温度全天平均低于 15℃时，应对油箱采取保温措施。 3．本标准 3.8.1 规定：变压器油的 5μm～100μm 的颗粒不多于 1000 个/100mL，无 100μm 以上颗粒。 《1000kV 单相油浸式自耦电力变压器技术规范》GB/Z 24843—2009 中 6.7.2 规定：过滤后的绝缘油中直径大于 5μm 的颗粒不多于 1000 个/100mL
17	《1000kV 高压电器（GIS、HGIS、隔离开关、避雷器）施工及验收规范》 GB 50836—2013 2013年5月1日实施	1．适用于 1000kV 气体绝缘金属封闭开关设备、复合电器、隔离开关及避雷器等的施工及验收。 2．不包含交流 3kV～750kV 电压等级上述设备的施工及验收	**主要内容：** 对 1000kV 气体绝缘金属封闭开关设备（GIS）、复合电器（HGIS）、隔离开关及避雷器的施工及验收进行了规定，主要包括： （1）安装与调整； （2）SF_6气体管理及充注； （3）质量验收。 **重点与要点：** 1．设备和器材在安装前的保管期限在产品技术文件没有规定时，不应超过一年。	**关联：** 1．与设备安装有关的建筑物和构筑物的施工质量应执行《混凝土结构工程施工质量验收规范》GB 50204、《钢结构工程施工质量验收规范》GB 50205、《电力建设施工质量验收及评定规程 第1部分：土建工程》DL/T 5210.1 的有关规定。 2．设备支架焊接质量应执行《现场设备、工业管道焊接工程施工及验收规范》GB 50236 的有关规定。 3．设备的接地应执行设计、产品技术文件和《电气装置安装工程接地装置施工及验收规范》GB 50169 的有关规定。

续表

序号	标准名称/标准号/时效性	针对性	内容与要点	关联与差异
17			2. 设备和器材在安装前应按照技术协议或供货合同的要求在建设管理单位、供货商、监理、商检（如果需要）、施工单位共同在场的情况下进行检查。有质量问题的产品做好相应的记录，并要求供货商做相应处理。 3. 气体绝缘金属封闭开关设备（GIS、HGIS）预充氮气的箱体必须先经排氮，然后充露点低于−40℃的干燥空气，且必须在检测氧气含量达到18%以上时，方可进入。 4. 气体绝缘金属封闭开关设备（GIS、HGIS）的底座、机构箱和爬梯必须可靠接地；外接等电位连接必须可靠，且标识清晰；内接等电位连接必须可靠，并应有隐蔽工程验收记录	4. 设备接线端子与导体的连接应执行《变压器、高压电器和套管的接线端子》GB 5273 的有关规定。 5. 高压电器的瓷件质量应执行《高压绝缘子瓷件 技术条件》GB/T 772、《标称电压高于1000V系统用户内和户外支柱绝缘子 第1部分：瓷或玻璃绝缘子的试验》GB/T 8287.1、《标称电压高于1000V系统用户内和户外支柱绝缘子 第2部分：尺寸与特性》GB/T 8287.2 及所签订技术协议的有关规定。 6. 压力表和密度继电器的检验应执行《1000kV系统电气装置安装工程 电气设备交接试验标准》GB/T 50832 的有关规定。 7. 控制和信号回路应执行《电气装置安装工程 盘、柜及二次回路接线施工及验收规范》GB 50171 的有关规定。 8. 液压机构补充的氮气应采用高纯氮（纯度大于99.999%，含水量应小于3μL/L），并应符合《纯氮、高纯氮和纯氮》GB/T 8979 的技术要求。 9. SF_6新气应符合《工业六氟化硫》GB/T 12022 的有关规定。 10. 气体绝缘金属封闭开关设备（GIS）、复合电器（HGIS）、隔离开关及避雷器交接试验标准应执行《1000kV系统电气装置安装工程 电气设备交接试验标准》GB/T 50832 的有关规定
18	《电气装置安装工程串联电容器补偿装置施工及验收规范》 GB 51049—2014 2015年8月1日实施	适用于交流220kV～750kV电压等级的串联电容器补偿装置的施工及验收	**主要内容：** 对串联电容器补偿装置的施工及验收进行了规定，主要包括： （1）基本规定； （2）串补平台、电气设备的安装； （3）可控串补相关设备的安装； （4）工程交接验收。 **重点与要点：** 1. 设备吊装严禁在雨雪天气、六级及以上大风中进行。	**关联：** 1. 与串补装置安装有关的建筑工程应符合《建筑工程施工质量验收统一标准》GB 50300 的规定。 2. 绝缘子垂直度应符合《标称电压高于1000V系统用户内和户外支柱绝缘子 第1部分：瓷或玻璃绝缘子的试验的要求》GB/T 8287.1 的要求。 3. 串补装置中各高压电气设备及部件、控制保护系统等的交接试验应符合《电气装置安装工程 电气设备交接试验标准》GB 50150 及产品技术文件的有关规定。

续表

序号	标准名称/标准号/时效性	针对性	内容与要点	关联与差异
18			2. 串补平台吊装与调整时，球头与球窝必须完全接触后方可安装和调整斜拉绝缘子；斜拉绝缘子安装和调整时，吊绳必须始终处于受力状态，缆风绳必须临时固定并设专人监护；调整完毕后方可松下缆风绳及吊绳	4. 串补平台上母线的施工及验收应符合《电气装置安装工程 母线装置施工及验收规范》GB 50149 的规定。 5. 阻尼电抗器、阀控电抗器的安装应执行《电气装置安装工程 高压电气施工及验收规范》GB 50147 的有关规定。 6. 光纤的敷设应符合设计要求，其弯曲半径、拉伸力、光纤柱衰减值、接续及性能测试应符合《电力光纤通信工程验收规范》DL/T 5344 的有关规定
19	《额定电压66kV～220kV 交联聚乙烯绝缘电力电缆接头安装规程》 DL/T 342—2010 2011 年 5 月 1 日实施	适用于额定电压66kV～220kV 交联聚乙烯绝缘电力电缆接头安装	**主要内容：** 1. 对 66kV～220kV 交联聚乙烯绝缘电力电缆接头安装进行了规定，主要包括： （1）基本规定； （2）工艺流程图； （3）操作工艺要求； （4）质量评定及验收。 2. 电缆接头安装工艺流程包括： （1）施工准备； （2）切割电缆及护套处； （3）电缆加热校直处； （4）主绝缘处理； （5）附件安装； （6）质量验评。 **重点与要点：** 1. 电缆接头安装时必须严格控制施工现场的温度、湿度与清洁程度。温度宜控制在 10℃～30℃；相对湿度应控制在 70%及以下或以供应商提供的标准为准；一般应搭建工棚，并采取适当措施净化施工环境。 2. 电缆中间接头安装时电缆弯曲半径不应小于电缆外径的 20 倍。	**关联：** 1. 电缆接头安装的安全措施应执行《电业安全工作规程（电力线路部分）》DL 409 的相关规定。

续表

序号	标准名称/标准号/时效性	针对性	内容与要点	关联与差异
19			3. 打磨抛光处理完毕后，绝缘表面的粗糙度（目视检测）宜按照工艺要求执行，如未注明宜控制在：110kV电压等级不大于300μm，220kV电压等级不大于100μm，现场可用平行光源进行检查。 4. 压接前，检查压接管的平直度。围压压接每压一次，在压模合拢到位后应停留10s～15s，使压接部位金属塑性变形达到稳定。压接完成后，应确认压接管延伸的长度符合工艺要求。 5. 电缆接头接地连接线应尽可能短	2. 本标准6.6.3规定：导线采用围压压接法时，压接顺序可参照《电力电缆导体用压接型铜、铝接线端子和连接管》GB/T 14315—2008附录C的有关要求。而GB/T 14315—2008为GB/T 14315—1993修订版，在修订时已删除附录A～D的内容
20	《母线焊接技术规程》 DL/T 754—2013 2013年8月1日实施	1. 适用于纯铝及铝合金、纯铜及铜合金制成的母线的钨极惰性气体保护焊（TIG）、熔化极惰性气体保护焊（MIG）。 2. 铝合金制电力金具的焊接可选择性执行	**主要内容：** 对电力行业设备制作、安装和检修中所涉及的母线焊接工作进行了规定，主要包括： （1）材料和机具； （2）坡口准备； （3）焊接； （4）质量检验； （5）技术文件。 **重点与要点：** 1. 母线焊接前应做焊接工艺试验。 2. 应根据焊接工艺试验结果，编制焊接工艺（作业）指导书。 3. 选择焊接材料的依据包括所焊母材的化学成分、力学性能、使用工况条件和焊接工艺试验的结果。 4. 母线焊接接头应做探伤、抗拉强度、直流电阻检测	**关联：** 1. 焊接材料应符合《铝及铝合金焊丝》GB/T 10858、《铜及铜合金焊丝》GB/T 9460的有关规定。 2. 母线焊工考核应符合《焊工技术考核规程》DL/T 679的有关规定。 3. 焊接用氩气不应低于99.99%，并应符合《氩》GB/T 4842的有关规定。 4. 母线焊接的坡口和尺寸应符合《铝及铝合金气体保护焊的推荐坡口》GB/T 985.3的有关规定。 **差异：** 1. 本标准与《电气装置安装工程 母线装置施工及验收规范》GB 50149—2010的差异： （1）本标准5.1.1规定：母线接头距母线夹板边缘不应小于100mm。 GB 50149中3.2.10规定：母线对接焊口距母线支持器夹板边缘的距离不应小于50mm。 （2）本标准5.3.2规定：焊接前应清理坡口表面及其附近母材，附近母材清理范围为10mm～15mm。 GB 50149中3.4.8规定：焊接前应将母线坡口两侧表面各30mm～50mm范围内清刷干净。 2. 经热处理强化的铝合金，其焊缝抗拉强度值，本标准3.4.2规定：不低于原材料标准值的60%； 《母线焊接技术规程》DL/T 754—2013中A.11规定：不低于原材料标准值下限的75%

续表

序号	标准名称/标准号/时效性	针对性	内容与要点	关联与差异
21	《六氟化硫处理系统技术规范》 DL/T 1353—2014 2015 年 3 月 1 日实施	适用于 SF_6 处理系统的选型与使用	**主要内容：** 1．对 SF_6 处理系统进行了规定，主要包括： （1）环境要求； （2）流程、系统与工艺要求； （3）技术参数； （4）试验； （5）包装和运输。 2．处理流程宜包括主处理流程和辅助处理流程。主处理流程可分为气化、过滤、水分及可水解杂质等的吸附、气态杂质的分离、灌装五部分；辅助处理流程宜包括吸附剂再生。 3．SF_6 处理系统宜由下列部分组成： （1）气化装置； （2）过滤装置； （3）吸附装置； （4）低温冷却装置（含低温容器）或精馏塔； （5）低温液体泵（或增压泵）； （6）尾气无害化装置； （7）在线采样分析仪表； （8）SF_6 专用压缩机、真空泵和配套辅件。 **重点与要点：** 1．SF_6 气体的处理速度不宜低于 50kg/h，处理率不应小于 95%，灌装速度不应低于 50kg/h，极限真空度不应大于 10 Pa。 2．连续无故障运转时间不应低于 1000h，累积无故障运转时间不应低于 5000h	**关联：** 1．受压容器在制作完成后，应按《压力容器》GB 150 的规定进行水压试验，应符合《固定式压力容器安全技术监察规程》TSG R0004 的要求。 2．电气控制回路试验应符合《工业机械电气设备绝缘电阻试验规范》GB/T 24343 要求。 3．噪声水平测量应根据《噪声源声功率级的测定简易法》GB 3768 的有关规定测量。 4．处理后的气体质量应符合《工业六氟化硫》GB/T 12022 的要求
22	《电气装置安装工程质量检验及评定规程　第 1 部分：通则》 DL/T 5161.1—2002 2002 年 12 月 1 日实施	1．适用于单机容量 200MW 及以上发电工程和 110kV 及以上变电工程的电气装置施工质量检查、验收及评定。	**主要内容：** 1．对电气装置安装工程质量检验及评定进行了规定，主要包括： （1）发电工程质量检验及评定范围； （2）变电工程质量检验及评定范围； （3）工程质量检验及评定表；	**关联：** 1．换流站工程电气装置施工质量检查、验收及评定应执行《±800kV 及以下直流换流站电气装置施工质量检验及评定规程》DL/T 5233—2010 的有关规定。

续表

序号	标准名称/标准号/时效性	针对性	内容与要点	关联与差异
22		2．进口或引进型电气装置、单机容量 200MW 以下发电工程及 110kV 以下变（配）电工程的安装可选择性执行	（4）单位工程资料核查项目； （5）通信系统设备安装。 2．《电气装置安装工程质量检验及评定规程》是一套系列标准，用于电气装置安装施工质量检查、验收及评定。该系列标准由 17 部分组成。 3．规定了本系列标准的使用范围、使用方法及使用注意事项。 4．明确了施工、监理和建设单位各级质量检查机构的检验范围。明确了发电、变电电气装置安装工程验评项目的划分原则。 **重点与要点：** 1．施工单位编制质量检验评定范围，经监理单位核查、汇总，建设单位确认后执行。 2．分部、分项工程质量只设“合格”等级，单位工程设“优良”、“合格”等级	2．1000kV 变电站电气装置施工质量检查、验收及评定应执行《1000kV 变电站电气装置安装工程施工质量检验及评定规程》DL/T 5312—2013 的有关规定
23	《电气装置安装工程质量检验及评定规程　第 2 部分：高压电器施工质量检验》 DL/T 5161.2—2002 2002 年 12 月 1 日实施	1．适用于单机容量 200MW 及以上发电工程和 110kV 及以上变电工程的高压电气施工质量检查、验收及评定。 2．进口或引进型电气装置、单机容量 200MW 以下发电工程及 110kV 以下变（配）电工程的安装可选择性执行	**主要内容：** 对下列高压电器施工的质量检验及评定进行了规定： （1）SF_6 气体绝缘金属封闭开关设备安装； （2）SF_6 断路器安装； （3）真空断路器（接触器）安装； （4）少油断路器安装； （5）隔离开关、负荷开关安装； （6）避雷器安装； （7）电容器安装。 **重点与要点：** 1．本标准是《电气装置安装工程　高压电器施工及验收规范》GBJ 147—1990 及其相关国家标准、行业标准的表格化表现形式。 2．气体绝缘金属封闭开关设备本体按工艺划分为设备检查、安装、气体处理。在施工过程中，应严格控制各项指标。 3．土建施工质量应保证断路器安装要求，在预埋螺栓时安装应对其进行复查，将基础指标列入检验项目	**关联：** 1．本标准对应的《电气装置安装工程　高压电器施工及验收规范》已更新为 GB 50147—2010。高压电器施工的质量检查、验收及评定的技术要求应执行该规范的有关标准。 2．换流站工程高压电器施工的质量检查、验收及评定还应执行《±800kV 及以下直流换流站电气装置施工质量检验及评定规程》DL/T 5233—2010 的有关规定。 3．1000kV 变电站工程（含串补装置）高压电器施工的质量检查、验收及评定还应执行《1000kV 变电站电气装置安装工程施工质量检验及评定规程》DL/T 5312—2013 的有关规定

续表

序号	标准名称/标准号/时效性	针对性	内容与要点	关联与差异
24	《电气装置安装工程质量检验及评定规程　第3部分：电力变压器、油浸电抗器、互感器施工质量检验》 DL/T 5161.3—2002 2002年12月1日实施	1．适用于单机容量200MW及以上发电工程和110kV及以上变电工程的电力变压器、油浸电抗器、互感器施工质量检查、验收及评定。 2．进口或引进型电气装置、单机容量200MW及以下发电工程及110kV及以下变（配）电工程的安装可选择性执行	**主要内容：** 1．对电力变压器、油浸电抗器、互感器施工的质量检验及评定进行了规定，主要包括： （1）干式电力变压器安装； （2）1600kVA及以下油浸式变压器安装； （3）中等以上容量油浸变压器本体安装、检查、附件安装、注油及密封试验、整体检查； （4）电抗器安装； （5）干式互感器安装； （6）油浸式互感器安装。 2．对变压器、油浸电抗器、互感器施工记录与签证表示及要求进行了规定，主要包括： （1）电力变压器运输冲击记录； （2）破氮前氮气压力检查记录； （3）绝缘油试验记录； （4）气体继电器检验记录； （5）变压器检查隐蔽签证； （6）冷却器密封试验签证； （7）真空注油及密封试验签证； （8）带电试运行签证。 **重点与要点：** 本标准是《电气装置安装工程　电力变压器、油浸电抗器、互感器施工及验收规范》GBJ 148—1990及其相关国家标准、行业标准的表格化表现形式	**关联：** 1．本标准对应的《电气装置安装工程　电力变压器、油浸电抗器、互感器施工及验收规范》已更新为GB 50148—2010。电力变压器、油浸电抗器、互感器施工的质量检查、验收及评定的技术要求应执行该规范的有关标准。 2．换流站工程变压器等的施工的质量检查、验收及评定应执行《±800kV及以下直流换流站电气装置施工质量检验及评定规程》DL/T 5233—2010的有关规定。 3．1000kV变电站工程（含串补装置）变压器等的施工质量检查、验收及评定应执行《1000kV变电站电气装置安装工程施工质量检验及评定规程》DL/T 5312—2013的有关规定
25	《电气装置安装工程质量检验及评定规程　第4部分：母线装置施工质量检验》 DL/T 5161.4—2002 2002年12月1日实施	1．适用于单机容量200MW及以上发电工程和110kV及以上变电工程的母线装置施工质量检查、验收及评定。	**主要内容：** 1．对母线装置安装的质量检验及评定进行了规定，主要包括： （1）悬式绝缘子串安装； （2）支柱绝缘子安装； （3）穿墙套管安装； （4）矩形母线安装； （5）共箱封闭母线安装；	**关联：** 1．本标准对应的《电气装置安装工程　母线装置施工及验收规范》已更新为GB 50149—2010，母线装置的检查、验收和评定的技术要求应执行此规范的有关标准。 2．换流站工程母线装置施工的质量验评还应执行《±800kV及以下直流换流站电气装置施工质量检验及评定规程》DL/T 5233—2010有关规定。

续表

序号	标准名称/标准号/时效性	针对性	内容与要点	关联与差异
25		2．进口或引进型电气装置、单机容量 200MW 以下发电工程及 110kV 以下变（配）电工程的安装可选择性执行	（6）离相封闭母线安装； （7）管形母线安装； （8）软母线安装。 2. 对母线装置安装的施工记录与签证表示及要求进行了规定： （1）离相封闭母线封闭前签证； （2）共箱封闭母线封闭前签证； （3）高压配电装置母线隐蔽签证； （4）低压配电装置母线隐蔽签证。 **重点与要点：** 本标准是《电气装置安装工程　母线装置施工及验收规范》GBJ 149—1990 及相关国家标准、行业标准的表格化表现形式	3．1000kV 变电站工程（含串补装置）母线装置施工的质量验评还应执行《1000kV 变电站电气装置安装工程施工质量检验及评定规程》DL/T 5312—2013 有关规定
26	《电气装置安装工程质量检验及评定规程　第 5 部分：电缆线路施工质量检验》 DL/T 5161.5—2002 2002 年 12 月 1 日实施	1. 适用于单机容量 200MW 及以上发电工程和 110kV 及以上变电工程的电缆线路施工质量检查、验收及评定。 2．进口或引进型电气装置、单机容量 200MW 及以下发电工程及 110kV 及以下变（配）电工程的安装可选择性执行	**主要内容：** 1. 对电缆线路施工的质量检验及评定进行了规定，主要包括： （1）电缆管、电缆架安装； （2）电缆敷设； （3）电缆终端制作安装； （4）35kV 及以上电缆线路； （5）电缆防火及阻燃。 2. 对电缆线路的施工记录与签证表示及要求进行了规定： （1）35kV 及以上电缆敷设记录； （2）直埋电缆隐蔽前检查签证； （3）电缆中间接头位置记录。 **重点与要点：** 本标准是《电气装置安装工程　电缆线路施工及验收规范》GB 50168—1992 及其相关国家标准、电力行业标准的表格化表现形式	**关联：** 1．本标准对应的《电气装置安装工程　电缆线路施工及验收规范》已更新为 GB 50168—2006，电缆线路施工的质量检查、验收和评定的技术要求应执行此规范的有关标准。 2．换流站工程电缆线路施工的质量验评还应执行《±800kV 及以下直流换流站电气装置施工质量检验及评定规程》DL/T 5233—2010 有关规定。 3．1000kV 变电站工程（含串补装置）电缆线路施工的质量验评还应执行《1000kV 变电站电气装置安装工程施工质量检验及评定规程》DL/T 5312—2013 有关规定

续表

序号	标准名称/标准号/时效性	针对性	内容与要点	关联与差异
27	《电气装置安装工程质量检验及评定规程 第 6 部分：接地装置施工质量检验》 DL/T 5161.6—2002 2002 年 12 月 1 日实施	1．适用于单机容量 200MW 及以上发电工程和 110kV 及以上变电工程的接地装置施工质量检查、验收及评定。 2．进口或引进型电气装置、单机容量 200MW 以下发电工程及 110kV 以下变（配）电工程的安装可选择性执行	**主要内容：** 1. 对接地装置施工的质量检验及评定进行了规定，主要包括： （1）屋外接地装置制作安装； （2）屋内接地装置安装； （3）避雷针接地装置安装。 2. 对接地装置的施工记录与签证表示及要求进行了规定： （1）屋外接地装置隐蔽前签证； （2）避雷针及接地引下线检查签证； （3）接地电阻测量签证。 **重点与要点：** 本标准是《电气装置安装工程 接地装置施工及验收规范》GBJ 169—1992 及相关国家标准、行业标准的表格化表现形式	**关联：** 1．本标准对应的《电气装置安装工程 接地装置施工及验收规范》更新为 GB 50169—2014，接地装置的质量检查、验收和评定的技术要求应执行此规范的有关标准。 2．换流站工程接地装置施工的质量验评还应执行《±800kV 及以下直流换流站电气装置施工质量检验及评定规程》DL/T 5233—2010 有关规定。 3．1000kV 变电站工程（含串补装置）接地装置施工的质量验评还应执行《1000kV 变电站电气装置安装工程施工质量检验及评定规程》DL/T 5312—2013 有关规定
28	《电气装置安装工程质量检验及评定规程 第 8 部分：盘、柜及二次回路接线施工质量检验》 DL/T 5161.8—2002 2002 年 12 月 1 日实施	1．适用于单机容量 200MW 及以上发电工程和 110kV 及以上变电工程的盘、柜及二次回路接线施工质量检查、验收及评定。 2．进口或引进型电气装置、单机容量 200MW 及以下发电工程及 110kV 及以下变（配）电工程的安装可选择性执行	**主要内容：** 对盘、柜及二次回路接线施工的质量检验及评定进行了规定，主要包括： （1）基础安装； （2）高压成套柜安装； （3）低压配电盘安装； （4）就地动力和控制设备安装； （5）控制及保护屏安装； （6）励磁盘安装。 **重点与要点：** 本标准是《电气装置安装工程盘、柜及二次回路接线施工及验收规范》GB 50171—1992 及相关国家标准、行业标准的表格化表现形式	**关联：** 1．本标准对应的《电气装置安装工程 盘、柜及二次回路接线施工及验收规范》已更新为 GB 50171—2012，盘、柜及二次回路接线施工的质量检查、验收和评定的技术要求应执行此规范的有关规定。 2．换流站工程盘、柜及二次回路接线施工的质量验评还应执行《±800kV 及以下直流换流站电气装置施工质量检验及评定规程》DL/T 5233—2010 有关规定。 3．1000kV 变电站工程（含串补装置）盘、柜及二次回路接线施工的质量验评还应执行《1000kV 变电站电气装置安装工程施工质量检验及评定规程》DL/T 5312—2013 有关规定

续表

序号	标准名称/标准号/时效性	针对性	内容与要点	关联与差异
29	《电气装置安装工程质量检验及评定规程 第9部分：蓄电池施工质量检验》 DL/T 5161.9—2002 2002年12月1日实施	1．适用于单机容量200MW及以上发电工程和110kV及以上变电工程的蓄电池施工质量检查、验收及评定。 2．进口或引进型电气装置、单机容量200MW及以下发电工程及110kV及以下变（配）电工程的安装可选择性执行	**主要内容：** 1．对蓄电池施工的质量检验及评定进行了规定，主要包括： （1）蓄电池台架安装； （2）蓄电池安装； （3）配液与充放电。 2．对蓄电池的施工记录与签证表示及要求进行了规定： （1）蓄电池充电记录； （2）放电记录； （3）充放电特性曲线； （4）技术参数测量记录； （5）充放电检查签证。 **重点与要点：** 本标准是《电气装置安装工程 蓄电池施工及验收规范》GB 50172—1992及相关国家标准、行业标准的表格化表现形式	**关联：** 1．本标准对应的《电气装置安装工程 蓄电池施工及验收规范》已更新为GB 50172—2012，蓄电池施工的质量检查、验收和评定的技术要求应执行此规范的有关标准。 2．换流站工程蓄电池施工的质量验评还应执行《±800kV及以下直流换流站电气装置施工质量检验及评定规程》DL/T 5233—2010有关规定。 3．1000kV变电站工程（含串补装置）蓄电池施工的质量验评还应执行《1000kV变电站电气装置安装工程施工质量检验及评定规程》DL/T 5312—2013有关规定
30	《电气装置安装工程质量检验及评定规程 第12部分：低压电器施工及验收规范》 DL/T 5161.12—2002 2002年12月1日实施	1．适用于单机容量200MW及以上发电工程和110kV及以上变电工程的低压电器施工质量检查、验收及评定。 2．进口或引进型电气装置、单机容量200MW及以下发电工程及110kV及以下变（配）电工程的安装可选择性执行	**主要内容：** 对低压电器施工的质量检验及评定进行了规定，主要包括： （1）低压断路器、低压接触器及启动器安装； （2）低压隔离开关、刀开关安装； （3）变阻器及电阻器安装； （4）电磁铁安装； （5）控制器、按钮及限位开关安装。 **重点与要点：** 本标准是《电气装置安装工程 低压电器施工及验收规范》GB 50254—1996及其相关国家标准、行业标准的表格化表现形式	**关联：** 本标准对应的《电气装置安装工程 低压电器施工及验收规范》已更新为GB 50254—2014，低压电器施工的质量检查、验收及评定的技术要求应执行该规范的有关标准

续表

序号	标准名称/标准号/时效性	针对性	内容与要点	关联与差异
31	《电气装置安装工程质量检验及评定规程 第13部分：电力变流设备施工质量检验》 DL/T 5161.13—2002 2002年12月1日实施	1．适用于单机容量200MW及以上发电工程和110kV及以上变电工程的电力变流器施工质量检查、验收及评定。 2．进口或引进型电气装置、单机容量200MW及以下发电工程及110kV及以下变（配）电工程的安装可选择性执行	**主要内容：** 1．对电力变流设备施工的质量检验及评定进行了规定，主要包括： （1）盘柜基础安装； （2）整流逆变类盘柜安装； （3）蓄电池柜安装； （4）稳压器柜安装； （5）隔离变压器及输出变压器安装； （6）整流装置检查及投运； （7）不停电电源装置检查及投运； （8）自动励磁调整装置检查及投运； （9）变频调速装置检查及投运。 2. 对电力变流设备的不停电电源带电试运签证等记录的要求进行了规定。 **重点与要点：** 本标准是《电气装置安装工程 电力变流设备施工及验收规范》GB 50255—1996及其相关国家标准、行业标准的表格化表现形式	**关联：** 本标准对应的《电气装置安装工程 电力变流设备施工及验收规范》已更新为GB 50255—2014，电力变流设备施工的质量检查、验收及评定的技术要求应执行该规范的有关标准
32	《电气装置安装工程质量检验及评定规程 第15部分：爆炸及火灾危险环境电气装置施工质量检验》 DL/T 5161.15—2002 2002年12月1日实施	1．适用于单机容量200MW及以上发电工程和110kV及以上变电工程的爆炸及火灾危险环境电气装置施工质量检查、验收及评定。 2．进口或引进型电气装置、单机容量200MW及以下发电工程及110kV及以下变（配）电工程的安装可选择性执行	**主要内容：** 对爆炸及火灾危险环境电气装置施工的质量检验及评定进行了规定，主要包括： 1．防爆电气设备安装。 2．爆炸危险环境的电气线路安装。 3．火灾危险环境的电气装置安装。 4．爆炸和火灾危险环境的电气装置接地。 **重点与要点：** 本标准是《电气装置安装工程 爆炸及火灾危险环境电气装置施工质量检验》GB 50255—1996及其相关国家标准、行业标准的表格化表现形式	**关联：** 本标准对应的《电气装置安装工程 爆炸和火灾危险环境电气装置施工及验收规范》已更新为GB 50257—2014（报批稿），爆炸和火灾危险环境电气装置施工的质量检查、验收及评定的技术要求应执行此规范的有关标准

续表

序号	标准名称/标准号/时效性	针对性	内容与要点	关联与差异
33	《±800kV 及以下直流输电接地极施工及验收规程》 DL/T 5231—2010 2010 年 10 月 1 日实施	适用于±800kV 及以下直流输电接地极工程的施工、安装及验收	**主要内容：** 对±800kV 及以下直流输电接地极的施工及验收进行了规定，主要包括： （1）材料及器材的检验； （2）测量； （3）土（石）方施工； （4）接地极焊接及放热焊接； （5）碳床铺设； （6）电缆井、渗水井和监测井施工； （7）工程验收、试验和移交。 **重点与要点：** 1. 施工、安装中采用的新技术、新工艺必须经过试验、测试和试点验证，在满足本标准要求时才能使用。 2. 用于施工、安装的测量和检验设备（如仪器、仪表、量具等），均应采用合格产品并在校检有效期内使用	**关联：** 1. 接地极工程的施工、安装及验收在执行本标准的同时，还应执行《±800kV 及以下直流换流站电气装置安装工程施工及验收规程》DL/T 5232 的规定。 2. 接地极工程架空导流系统的施工、安装及验收应执行《110kV～500kV 架空送电线路施工及验收规范》GB 50233 或《电气装置安装工程 66kV 及以下架空电力线路施工及验收规范》GB 50173 的有关规定。 3. 接地极焊缝质量等级应满足《钢结构工程施工质量验收规范》GB 50205 规定的 S2 级焊缝质量标准，并应符合设计规定的电气要求。 4. 钢材表面的锈蚀等级应执行《涂覆涂料前钢材表面处理 表面清洁度的目视评定》GB/T 8923 的有关规定。 5. 焊缝坡口的角度和尺寸应执行《气焊、焊条电弧焊、气体保护焊和高能束焊的推荐坡口》GB/T 985.1 的有关规定。 6. 各种焊接头的形式和尺寸应执行《钢结构焊接规范》GB 50661 的规定（本规范引用的《建筑钢结构焊接规程》JGJ 81 已作废）。 7. 接地施工及验收应执行《电气装置安装工程 接地装置施工及验收规范》GB 50169 的规定。 8. 接地极的施工质量检验及评定应执行《±800kV 及以下直流输电系统接地极施工质量检验及评定规程》DL/T 5275 的规定
34	《±800kV 及以下直流换流站电气装置安装工程施工及验收规程》 DL/T 5232—2010 2010 年 10 月 1 日实施	适用于±800kV 及以下直流换流站电气装置安装工程的施工和验收	**主要内容：** 对±800kV 及以下直流换流站电气装置安装工程的施工及验收进行了规定，主要包括： （1）晶闸管换流阀组； （2）换流阀组水冷却系统； （3）换流变压器、油浸平波电抗器； （4）交、直流滤波器； （5）直流开关装置。	**关联：** 1. 换流阀及阀冷却系统设备的施工及验收，在执行本标准的同时，还应执行《±800kV 及以下换流站换流阀施工及验收规范》GB/T 50775 的有关规定。 2. 换流变压器的施工及验收在执行本标准的同时，还应执行《±800kV 及以下换流站换流变压器施工及验收规范》GB 50776 的有关规定。

续表

序号	标准名称/标准号/时效性	针对性	内容与要点	关联与差异
34			（6）直流穿墙套管； （7）干式电抗器； （8）空调、通风系统； （9）消防系统； （10）电压、电流测量装置及避雷器； （11）敞开式断路器、组合开关、隔离开关及接地开关； （12）电气绝缘封闭组合电器； （13）电力变压器及油浸高压并联电抗器； （14）母线及连接线； （15）盘、柜安装及二次接线； （16）站用电系统装置； （17）通信装置、监控装置； （18）户外照明； （19）电缆防火封堵； （20）防雷及接地。 **重点与要点：** 1. 设备的运输方式应符合产品技术规定，运输过程中应及时检查设备受冲击等情况。 2. 在阀厅土建等施工完毕，全封闭并经验收合格后，方可进行换流阀设备的安装施工，并在安装期间保持阀厅内的微正压，阀厅内控制温度、湿度、洁净度应满足产品安装技术条件要求。 3. 换流变压器、油浸平波电抗器在内部检查前，应确保内部氧气含量不小于18%。 4. 对于采用对称压紧方式的电容器接线端子，连接导体与平衡导体截面积必须相同。对于采用铜接线鼻子的接线端子，应使用铜垫片和铜螺母。 5. 电抗器用钢管支架加工时应按设计要求做好隔磁措施。 6. 电抗器用玻璃钢或环氧支架上下法兰的短接导体应可靠连接。 7. 光电式电流互感器的光纤接头连接完成后，应按照产品说明书紧固接口螺母，接线盒进口和穿电缆的保护管应用硅胶封堵，防止潮气进入	3. 干式平波电抗器的施工及验收在执行本标准的同时，还应执行《±800kV及以下换流站干式平波电抗器施工及验收规范》GB 50774的有关规定。 4. 设备支架焊接质量应执行《现场设备、工业管道焊接工程施工及验收规范》GB 50236的有关规定。 5. 防雷及接地应执行设计、产品技术文件和《电气装置安装工程 接地装置施工及验收规范》GB 50169的有关规定。 6. 设备接线端子与导体的连接应执行《变压器、高压电器和套管的接线端子》GB 5273的有关规定。 7. 控制和信号回路应执行《电气装置安装工程 盘、柜及二次回路接线施工及验收规范》GB 50171的有关规定。 8. 阀厅的土建工程验收应按照《±800kV换流站阀厅施工及验收规范》Q/GDW 218的有关要求进行。 **差异：** 本标准与《±800kV及以下换流站换流变压器施工及验收规范》GB 50776—2012的主要差异： （1）本标准7.8.1规定：热油循环过程中，滤油机加热脱水缸中的温度控制在60℃±5℃范围内。 GB 50776—2012中10.0.1规定：热油循环过程中，滤油机出口绝缘油温度应符合产品技术规定或控制在（65±5）℃范围内。 （2）本标准7.8.1规定：热油循环时间±500kV～±800kV等级不少于72h，±500kV以下等级不少于48h。 GB 50776—2012中10.0.2规定：热油循环时间应符合产品技术规定，不应少于72h，未对±500kV以下等级的热油循环时间做出明确规定。 （3）本标准7.9规定：进行密封试验，充气压力0.015MPa～0.03MPa（按照产品要求执行），24h无渗漏。 GB 50776—2012中11.0.1规定：进行整体密封试验，充气压力应符合产品技术规定，无规定时应为0.03MPa，持续24h应无渗漏

续表

序号	标准名称/ 标准号/时效性	针对性	内容与要点	关联与差异
35	《±800kV 及以下直流换流站电气装置施工质量检验及评定规程》 DL/T 5233—2010 2010 年 10 月 1 日实施	适用于±800kV 及以下直流换流站电气装置施工质量的检验及评定	**主要内容：** 1. 对±800kV 及以下直流换流站电气装置施工质量的检验及评定进行了规定，主要包括： （1）交流配电装置安装； （2）交流滤波器配电装置安装； （3）主变压器系统设备安装； （4）换流变压器（平波电抗器）系统设备安装； （5）换流阀系统设备安装； （6）直流配电装置及直流滤波器安装； （7）交流滤波器设备安装； （8）站用电系统设备安装； （9）无功补偿装置安装； （10）二次设备安装； （11）全站电缆施工； （12）全站防雷及接地装置安装； （13）全站电气照明装置安装； （14）通信设备安装； （15）其他辅助系统安装； （16）接地极极址装置安装。 2. 增加了换流阀系统、火灾报警系统、气体消防系统、水喷淋系统、水冷系统、干式平波电抗器、接地极系统等换流站特有项目的质量验收评定样表。 **重点与要点：** 1. 换流站电气装置安装工程由施工单位根据本工程实际情况编制所承担工程的质量检验评定范围。监理单位应对各施工单位编制的工程质量检验评定范围进行核查、汇总，经建设单位确认后执行。 2. 换流站电气装置安装工程项目验评划分表所列工程项目可根据工程实际情况进行增编或删减。增加或减少的项目，在工程质量验评范围中的工程编号，可续编、缺号，但不得变更原编号。 3. 分部、分项工程质量只设“合格”等级，单位工程设“优良”、“合格”等级。	**关联：** 本标准引用了《电气装置安装工程质量检验及评定规程》DL/T 2002.1～2002.17 的有关部分，其施工质量的检查、验收及评定的技术要求应执行相关规范、行业标准和国家标准

续表

序号	标准名称/标准号/时效性	针对性	内容与要点	关联与差异
35			4．考虑到直流工程的特殊性，判断检验项目是否达到质量标准，还应该考虑供货商提出的标准、规定、说明和解释。 5．单位工程和分部工程质量验收评定表为格式化表格，除名称外不应进行任何改动。分项工程质量验收评定表应根据现场设备实际情况进行改动，改动部分应符合设计、相应规程、产品技术条件和说明书的要求，并经监理确认。 6．未列出的设备，采用自制分项工程质量验收评定表进行质量评定工作。表格应经充分讨论并报请监理批准方可实施。 7．接地极作为换流站电气安装的一部分参加质量验评。基础平台梁的安装和土石方工程使用对应土建表格	
36	《±800kV 及以下直流输电系统接地极施工质量检验及评定规程》 DL/T 5275—2012 2012 年 7 月 1 日实施	适用于±800kV 及以下直流输电系统接地极工程的施工质量检验及评定	**主要内容：** 对±800kV 及以下直流输电系统接地极的施工质量检验及评定进行了规定，主要包括： （1）接地极施工质量检验及评定范围； （2）电极工程质量标准和检查方法； （3）电极工程质量检验及评定； （4）导流系统工程质量检验及评定。 **重点与要点：** 1．施工单位在工程开工前，根据工程实际情况编制其所承担工程的质量检验评定范围。监理单位应对各施工单位编制的工程质量检验评定范围进行核查、汇总，经建设单位确认后执行。 2．接地极施工质量等级评定标准是按单元工程（检验批）、分项工程、分部工程、单位工程制定的，均分为优良、合格与不合格三个等级。 3．接地极施工质量检验及评定应按审定的质量检验及评定范围中所列单元工程（检验批）、分项工程、分部工程和单位工程逐级进行。	**关联：** 1．新制定的质量检验评定表主要集中在电极单位工程和导流系统工程中的电缆分部工程。接地极其他项目的质量检验评定表应引用《±800kV 及以下直流换流站电气装置施工质量检验及评定规程》DL/T 5233 的有关规定。 2．导流系统采用电缆分流方式时，质量检验及评定按本标准的要求执行。导流系统采用架空导线分流方式时，除电缆分部工程的质量检验及评定按本规程进行外，其他分部工程的质量检验及评定应执行《110kV～500kV 架空电力线路工程施工质量及评定规程》DL/T 5168 的有关规定。 3．电气装置安装分部工程质量检验及评定应执行《电气装置安装工程质量检验及评定规程》DL/T 5161 的有关规定。 4．基础、构支架安装分部工程、围墙与大门工程、道路工程质量检验及评定应执行《电力建设施工质量验收及评定规程》DL/T 5210 的有关规定。

续表

序号	标准名称/标准号/时效性	针对性	内容与要点	关联与差异
36			4. 施工单位应严格执行工程质量三级（班维自检、项目部复检、公司专检）检验制度。隐蔽工程在隐蔽前应由施工单位通知有关单位进行验收，并形成验收文件。涉及工程安全的试块、试件及有关材料，应按规定进行见证取样检测。 5. 按地极工程共设置5个单位工程，包括电极工程、导流系统工程、电气装置安装工程、围墙与大门工程和道路工程。 6. 对导流系统工程的架空导线分流和电缆分流两种方式的质量检验及评定的异同进行了区别规定	5. 本标准应与《±800kV及以下直流输电系统接地极施工及验收规程》DL/T 5231配套使用
37	《±800kV及以下换流站母线、跳线施工工艺导则》 DL/T 5276—2012 2012年7月1日实施	适用于±800kV及以下换流站新建、改扩建工程母线及跳线的施工	**主要内容：** 对换流站工程母线和跳线的施工工艺进行了规定，主要包括： （1）施工准备； （2）工艺流程； （3）施工方法及要求； （4）安全及环保要求。 **重点与要点：** 1. 母线挂线不仅应计算正常时的牵引力，还应校核过牵引情况下导线和构架所受到的张力。 2. 对于大电流的接触面，安装完成后应进行直流电阻试验	**关联：** 1. 安全管理应遵循《电力建设安全工作规程（第3部分：变电站）》DL 5009.3的有关规定。 2. 导地线压接工艺应执行《输变电工程架空导线及地线液压压接工艺规程》DL/T 5285—2013的有关规定（本规范所引用的《架空送电线路导线及避雷线液压施工工艺规程》SDJ 226已被该规范替代）。 3. 1000kV输变电工程导地线压接应执行《1000kV输变电工程导地线液压施工工艺规程》DL/T 5291—2013的有关规定。 4. 金具现场检验应执行《电力金具通用技术条件》GB 2314及《电力金具验收规则、试验方法、标志与包装》GB 2317的有关规定
38	《1000kV变电站电气装置安装工程施工质量检验及评定规程》 DL/T 5312—2013 2014年4月1日实施	1. 适用于新建、改建、扩建的1000kV变电站（开关站、串补站）电气装置安装工程的施工质量的检验及评定。	**主要内容：** 对1000kV变电站电气装置安装工程施工的质量检验及评定进行了规定，主要包括： （1）1000kV主变压器（高压电抗器）系统安装； （2）1000kV GIS（HGIS）配电装置安装； （3）通信系统安装； （4）1000kV串联补偿装置系统安装。	**关联：** 1. 除1000kV变压器系统安装、1000kV备用变压器系统安装、1000kV高压电抗器系统安装、1000kV备用高压电抗器安装、1000kV串联补偿装置系统安装、1000kV GIS（HGIS）配电装置安装、通信系统安装7个单位工程外，其他单位工程的施工质量检验及评定均引用《电气装置安装工程质量检验及评定规程》DL/T 5161的有关内容。

续表

序号	标准名称/标准号/时效性	针对性	内容与要点	关联与差异
38		2．其他电压等级的变电站（开关站、串补站）电气装置安装工程的施工质量的检验及评定可选择性执行	**重点与要点：** 1．分部、分项工程质量只设“合格”等级，单位工程设“优良”、“合格”等级。 2．规定了单位工程观感质量评价记录内容。 3．由施工单位编制工程的质量检验评定范围，监理单位核查、汇总，经建设单位确认后执行。 4．带电试运行分部工程的编号固定为100，单位工程、分部工程和分项工程编号各自连续编号。 5．全站照明装置安装归到土建工程施工质量检验及评定范围	2．本标准规定所有的分项工程需经过施工单位班组、项目部以及公司、监理单位的质量检验及评定，相比DL/T 5161更为严格。 3．本标准中引用《电气装置安装工程质量检验及评定规程》DL/T 5161.1～5161.17有关部分对应的规范大部分已过期，其施工质量的检查、验收及评定的技术要求应执行现行有效的标准
39	《电力工程电缆防火封堵施工工艺导则》 DL/T 5707—2014 2015年3月1日实施	适用于火电、水电、核电及其他类发电工程和输变电工程等电力工程的电缆防火封堵施工作业	**主要内容：** 1．对电缆防火封堵施工作业工艺进行了规定，主要包括： （1）电缆防火封堵材料验收及保管； （2）电缆穿墙防火封堵施工； （3）电缆穿楼板防火封堵施工； （4）电缆桥架防火封堵施工； （5）电缆竖井防火封堵施工； （6）电缆隧（沟）道防火封堵施工； （7）电缆穿保护管防火封堵施工； （8）电力电缆中间接头防火封堵施工； （9）电缆防火封堵施工安全及环境保护。 2．提供了防火封堵施工工艺记录样表。 **重点与要点：** 1．电缆防火封堵施工应编制作业指导书或专项施工措施，作业指导书中应有安全技术措施、文明施工措施、绿色施工措施、工程建设标准强制性条文实施计划、危险点、危险源及预控措施等内容。 2．电缆防火封堵施工，应在土建工程施工完毕，电缆敷设基本完成后进行。尚未完成电缆敷设的拟带电部位，应采取临时防火封堵措施。 3．在已封堵的电缆孔洞、阻火墙等处增减电缆，应及时恢复封堵	**关联：** 1．阻燃性材料的性能应符合《防火封堵材料》GB 23864的有关规定。 2．防火涂料应符合《电缆防火涂料》GB 28374的有关规定。 3．阻燃包带应符合《电缆用阻燃包带》GA 478的有关规定。 **差异：** 本标准9.4.3规定：在电缆封堵部位的两侧电缆表面，均匀涂刷厚度不小于1mm、长度不小于1500mm的防火涂料。 《电力工程电缆设计规范》GB 50217—2007中7.0.3规定：防窜燃方式，可在阻火墙紧靠两侧不少于1m区段所有电缆上施工防火涂料、包带或设置挡火板

第四章　线路工程标准清单名录

第一节　技　术　导　则

序号	标准名称/标准号/时效性	针对性	内容与要点	关联与差异
1	《高压绝缘子瓷件技术条件》 GB/T 772—2005 2006年4月1日实施	1．适用于标准电压高于1000V、频率不超过100Hz的交流系统的架空电力线路、电气装置和设备上使用的绝缘子瓷件。 2．不适用于在有破坏瓷及釉的介质（气体或液体）中工作的瓷件	**主要内容：** 1．规定了高压绝缘子瓷件的技术要求、试验、包装和标志的一般要求。 2．对高压绝缘子瓷件的技术要求进行详细说明，内容包括：尺寸偏差、形位公差和表面粗糙度、瓷件的外观质量、孔隙性试验要求、温度循环试验要求、瓷件壁厚工频击穿电压、逐个电气试验要求及机械强度。 3．明确了高压绝缘子试验的各项技术要求，包括逐个试验、抽样试验和型式试验的检查项目与执行标准。 **重点与要点：** 1．爬电距离的偏差值规定如下：	**关联：** 1．高压绝缘子瓷件外观检查、尺寸检查、形位公差检查、温度循环试验、孔隙性试验应符合《绝缘子试验方法　第1部分：一般试验方法》GB/T 775.1的相关规定。 2．工频火花电压试验、瓷壁耐压试验应符合《绝缘子试验方法　第2部分：电气试验方法》GB/T 775.2的相关规定。 3．逐个机械负荷试验、机械破坏负荷试验应符合《绝缘子试验方法　第3部分：机械试验方法》GB/T 775.3的相关规定。 4．瓷件的抽样规则按《高压绝缘子抽样方案》JB/T 3384的规定执行

续表

序号	标准名称/标准号/时效性	针对性	内容与要点	关联与差异
1			（1）以公称值（包括最小公称值）规定时，最大偏差为：±（0.04L+1.5）mm（L为公称爬电距离，mm）； （2）以最小值规定时，爬电距离的测量值不得小于此值。 2．瓷件两端面平行度不应超过0.025Dmm。 3．瓷件主体部位外表面单个缺釉面积不应超过25mm^2。 4．线路绝缘子瓷件不允许有裂纹，电器和配电装置用瓷件一般不允许有裂纹。 5．瓷件剖面应均质致密，经孔隙性试验后不应有任何渗透现象。 6．瓷件应能耐受三次温度循环试验而不损坏。 7．瓷件的试验项目分为逐个试验、抽样试验和型式试验	
2	《钢结构用高强度大六角头螺栓、大六角螺母、垫圈技术条件》 GB/T 1231—2006 2006年11月1日实施	适用于铁路和公路桥梁、锅炉钢结构、工业厂房、高层民用建筑、塔桅结构、起重机械及其他钢结构摩擦型高强度螺栓连接	**主要内容：** 1．明确了钢结构用高强度大六角头螺栓、大六角螺母、垫圈及连接副的技术要求、试验方法、检验规则、标志及包装。 2．对钢结构用高强度大六角头螺栓、大六角螺母、垫圈的性能、材料和使用进行了详细规定。 3．明确了各类试验要求。 4．规定了35VB钢的技术条件。 **重点与要点：** 1．高强度大六角头螺栓连接副应保证扭矩系数供货。每一连接副包括1个螺栓、1个螺母、2个垫圈，并应分属同批制造。 2．拉伸试件和冲击试件应在同一根棒材上截取，	**关联：** 1．螺栓脱碳层的机械性能应执行《紧固件机械性能螺栓、螺钉和螺柱》GB/T 3098.1的相关规定。 2．螺栓、螺母的螺纹基本尺寸应执行《普通螺纹 基本尺寸》GB/T 196粗牙普通螺纹的规定。 3．螺栓和螺母的螺纹公差带分别按照《普通螺纹 公差》GB/T 197的6g和6H的规定执行。 4．螺栓的螺纹末端应符合《钢结构用高强度大六角头螺栓》GB/T 1228和《紧固件 外螺纹零件的末端》GB/T 2的相关规定。 5．螺栓、螺母的表面缺陷应符合《紧固件表面缺陷螺栓、螺钉和螺柱一般要求》GB/T 5779.1和《紧固件表面缺陷 螺母》GB/T 5779.2的相关规定。 6．螺栓、螺母和垫圈的其他尺寸及形位公差应符合《紧固件公差 螺栓、螺钉和螺柱》GB/T 3103.1和《紧固件公差 平垫圈》GB/T 3103.3有关C级产品的规定。 7．拉伸试验方法应执行《金属材料 拉伸试验 第1部分：室温试验方法》GB/T 228.1的相关规定。

续表

序号	标准名称/标准号/时效性	针对性	内容与要点	关联与差异
2			并经同一热处理工艺处理。 3. 出厂检验按批进行。同一性能等级、材料、炉号、螺纹规格、长度、机械加工、热处理工艺、表面处理工艺的螺栓为同批；同一性能等级、材料、炉号、螺纹规格、机械加工、热处理工艺、表面处理工艺的螺母为同批；同一性能等级、材料、炉号、规格、机械加工、热处理工艺、表面处理工艺的垫圈为同批。分别由同批螺栓、螺母、垫圈组成的连接副为同批连接副	8. 冲击试验方法应执行《金属夏比摆锤冲击试验方法》GB/T 229 的相关规定。 9. 楔负载试验中，10°楔垫的型式、尺寸及硬度执行《紧固件机械性能 螺栓、螺钉和螺柱》GB/T 3098.1 的相关规定。 10. 螺栓芯部、螺母和垫圈的硬度试验方法执行《金属材料 洛氏硬度试验 第1部分：试验方法》GB/T 230.1 或《金属材料 维氏硬度试验 第1部分：试验方法》GB/T 4340.1 的相关规定。 11. 螺栓脱碳试验应执行《紧固件机械性能 螺栓、螺钉和螺柱》GB/T 3098.1 的相关规定
3	《电力金具通用技术条件》 GB/T 2314—2008 2009 年 8 月 1 日实施	1. 适用于额定电压在 35kV 以上架空电力线路、变电站及电厂配电装置用的金具。 2. 对在严重腐蚀、污秽的环境、高海拔地区、高寒地区等条件下使用的金具尚应满足其他相关标准的有关规定	**主要内容：** 1. 明确了架空电力线路、变电站及电厂配电装置用电力金具在设计、制造及安装使用等方面的通用技术条件，主要包括： （1）基本要求； （2）分类要求； （3）材料及防腐； （4）结构及尺寸公差； （5）标志与包装。 2. 未注尺寸偏差的部位，对极限偏差进行了说明。 **重点与要点：** 1. 金具的各连接部件应保证在运行中不致松脱，与线路带电检修有关的金具尚应保证安全和便于拆装。 2. 金具应尽量减少磁滞、涡流损失。金具应尽量限制电晕的影响。 3. 悬垂线夹与被安装的导线、地线间应有充分的接触面，以减少由故障电流引起的损伤。 4. 承受电气负荷的金具，无论是承受张力的或非承受张力的，均不应降低导线的导电能力。 5. 耐张线夹、接续金具和接触金具应避免应力集中现象，防止导线或地线发生过大的金属冷变形	**关联：** 1. 本标准修改采用《架空线路—金具的要求和试验》IEC 61284：1997，增加了预绞式金具机械试验内容。 2. 金具的标称破坏载荷及连接型式应符合《电力金具标称破坏载荷系列及连接型式尺寸》GB/T 2315 的规定。 3. 用于电气接续的金具应满足《电力金具试验方法 第1部分：机械试验》GB/T 2317.1、《电力金具试验方法 第2部分：电晕和无线电干扰试验》GB/T 2317.2 和《电力金具试验方法 第3部分：热循环试验》GB/T 2317.3 的规定。 4. 防振锤应满足《防振锤技术条件和试验方法》DL/T 1099 的要求，间隔棒应符合《间隔棒技术条件和试验方法》DL/T 1098 的规定。 5. 在户外的金具其黑色金属部件，除灰铸铁外，表面均应参照《电力金具制造质量 钢铁件热镀锌层》DL/T 768.7 进行热浸镀锌的防腐处理。 6. 球、窝的连接尺寸应符合《绝缘子串元件的球窝连接尺寸》GB/T 4056 对球、窝的连接尺寸的规定。 7. 弯曲处的板件宽度尺寸极限偏差应符合《一般公差 未注公差的线性和角度尺寸的公差》GB/T 1804 的规定，选用 V 级

续表

序号	标准名称/标准号/时效性	针对性	内容与要点	关联与差异
4	《防振锤技术条件》 GB/T 2336—2000 2000年12月1日实施	适用于斯托克布里奇型防振锤，包括用于单导（地）线和分裂导线上的防振锤	**主要内容：** 1. 明确了防振锤的一般要求、质量保证、试验分类和试验方法。 2. 对防振锤试验方法和执行标准进行了详细说明。 **重点与要点：** 1. 锤头与钢绞线端部不得使用焊接，应采用铆压等连接方式。 2. 防振锤的试验分为型式试验、抽样试验、例行试验	**关联：** 1. 防振锤的标志与包装、抽样试验中的抽样数量应执行《电力金具试验方法 第4部分：验收规则》GB/T 2317.4的相关规定。 2. 热镀锌部件（不包括钢绞线）的防腐试验应按《电力金具制造质量 钢铁件热镀锌层》DL/T 768.7的规定进行。 3. 镀锌钢绞线的钢绞线应符合《镀锌钢绞线》YB/T 5004的规定，防腐试验应按YB/T 5004的规定进行。 4. 线夹及连接片采用铝合金制造，应符合《铸造铝合金》GB/T 1173的规定。 5. 螺母应符合《六角螺母 C级》GB/T 41的规定。 6. 垫圈应符合《平垫圈 C级》GB/T 95的规定。 7. 弹簧垫圈应符合《标准型弹簧垫圈》GB/T 93的规定。 8. 六角头螺栓应符合《六角头螺栓 C级》GB/T 5780的规定。 9. 电晕和无线电干扰试验应按《电力金具试验方法 第2部分：电晕和无线电干扰试验》GB/T 2317.2规定的试验方法进行
5	《输电线路铁塔制造技术条件》 GB/T 2694—2010 2011年5月1日实施	适用于构件主要采用角钢制造和紧固件联结且热浸镀锌防腐的输电线路铁塔、电力微波塔、电力通信塔及类似的钢结构制造	**主要内容：** 1. 明确了输电线路铁塔制造过程中的材料、技术要求、检验、包装、标记、运输和贮存的要求。 2. 重点强调了塔材的技术要求。包括切断、标识、制弯、制孔、清根、铲背和开坡口、焊接、焊接件装配、热浸镀锌、试组装等技术要求。 **重点与要点：** 1. 采用新技术、新工艺、新材料时，应经过试验及验证评定是否满足设计及安全使用要求。 2. 塔材镀锌层质量检测方法：	**关联：** 1. 铁塔制造用的钢材应按设计要求规格和等级选用，其各项质量指标应符合现行《优质碳素结构钢》GB/T 699、《碳素结构钢》GB/T 700、《热轧钢棒尺寸、外形、重量及允许偏差》GB/T 702、《热轧钢板和钢带的尺寸、外形、重量及允许偏差》GB/T 709、《低合金高强度结构钢》GB/T 1591的相关规定。 2. 构件焊接所用焊接材料的质量要求应符合现行标准《非合金钢及细晶粒钢焊条》GB/T 5117的相关规定。 3. 紧固件的镀锌层厚度应满足《金属覆盖层钢铁制

续表

序号	标准名称/标准号/时效性	针对性	内容与要点	关联与差异
5			（1）外观检测用目测； （2）镀锌层均匀性用硫酸铜试验方法检测； （3）镀锌层附着性用落锤试验方法检测； （4）镀锌层厚度用金属镀锌层测厚仪测试方法检测； （5）发生争议时以溶解称重试验方法测试镀锌层附着量作为仲裁试验方法	件热浸镀锌层技术要求及试验方法》GB/T 13912 的相关规定。 4. 焊接坡口型式和尺寸，应符合《气焊、焊条电弧焊、气体保护焊和高能束焊的推荐坡口》GB/T 985.1 和《埋弧焊的推荐坡口》GB/T 985.2 的有关规定。 5. 一、二级焊缝的内部质量采用超声波探伤的方法检测，结果应符合《焊缝无损检测超声检测技术、检测等级和评定》GB 11345 的规定。 6. 采用射线探伤方法检测焊缝内部质量的，结果应符合《金属熔化焊焊接接头射线照相》GB/T 3323 的规定
6	《1000kV 交流架空输电线路金具技术规范》 GB/T 24834—2009 2010 年 5 月 1 日实施	适用于 1000kV 交流架空输电线路导线用配套金具	**主要内容：** 1. 一般技术要求。 2. 分类要求。 3. 连接与紧固。 4. 制造工艺和质量控制。 5. 试验与检验。 6. 标志与包装。 **重点与要点：** 1. 金具的设计应减少磁滞、涡流损失。 2. 金具的电气接触面及与导线表面直接接触的压缩金具的压缩接触面，在安装前应采取必要的保护措施。 3. 耐张线夹和接续金具对导线的握着力不应小于导线计算拉断力的 95%。 4. 金具的试验包括型式试验、抽样试验和例行试验	**关联：** 1. 金具制造所采用的材料、图样、连接尺寸、尺寸公差、外观质量应满足《电力金具通用技术条件》GB/T 2314 的规定。 2. 金具制造工艺应符合《电力金具制造质量 锻制件》DL/T 768.2、《电力金具制造质量 冲压件》DL/T 768.3、《电力金具制造质量 铝制件》DL/T 768.5、《电力金具制造质量 焊接件》DL/T 768.6 的相关要求。 3. 金具所有运行中暴露在大气中的黑色金属部件，应按照《电力金具制造质量 钢铁件热镀锌层》DL/T 768.7 进行热浸镀锌防腐。 4. 间隔棒耐短路电流向心力可按照《间隔棒技术条件和试验方法》DL/T 1098 进行计算，其整体机械强度必须满足短路电流向心力的要求。疲劳试验方法及要求按照 DL/T 1098 的规定执行。 5. 在悬垂线夹内安装导线使用护线条时，护线条端部为鸭嘴型，并符合《架空线路用预绞式金具技术条件》DL/T 763 的规定。 6. 铝管式刚性跳线用铝管应按《铝及铝合金热挤压管》GB/T 4437 的规定，选用热挤压成型铝合金管。

续表

序号	标准名称/标准号/时效性	针对性	内容与要点	关联与差异
6				7. 防振锤的一般技术要求按《防振锤技术条件和试验方法》DL/T 1099 的规定执行，线夹及连接片宜采用铝合金制造，并应符合《铸造铝合金》GB/T 1173 的规定。钢绞线应符合《防振锤用钢绞线》YB/T 4165 的规定。 **差异：** 本标准与《±800kV 直流输电线路金具技术规范》GB/T 31235—2014 在部分条文规定上有差异，主要有： （1）本标准 3.6 规定：标称破坏荷载在 160kN 及以上的钢铁制件，其制造材料的额定抗拉强度不应低于 500MPa，且屈强比不宜大于 0.75。 GB/T 31235—2014 中 3.5 规定：标称破坏荷载在 160kN 及以上的钢铁制件，制造材料的额定抗拉强度不应低于 500MPa，且屈强比不宜大于 0.8。 （2）本标准 4.1.12 规定：间隔棒应为柔性结构，且具备阻尼性能。线夹关节应有足够灵活性，使线夹在导线分裂圆切线方向有±15°的活动范围。 GB/T 31235—2014 中 4.1.11 规定：用于档内的间隔棒应为柔性结构，且具备阻尼性能。线夹关节应有足够灵活性，使线夹在导线分裂圆切线方向有±15°的活动范围，在顺线方向有±5°的活动范围。 （3）本标准 4.2.11 规定：悬垂线夹的 U 型挂板等附件采用抗拉强度不低于 375MPa 的钢材制造。 GB/T 31235—2014 中 4.2.11 规定：悬垂线夹的 U 型挂板等附件采用抗拉强度不低于 500MPa 的钢材制造。 （4）本标准 4.5.7 规定：连接在联板上的金具在转动时不得与板相碰，安装有导线的悬垂线夹可在垂直导线的平面内自由摆动±15°。 GB/T 31235—2014 中 4.5.6 规定：与联板相连接的金具在转动时不得与联板相碰，悬垂线夹可在垂直导线的平面内自由摆动±40°

续表

序号	标准名称/标准号/时效性	针对性	内容与要点	关联与差异
7	《±800kV 直流输电线路金具技术规范》GB/T 31235—2014 2015 年 4 月 1 日实施	适用于±800kV 直流架空输电线路导线用配套金具	**主要内容：** 1．明确了±800kV 直流架空输电线路导线配套金具的技术要求。主要包括： （1）一般技术要求； （2）分类要求； （3）连接与紧固； （4）制造工艺和质量控制； （5）试验与检验； （6）标志与包装。 2．对电晕与无线电干扰试验方法进行了说明。 **重点与要点：** 1．金具的电气接触面及与导线表面直接接触的压缩金具的压缩接触面，在安装前应采取必要的保护措施。 2．金具部件使用的非金属材料应抗老化，能经受住运行温度且不影响其性能，在运行温度条件下具有足够的抗臭氧、抗紫外线辐射、抗空气污染能力，且不应对与之接触的材料诱发腐蚀。	**关联：** 1．金具的设计、尺寸公差和制造图样、标志和包装应符合《电力金具通用技术条件》GB/T 2314 的规定。 2．金具的连接尺寸应符合《电力金具标称破坏荷载系列及连接型式尺寸》GB/T 2315 的规定。 3．金具的命名按《电力金具产品型号命名方法》DL/T 683 的规定执行。 4．间隔棒疲劳试验方法及要求按《间隔棒技术条件和试验方法》DL/T 1098 的规定执行。 5．耐张线夹钢锚应符合《优质碳素结构钢》GB/T 699 或《碳素结构钢》GB/T 700 的规定，接续管的钢管应符合《结构用无缝钢管》GB/T 8162 的规定。 6．均压环和屏蔽环采用铝管制造时，环体及部件的材料应符合《均压环、屏蔽环和均压屏蔽环》DL/T 760.3 的规定。 7．与连塔金具配套的螺栓和螺母应符合《输电线路杆塔及电力金具用热浸镀锌螺栓与螺母》DL/T 284 的规定要求。 8．铝管式跳线用铝管应按《铝及铝合金热挤压管　第 1 部分：无缝圆管》GB/T 4437.1 的规定，选用热挤压成型铝合金管。 9．防振锤一般技术要求按《防振锤技术条件和试验方法》DL/T 1099 的规定执行。 10．用于承受较大机械荷载的连接螺栓，应符合《电力金具专用紧固件六角头带销孔螺栓》DL/T 764.1 的规定，闭口销应按《电力金具专用紧固件闭口销》DL/T 764.2 的规定执行。 **差异：** 本标准与《1000kV 交流架空输电线路金具技术规范》GB/T 24834—2009 在部分条文规定上有差异，主要有： （1）本标准 3.5 规定：标称破坏荷载在 160kN 及以上的钢铁制件，制造材料的额定抗拉强度不应低于 500MPa，且屈强比不宜大于 0.8。

续表

序号	标准名称/标准号/时效性	针对性	内容与要点	关联与差异
7			3．在同一联板上的不同位置施加不同荷载时，联板厚度的设计应以最大的荷载作为基准。 4．耐张线夹和接续管对导线的握力不应小于导线额定拉断力的95%。 5．连塔金具本体应采用锻制，并进行热处理。 6．金具的试验包括型式试验、例行试验和抽样试验	GB/T 24834—2009中3.6规定：标称破坏荷载在160kN及以上的钢铁制件，其制造材料的额定抗拉强度不应低于500MPa，且屈强比不宜大于0.75。 （2）本标准4.1.11规定：用于档内的间隔棒应为柔性结构，且具备阻尼性能。线夹关节应有足够灵活性，使线夹在导线分裂圆切线方向有±15°的活动范围，在顺线方向有±5°的活动范围。 GB/T 24834—2009中4.1.12规定：间隔棒应为柔性结构，且具备阻尼性能。线夹关节应有足够灵活性，使线夹在导线分裂圆切线方向有±15°的活动范围。 （3）本标准4.2.11规定：悬垂线夹的U型挂板等附件采用抗拉强度不低于500MPa的钢材制造。 GB/T 24834—2009中4.2.11规定：悬垂线夹的U型挂板等附件采用抗拉强度不低于375MPa的钢材制造。 （4）本标准4.5.6规定：与联板相连接的金具在转动时不得与联板相碰，悬垂线夹可在垂直导线的平面内自由摆动±40°。 GB/T 24834—2009中4.5.7规定：连接在联板上的金具在转动时不得与板相碰，安装有导线的悬垂线夹可在垂直导线的平面内自由摆动±15°
8	《复合绝缘子用硅橡胶绝缘材料通用技术条件》 DL/T 376—2010 2010年10月1日实施	适用于复合绝缘子用硅橡胶绝缘材料，不适用于硅油、硅脂、RTV涂料、环氧树脂、乙丙橡胶等绝缘材料	**主要内容：** 1．明确了标称电压高于1000V的户外交、直流复合绝缘子用硅橡胶绝缘材料的技术要求、检验规则和试验方法。 2．明确了硅橡胶绝缘材料各类试验的试验依据及试验方法所执行的相关标准。 3．电气性能、机械性能、人工加速老化性能相关参数除满足本标准要求外，还应满足对应试验标准要求。 **重点与要点：** 1．硅橡胶绝缘材料的检验分抽样试验和型式试验。 2．抽样试验的试验项目如有一项不合格，则判该批不合格，每批的试验结果应分别进行评价	**关联：** 1．复合绝缘子用硅橡胶绝缘材料硬度试验时应按《橡胶物理试验方法试样制备和调节通用程序》GB/T 2941与《硫化橡胶或热塑性橡胶压入硬度试验方法　第1部分：邵氏硬度计法（邵尔硬度）》GB/T 531.1的相关规定执行。 2．复合绝缘子用硅橡胶绝缘材料盐密、灰密的测量应按《交流系统用高压绝缘子的人工污秽试验》GB/T 4585的相关规定执行

续表

序号	标准名称/标准号/时效性	针对性	内容与要点	关联与差异
9	《接地降阻材料技术条件》 DL/T 380—2010 2010年10月1日实施	适用于降低工业、民用电气装置及其他用途的接地装置的接地电阻的降阻材料	**主要内容：** 1. 明确了接地降阻材料的分类、技术要求、试验和包装与贮存等要求。 2. 对试验方法及应满足的标准进行了详细说明。 **重点与要点：** 1. 降阻材料应能在－10℃～＋40℃的环境温度下正常使用，所含有对自然环境产生污染以及对人体有害的物质成分应符合相关标准。 2. 降阻材料在常温下的标称电阻率应不大于5Ω·m。 3. 降阻材料不应对金属接地体产生过量的腐蚀，钢接地体的平均腐蚀率应小于0.03mm/a（毫米/年）	**关联：** 1. 用于制作复合接地体的金属极棒的截面积应符合《交流电气装置的接地》DL/T 621的相关规定。 2. 普通碳素扁钢、热镀锌扁钢、普通碳素圆钢、热镀锌圆钢四种接地体材料的尺寸、外形、重量及允许偏差应按《热轧钢棒尺寸、外形、重量及允许偏差》GB/T 702的规定执行。 3. 放射性核素限量检测按《建筑材料放射性核素限量》GB 6566的规定执行，重金属元素限量检测应按《无公害食品蔬菜产地环境条件》NY 5010的规定执行
10	《输变电钢管结构制造技术条件》 DL/T 646—2012 2012年12月1日实施	适用于部件主要采用多边形钢管、圆形钢管，且采用热浸锌或热喷锌（及锌合金）涂层防腐处理的输变电钢管结构。其他类似钢管结构可参照执行	**主要内容：** 1. 明确了输变电钢管杆、钢管塔及钢管构支架制造过程中的要求。主要包括： （1）产品分类； （2）材料； （3）零件加工； （4）焊接； （5）焊接件装配； （6）矫正； （7）试组装； （8）热浸镀锌和热喷涂锌； （9）检验； （10）包装、标记、贮存和运输。 2. 明确了热浸镀锌的质量检测试验方法与标准。 **重点与要点：** 1. 采用新材料、新技术、新工艺时，应经过试验及验证评定是否满足设计及安全使用要求。 2. 输变电钢管产品按结构型式分为钢管杆、钢管塔和钢管构支架。 3. 8.8级及以上的高强度螺栓应有强度和塑性试验的	**关联：** 1. 钢管塔角钢的加工技术要求，除本标准规定项目外，其余应执行《输电线路铁塔制造技术条件》GB/T 2694的相关规定。 2. 热轧钢板和钢带的尺寸、外形、重量及允许偏差，当设计无特殊要求时应符合《热轧钢板和钢带的尺寸、外形、重量及允许偏差》GB/T 709的N类偏差的规定。 3. 焊接坡口应执行《气焊、焊条电弧焊、气体保护焊和高能束焊的推荐坡口》GB/T 985.1、《埋弧焊的推荐坡口》GB/T 985.2的相关规定

续表

序号	标准名称/标准号/时效性	针对性	内容与要点	关联与差异
10			合格证明。 4. 法兰形式分为带颈法兰和平面法兰。带颈法兰按连接形式分为对焊与平焊两种。平面法兰分为有颈法兰和无颈法兰。 5. 锻造法兰在制造过程中不得进行焊补。 6. 钢管制弯后，表面不应有裂纹和明显的折皱、凹面和损伤，划痕深度不应大于 0.5mm，钢管最薄处不应小于原厚度的 90%。 7. 钢管制弯后，制弯处应进行无损探伤检测，不得出现裂纹或分层。 8. 焊缝内部质量检验应在焊接完成 24h 后进行。如果焊后需要进行热处理，则内部质量检验应在热处理完成 24h 后进行	
11	《架空线路用预绞式金具技术条件》 DL/T 763—2013 2013 年 8 月 1 日实施	适用于采用预绞方式安装在架空线路上的悬垂线夹、耐张线夹、接续金具、防护金具等预绞式金具	**主要内容：** 1. 明确了架空线路用预绞式金具的型式和技术条件相关要求。主要包括： （1）型号和标记； （2）结构型式； （3）技术条件； （4）试验方法； （5）验收规则； （6）标识、包装、运输和储存。 2. 详细说明了预绞式金具的型号标记的含义及常用预绞式金具典型结构图样。 3. 详细说明了各类试验的试验布置、试验步骤及判定准则。 **重点与要点：** 1. 预绞式耐张线夹的预绞丝有效长度不宜少于 5 个节距。 2. 预绞丝螺旋方向：预绞式金具外层预绞丝应与绞线的外层旋向一致，一般为右旋。OPGW 用耐张线夹内层预绞丝的旋向应与 OPGW 的外层旋向相反。	**关联：** 1. 预绞式金具的一般技术条件、握力应符合《电力金具通用技术条件》GB/T 2314 的相关规定。 2. 预绞式金具的试验方法及验收按《电力金具试验方法》GB/T 2317.1～2317.4 的规定执行，其中防振金具的消振试验按《防振锤技术条件和试验方法》DL/T 1099 的规定执行，地线用金具短路电流试验按《光缆复合架空地线》DL/T 832 的规定执行，抗紫外线性能试验、热老化试验按《全介质自承式光缆》DL/T 788 的规定执行，断裂伸长率试验按《硫化橡胶或热塑性橡胶拉伸应力应变性能的测定》GB/T 528 的规定执行，判定准则按《间隔棒技术条件和试验方法》DL/T 1098 的相关规定执行。 **差异：** 本标准与《光纤复合架空地线（OPGW）用预绞式金具技术条件和试验方法》DL/T 766—2013、《全介质自承式光缆（ADSS）用预绞式金具技术条件和试验方法》DL/T 767—2013 在悬垂线夹握力规定上有差异： 本标准 6.2.4 规定：悬垂线夹握力应满足 GB/T 2314 的规定，应不小于线缆额定拉断力的 14%～28%。

续表

序号	标准名称/标准号/时效性	针对性	内容与要点	关联与差异
11			3. 铝合金丝的抗拉强度不应低于 340MPa，铝包钢丝的抗拉强度不应低于 1100MPa。 4. 单悬垂线夹的双侧悬垂角之和不应小于 30°，双悬垂线夹的双侧悬垂角之和不应小于 60°	DL/T 766—2013 中 6.2.4 规定：悬垂线夹握力应满足 GB/T 2314 的规定，应不小于 OPGW 额定拉断力的 15%。 DL/T 767—2013 中 6.2.4 规定：悬垂线夹握力应满足 GB/T 2314 的规定，一般为线缆额定拉断力的 15%
12	《架空配电线路金具技术条件》 DL/T 765.1—2001 2002 年 2 月 1 日实施	适用于额定电压 35kV 及以下架空配电线路裸导线和绝缘导线的金具	**主要内容：** 明确了架空配电线路金具的技术条件。主要包括： （1）符号的表示方法； （2）技术要求； （3）试验； （4）验收规则； （5）标志与包装。 **重点与要点：** 1. 承受电气负荷的金具，在接触两端之间的电阻，不应大于等长导线电阻值的 1.1 倍。 2. 承受电气负荷的金具，在接触处的温升与导线温升之比不大于 1.1。 3. 耐张线夹的握力不小于导线计算拉断力的 65%。 4. 配电使用的各种联结金具，其螺栓最小直径不小于 M12，线夹本体强度不应小于被安装导线计算拉断力的 1.2 倍	**关联：** 1. 配电金具一般工艺要求应符合《电力金具通用技术条件》GB/T 2314 的相关规定。 2. 配电金具的验收应执行《电力金具试验方法 第 4 部分：验收规则》GB/T 2317.4 的相关规定。 3. 配电金具电阻测定、热循环试验、抗拉强度及握力试验、镀锌层检查应符合《电力金具试验方法》GB/T 2317 的相关规定
13	《光纤复合架空地线（OPGW）用预绞式金具技术条件和试验方法》 DL/T 766—2013 2013 年 8 月 1 日实施	适用于采用预绞方式安装在 OPGW 上的悬垂线夹、耐张线夹、补修条、防护金具等预绞式金具	**主要内容：** 1. 明确了光纤复合架空地线（OPGW）用预绞式金具的型式、技术条件和试验方法、检验规则、标识、包装、运输与贮存等内容。 2. 详细说明了 OPGW 用预绞式金具的型号标记的含义及常见 OPGW 用预绞式金具典型结构图样。 3. 规定了各类试验的试验布置、试验步骤及判定准则。 **重点与要点：** 1. 预绞式耐张线夹的预绞丝有效长度不宜少于 5 个节距。	**关联：** 1. OPGW 预绞式金具命名方法应符合《电力金具产品型号命名方法》DL/T 683 和《架空线路用预绞式金具技术条件》DL/T 763 的规定。 2. OPGW 预绞式金具的一般技术条件、握力应符合《电力金具通用技术条件》GB/T 2314 的相关规定。 3. OPGW 预绞式金具外观和尺寸检查、机械强度、短路电流、抗紫外线性能、热老化、镀锌层、断裂伸长率、盐雾试验等应按《架空线路用预绞式金具技术条件》DL/T 763 的相关规定执行。 **差异：** 本标准与《架空线路用预绞式金具技术条件》DL/T

续表

序号	标准名称/标准号/时效性	针对性	内容与要点	关联与差异
13			2. 预绞丝螺旋方向：预绞式金具外层预绞丝应与绞线的外层旋向一致，一般为右旋。OPGW 用耐张线夹内层预绞丝的旋向应与 OPGW 的外层旋向相反。 3. 铝合金丝的抗拉强度不应低于 340MPa，铝包钢丝的抗拉强度不应低于 1100MPa。 4. 单悬垂线夹的双侧悬垂角的和不应小于 30°，双悬垂线夹的双侧悬垂角的和不应小于 60°。 5. 耐张线夹破坏荷载不应小于 OPGW 额定拉断力的 95%。 6. 预绞式防振金具的制造材料应具备良好的抗老化、抗紫外线及必要的电气性能	763—2013、《全介质自承式光缆（ADSS）用预绞式金具技术条件和试验方法》DL/T 767—2013 在悬垂线夹握力规定上有差异： 本标准 6.2.4 规定：悬垂线夹握力应满足 GB/T 2314 的规定，应不小于 OPGW 额定拉断力的 15%。 DL/T 763—2013 中 6.2.4 规定：悬垂线夹握力应满足 GB/T 2314 的规定，应不小于线缆额定拉断力的 14%～28%。 DL/T 767—2013 中 6.2.4 规定：悬垂线夹握力应满足 GB/T 2314 的规定，一般为线缆额定拉断力的 15%
14	《全介质自承式光缆（ADSS）用预绞式金具技术条件和试验方法》 DL/T 767—2013 2013 年 8 月 1 日实施	适用于采用预绞方式安装在 ADSS 上的悬垂线夹、耐张线夹、防护金具等预绞式金具	**主要内容：** 1. 明确了全介质自承式光缆（ADSS）用预绞式金具的型式、技术条件、试验方法、检验规则、标识、包装、运输和贮存等内容。 2. 详细说明了 ADSS 用预绞式金具的型号标记的含义及常见 ADSS 用预绞式金具典型结构图样。 3. 提供了各类试验的试验布置、试验步骤及判定准则。 **重点与要点：** 1. 预绞式耐张线夹的预绞丝有效长度不宜少于 5 个节距。 2. 预绞丝螺旋方向：预绞式金具外层预绞丝一般为右旋。 3. 铝合金丝的抗拉强度不应低于 340MPa，铝包钢丝的抗拉强度不应低于 1100MPa。 4. 采用黑色金属制造的部件及附件，一般采用热镀锌方法进行防腐处理。 5. 单悬垂线夹的双侧悬垂角的和不应小于 30°。 6. 耐张线夹破坏荷载不应小于 ADSS 额定拉断力的 95%。 7. 预绞式防振金具的制造材料应具备良好的抗老化、抗紫外线及必要的电气性能	**关联：** 1. ADSS 预绞式金具命名方法应符合《电力金具产品型号命名方法》DL/T 683 和《架空线路用预绞式金具技术条件》DL/T 763 的规定。 2. ADSS 预绞式金具的一般技术条件、握力应符合《电力金具通用技术条件》GB/T 2314 的相关规定。 3. ADSS 预绞式金具外观和尺寸检查、机械强度、短路电流、抗紫外线性能、热老化、镀锌层、断裂伸长率、盐雾试验等应按《架空线路用预绞式金具技术条件》DL/T 763 的相关规定执行。 **差异：** 本标准与《架空线路用预绞式金具技术条件》DL/T 763—2013、《光纤复合架空地线（OPGW）用预绞式金具技术条件和试验方法》DL/T 766—2013 在悬垂线夹握力规定上有差异： 本标准 6.2.4 规定：悬垂线夹握力应满足 GB/T 2314 的规定，一般为线缆额定拉断力的 15%。 DL/T 763—2013 中 6.2.4 规定：悬垂线夹握力应满足 GB/T 2314 的规定，应不小于线缆额定拉断力的 14%～28%。 DL/T 766—2013 中 6.2.4 规定：悬垂线夹握力应满足 GB/T 2314 的规定，应不小于 OPGW 额定拉断力的 15%

续表

序号	标准名称/标准号/时效性	针对性	内容与要点	关联与差异
15	《±500kV 及以上电压等级直流棒形悬式复合绝缘子技术条件》 DL/T 810—2012 2012 年 7 月 1 日实施	1. 适用于±500kV 及以上直流线路、换流站用棒形悬式复合绝缘子，其他电压等级的直流棒形悬式复合绝缘子可参照执行。 2. 线路柱式绝缘子不属于本标准的适用范围。 3. 不包括有关按特定运行条件选择绝缘子的要求	**主要内容：** 对直流复合绝缘子的定义、试验方法、验收准则、标志和包装，以及伞套材料、芯棒附件的性能进行了说明。主要包括： （1）标志； （2）试验分类； （3）设计试验； （4）型式试验； （5）抽样试验； （6）逐个试验。 **重点与要点：** 1. 复合绝缘子安装地点的环境温度在−40℃～+40℃之间，在耐高温、耐酸芯棒上采用硫化硅橡胶制成。 2. 复合绝缘子试验分为 4 种：设计试验、型式试验、抽样试验、逐个试验	**关联：** 1. 本标准对工频电压试验测定进行了要求，对所测得平均闪络电压值应校正到《高电压试验技术　第 1 部分：一般定义及试验要求》GB/T 16927.1 所提到的正常标准大气条件。 2. 伞套材料的可燃性试验应执行《橡胶燃烧性能的测定》GB/T 10707 的有关规定。 3. 击穿强度试验、直流击穿电压试验、雷击冲击耐压试验应符合《绝缘材料电气强度试验方法　第 2 部分：对应用直流电压试验的附加要求》GB/T 1408.2 的有关规定。 4. 抗撕裂强度试验应符合《硫化橡胶或热塑性橡胶撕裂强度的测定》GB/T 529 的有关规定。 5. 机械扯断强度试验和拉断伸长率试验应符合《硫化橡胶或热塑性橡胶拉伸应力应变性能的测定》GB/T 528 的有关规定。 6. 伞套材料耐漏电起痕和电损性试验应符合《严酷环境条件下使用的电气绝缘材料评定耐电痕化和蚀损的试验方法》GB/T 6553 的有关规定。 7. 金属附件锌层和连接结构试验及冲击击穿电压耐受试验应符合《架空线路绝缘子　标称电压高于 1000V 交流系统用悬垂和耐张复合绝缘子　定义、试验方法及接收准则》GB/T 19519 的有关规定
16	《进口 110kV～500kV 棒式支柱绝缘子技术规范》 DL/T 811—2002 2002 年 9 月 1 日实施	1. 适用于标称电压 110kV～500kV、频率不超过 100Hz 的交流系统中进行的进口棒式支柱瓷或钢化玻璃绝缘子。 2. 本标准的支柱绝缘子适用于海拔 1000m 以下，周围环境温度为−40℃～+40℃的地点。	**主要内容：** 明确了进口棒式支柱绝缘子的技术条件、尺寸特性、试验及检验规则。主要包括： （1）技术要求； （2）规定特性； （3）检验规则； （4）订货通用技术条件。 **重点与要点：** 1. 绝缘子玻璃件不应有影响良好运行性能的诸如折痕、气孔等表面缺陷，并且在玻璃体内不应有大于 5mm 的气泡。	**关联：** 1. 本标准对金属附件、附件镀锌层、水泥胶合剂规定如下： （1）金属附件应符合《绝缘子用有色金属铸件技术条件》JB/T 5889 的相关规定； （2）附件镀锌层应符合《绝缘子金属附件热镀锌层通用技术条件》JB/T 8177 的相关规定； （3）绝缘子用的水泥胶合剂应符合《绝缘子胶装用水泥胶合剂》JB/T 4307 的相关规定。 2. 绝缘子的伞型、外绝缘污秽等级、各级外绝缘人工污秽耐受值应符合《污秽条件下使用的高压绝缘子的

续表

序号	标准名称/标准号/时效性	针对性	内容与要点	关联与差异
16		3. 可作为直流系统用支柱绝缘子的参考标准	2. 支柱绝缘子瓷件在胶装前应逐个进行超声波检查。 3. 支柱绝缘子应能耐受3次温度循环试验而不损伤。 4. 绝缘子试验分为例行试验、抽样试验和型式试验	选择和尺寸确定》GB/T 26218.1～3的规定；绝缘子的伞型设计应符合《污秽地区绝缘子使用导则》JB/T 5895的要求
17	《标称电压高于1000V交流架空线路用复合绝缘子使用导则》DL/T 864—2004 2004年6月1日实施	1. 适用于标称电压高于1000V、频率为50Hz的交流架空电力线路、发电厂、变电站用悬垂或耐张复合绝缘子。安装地点海拔为1000m以下，环境温度在－40℃～40℃之间。 2. 包括了有关按特定运行条件选择绝缘子的要求。直流架空电力线路用复合绝缘子使用条件可参照执行	**主要内容：** 1. 明确了标称电压高于1000V交流架空线路用复合绝缘子使用的一般要求、试验方法、选择原则、检验检测、验收、包装和运输、安装及运行与维护和运行性能检验等内容。 2. 规定了憎水性测量方法及判断准则、试验方法、伞套材料和芯棒材料试验项目等内容。 **重点与要点：** 1. 绝缘子应满足电晕试验要求，在规定1.1U_m（最高运行线电压）电压下，绝缘子的无线电干扰水平不应大于60dB。 2. 当用户对制造厂的型式试验报告、技术文件及产品质量有异议时，宜要求制造单位进行抽样试验或部分型式试验，或根据双方协商增加试验项目	**关联：** 1. 本标准包括有关按特定运行条件选择绝缘子的要求。而《架空线路绝缘子 标称电压高于1000 V交流系统用悬垂和耐张复合绝缘子 定义、试验方法及接收准则》GB/T 19519中不包括上面有关要求。直流架空电力线路用复合绝缘子使用条件可参照执行。 2. 绝缘子产品除符合本标准技术要求外，其他特性应符合《架空线路绝缘子标称电压高于1000 V交流系统用悬垂和耐张复合绝缘子定义、试验方法及接收准则》GB/T 19159的规定。 3. 绝缘子端部附件锌层应符合《绝缘子金属附件热镀锌层通用技术条件》JB/T 8177的规定，其连接结构如采用球窝或槽型时，连接结构尺寸应符合《绝缘子串元件的球窝连接尺寸》GB/T 4056的规定。球窝或槽型连接件的机械拉伸破坏负荷应符合《悬式绝缘子铁帽技术条件》JB/T 8178的规定。钢脚或槽型连接件的机械拉伸破坏负荷应符合《盘形悬式绝缘子钢脚》JB/T 9677的规定。对160kN及以上产品应逐个检查锌层并探伤缺陷。 4. 绝缘子用伞套材料的阻燃件应达到《橡胶燃烧性能的测定》GB/T 10707规定的FV-0级要求。 5. 绝缘子应按批进行检验，其抽样方案应符合《架空线路绝缘子标称电压高于1000V交流系统用悬垂和耐张复合绝缘子定义、试验方法及接收准则》GB/T 19519的要求。绝缘子逐个试验和抽样试验应满足《标称电压高于1000V的交流架空线路用复合绝缘子定义、试验方法及验收准则》IEC 61109的要求。 6. 安装前须按《架空线路绝缘子标称电压高于1000 V交流系统用悬垂和耐张复合绝缘子定义、试验方法及接收准则》GB/T 19519对绝缘子逐一进行外观检查，对伞裙撕裂、护套受损或端部密封破坏的绝缘子禁止使用

续表

序号	标准名称/标准号/时效性	针对性	内容与要点	关联与差异
18	《标称电压高于1000V架空线路绝缘子使用导则　第1部分：交流系统用瓷或玻璃绝缘子》 DL/T 1000.1—2006 2006年10月1日实施	适用于标称电压高于1000V、频率50Hz的交流架空电力线路、发电厂及变电所用盘形悬式瓷、玻璃绝缘子，安装地点的海拔1000m以下，环境温度在−40℃～+40℃之间	**主要内容：** 1. 明确了标称电压高于1000V的交流架空线路绝缘子的一般技术要求、选择原则、检验规则、验收、包装和运输、安装和运行维护及运行性能检验等内容。 2. 规定了绝缘子机械振动试验、打击负荷试验方法和防污设计计算。 **重点与要点：** 1. 绝缘子锁紧装置对额定机械拉伸负荷为160kN以下可采用W销和R销，160kN及以上应采用R销。 2. 绝缘子瓷件表面应无翘缺、砂眼气泡、凸点、外物及其他缺陷。 3. 绝缘子玻璃件不应有裂纹、折皱、气泡、杂质等缺陷，并应在其表面有均匀的钢化，所有外露的玻璃表面应是光滑的。 4. 型式试验和抽样试验中的机电破坏负荷试验、残留机械强度试验、冲击过电压击穿耐受试验应在温度循环试验后进行。 5. 输变电工程中使用绝缘子必须具备有资质的检测单位所提供的定型试验报告，其有效期5年。 6. 绝缘子检验试验可分为四组：型式试验、抽样试验、逐个试验、补充试验	**关联：** 1. 本标准仅对绝缘子安装地点的海拔1000m以下进行规定，如在海拔超过1000m时，外绝缘应参照《绝缘配合　第1部分：定义、原则和规则》GB 311.1的规定进行校正。 2. 绝缘子锁紧销应符合《标称电压高于1000V的架空线路绝缘子　第1部分：交流系统用瓷或玻璃绝缘子元件定义、试验方法和判定准则》GB/T 1001.1的规定。 3. 本标准规定绝缘子爬电距离的有效系数*K*通过自然污秽试验和人工污秽试验确定，*K*值确定的方法按《污秽地区绝缘子使用导则》JB/T 5895的规定进行，且在防污设计时应选择*K*值大的绝缘子。 4. 爬电比距法确定绝缘子片数时，应根据确定的污秽等级，按《交流电气装置的过电压保护和绝缘配合》DL/T 620和《110kV～500kV架空送电线路设计技术规程》DL/T 5092的规定执行。 5. 绝缘子使用的安全系数选择时应符合《110kV～500kV架空送电线路设计技术规程》DL/T 5092的相关规定（注：DL/T 5092适用于新建110、220、330、500kV交流送电线路设计），对其他交流电压等级的设计规范未进行规定。 6. 绝缘子应满足冲击过电压击穿耐受试验的要求，其试验的方法按《高压线路绝缘子空气中冲击击穿试验——定义、试验方法和判据》DL/T 557
19	《标称电压高于1000V架空线路绝缘子使用导则　第2部分：直流系统用瓷或玻璃绝缘子》 DL/T 1000.2—2006 2006年10月1日实施	适用于标称电压高于1000V的直流架空电力线路、换流站所用盘形悬式瓷、玻璃绝缘子，安装地点的海拔1000m以下，环境温度在−40℃～+40℃之间	**主要内容：** 1. 明确了标称电压高于1000V的直流架空线路绝缘子的一般技术要求、选择原则、检验规则、验收、包装和运输、安装和运行维护及运行性能检验等内容。 2. 规定了绝缘子机械振动试验、打击负荷试验方法和防污设计计算。 **重点与要点：** 1. 绝缘子锁紧装置对160kN及以上应采用R销。	**关联：** 1. 本标准仅对绝缘子安装地点的海拔1000m以下进行规定，如在海拔地点超过1000m时，外绝缘应参照《绝缘配合　第1部分：定义、原则和规则》GB 311.1的规定进行校正。 2. 区别于交流用绝缘子，直流架空线路绝缘子的钢脚与水泥交界处应装有阳极保护锌套，锌套试验方法按《标称电压高于1000V的架空线路用绝缘子——直流系统用瓷

续表

序号	标准名称/标准号/时效性	针对性	内容与要点	关联与差异
19			2. 当用户对制造厂的型式试验报告，技术文件及对产品质量有异议时，可要求制造单位重新进行抽样试验，或根据双方协商增加试验项目。 3. 瓷绝缘子安装前应逐个测量绝缘电阻，不满足《裂化盘形悬式绝缘子检测规程》DL/T 626 要求的绝缘子禁止使用	或玻璃绝缘子元件——定义、试验方法和接收准则》GB/T 19443 的规定执行。 3. 本标准规定绝缘子爬电距离的有效系数 K 通过自然污秽试验和人工污秽试验确定，K 值确定的方法按《污秽地区绝缘子使用导则》JB/T 5895 的规定进行，且在防污设计时应选择 K 值大的绝缘子。 4. 绝缘子使用的安全系数选择时应符合《110kV～500kV 架空送电线路设计技术规程》DL/T 5092 的相关规定（注：DL/T 5092 适用于新建 110、220、330、500kV 交流送电线路设计），对其他直流电压等级的设计规范未进行规定。 5. 绝缘子型式试验、抽样试验、逐个试验等项目，包括温度循环试验、机电（械）破坏负荷试验、冲击过电压击穿耐受试验、热震试验等试验应符合《标称电压高于 1000V 的架空线路用绝缘子——直流系统用瓷或玻璃绝缘子元件——定义、试验方法和接收准则》GB/T 19443 的相关规定
20	《交流架空线路用复合相间间隔棒技术条件》 DL/T 1058—2007 2007 年 12 月 1 日实施	适用于 220kV 及以上、频率为 50Hz 的紧凑型交流架空线路以及 220kV 以下、频率为 50Hz 的交流架空线路，且安装地点的海拔 1000m 及以下，环境温度在－40℃～＋40℃之间的复合相间间隔棒	**主要内容：** 1. 明确了标称电压为 220kV 及以上、频率为 50Hz 的紧凑型交流架空线路以及 220kV 以下、频率为 50Hz 的交流架空线路用复合相间间隔棒技术条件的一般要求、试验方法、选择原则、检验规则、验收、包装、运输和贮存、安装的要求。 2. 说明了相间间隔棒型号和相间间隔棒与导线间连接金具型号表示含义。 3. 详细说明了大挠度屈曲和屈曲振动疲劳试验方法。 **重点与要点：** 1. 相间间隔棒芯棒拉伸强度不小于 1000MPa；伞套抗撕裂强度不小于 9kN/m；机械扯断强度不小于 3.5MPa；体积电阻率不小于 1.0×1012Ω·m；表面电阻率不小于 1.0×1012Ω。	**关联：** 1. 相间间隔棒产品除符合本标准技术要求外，还应符合《架空线路绝缘子标称电压高于 1000V 交流系统用悬垂和耐张复合绝缘子定义、试验方法及接收准则》GB/T 19519 和《架空电力线路间隔棒技术条件和试验方法》GB/T 2338 的相关规定。 2. 憎水性应满足《标称电压高于 1000V 交流架空线路用复合绝缘子使用导则》DL/T 864 附录 A 的要求，干工频耐受电压应满足附录 B 的要求。 3. 染色渗透试验、水扩散试验和检验满足《架空线路绝缘子标称电压高于 1000V 交流系统用悬垂和耐张复合绝缘子定义、试验方法及接收准则》GB/T 19519 的要求。

续表

序号	标准名称/标准号/时效性	针对性	内容与要点	关联与差异
20			2．相间间隔棒在规定试验电压 1.1U_m下，无线电干扰电压不大于 500μV。 3．相间间隔棒的检验一般分设计试验、型式试验、逐个试验和抽样试验。为提高相间间隔棒的运行可靠性，有必要进行补充试验。 4．安装前须按本标准对相间间隔棒逐一进行外观检查，对伞裙撕裂、护套受损或端部密封破坏的相间间隔棒禁止使用	4．绝缘水平的选择按照《绝缘配合　第 1 部分：定义、原则和规则》GB 311.1 和《交流电气装置的过电压保护和绝缘配合》DL/T 620 的相关要求
21	《架空输电线路导地线补修导则》 DL/T 1069—2007 2007 年 12 月 1 日实施	1．适用于交流 110（66）kV、直流±100kV 及以上电压等级的架空输电线路的各种规格的普通导地线（LGJ、GJ 系列）的补修。 2．铝包钢绞线、铝包钢芯铝绞线、耐热铝合金绞线、OPGW 等特殊导地线的补修可参照采用	**主要内容：** 1．明确了架空输电线路运行中的导线、地线受损后的补修要求、方法、工艺时及补修后的验收等内容。 2．对导地线损伤状况分类、补修材料的类型，技术要求，补修工艺方法、工艺验收等做出了详细的说明。 **重点与要点：** 1．各类导地线经补修后，应达到以下要求： （1）电气特性：应满足被补修的原型号导线通流容量的要求，即导线补修处的温升不大于其余完好部位导线的温升； （2）机械特性：导线经补修后，其破断拉力不应小于原型号导线计算拉断力的 95%；地线经补修后，其破断力不应小于原型号地线计算拉断力的 92%。 2．铝、铝合金单股线的损伤程度达到直径的 1/2 及以上，则视为断股	**关联：** 1．导地线补修执行本标准的规定，导地线损伤超过补修规定的标准，应按《输变电工程架空导线及地线液压压接工艺规程》DL/T 5285 的规定进行。导地线切断重新压接，钢芯有两种接法（对接或搭接）。 2．补修管的内外径允许偏差应符合《电力金具通用技术条件》GB 2314 的规定。 3．导地线补修的检修工作完成后，必须按《110～750kV 架空输电线路施工及验收规范》GB 50233、《架空输电线路运行规程》DL/T 741 和《架空线路用预绞式金具技术条件》DL/T 763 的规定进行验收，合格后方可恢复运行。 **差异：** 本标准对导地线补修管的压接工艺做出了详细说明，《输变电工程架空导线及地线液压压接工艺规程》DL/T 5285 未对此工艺做出详细说明
22	《防振锤技术条件和试验方法》 DL/T 1099—2009 2009 年 12 月 1 日实施	1．适用于架空线路上的斯托克布里奇型防振锤。 2．对于其他类型的防振器，需方可以根据本标准的部分条款提出相应的要求	**主要内容：** 明确了架空线路用防振锤的技术条件和试验方法。包括： （1）一般要求； （2）试验分类； （3）试验方法； （4）验收规则；	**关联：** 1．本标准的镀锌钢绞线应按《防振锤用钢绞线》YB/T 4165 的规定执行，而镀锌部件应按《电力金具制造质量钢铁件热镀锌层》DL/T 768.7 的规定执行，钢绞线防腐按《防振锤用钢绞线》YB/T 4165 的规定执行。 2．防振锤线夹及压板采用铝合金制造，应符合《铸造铝合金》GB/T 1173 的规定。

续表

序号	标准名称/标准号/时效性	针对性	内容与要点	关联与差异
22			（5）标志与包装； （6）型号命名方法。 **重点与要点：** 1．锤头应采用黑色金属材料制造，或由供需双方协商确定。 2．钢绞线两切割断面应采取防腐措施，锤头采用镀锌防腐或由需方指定。 3．锤头与钢绞线的连接不得采用焊接方式，应采用铆压等连接方式。 4．防振锤防振效果评估方法采用室内消振试验法，或由供需双方协商确定。 5．防振锤疲劳试验采用谐振频率法	3．螺母应符合《六角螺母 C级》GB/T 41的规定，垫圈应符合《平垫圈 C级》GB/T 95的规定；弹簧垫圈应符合《标准型弹簧垫圈》GB/T 93的规定；六角头螺栓应符合《六角头螺栓 C级》GB/T 5780的规定。 4．防振锤的验收按《电力金具试验方法　第4部分：验收规则》GB/T 2317.4的规定执行
23	《架空输电线路跳线技术条件》 DL/T 1372—2014 2015年3月1日实施	适用于110（66）kV～1000kV交流和±100kV～±800kV直流架空输电线路跳线	**主要内容：** 明确了架空输电线路跳线的术语、分类及结构型式、型号命名方法、一般技术要求、材料及工艺、试验方法及验收规则、标志与包装等内容。 **重点与要点：** 1．架空输电线路跳线可分为软跳线和硬跳线两类。 2．双分裂导线跳线主要有单线夹双线槽、双线夹两种型式。 3．铝管式跳线主要有悬吊式和斜拉式两种悬挂方式，两端软导线分裂圆有等径和不等径两种结构型式。铝管式跳线中每根铝管的接头不应超过1个，铝管接头处温升不应大于铝管的温升。 4．笼式跳线装置中间刚性段采用钢管、角钢、槽钢等型材作为骨架主体，两端通过软导线与铁塔两侧的耐张线夹相连接，主要有悬吊式和斜拉式两种型式。 5．金具的设计应减少磁滞涡流损失，金具应满足线路工程电晕和无线电干扰要求	**关联：** 1．跳线中的金具型号命名方法宜按《电力金具产品型号命名方法》DL/T 683的规定执行。 2．跳线中金具应符合《电力金具通用技术条件》GB/T 2314的规定。 3.跳线软导线应符合《圆线同心绞架空导线》GB/T 1179的规定。 4．金具的标称破坏载荷、连接型式及尺寸应符合《电力金具标称破坏荷载系列及连接型式尺寸》GB/T 2315的规定。 5．悬垂线夹应符合《悬垂线夹》DL/T 756的规定。 6．连接金具应符合《连接金具》DL/T 759的规定。 7．均压环、屏蔽环应符合《均压环、屏蔽环和均压屏蔽环》DL/T 760.3的规定。 8．铝管式跳线用铝管应按《铝及铝合金热挤压管　第1部分：无缝圆管》GB/T 4437.1的规定，选用热挤压成型铝合金管。 9．笼式跳线的支撑部位可采用钢管，钢管应符合《结构用无缝钢管》GB/T 8162的规定。 10．金具紧固件采用热镀锌标准螺纹与扩大内螺纹配合，精度应符合《普通螺纹公差》GB/T 197的规定。 11．机械试验项目及方法按《电力金具试验方法　第

续表

序号	标准名称/标准号/时效性	针对性	内容与要点	关联与差异
23				1部分：机械试验》GB/T 2317.1 的规定执行。 12．电气接触试验项目及方法按《电力金具通用技术条件》GB/T 2314 及《电力金具试验方法　第3部分：热循环试验》GB/T 2317.3 的规定执行。 13．高压试验包括电晕与无线电干扰试验，试验方法可按《高电压试验技术　第1部分：一般定义及试验要求》GB/T 16927.1 和《电力金具试验方法　第2部分：电晕和无线电干扰试验》GB/T 2317.2 的规定执行。 14．热镀锌的锌层检验按《电力金具制造质量》DL/T 768.7 的规定执行。验收按《电力金具试验方法　第4部分：验收规则》GB/T 2317.4 的规定执行。 15．跳线中金具的标志与包装应符合《电力金具通用技术条件》GB/T 2314 的规定
24	《钢结构高强度螺栓连接技术规程》 JGJ 82—2011 2011年10月1日实施	适用于建筑钢结构工程中高强度螺栓连接的设计、施工与质量验收	**主要内容：** 明确了钢结构高强度螺连接设计，连接接头设计、施工安装、质量验收等内容。 **重点与要点：** 1．在同一连接接头中，高强度螺栓连接不应与普通螺栓连接混用。承压型高强度螺栓连接不应与焊接连接并用。 2．高强度螺栓连接副应按批配套进场，并附有出厂质量保证书，高强度螺栓连接副应在同批内配套使用	**关联：** 1．结构有抗震设防要求的高强度螺栓连接应按照《建筑抗震设计规范》GB 50011 等相关标准进行极限承载力验算和抗震构造设计。 2．高强度大六角螺栓（性能等级 8.8s 和 10.9s）连接副的材质、性能等应分别符合现行标准《钢结构用高强度大六角头螺栓》GB/T 1228、《钢结构用高强度大六角螺母》GB/T 1229、《钢结构用高强度垫圈》GB/T 1230 以及《钢结构用高强度大六角头螺栓、大六角螺母、垫圈技术条件》GB/T 1231 的规定。 3．本标准是对钢结构高强度螺栓做出的技术规定，而《钢结构扭剪型高强度螺栓连接副》GB/T 3632 是对扭剪型高强度螺栓（性能等级 10.9s）连接副的性能试验等做出了规定。 4．高强度螺栓连接分项工程验收应符合《钢结构工程施工质量验收规范》GB 50205 的相关规定，对施工质量不符合 GB 50205 和本标准的要求时明确了处理规定

第二节 设　计

序号	标准名称/标准号/时效性	针对性	内容与要点	关联与差异
1	《66kV及以下架空电力线路设计规范》 GB 50061—2010 2010年7月1日实施	适用于66kV及以下交流架空电力线路的设计	**主要内容：** 1. 明确了66kV及以下架空电力线路设计的技术要求。主要包括： （1）路径； （2）气象条件； （3）导线、地线、绝缘子和金具； （4）绝缘配合、防雷和接地； （5）杆塔型式； （6）杆塔荷载和材料； （7）杆塔设计； （8）杆塔结构； （9）基础； （10）杆塔定位、对地距离和交叉跨越； （11）附属设施。 2. 对弱电线路等级和架空电力线路环境污秽等级进行了详细说明。 3. 明确了杆塔荷载的计算方法，并对不同工况的杆塔荷载进行了说明。 4. 明确了杆塔结构构件及连接的承载力、强度、稳定计算和基础强度计算，应采用荷载设计值；变形、抗裂、裂缝、地基和基础稳定计算，均应采用荷载标准值。 5. 明确了杆塔基础抗拔、倾覆稳定计算及相关要求。 6. 规定了杆塔定位，导线对地距离和交叉跨越的最小安全距离的要求。 **重点与要点：** 1. 耐张段的长度规定如下：35kV和66kV架空电力线路耐张段的长度不宜大于5km，10kV及以下架空电力线路耐张段的长度不宜大于2km。	**关联：** 1. 本标准关于混凝土结构构件的计算、混凝土和钢筋材料强度设计值与标准值应按照《混凝土结构设计规范》GB 50010 有关规定执行。 2. 拉线高塔和其他特殊杆塔的风振系数β，宜按现行《建筑结构荷载规范》GB 50009 的有关规定采用，也可按本标准相关表示的规定采用。 3. 型钢铁塔的钢材强度设计值和标准应执行《钢结构设计规范》GB 50017 的有关规定，钢结构构件的计算应计入节点和连接的状况对构件承载力的影响，并应符合GB 50017 的有关规定。 **差异：** 本标准 8.2.3 规定：环形断面钢筋混凝土电杆的混凝土强度不应低于 C30；预应力混凝土电杆的混凝土强度不应低于 C40。其他预制混凝土构件的混凝土强度不应低于 C20。 《环形混凝土电杆》GB/T 4623—2006 中 6.1 规定：钢筋混凝土电杆的混凝土强度等级不宜低于 C40；预应力混凝土电杆、部分预应力混凝土电杆的混凝土强度等级不宜低于 C50

续表

序号	标准名称/标准号/时效性	针对性	内容与要点	关联与差异
1			2．35kV 和 66kV 架空电力线路不宜通过国家批准的自然保护区核心区和缓冲区内。 3．35kV 和 66kV 架空电力线路宜采用悬式绝缘子。耐张绝缘子串的绝缘子数量应比悬垂绝缘子串的同型式绝缘子多一片，对于全高超过 40m 有地线的杆塔，高度每增加 10m，应增加一片绝缘子。 4．规定了 66kV 与 10kV 同杆塔共架的线路，不同电压等级导线间的垂直距离不应小于 3.5m；35kV 与 10kV 同杆塔共架的线路，不同电压等级导线间的垂直距离不应小于 2m	
2	《电力工程电缆设计规范》 GB 50217—2007 2008 年 4 月 1 日实施	适用于新建、扩建的电力工程中 500kV 及以下电力电缆和控制电缆的选择与敷设设计	**主要内容：** 主要包括： （1）电缆型式与截面选择； （2）电缆附件的选择与配置； （3）电缆敷设； （4）电缆的支持与固定； （5）电缆防火与阻止延燃。 **重点与要点：** 1．220kV 及以上高压配电装置敷设的控制电缆，应选用 450/750V。 2．控制和信号电缆导体应采用铜导体。 3．强电控制回路导体截面不应小于 $1.5mm^2$，弱电控制回路不应小于 $0.5mm^2$。 4．与 SF_6 全封闭电器相连的 GIS 终端，其接口应相互配合，GIS 终端应具有与 SF_6 气体隔离的密封结构。 5．电缆的工作电流大于 1500A 时，终端支架构造宜具有防止横向磁路闭合等附加发热措施。 6．未采取有效防止人员任意接触金属层的安全措施时，电缆线路的正常感应电势最大值不得大于 50V，除此情况外不得大于 300V。 7．电力电缆金属层必须直接接地。三芯电缆的金属	**关联：** 1．明敷电缆与管道之间无隔板防护时的允许距离在城市公共场所应执行《城市工程管线综合规划规范》GB 50289 有关规定，并应符合本标准的规定。 2．防火涂料应执行《电缆防火涂料》GB 28374 的有关规定。 3．电缆多根密集配置时的阻燃性执行《电缆和光缆在火焰条件下的燃烧试验　第 31 部分：垂直安装的成束电线电缆火焰垂直蔓延试验　试验装置》GB/T 18380.31 的有关规定。 4．耐火电缆用于发电厂等明敷有多根电缆时，或位于油管、有熔化金属溅落时，其耐火性能执行《单根电线电缆燃烧试验方法　第 1 部分：垂直燃烧试验》GB/T 12666.1 中 A 类电缆的规定。除上述情况外，且为少量电缆时，执行 GB/T 12666.1 中 B 类耐火电缆的规定。 5．阻燃性材料执行《防火封堵材料》GB 23864 的有关规定。 6．阻燃包执行《电缆用阻燃包带》GA 478 的有关规定。 **差异：** 1．本标准与《电气装置安装工程　电缆线路施工及验收规范》GB 50168—2006 的差异：

续表

序号	标准名称/标准号/时效性	针对性	内容与要点	关联与差异
2			层应在两终端和接头等部位实施接地。 8．隧道、沟、浅槽、竖井、夹层等封闭式电缆通道不得布置热力管道，严禁有易燃气体或易燃液体的管道穿越。 9．地下管道的正上方或正下方禁止敷设直埋电缆。 10．阻火封堵、阻火隔层用在楼板竖井孔处部位，要能承受巡视人员的荷载。 11．在阻火墙两侧不少于 1m 区段所有电缆上施加防火涂料	（1）本标准表 5.1.7：对明敷电缆与管道之间无隔板防护距离做出了规定。 GB 50168 中无此规定。 （2）本标准 5.3.1 规定：直埋电缆沿电缆路径直线间隔 100m，转弯处和接头部位，应竖立明显的方位标志或标桩。 GB 50168 中 5.2.6 规定：直埋电缆在直线段每隔 50m～100m 处、电缆接头处、转弯处、进入建筑物等处，设置明显的方位标志或标桩。 （3）本标准 5.4.5、5.4.6 规定：地下埋管距地面深度不宜小于 0.5m，电缆管的排水坡度不宜小于 0.2%。 GB 50168 中 4.1.6 规定：电缆管埋设深度不应小于 0.7m，电缆管的排水坡度不应小于 0.1%。 （4）本标准 5.5.3 规定：电缆水平敷设时电缆支架最上层及最下层布置尺寸与 GB 50168 中 4.2.3 规定存在差异。 （5）本标准 6.1.2 规定：35kV 及以上高压电缆普通支架、吊架的允许跨距垂直方向为 3000mm。 GB 50168 中 5.1.6 规定：35kV 及以上高压电缆各支持点间距为 2000mm，且对控制电缆支持点间距做出了要求。 2．本标准 7.0.3 规定：防窜燃方式，可在阻火墙紧靠两侧不少于 1m 区段所有电缆上施加防火涂料、包带或设置挡火板等。 《电力工程电缆防火封堵施工工艺导则》DL/T 5707—2014 中 5.1.3 规定：在电缆封堵墙面的两侧电缆表面均匀涂刷厚度不小于 1mm，长度不小于 1500mm 的防火涂料
3	《110kV～750kV 架空输电线路设计规范》 GB 50545—2010 2010 年 7 月 1 日实施	适用于交流 110kV～750kV 架空输电线路的设计，其中 110kV～500kV 适用于单回、同塔双回及同塔多回输电线路设计，交流 750kV 适用于单回输电线路设计	**主要内容：** 1. 明确了 110kV～750kV 架空输电线路设计的技术要求。主要包括： （1）路径选择、气象条件； （2）导线和地线、绝缘子和金具； （3）绝缘配合、防雷和接地； （4）导线布置、杆塔型式与结构；	**关联：** 1．规定了不超过 60m 杆塔的风荷载调整系数 β_z，杆塔全高超过 60m 时，风荷载调整系数 β_z 按照现行《建筑结构荷载规范》GB 50009 的有关规定取值。 2．杆塔结构材料的钢材质量应符合《碳素结构钢》GB/T 700 和《低合金高强度结构钢》GB/T 1591 的有关规定。

续表

序号	标准名称/标准号/时效性	针对性	内容与要点	关联与差异
3			（5）基础、对地距离与交叉跨越； （6）环境保护、劳动安全和工业卫生； （7）附属设施。 2．对路径选择中应采取的测量技术，需避开的区域，冰区的耐张段长度等进行了要求。 3．对设计时选取风速、覆冰厚度、气温等气象条件的具体数值进行了说明。 4．明确了导线和地线（包括复合光缆地线）、绝缘子和金具、杆塔型式、基础型式的设计要求。 5．明确了绝缘配合、防雷和接地、杆塔荷载及材料、杆塔结构的相关计算要求。 6．对典型气象区、污秽分级标准、绝缘子特征指数 m1 参考值、基础上拔土计算、弱电线路等级、公路等级的划分等进行了说明。 **重点与要点：** 1．导、地线在稀有风速或稀有覆冰气象条件时，弧垂最低点的最大张力不应超过拉断力的 70%，悬挂点的最大张力不应超过拉断力的 77%。 2．对海拔在 1000m 及以下的无线电干扰、可听噪声设计控制值进行了说明。 3．导、地线在弧垂最低点的设计安全系数不应小于 2.5，悬挂点的设计安全系数不应小于 2.25。地线的设计安全系数不应小于导线的设计安全系数。 4．金具强度的安全系数应符合规定：最大使用荷载情况不应小于 2.5；断线、断联、验算情况不应小于 1.5。 5．在海拔 1000m 以下地区，操作过电压及雷电过电压要求的悬垂绝缘子串的绝缘子最少片数，应符合本标准规定，耐张绝缘子串的绝缘子片数应在本标准规定上增加，110kV～330kV 输电线路增加 1 片，对 500kV 输电线路应增加 2 片，对 750kV 输电线路不需要增加片数。 6．中性点非直接接地系统在居民区的无地线钢筋混凝土杆和铁塔应接地，其接地电阻不应超过 30Ω。 7．500kV 及以上输电线路跨越非长期住人的建筑物或邻近民房时，房屋所在位置离地面 1.5m 处的未畸变电场不得超过 4kV/m	3．接地电阻应符合《交流电气装置的接地规定》DL/T 621 与《交流电气装置的接地设计规范》GB 50065 的有关规定。 4．对有抗震设计要求的铁塔应根据《构筑物抗震设计规范》GB 50191 和《电力设施抗震设计规范》GB 50260 的有关规定进行计算；对基础有抗震要求的，应符合《电力设施抗震设计规范》GB 50260 的有关规定。 5．对基础的上拔和倾覆稳定、地面压应力计算时应符合《建筑地基基础设计规范》GB 50007 的相关要求。 6．冻土地区基础埋深应符合《冻土地区建筑地基基础设计规范》JGJ 118 的有关规定。 **差异：** 1．本标准 13.0.8 规定：输电线路与甲类火灾危险性的生产厂房、甲类物品库房、易燃、易爆材料堆场以及可燃、易爆液气体储罐的防火间距不应小于杆塔全高加 3m。 《建筑设计防火规范》GB 50016—2014 中 10.2.1 规定：架空电力线的最小水平距离为杆塔全高的 1.5 倍。 2．本标准规定导、地线在稀有风速或稀有覆冰气象条件时，弧垂最低点的最大张力不应超过拉断力的 70%。悬挂点的最大张力不应超过拉断力的 77%的要求。 《1000kV 架空输电线路设计规范》GB 50665 明确了导、地线在稀有风速或稀有覆冰气象条件时，弧垂最低点的最大张力不应超过拉断力的 60%。悬挂点的最大张力不应超过拉断力的 66%的要求

续表

序号	标准名称/标准号/时效性	针对性	内容与要点	关联与差异
4	《330kV～750kV架空输电线路勘测规范》 GB 50548—2010 2010年12月1日实施	1. 适用于330kV～750kV架空输电线路新建、改建工程可行性研究阶段、初步设计阶段、施工图设计阶段测量、岩土工程勘察、工程水文勘测、工程气象勘测。 2. 不适用于架空输电线路大跨越工程勘测	**主要内容：** 1. 明确了330kV～750kV架空输电线路勘测的基本要求。主要包括： （1）可行性研究、初步设计、施工图设计阶段测量； （2）可行性研究、初步设计、施工图设计阶段岩土工程勘察； （3）岩土工程勘察方法； （4）特殊岩土分布区、特殊地质条件岩石工程勘察； （5）原体试验、基坑检验； （6）岩土工程勘察成果； （7）可行性研究、初步设计、施工图设计阶段工程水文勘测； （8）水文查勘、水文分析计算、河床演变分析、气象调查； （9）可行性研究、初步设计、施工图设计阶段工程气象勘测。 2. 明确了勘测方法，应用了航空摄影测量、卫星定位测量等新技术，规定了测量误差。 3. 对线路通过重冰区应开展覆冰专题论证做了要求。 4. 提供了架空输电线路勘测样图。 **重点与要点：** 1. 330kV～750kV架空输电线路工程的防洪设计标准不得低于100年一遇设计洪水标准。 2. 拟建线路经过对线路塔位安全有影响的岩溶强烈发育区时，应进行岩溶专项勘察。 3. 拟建线路路径上或其附近存在对线路塔位安全有影响的滑坡、泥石流或有可能时，应进行专项勘察	**关联：** 1. 本标准是对输变电工程常规线路的勘测规定，而《架空送电线路大跨越工程勘测技术规程》DL/T 5049是针对220kV～750kV输电线路大跨越工程勘测规定，勘测方法基本相同，对跨越通航大河流、湖泊或海峡等档距较大或高塔的导线选型或塔的设计需要特殊考虑，发生故障时且修复特别困难的耐张段，应按大跨越工程进行勘测。 2. 输电线路跨越通航河流或运河、水库、湖泊时，设计最高通航水位洪水重现期的要求，应执行《内河通航标准》GB 50139的有关规定。 3. 本标准涵盖跨越河流、水库和湖泊的相关要求，《架空送电线路大跨越工程勘测技术规程》DL/T 5049对按照大跨越设计的水文勘测进行了更详细的要求。 4. 岩土工程勘察勘探、取样与原位测试、水和土的腐蚀性分析应执行《岩土工程勘察规范》GB 50021的有关规定。 5. 湿陷性黄土勘探、取样和试验应执行《湿陷性黄土地区建筑规范》GB 50025的有关规定。 6. 水文测验宜符合现行标准《河流流量测验规范》GB 50179和《水位观测标准》GB/T 50138的规定
5	《1000kV架空输电线路设计规范》 GB 50665—2011 2012年5月1日实施	适用于1000kV特高压交流架空输电线路的设计	**主要内容：** 1. 明确了1000kV架空输电线路设计的技术要求。主要包括： （1）路径、气象条件；	**关联：** 1. 本标准是针对1000kV架空输电线路编制的设计规范，其路径选择、气候条件与《110kV～750kV架空输电线路设计规范》GB 50545基本相同。 2. 因电压等级差异，本标准高于《110kV～750kV架

续表

序号	标准名称/标准号/时效性	针对性	内容与要点	关联与差异
5			（2）导线和地线、绝缘子和金具； （3）绝缘配合、防雷和接地； （4）导线布置、杆塔型式、结构、荷载及材料； （5）基础； （6）对地距离及交叉跨越； （7）环境保护、劳动安全和工业卫生； （8）附属设施。 2．对路径选择中应采取的测量技术，需避开的区域，冰区的耐张段长度等进行了说明。 3．对设计时选取风速、覆冰厚度、气温等气象条件的具体数值进行了要求。 4．规定了绝缘配合、防雷和接地、杆塔荷载及材料、杆塔结构的相关计算方式。 5．明确了1000kV杆塔电气间隙规定值。 6．对导线对地距离及交叉跨越时导线与交叉跨越物的距离给出了明确的限值。 7．明确了高压架空线路污秽分级标准与绝缘子特征指数m1参考值。 **重点与要点：** 1．明确了导、地线在稀有风速或稀有覆冰气象条件时，弧垂最低点的最大张力不应超过拉断力的60%。悬挂点的最大张力不应超过拉断力的66%的要求。 2．可听噪声控制值按照《声环境质量标准》GB 3096的I类住宅区标准进行了规定。对海拔高度在500m及以下的无线电干扰、可听噪声设计控制值进行了规定，500m以上未做出具体规定。 3．导、地线在弧垂最低点的设计安全系数不应小于2.5，悬挂点的设计安全系数不应小于2.25。地线设计安全系数。不应小于导线的设计安全系数。 4．金具强度的安全系数应符合规定：最大使用荷载情况不应小于2.5；断线、断联、验算情况不应小于1.5。 5．线路邻近居住建筑时，居住建筑所在位置距地1.5m高处最大未畸变场强不应超过4kV/m	空输电线路设计规范》GB 50545要求。《110kV～750kV架空输电线路设计规范》GB 50545中5.0.9规定了导、地线在稀有风速或稀有覆冰气象条件时，弧垂最低点的最大张力不应超过拉断力的70%，悬挂点的最大张力不应超过拉断力的77%。 3．本标准对海拔500m及以下地区的无线电干扰、可听噪声设计控制值进行了规定，未涉及海拔500m以上的要求。《110kV～750kV架空输电线路设计规范》GB 50545对海拔在1000m及以下的无线电干扰、可听噪声设计控制值进行了规定。《±800kV直流架空输电线路设计规范》GB 50790规定可听噪声控制值在45dB（海拔1000m以下）～50dB（海拔1000m以上）以下。 4．本标准10.1.21未明确规定超过60m杆塔的风荷载调整系数β_z，因此，杆塔全高超过60m时，风荷载调整系数β_z按照《建筑结构荷载规范》GB 50009的有关规定取值。 5．接地电阻应符合《交流电气装置的接地规定》DL/T 621与《交流电气装置的接地设计规范》GB 50065的有关规定。 6．基础的埋深应大于0.5m，冻土地区基础埋深应符合《冻土地区建筑地基基础设计规范》JGJ 118的有关规定。 7．对基础有抗震要求的，应符合《电力设施抗震设计规范》GB 50260的有关规定。本标准对钢筋混凝土杆的铁横担、地绞支架、爬梯等铁附件与接地引下线应有可靠的电气连接未做详细规定，《110kV～750kV架空输电线路设计规范》GB 50545中7.0.19做了详细规定。 **差异：** 本标准13.0.7规定：输电线路与甲类火灾危险性的生产厂房、甲类物品库房、易燃、易爆材料堆场以及可燃、易爆液气体储罐的防火间距不应小于杆塔全高加3m。 《建筑设计防火规范》GB 50016—2014中10.2.1规定：架空电力线的最小水平距离为杆塔全高的1.5倍

续表

序号	标准名称/标准号/时效性	针对性	内容与要点	关联与差异
6	《±800kV 直流架空输电线路设计规范》 GB 50790—2013 2013年5月1日实施	适用于单回±800kV线路的设计	**主要内容：** 1．明确了±800kV 直流架空输电线路设计的技术要求。主要包括： （1）路径、气象条件； （2）导线和地线； （3）绝缘子和金具； （4）绝缘配合、防雷和接地； （5）导线布置； （6）杆塔型式、结构、荷载及材料； （7）基础； （8）对地距离与交叉跨越； （9）环境保、劳动安全和工业卫生； （10）附属设施。 2．对路径选择中应采取的测量技术，需避开的区域，冰区的耐张段长度等进行了要求。 3．对设计时选取风速、覆冰厚度、气温等气象条件的具体数值进行了规定说明。 4．规定了导线和地线（包括复合光缆地线）、绝缘子和金具、杆塔型式、基础型式的设计要求。 5．明确了绝缘配合、防雷和接地、杆塔荷载及材料、杆塔结构的相关计算要求。 6．明确了导线对地距离及交叉跨越时导线与交叉跨越物的距离要求。 **重点与要点：** 1．明确了导线表面最大点位梯度、电晕无线电干扰场强、电晕可听噪声的计算规定，明确了弱电线路等级、公路等级的划分。 2．导、地线在弧垂最低点的设计安全系数不应小于2.5，悬挂点的设计安全系数不应小于2.25。地线、光纤复合架空地线（OPGW）的设计系数不应小于导线的设计安全系数。 3．金具强度的安全系数应符合规定：最大使用荷载情况不应小于2.5；断线、断联、验算情况不应小于1.5。 4．当线路邻近民房时，在湿导线情况下房屋所在地面的未畸变合成电场不得超过15kV/m	**关联：** 1．本标准是针对±800kV 直流架空输电线路编制的设计规范，其路径选择、气候条件与《110kV～750kV 架空输电线路设计规范》GB 50545 和《1000kV 架空输电线路设计规范》GB 50665 基本相同。 2．本标准 10.1.21 未明确规定超过 60m 杆塔的风荷载调整系数 β_z，因此，杆塔全高超过 60m 时，风荷载调整系数 β_z 按照《建筑结构荷载规范》GB 50009 的有关规定取值。 3．杆塔结构材料的钢材质量应符合《碳素结构钢》GB/T 700 和《低合金高强度结构钢》GB/T 1591 的有关规定。 4．对有抗震设计要求的铁塔应根据《构筑物抗震设计规范》GB 50191 和《电力设施抗震设计规范》GB 50260 的相关要求进行计算；对基础有抗震要求的，应符合《电力设施抗震设计规范》GB 50260 的有关规定。 5．冻土地区基础埋深应符合《冻土地区建筑地基基础设计规范》JGJ 118 的有关规定。 6．对基础的上拔和倾覆稳定、地面压应力计算时应符合《建筑地基基础设计规范》GB 50007 的相关要求。 **差异：** 1．本标准对海拔在 1000m 及以下地区的无线电干扰、可听噪声设计控制值进行了规定：距直流架空输电线路正极性导线对地投影外 20m 处，可听噪声控制值在 58dB，由电晕产生的可听噪声不超过 45dB，经过人烟稀少地区，由电晕产生的可听噪声应控制在 50dB。 《1000kV 架空输电线路设计规范》GB 50665 规定：海拔 500m 及以下地区的可听噪声值不大于 58dB，湿导线的可听噪声控制值不应大于 55dB。 2．本标准 13.0.7 规定：输电线路与甲类火灾危险性的生产厂房、甲类物品库房、易燃、易爆材料堆场以及可燃、易爆液气体储罐的防火间距不应小于杆塔全高加 3m。 《建筑设计防火规范》GB 50016—2014 中 10.2.1 规定：架空电力线的最小水平距离为杆塔全高的 1.5 倍

续表

序号	标准名称/标准号/时效性	针对性	内容与要点	关联与差异
7	《高压直流架空送电线路技术导则》 DL/T 436—2005 2006 年 6 月 1 日实施	1．适用于±500kV 高压直流架空送电线路。 2．其他电压等级的直流线路可参照本导则使用	**主要内容：** 1．明确了±500kV 高压直流单回路对称布置双极高压架空送电线路的技术条件。主要包括： （1）气象条件； （2）导线、地线和金具； （3）直流绝缘子、绝缘配合、防雷和接地； （4）导线布置； （5）无线电干扰； （6）可听噪声； （7）直流线路对电信线路的影响及防护； （8）对地距离及交叉跨越。 2．提供了典型气象区的划分标准和直流绝缘子的主要尺寸和机电特性。 3．明确了导线电晕损失计算、导线表面最大电位梯度计算、地面合成电场计算简化理论法、不同污秽条件下 160kN 或 210kN 直流通用型盘形绝缘子片数计算方法、外绝缘放电电压的气象条件校正、直流输电线路对电信线路影响的计算。 **重点与要点：** 1．大跨越段的导线和地线必须采用整根，不允许有接头，其单丝也不宜有接头。 2．直流线路下地面最大合成场强不应超过 30kV/m，最大离子电流密度不应超过 $100nA/m^2$	**关联：** 1．可听噪声使用专用“声级计”测量，其性能应符合《架空送电线路可听噪声测量方法》DL/T 501 的规定。 2．直流线路盘形悬式绝缘子和棒形悬式复合绝缘子的技术性能应分别符合《标称电压高于 1000V 的架空线路用绝缘子——直流系统用瓷或玻璃绝缘子元件——定义、试验方法和接收准则》GB/T 19443 和《±500kV 及以上电压等级直流棒形悬式复合绝缘子技术条件》DL/T 810 的规定。 3．无线电干扰测量方法执行《高压架空送电线、变电站无线电干扰测量方法》GB/T 7349 的规定，无线电干扰限值执行《高压交流架空送电线 无线电干扰限值》GB 15707 的规定。 4．直流线路与铁路、道路、河流、管道、索道及各种架空线路交叉角和安全距离，应按照《110kV～500kV 架空送电线路设计技术规程》DL/T 5092 的规定执行
8	《架空输电线路外绝缘配置技术导则》 DL/T 1122—2009 2009 年 12 月 1 实施	1．适用于 110(66)kV～750kV 交流架空输电线路的外绝缘配置，直流架空输电线路的外绝缘配置可参考采用。 2．不包括线路杆塔塔头的空气间隙的取值和选择，也不涉及海拔或覆冰对外绝缘配置水平的影响	**主要内容：** 1．明确了架空输电线路在污秽区、雷电区域、覆冰区域、鸟害区域外绝缘的配置方法。主要包括： （1）术语和定义； （2）环境条件； （3）绝缘子选择原则； （4）辅助措施。 2．明确了雷电区域分级的原则和方法、不同型式绝缘子的爬电距离有效系数 K 的确定方法。	**关联：** 1．污秽区域分级污秽区域分级一般根据污秽环境类型和现场污秽度的测量进行，并应按《高压架空线路和发电厂、变电所环境污区分级及外绝缘选择标准》GB/T 16434 的规定绘制相应的污区分区图。 2．对于在非常重的污秽和年降雨量很小的地区，无法通过选择绝缘子来经济地解决污秽问题，或在已建成线路周围的环境由于新增污染源而发生改变，需要采取防污闪措施等特殊情况下，应按《绝缘子用常温固化硅橡

续表

序号	标准名称/标准号/时效性	针对性	内容与要点	关联与差异
8			3. 提供了各类绝缘子典型外形图、爬电比距与USCD的对应关系。 **重点与要点：** 对架空输电线路运行环境进行了分类，对污秽区、雷电和特殊区域的绝缘子选择和配置提出了较为详细的指导意见，对覆冰区和鸟害区等其他区域的绝缘子选择提出了原则性意见	胶防污闪涂料》DL/T 627的规定选用憎水性涂料（如PRTV、RTV），提高绝缘子的耐污性能
9	《光纤复合架空地线（OPGW）防雷接地技术导则》 DL/T 1378—2014 2015年3月1日实施	1. 适用于新建的110kV及以上电压等级交、直流输变电工程。 2. 改造工程可参照执行。 3. 110kV以下电压等级输变电工程可参考执行	**主要内容：** 1. 规定了光纤复合架空地线（OPGW）防雷接地的设计、施工、验收和运行维护要求。主要包括： （1）一般规定； （2）OPGW接地设计； （3）OPGW接地施工； （4）OPGW接地验收； （5）OPGW接地运行维护。 2. 明确了分段绝缘、单点接地安装方案和OPGW遭雷击相关计算和雷击断股机理。 **重点与要点：** 1. 直流输电线路OPGW应采用逐塔接地方式。如果直流线路与接地极的距离小于10km，接地极附近直流线路的OPGW应与杆塔绝缘。 2.交流输电线路与直流输电线路接地极距离小于5km时，OPGW应绝缘；大于或等于5km时应通过计算确定OPGW是否应绝缘。 3. 提出了OPGW引入变电站架构安装方案建议	**关联：** 1. OPGW接地施工中的质量要求及安全技术措施，应符合本标准及《电气装置安装工程 接地装置施工及验收规范》GB 50169、《110kV～750kV架空输电线路施工及验收规范》GB 50233有关规定。 2. OPGW接地验收内容应符合《电气装置安装工程 接地装置施工及验收规范》GB 50169、《110kV～750kV架空输电线路施工及验收规范》GB 50233、《电力光纤通信工程验收规范》DL/T 5344有关规定。 3. OPGW的选型应符合《光纤复合架空地线》DL/T 832的要求。 4. OPGW结构中的铝包钢线应采用符合《电工用铝包钢线》GB/T 17937要求的LB14、LB20、LB23、LB27、LB30、LB35、LB40型铝包钢线。 5. OPGW结构中的铝合金线应采用符合《架空绞线用铝-镁-硅系合金圆线》GB/T 23308要求的LHA1或LHA2型铝-镁-硅系合金圆线。 6. 预绞式耐张线夹和预绞式悬垂线夹的性能应符合《电力金具通用技术条件》GB/T 2314、《架空线路用预绞式金具技术条件》DL/T 763和《光纤复合架空地线（OPGW）用预绞丝金具技术条件和试验方法》DL/T 766的规定。 7. 防振锤的性能应符合《电力金具通用技术条件》GB/T 2314、《架空线路用预绞式金具技术条件》DL/T 763和《防振锤技术条件和试验方法》DL/T 1099的规定。 8. OPGW绝缘配合应满足《绝缘配合 第1部分：定义、原则和规则》GB 311.1的要求。 9. OPGW接地部分的巡视周期按《架空输电线路运行规程》DL/T 741执行

续表

序号	标准名称/标准号/时效性	针对性	内容与要点	关联与差异
10	《输电线路对电信线路危险和干扰影响防护设计规程》 DL/T 5033—2006 2006年10月1日实施	适用于35kV及以上三相交流架空输电线路对符合相关标准要求的电信线路的防护设计	**主要内容：** 1. 明确了交流高压架空输电线路对电信线路危险和干扰影响允许值，给出了危险和干扰影响计算方法，提供了必要的参数和防护措施。主要包括： （1）输电线路故障状态和电信回路工作状态； （2）危险和干扰影响允许值； （3）危险影响计算； （4）干扰影响计算； （5）防护措施。 2. 规定了无限长接近线路互感阻抗、有限长平行接近线路互感系数、屏蔽体磁屏蔽系数、放电器对地电压及接地电阻计算原理与方法。 **重点与要点：** 1. 音频双线电话回路噪声计电动势允许值应符合： （1）县电话局至县及以上电话局的电话回路为4.5mV； （2）县电话局至县以下电话局的电话回路为10mV； （3）业务电话回路为7mV。 2. 兼作电话用有线广播双线回路噪声计电动势允许值为10mV。 3. 输电线路在“线—地”电报回路中感应产生流过电报机的干扰电流允许值为电报机工作电流的10%	**关联：** 本标准代替《送电线路对电信线路危险影响 设计规程》DL 5033—1994及《送电线路对电信线路干扰影响设计规程》DL/T 5063—1996
11	《输电线路对无线电台影响防护设计规程》 DL/T 5040—2006 2007年3月1日实施	适用于110kV～500kV三相交流架空输电线路对符合相关标准要求的无线电台的防护设计	**主要内容：** 1. 明确了交流高压架空输电线路与各类无线电台的防护间距，对不满足防护间距者，提出了防护措施，并给出了防护间距的计算方法。主要包括： （1）防护间距； （2）防护措施； （3）防护间距计算。 2. 规定了110kV～500kV电压等级与各种类型和等级的无线电台的防护间距。 **重点与要点：** 输电线路对无线电台影响防护措施应按照无线电干扰水平合理选择导线截面、分裂根数及布置方式，控制导线表面电场强度，降低无线电干扰场强	**关联：** 1. 调幅广播收音台、调幅广播监测台的分级符合《架空电力线路与调幅广播收音台的防护间距》GB 7495的规定。 2. 短波无线电收信台的分级符合《短波无线电收信台（站）及测向台（站）电磁环境要求》GB 13614的规定

续表

序号	标准名称/标准号/时效性	针对性	内容与要点	关联与差异
12	《架空送电线路大跨越工程勘测技术规程》 DL/T 5049—2006 2006年10月1日实施	适用于220kV～750kV架空送电线路大跨越工程的工程勘测，其他电压等级的架空送电线路大跨越工程的工程勘测可参照执行	**主要内容：** 1. 明确了架空送电线路大跨越工程的工程测量、岩土工程勘测、工程水文勘测的基本要求。 2. 明确了大跨越工程测量的各阶段的测量内容和深度，对测量方法、计算方法、技术检验测量成果做出了详细的规定。 3. 明确了大跨越工程岩土工程勘测技术要求，对可行性研究阶段、初步设计阶段和施工图设计阶段勘测内容和深度，地基处理与不良地质作用防治、现场检验与监测、勘测成果分别进行了规定。 4. 明确了大跨越工程可行性研究阶段、初步设计阶段、施工图设计阶段水文勘测内容和深度要求。明确了陆地水文分析和海湾、河口水文分析计算方法。 5. 提供了大跨越工程勘测相关的标准与资料。 **重点与要点：** 1. 对跨越通航大河流、湖泊或海峡等档距较大或高塔的导线选型或塔的设计需要特殊考虑，且发生故障时严重影响航运或修复特别困难的耐张段，应按大跨越工程进行勘测。 2. 在设计各阶段的GPS测量应采用统一的平面和高程系统，中央子午线的选择应考虑投影变形值不大于5cm/km。 3. 进行RTKGPS测量时，同步观测卫星不少于5颗，显示坐标和高程精度指标应在±30mm范围内。 4. 对跨越塔位的稳定和安全进行分析论证应预测河床、海岸（滩）、湖岸、库岸今后30～50年发展趋势和对塔位可能产生的影响	**关联：** 1. 本标准是对大跨越工程进行设计的工程勘测规定，《330kV～750kV架空输电线路勘测规范》GB 50548是对常规线路的勘测规定，勘测重点有所差异。 2. 航片控制点的布设、选刺与整饰以及地形图与平断面图测绘应满足《电力工程数字摄影测量规程》DL/T 5138的有关规定。 3. 土壤电阻率测量应执行《电力工程物探技术规程》DL/T 5159规定。 4. 岩土工程勘察勘探、取样与原位测试、水和土的腐蚀性分析与处理应执行《岩土工程勘察规范》GB 50021的有关规定。 5. 湿陷性黄土勘探、取样和试验应执行《湿陷性黄土地区建筑规范》GB 50025的有关规定。 6. 大跨越场地的抗震设计参数应按工程场地地震安全性评价结果或《中国地震动参数区划图》GB 18306确定。 7. 大跨越工程的防洪标准应按《防洪标准》GB 50201的要求执行
13	《220kV及以下架空送电线路勘测技术规程》 DL/T 5076—2008 2008年11月1日实施	适用于新建、改线220kV及110kV架空送电线路岩土工程、测量和工程水文勘测。110kV以下电压等级的架空送电线路工程的勘测工作可参照执行	**主要内容：** 1. 明确了220kV及110kV架空送电线路工程勘测的基本技术要求。主要包括： （1）可行性研究阶段勘测； （2）初步设计阶段勘测； （3）施工图设计阶段勘测；	**关联：** 1. 规定了野外控制点在相片上和航线上的位置要求应与《电力工程数字摄影测量规程》DL/T 5138的规定一致。 2. 湿陷性黄土勘探、取样、试验和处理应满足《湿陷性黄土地区建筑规范》GB 50025的有关规定。 3. 盐渍土的腐蚀性判定应参照《岩土工程勘察规范》GB 50021的有关规定。

续表

序号	标准名称/标准号/时效性	针对性	内容与要点	关联与差异
13			（4）航空摄影测量； （5）GPS 测量； （6）复杂地质条件； （7）水文调查； （8）设计洪水分析计算； （9）河床演变分析。 2．对复杂地质条件勘测、水文调查、设计洪水分析计算进行了详细的说明。 3．规定了工程勘测送电线路图式、图样、符号相关标准与资料。 4．对岩土工程勘测地质条件、土壤分类及相关特征值指标进行了说明。 5．对水文勘测相关表式、标准资料进行了说明。 **重点与要点：** 1．RTK GPS 测量的同步观测卫星数不少于 5 颗，显示的点位精度指标在 5cm 内。 2．盐泽土地区勘测在测定含盐特性的勘探深度一般为 3m～5m，取土间距为 0.5m	4．膨胀土地区勘测与评价应符合《膨胀土地区建筑技术规范》GB 50112 的有关规定。 5．多年冻土地区勘测与评价应符合《冻土工程地质勘察规范》GB 50324 的有关规定
14	《500kV 架空送电线路勘测技术规程》 DL/T 5122—2000 2001 年 1 月 1 日实施	适用于新建、改建交流和直流±500kV 线路工程测量、岩土工程勘测和工程水文勘测。330kV 架空送电线路勘测可参照执行	**主要内容：** 1．明确了 500kV 架空送电线路勘测的基本技术要求。主要包括： （1）工程测量； （2）岩土工程勘测； （3）工程水文勘测。 2．对岩土工程勘测相关岩土分类、边坡容许坡度值、相关强度指标进行了详细说明。 3．规定了工程勘测送电线路图式、图样、符号相关标准与资料。 4．对水文勘测相关表式、标准资料进行了说明。 **重点与要点：** 1．RTK GPS 测量时，同步观测卫星数不应少于 5 颗，	**关联：** 1．湿陷性黄土地区的勘测与评价应符合《湿陷性黄土地区建筑规范》GB 50025 的相关要求。 2．膨胀土地段的勘测与评价应符合《膨胀土地区建筑技术规范》GB 50112 的相关要求。 3．地震液化判别应符合《火力发电厂岩土工程勘测技术规程》DL/T 5074 的有关规定。 4．多年冻土、斜坡的勘测、地下水的取样、试验、腐蚀性评价及防护措施应符合《岩土工程勘察规范》GB 50021 的相关要求。 5．原体试验对桩基静载试验应符合《建筑桩基技术规范》JGJ 94 的有关规定。 6．勘测资料的整理应符合《火力发电厂岩土工程勘测资料整编技术规定》DL/T 5093 的有关规定

续表

序号	标准名称/标准号/时效性	针对性	内容与要点	关联与差异
14			显示的坐标和高程精度在±50mm范围内。 2．已知基础埋深和尺寸时，勘探深度取基础埋深和基础底面宽度的0.5～2倍和，且不小于5m。 3．基础尺寸和埋深未确定时，直线塔与直线转角塔的勘探深度取5m～8m；转角、耐张、跨越和终端塔勘探深度取8m～12m。 4．如在勘探深度内遇特殊地质条件，勘探深度应适当加深	
15	《架空送电线路钢管杆设计技术规范》DL/T 5130—2001 2002年2月1日实施	适用于新建220kV及以下电压等级交直流架空送电线路无拉线钢管杆结构设计	**主要内容：** 1．明确了钢管杆设计的准则，提出了制造安装的主要要求。主要包括： （1）钢管杆荷载； （2）基本规定； （3）材料； （4）钢管构件及连接计算； （5）构造要求； （6）制造和安装要求； （7）基础。 2．规定了钢管杆荷载计算、承载能力计算和钢管结构及连接计算的原理和方法。 3．明确了材料标准、构造要求、制造和安装要求，提供了基础型式。 **重点与要点：** 1．钢管受力构件及其连接件的最小厚度不宜小于3mm，螺栓直径不宜小于16mm。 2．钢管套接接头的套接长度，取外面套入段最大内径的1.5倍。 3．锚栓孔径宜为锚栓直径的1.1倍，螺栓孔径宜比螺栓直径大1.5mm。 4．法兰盘与基础顶面之间留设置调节螺母的间隙，一般取锚栓直径的1.5倍。 5．环形焊缝必须100%焊透，并施行100%超声波检查或100%磁粉探伤	**关联：** 1．本标准适用于220kV及以下电压等级的送电线路钢管杆结构设计，更高电压等级的钢管杆可结合《110kV～500kV 架空送电线路设计技术规程》DL/T 5092，参照本标准进行设计。 2．钢材手工焊接用焊条应执行《非合金钢及细晶粒钢焊条》GB/T 5117和《热强钢焊条》GB/T 5118的有关规定。 3．采用的4.8、5.8、6.8、8.8的镀锌粗制螺栓与应符合《紧固件机械性能　螺栓、螺钉和螺柱》GB/T 3098.1的有关规定，所采用与之对应的螺母应符合《紧固件机械性能 螺母 粗牙螺纹》GB/T 3098.2的规定。 4．焊缝形式时应根据板厚和施工条件按《气焊、焊条电弧焊、气体保护焊和高能束焊的推荐坡口》GB/T 985.1和《埋弧焊的推荐坡口》GB/T 985.2的要求选取。 5．热浸镀锌的质量要求和试验方法执行《输电线路铁塔制造技术条件》GB/T 2694的有关规定，热喷涂锌的质量要求和试验方法执行《热喷涂、金属和其他无机覆盖层 锌、铝及其合金》GB/T 9793的有关规定

续表

序号	标准名称/标准号/时效性	针对性	内容与要点	关联与差异
16	《架空送电线路航空摄影测量技术规程》 DL/T 5138—2001 2002 年 5 月 1 日实施	适用于新建 110kV 及以上架空送电线路工程勘测设计阶段的航空摄影测量工作	**主要内容：** 1．明确了采用航测选线技术，航测数字测绘技术及全球定位系统（GPS）技术进行架空送电线路测量的原则、精度指标、作业方法和技术要求。主要包括： （1）航空摄影； （2）选线与落实路径； （3）控制测量与联系测量； （4）GPS 测量； （5）相片调绘； （6）解析空中三角测量（电算加密）； （7）平断面测绘； （8）放线与定线测量； （9）桩间距离与高差测量； （10）定位与检查测量； （11）技术检查与资料整理。 2．对控制测量与联系测量、GPS 测量、解析空中三角测量（电算加密）、平断面测绘、放线于定线测量、桩间距离与高差测量、定位与检查进行了详细说明。 3．提供了控制像片正面与反面整饰格式。 **重点与要点：** 1．GPS 测量网相邻两主控网点之间距离不应大于 20km，主控网点至支站点之间距离不宜超过 12km。 2．RTK GPS 测量的同步观测卫星数不应少于 5 颗，显示的点位精度指标应在±50mm 范围内	**关联：** 航空摄影工作应符合《1:500 1:1000 1:2000 地形图航空摄影规范》GB/T 6962、《1:500 1:1000 1:2000 地形图航空摄影测量内业规范》GB/T 7930 和《1:500 1:1000 1:2000 地形图航空摄影测量外业规范》GB/T 7931 的有关规定
17	《架空送电线路杆塔结构设计技术规定》 DL/T 5154—2012 2013 年 3 月 1 日实施	适用于新建的 110kV～750kV 架空输电线路杆塔结构的设计	**主要内容：** 1．明确了架空输电线路杆塔结构的设计原则，给出了角钢铁塔和混凝土电杆的设计计算方法。主要包括： （1）荷载； （2）材料； （3）设计基本规定构件计算及断面选择； （4）连接计算；	**关联：** 1．本标准未明确规定超过 60m 杆塔的风荷载调整系数 β_z，因此，杆塔全高超过 60m 时，风荷载调整系数 β_z 按照《建筑结构荷载规范》GB 50009 的有关规定取值。 2．钢材手工焊接用焊条应符合《非合金钢及细晶粒钢焊条》GB/T 5117 和《热强钢焊条》GB/T 5118 的有关规定。对自动焊和半自动焊应采用与主题金属强度相应的焊丝和焊剂，焊丝应符合《钢结构焊接规范》GB 50661

续表

序号	标准名称/标准号/时效性	针对性	内容与要点	关联与差异
17			（5）构造要求； （6）附属设施； （7）环境保护。 2．对荷载、构件及断面选择、连接计算提供了详细规定和相关计算说明。 3．明确了塔身斜材埃菲尔效应和最小承载力要求；提供了桁架内力分析简化表、杆塔轴心受压构件稳定系数、环形截面混凝土电杆斜截面承载力计算。 **重点与要点：** 1．用于连接受力构件的螺栓直径不宜小于16mm。 2．对于厚度大于或等于25mm的焊接件，应采用焊前预热和焊后保温的措施消除相应的焊接应力和变形。 3．自立式杆塔塔脚板厚度不宜小于16mm，地脚螺栓垫板厚度不宜小于12mm	的有关规定。 3．杆塔钢材的强度设计值、物理性能指标、焊缝强度设计值均应执行《钢结构设计规范》GB 50017的有关规定。 4．混凝土电杆的混凝土轴心抗压、轴心抗拉强度标准值和设计值、受压或受拉的弹性模量、钢筋强度标准值和设计值、钢筋弹性模量应符合《混凝土结构设计规范》GB 50010的有关规定。 **差异：** 本标准4.0.8规定：普通钢筋混凝土离心环形电杆的混凝土强度等级不宜低于C40；预应力混凝土离心环形电杆的混凝土强度等级不宜低于C50；其他预制构件的混凝土强度等级不应低于C30。 《66kV及以下架空电力线路设计规范》GB 50061—2010中8.2.3规定：环形断面钢筋混凝土电杆的混凝土强度不应低于C30；预应力混凝土电杆的混凝土强度不应低于C40。其他预制混凝土构件的混凝土强度不应低于C20
18	《电力工程物探技术规程》 DL/T 5159—2012 2012年12月1日实施	适用于火力发电厂、核电站、风电场、太阳能电站、生物能发电厂、变电站（包括换流站）、架空输电线路、电力调度中心、电力试验基地等类型的新建和扩（改）建电力工程	**主要内容：** 1．明确了电力工程物探技术方法，技术要求、技术措施、工程应用、资料分析及解释方法。主要包括： （1）基本规定； （2）仪器设备； （3）物探方法与技术； （4）常见地质界面探测； （5）地下管沟与坑室探测； （6）岩土特性指标测量； （7）岩土工程施工质量检测； （8）物探成果报告。 2．对物探方法与技术、常见地质界面探测、地线管沟与坑室探测、岩土特性指标测量及岩土工程施工质量检测进行了详细说明。提供了各类探测方法和评价标准。	**关联：** 1．物探作业要严格遵守仪器使用说明和《电力工程勘测安全技术规程》DL 5334的规定，确保人身和仪器安全。 2．地震勘探爆炸作业过程的安全注意事项应执行《地震勘探爆炸安全规程》GB 12950的有关规定。 3．放射性物探必须妥善使用和保管仪器（含放射源）严格遵守《放射性物质安全运输规程》GB 11806和《操作非密封源的辐射防护规定》GB 11930的规定。 4．基础强迫震动测试数据处理应执行《地基动力特性测试规范》GB/T 50269有关规定。 5．在桩基动测法中声波透射法检测数据的分析和判定应符合《建筑基桩检测技术规范》JGJ 106的有关规定。 6．土壤热参数采用双探针法测量中，土壤试验制备应符

续表

序号	标准名称/标准号/时效性	针对性	内容与要点	关联与差异
18			3．对原始资料记录格式进行了要求。 4．提供了常见岩土介质物性参数表和物探常用计算公式。 **重点与要点：** 物探方法分为直流电法、电磁波、弹性波法、天然放射性法、双探针法、井中探测法	合《土工试验方法标准》GB/T 50123 的规定，本标准做了进一步规定，但对测量强的探坑、探槽开挖未做详细说明，应执行《岩土工程勘察规范》GB 50021 的有关规定。 7．放射性指标测量γ辐射强度测量应《环境地表γ辐射剂量率测定规范》GB/T 14583 的规定。 8．土壤氡及其子体浓度、土壤表面氡析出率分析评价应执行《地下建筑氡及其子体控制标准》GB 16356 的规定
19	《220kV～500kV紧凑型架空输电线路设计技术规定》 DL/T 5217—2013 2014年4月1日实施	适用于设计覆冰厚度15mm及以下，海拔高度3000m及以下地区的新建或改建交流220kV～500kV紧凑型线路	**主要内容：** 1. 明确了交流220kV～500kV紧凑型架空送电线路的主要设计技术要求。主要包括： （1）路径选择； （2）气象条件； （3）导线和地线； （4）绝缘子和金具； （5）绝缘配合、防雷和接地； （6）导线布置； （7）杆塔和基础； （8）对地距离及交叉跨越； （9）环境保护； （10）劳动安全和工业卫生； （11）附属设施。 2．提供了典型气象区和高压架空线路污秽分级标准。 **重点与要点：** 1．设计覆冰厚度为10mm及以下轻冰区，耐张段长度不宜大于10km；设计覆冰厚度为15mm及以下中冰区，耐张段长度不宜大于5km。耐张段较长时应采取防串倒措施，在高差或档距相差悬殊的山区或中冰区等运行条件较差的地段，耐张段长度应适当缩短。 2．基本风速、设计冰厚重现期应符合下列规定： （1）500kV紧凑型线路重现期应取50年； （2）220kV～330kV紧凑型线路重现期应取30年。 3．紧凑型线路应全线架设双地线，地线对边导线的保护角宜采用负保护角	**关联：** 1．紧凑型线路的导线截面和分裂型式应满足无线电干扰和可听噪声应符合现行《110kV～750kV架空输电线路设计规范》GB 50545 规定。 2．杆塔荷载及材料、杆塔结构设计基本规定、杆塔构造应按《110kV～750kV 架空输电线路设计规范》GB 50545 和《架空送电线路杆塔结构设计技术规定》DL/T 5154 的规定执行。 3．基础材料、设计基本规定、构造要求应按《110～750kV架空输电线路设计规范》GB 50545 和《架空送电线路基础设计技术规定》DL/T 5219 的规定执行

续表

序号	标准名称/标准号/时效性	针对性	内容与要点	关联与差异
20	《架空送电线路基础设计技术规定》 DL/T 5219—2005 2006年6月1日实施	1．适用于新建的35kV～500kV架空送电线路杆塔的基础设计，其他电压等级和通信杆塔基础的设计可参照执行。 2．临时架空送电线路杆塔基础可参照本标准设计，但标准可适当降低。 3．已投运输电线路的改造和扩建项目可根据具体情况和运行经验参照执行	**主要内容：** 1．明确了架空送电线路杆塔基础设计的基本原则和有关设计方法。主要包括： （1）上拔稳定计算； （2）基础下压和地基计算； （3）倾覆稳定计算； （4）构件承载力计算和构造要求； （5）岩石基础； （6）钻（冲、挖）孔灌注桩基础； （7）复合式沉井基础； （8）装配式基础。 2．提供了基础设计原则与计算依据。 3．提供了基础型式图、金属基础承载力强度计算、水平荷载作用下装的内力和位移计算、原状土基础刚性基柱考虑土抗力时侧向弯矩的近似计算、基础在洪水时的局部冲刷、流水动压力、漂浮物撞击力的计算。 4．明确了塔位施工基面设计原则、特殊地基处理原则、地基土承载力特征值及分类。 **重点与要点：** 1．基础埋深应大于0.5m。 2．基础设计时作用力计算应计入杆塔风荷载调整系数，当杆塔全高超过50m时，取风荷载调整系数为1.3；当杆塔全高不大于50m时，取风荷载调整系数为1.0	**关联：** 1．本标准遵照《110kV～500kV架空送电线路设计技术规程》DL/T 5092基础设计原则编制。 2．本标准对钻孔灌注桩的抗震验算未提供计算式及标准，相关计算与设计值应执行《110kV～500kV架空送电线路设计技术规程》DL/T 5092和《构筑物抗震设计规范》GB 50191的有关规定。 3．钻孔灌注桩的地基沉降量和允许值按照本标准规定的《建筑地基基础设计规范》GB 50007的数值进行取值，季节性冻土及膨胀土的埋深与处理措施应执行《建筑地基基础设计规范》GB 50007和《膨胀土地区建筑技术规范》GB 50112的有关规定。 4．连梁构造应符合《混凝土结构设计规范》GB 50010的有关要求。 5．桩基承载力试验及标准、施工与质量检查、桩基承台的抗弯、冲切、剪切和局部受压的计算应执行《建筑桩基技术规范》JGJ 94和《建筑基桩检测技术规范》JGJ 106的有关规定。 **差异：** 本标准5.0.22规定：基础采用的混凝土强度等级不应低于C20级。 《110kV～500kV架空送电线路设计技术规程》DL/T 5092—1999中15.0.4规定：现浇基础的混凝土强度等级不宜低于C15；预制基础的混凝土强度等级不宜低于C20
21	《城市电力电缆线路设计技术规定》 DL/T 5221—2005 2005年6月1日实施	1．适用于新建、扩建的电压为10kV～220kV的城市电力电缆线路工程设计。 2．其他电缆工程可参考本标准执行	**主要内容：** 1．明确了在城市新建、扩建10kV～220kV电力电缆线路设计原则和技术要求。包括： （1）电缆路径； （2）电缆敷设方式； （3）电缆结构选择； （4）电缆附件选择；	**关联：** 1．电缆终端支架执行《钢结构设计规范》GB 50017的有关规定。 2．电缆导体的选择执行《电缆载流量计算》JB/T 10181的有关规定。 **差异：** 1．本标准与《电气装置安装工程 电缆线路施工及验

续表

序号	标准名称/标准号/时效性	针对性	内容与要点	关联与差异
21			（5）自容式充油电缆供油系统设计； （6）电缆金属护套或屏蔽层接地方式； （7）电缆支架和夹具的选择； （8）电缆隧道工艺设计； （9）电缆防火设计。 2．提供了牵引力和侧压力计算、排管工井长度计算、充油电缆需油量和暂态压力计算。 **重点与要点：** 1．城市电缆线路设计必须符合国家的技术经济政策，电缆线路路径应与城市总体规划相结合，应与各种管线和其他市政设施统一安排，应征得城市规划部门认可。 2．城市电缆线路设计应积极慎重采用新技术、新工艺，力求做到技术先进、经济合理、安全适用，便于施工和维护。 3．利用城市交通桥梁或交通隧道敷设电缆，应在不影响桥梁结构或隧道结构前提下，征得桥梁或隧道设计和管理部门认可。 4．防火处理采用涂刷防火涂料时，涂料总厚度应为0.9mm～1.0mm。 5．单芯电缆用的夹具，不得形成磁闭合回路	收规范》GB 50168—2006 的差异： （1）本标准 6.1.1 规定：按电压等级分类规定电力电缆最小弯曲半径。 GB 50168 中 5.1.7 规定：按有无铠装进行分类规定。 （2）本标准 6.1.2 规定：按布置方式＋50mm 的原则，对电力电缆支架层间允许最小净距做出规定。 GB 50168 中 4.2.2 规定：还规定了无设计时的具体数值。 （3）本标准 6.1.3 规定：电缆支架离底板和顶板的最小净距，隧道或电缆夹层最下层垂直净距为 50mm～100mm，最上层垂直净距为 100mm～150mm。 GB 50168 中 4.2.3 规定：隧道或电缆夹层最下层垂直净距为 100mm～150mm，最上层垂直净距为 300mm～350mm。并对吊架和桥架敷设方式时电缆支架离底板和顶板的最小净距做出了规定。 （4）本标准 6.3.1 规定：对于电缆管埋设深度，规定排管顶部土壤覆盖深度不宜小于 0.5m。 GB 50168 中 4.1.6 规定：电缆管埋设深度不应小于 0.7m。 2．本标准与《电力工程电缆设计规范》GB 50217 的差异： （1）本标准 6.5.4 规定：电缆沟纵向排水坡度不小于 0.3%。 GB 50217 中 5.5.5 规定：不应小于 0.5%。 （2）本标准 10.0.1 规定：对于交流单芯电缆金属屏蔽层上任一点非接地处的感应电压，规定采取能防止人员任意接触金属护套或屏蔽层的安全措施时，不得大于 100V。 GB 50217 中 4.1.10 规定：不得大于 300V。 （3）本标准 11.0.3 规定：35kV 及以上高压电缆各支持点间距为 2000mm。 GB 50217 中 6.1.2 规定：35kV 及以上高压电缆普通支架、吊架的允许跨距垂直方向为 3000mm。 （4）本标准 6.1.4 规定未分类规定电缆沟隧道内通道净宽允许最小值。 GB 50217 中 5.5.1 规定：按非开挖式与开挖式隧道分别规定了最小值

续表

序号	标准名称/标准号/时效性	针对性	内容与要点	关联与差异
22	《架空输电线路钢管塔设计技术规定》 DL/T 5254—2010 2011年5月1日实施	1．适用于新建110kV～750kV架空输电线路钢管塔结构设计。 2．已投运输电线路的改造和扩建项目可根据具体情况和运行经验参照执行	**主要内容：** 1．明确了架空输电线路钢管塔设计的基本原则和相关设计方法。主要包括： （1）荷载； （2）材料； （3）基本规定； （4）构建计算及断面选择； （5）连接计算； （6）构造要求； （7）附属设施； （8）制造及安装要求； （9）环境保护。 2．提供了钢管塔的等直径钢管起振临界风速、轴心受压构件稳定系数、圆形构件圆形钢管的断面特性等参数和计算依据。 **重点与要点：** 1．受力杆件连接螺栓不应小于16mm。 2．有劲法兰盘厚度不小于16mm，无劲法兰盘厚度不小于20mm，钢管应穿过法兰底盘，剖口焊接。 3．对厚度大于或等于25mm的焊接件，应采用焊前预热和焊后保温的措施消除相应的焊接应力和变形	**关联：** 1．本标准未明确规定超过60m杆塔的风荷载调整系数β_z，因此，杆塔全高超过60m时，风荷载调整系数β_z按照《建筑结构荷载规范》GB 50009的有关规定取值。 2．钢材的质量应符合《碳素结构钢》GB/T 700、《低合金高强度结构钢》GB/T 1591、《合金结构钢》GB/T 3077的有关规定。 3．钢材手工焊接用焊条应符合《非合金钢及细晶粒钢焊条》GB/T 5117和《热强钢焊条》GB/T 5118的有关规定。 4．自动焊和半自动焊所采用的焊丝和焊剂，其熔敷金属的力学性能不低于《埋弧焊用碳钢焊丝和焊剂》GB/T 5293和《埋弧焊用低合金钢焊丝和焊剂》GB/T 12470的有关规定。 5．焊缝质量等级应符合《钢结构工程施工质量验收规范》GB 50205的有关规定。 6．钢管塔加工、焊接、镀锌技术要求应执行《输变电钢管结构制造技术条件》DL/T 646的有关规定
23	《直流输电线路对电信线路危险影响防护设计技术规定》 DL/T 5340—2006 2006年10月1日实施	适用于直流输电线路对邻近电信线路危险影响的防护设计	**主要内容：** 1．明确了直流输电线路对电信线路危险影响允许值，给出危险影响计算方法，提供了必要的参数，提出了防护措施。主要包括： （1）直流输电线路故障状态和电信线路回路工作状态； （2）危险影响允许值； （3）危险影响计算； （4）防护措施。 2．提供了无限长接近线路互感系数和直流输电线路导线对地电感量的计算方法及参照标准。	**关联：** 本标准有关术语和定义来源于《输电线路对电信线路危险和干扰影响防护设计规程》DL/T 5033，防护措施与DL/T 5033的有关规定一致

续表

序号	标准名称/标准号/时效性	针对性	内容与要点	关联与差异
23			**重点与要点：** 架空电信明线上安装放电器的总数：对于载波回路，每增音段内的电信线路不应超过 15 处；对于音频回路不应超过 25 处	
24	《城市电力电缆线路初步设计内容深度规程》 DL/T 5405—2008 2008 年 11 月 1 日实施	1．适用于 35kV～220kV 城市电力电缆线路新建工程的初步设计。 2．35kV 以下电力电缆线路新建工程或 35kV～220kV 改建工程可参照使用	**主要内容：** 明确了 35kV～220kV 城市电力电缆线路工程初步设计深度的要求。包括： （1）说明书； （2）图纸； （3）计算项目。 **重点与要点：** 1．明确了初步设计说明书、图纸、计算项目、主要设备材料清册、概算书等的设计原则和要求。 2．初步设计说明书包含的内容： （1）概述； （2）接入电力系统方案； （3）电力电缆线路路径； （4）气象条件与土壤特性； （5）电力电缆及其附件的选择； （6）过电压保护、接地及分段； （7）通信干扰； （8）敷设方式和电缆的支持与固定； （9）电缆终端站及电缆登杆（塔）； （10）充油电缆供油设计； （11）土建部分； （12）电缆通道附属设施； （13）电缆通道防火设计； （14）电缆敷设中对特殊环境段的处理； （15）环境保护和劳动安全。 3．设计应执行国家规定的基本建设程序。批准或上报的可行性研究报告和设计基础资料是初步设计的前提条件。 4．初步设计内容深度应包括： （1）设计方案的优化比较和论证；	**关联：** 在进行电缆线路初步设计时，还应执行《电力工程电缆设计规范》GB 50217 和《城市电力电缆线路设计技术规定》DL/T 5221 的有关规定

续表

序号	标准名称/标准号/时效性	针对性	内容与要点	关联与差异
24			（2）路径及相关协议的落实； （3）主要设备及材料的估算； （4）工程投资控制； （5）施工图设计的依据。 5．初步设计内容包括说明书、图纸、主要设备材料清册、概算书、勘测报告、有关技术专题报告等	
25	《重覆冰架空输电线路设计技术规程》 DL/T 5440—2009 2009年12月1日实施	1．适用于110kV～750kV重覆冰架空输电线路设计。 2．其他电压等级的交直流重覆冰架空输电线路设计可参照执行	**主要内容：** 针对重覆冰线路的特点，提出了线路路径选择、导地线选择和布置、杆塔型式、杆塔荷载及交叉跨越等的技术要求。主要包括： （1）路径； （2）覆冰气象条件； （3）导线、地线； （4）绝缘子和金具； （5）绝缘配合和防雷； （6）导线布置； （7）杆塔型式； （8）杆塔荷载； （9）杆塔定位及交叉跨越。 **重点与要点：** 1．220kV及以上的重冰区线路，地线不宜绝缘。 2．线路路径选择应尽量避开调查确定的覆冰严重地段和污秽较重地区，避免横跨垭口、风道和通过湖泊、水库等容易覆冰的地带，避免大档距、大高差，耐张段不宜太长，中冰区不宜超过5km，重冰区不宜超过3km，转角角度不宜过大。 3．地线覆冰厚度应较导线增加不小于5mm。 4．线路不宜在重冰区换位。 5．重覆冰线路不宜采用导线非对称排列的杆塔及塔身断面非正方形的铁塔。 6．重冰区线路不应跨越房屋，无法避免时应予拆迁	**关联：** 1．重覆冰线路设计除执行本标准外，还应符合《110kV～750kV架空输电线路设计规范》GB 50545的要求。 2．本标准将线路按设计荷载区分为三类，而《110kV～750kV架空输电线路设计规范》GB 50545将线路按设计荷载区分为两类等级

续表

序号	标准名称/标准号/时效性	针对性	内容与要点	关联与差异
26	《输电线路铁塔制图和构造规定》 DL/T 5442—2010 2010年12月15日实施	适用于输电线路铁塔，钢筋混凝土杆的钢结构部分，微波铁塔可参照执行	**主要内容：** 1. 明确了铁塔设计、制造、施工各方面的制图和构造要求，包括： （1）一般规定； （2）图例及代号； （3）图纸内容； （4）铁塔分段和构件编号； （5）铁塔构造； （6）组合构件； （7）钢管结构铁塔。 2. 提出了铁塔制图的图纸幅面、图标、比例、计量单位、线型、尺寸、构件标志的相关要求。 3. 对底脚板与插入角钢型式、角钢钢管结构常用节点型式进行了详细说明。 **重点与要点：** 1. 热镀锌构件长度不宜超过12m，宽度不宜超过1m，L100及以下角钢构件长度不宜超过9m。 2. 横担悬臂部分超过3m以上应采用预拱，预拱值一般取横担悬臂长度的1/100～1/150	**差异：** 本标准在以下方面对《送电线路铁塔制图和构造规定》DLGJ 136—1997进行了修订和补充： （1）对铁塔结构图中螺栓的表式方法进行了修改，螺栓的数量、规格及长度直接标注在构件的端头。 （2）对螺栓带扣紧螺母和带双帽时螺杆的长度计重量进行了修订。 （3）对角钢的准距值进行了修改，取消了常规角钢打三排的准距，增加了大角钢的三排准距值。 （4）对塔脚板的尺寸进行了调整，同时补充了大规格底脚螺栓的参数；增加了双插入角钢的构造。 （5）对角钢的接头、节点和双角钢的构造等进行了补充。 （6）增加了大角钢的准距及接头
27	《架空输电线路戈壁碎石土地基掏挖基础设计与施工技术导则》 DL/T 5708—2014 2015年3月1日实施	1. 适用于110kV及以上架空输电线路戈壁碎石土地基掏挖基础的设计。 2. 临时架空输电线路杆塔基础可参照本标准设计。 3. 原有架空输电线路改造和改建杆塔基础，可根据具体情况和已有线路运行经验，参照本标准进行验算或设计	**主要内容：** 1. 规定了戈壁碎石土地基架空输电线路杆塔掏挖基础的勘察、设计和施工的要求与方法。主要包括： （1）基本规定； （2）掏挖基础勘察； （3）掏挖基础设计； （4）构件承载力计算和构造要求； （5）掏挖基础施工； （6）掏挖基础验收。 2. 明确了柔性基础抗倾覆稳定验算和原状土基础剪切法抗拔承载力计算方法。 3. 提供了地脚螺栓净截面面积表。	**关联：** 1. 本标准针对架空输电线路戈壁碎石土地基掏挖基础的设计做出了规定，其他基本规定参照《架空输电线路基础设计技术规程》DL/T 5219执行。 2. 戈壁碎石土掏挖基础的防腐设计与施工要求参照《工业建筑防腐蚀设计规范》GB 50046—2008与《建筑防腐蚀工程施工规范》GB 50212—2014执行。 3. 钢筋的连接未应符合《钢筋机械连接通用技术规程》JGJ 107与《钢筋焊接及验收规程》JGJ 18的规定。 4. 混凝土的配合比设计应按照《普通混凝土配合比设计规程》JGJ 55设计。 5. 混凝土表面缺陷的处理应符合《混凝土结构工程施工质量验收规范》GB 50204的有关规定。

续表

序号	标准名称/标准号/时效性	针对性	内容与要点	关联与差异
27			**重点与要点：** 基础混凝土强度等级不应低于 C20，采用强度等级400MPa及以上的钢筋时，混凝土强度等级不应低于C25	6．冬期施工应符合国家现行标准《建筑工程冬期施工规程》JGJ 104—2011的规定。 7．冬期钢筋焊接应符合《钢筋焊接及验收规范》JGJ 18的规定。 8．戈壁碎石土地基掏挖基础的验收参照《110kV～750kV架空输电线路施工及验收规范》GB 50233，以及《±800kV 及以下直流架空输电线路工程施工及验收规范》DL/T 5235执行

第三节　材　　料

序号	标准名称/标准号/时效性	针对性	内容与要点	关联与差异
1	《紧固件验收检查》 GB/T 90.1—2002 2003年6月1日实施	1．适用于螺栓、螺钉、螺柱、螺母、销、垫圈、盲铆钉和其他相关的紧固件。 2．不适用于高速机械装配、特殊项目的使用或特殊工程监理，要求较高的加工过程控制程序和批的跟踪等场合使用的紧固件。 3．仅适用于紧固件成品；不适用于生产过程中对任何局部的工序控制或检验。 4．本标准的技术要求仅适用于交货时的紧固件，而不适用于接收后的紧固件再进行加工、处理（如镀层）的检验	**主要内容：** 1．紧固件验收检查包括： （1）基本规则与技术要求； （2）紧固件特性的验收检查程序。 2．提供了推荐的验收检查程序。 **重点与要点：** 1．紧固件机械性能或尺寸（产品）标准中未规定极限的性能，在特殊情况下可能是重要的性能要求，为避免争议，允许的极限值或极限样件（或二者），应在订货时即予交流。 2．已拒收的紧固件批，除非对缺陷经过修整或分类，否则不能提交复检	**关联：** 紧固件产品等级按产品的公差分类，应符合《紧固件公差 螺栓、螺钉、螺柱和螺母》GB/T 3103.1的规定

续表

序号	标准名称/标准号/时效性	针对性	内容与要点	关联与差异
2	《大垫圈 C级》 GB/T 96.2—2002 2003年6月1日实施	1．适用于夹紧材料零件或者工件上大的螺栓通孔、对后者应校验垫圈厚度的适用性。 2．硬度为100HV级的垫圈适用于： （1）性能等级至6.8级、产品等级为C级的六角头螺栓和螺钉； （2）性能等级至6级、产品等级为C级的六角螺母； （3）表面淬硬的自挤螺钉	**主要内容：** 明确了公称规格（螺纹大径）为3mm～36mm、大系列、硬度等级为100HV级、产品等级为C级的平垫圈的技术要求。主要包括： （1）尺寸； （2）技术条件和引用标准； （3）标记。 **重点与要点：** 1．不经表面处理，即垫圈应是本色的并涂有防锈油或按供需双方协议的涂层。 2．零件不允许有不规则的或有害的缺陷，垫圈表面不得有突出的毛刺	**关联：** 1．大垫圈C级的公差应符合《紧固件公差 平垫圈》GB/T 3103.3的相关规定。 2．大垫圈C级的表面处理时电镀技术要求按《紧固件 电镀层》GB/T 5267.1的规定执行，非电解锌片涂层技术要求按《紧固件 非电解锌片涂层》GB/T 5267.2的规定执行。 3．大垫圈C级的验收及包装应符合《紧固件 验收检查》GB/T 90.1及《紧固件 标志与包装》GB/T 90.2的相关规定。 4．大垫圈C级的标记方法应按《紧固件标记方法》GB/T 1237的规定执行
3	《平垫圈 A级》 GB/T 97.1—2002 2003年6月1日实施	1．硬度等级为200HV级的垫圈适用于： （1）性能等级至8.8级、产品等级为A和B级的六角头螺栓和螺钉； （2）性能等级至8级、产品等级为A和B级的六角螺母； （3）不锈钢及类似化学成分的六角头螺栓、螺钉和六角螺母； （4）表面淬硬的自挤螺钉。 2．硬度等级为300HV级的垫圈适用于： （1）性能等级至10.9级、产品等级为A和B级的六角头螺栓和螺钉； （2）性能等级至10级、产品等级为A和B级的六角螺母	**主要内容：** 明确了公称规格（螺纹大径）为1.6mm～64mm、标准系列、硬度等级为200HV和300HV级、产品等级为A级的平垫圈的技术要求。主要包括： （1）尺寸； （2）技术条件和引用标准； （3）标记。 **重点与要点：** 1．不经表面处理，即垫圈应是本色的并涂有防锈油或按供需双方协议的涂层。 2．零件不允许有不规则的或有害的缺陷，垫圈表面不得有突出的毛刺	**关联：** 1．平垫圈A级采用不锈钢材料时应符合《紧固件机械性能 不锈钢螺栓、螺钉和螺柱》GB/T 3098.6的相关规定。 2．平垫圈A级的公差应符合《紧固件公差 平垫圈》GB/T 3103.3的相关规定。 3．平垫圈A级的表面处理时电镀技术要求按《紧固件 电镀层》GB/T 5267.1的规定执行，非电解锌片涂层技术要求按《紧固件 非电解锌片涂层》GB/T 5267.2的规定执行。 4．平垫圈A级的验收及包装应符合《紧固件 验收检查》GB/T 90.1及《紧固件 标志与包装》GB/T 90.2的相关规定。 5．平垫圈A级的标记方法应按《紧固件标记方法》GB/T 1237的规定执行

续表

序号	标准名称/标准号/时效性	针对性	内容与要点	关联与差异
4	《平垫圈 倒角型 A级》 GB/T 97.2—2002 2003年6月1日实施	1. 硬度等级为200HV级的垫圈适用于： （1）性能等级至8.8级、产品等级为A和B级的六角头螺栓和螺钉； （2）性能等级至8级、产品等级为A和B级的六角螺母； （3）不锈钢及类似化学成分的六角头螺栓、螺钉和六角螺母； （4）表面淬硬的自挤螺钉。 2. 硬度等级为300HV级的垫圈适用于： （1）性能等级至10.9级、产品等级为A和B级的六角头螺栓和螺钉； （2）性能等级至10级、产品等级为A和B级的六角螺母	**主要内容：** 明确了公称规格（螺纹大径）为5mm～64mm、标准系列、硬度等级为200HV和300HV级、产品等级为A级的平垫圈的技术要求。主要包括： （1）尺寸； （2）技术条件和引用标准； （3）标记。 **重点与要点：** 1. 不经表面处理，即垫圈应是本色的并涂有防锈油或按供需双方协议的涂层。 2. 零件不允许有不规则的或有害的缺陷，垫圈表面不得有突出的毛刺	**关联：** 1. 平垫圈 倒角型 A级采用不锈钢材料时应符合《紧固件机械性能 不锈钢螺栓、螺钉和螺柱》GB/T 3098.6的相关规定。 2. 平垫圈 倒角型 A级的公差应符合《紧固件公差 平垫圈》GB/T 3103.3的相关规定。 3. 平垫圈 倒角型 A级的表面处理时电镀技术要求按《紧固件 电镀层》GB/T 5267.1的规定执行，非电解锌片涂层技术要求按《紧固件 非电解锌片涂层》GB/T 5267.2的规定执行。 4. 平垫圈 倒角型 A级的验收及包装应符合《紧固件验收检查》GB/T 90.1及《紧固件 标志与包装》GB/T 90.2的相关规定。 5. 平垫圈 倒角型 A级的标记方法应按《紧固件标记方法》GB/T 1237的规定执行
5	《平垫圈 用于螺钉和垫圈组合件》 GB/T 97.4—2002 2003年6月1日实施	适用于螺钉和平垫圈组合件	**主要内容：** 明确了公称规格（螺纹大径）为2mm～12mm、小系列、标准系列和大系列的、硬度等级为200HV和300HV级、产品等级为A级的平垫圈的技术要求。主要包括： （1）型式； （2）尺寸； （3）技术条件和引用标准； （4）标记。 **重点与要点：** 螺钉和垫圈组合件用A级垫圈分为三种型式：	**关联：** 1. 平垫圈 用于螺钉和垫圈组合件的公差应符合《紧固件公差 平垫圈》GB/T 3103.3的相关规定。 2. 平垫圈 用于螺钉和垫圈组合件的表面处理时电镀技术要求按《紧固件 电镀层》GB/T 5267.1的规定执行。 3. 平垫圈 用于螺钉和垫圈组合件的验收及包装应符合《紧固件 验收检查》GB/T 90.1及《紧固件 标志与包装》GB/T 90.2的相关规定。 4. 平垫圈 用于螺钉和垫圈组合件的标记方法应按《紧固件标记方法》GB/T 1237的规定执行

续表

序号	标准名称/标准号/时效性	针对性	内容与要点	关联与差异
5			（1）S 形：小系列，优先用于六角圆柱头螺钉和圆柱头机器螺钉； （2）N 形：标准系列，优先用于六角头螺栓（螺钉）； （3）L 形：大系列，优先用于六角头螺栓（螺钉）	
6	《小垫圈 A 级》 GB/T 848—2002 2003 年 6 月 1 日实施	1. 硬度等级为 200HV 级的垫圈适用于： （1）性能等级至 8.8 级或不锈钢制造的圆柱头螺钉； （2）性能等级至 8.8 级或不锈钢制造的内六角圆柱头螺钉； （3）性能等级至 8.8 级或不锈钢制造的内六角花形圆柱头螺钉； （4）表面淬硬的圆柱头自挤螺钉。 2. 硬度等级为 300HV 级的垫圈适用于： （1）性能等级至 10.9 级内六角圆柱头螺钉； （2）性能等级至 10.9 级内六角花形圆柱头螺钉	**主要内容：** 明确了公称规格（螺纹大径）为 1.6mm～36mm、小系列、硬度等级为 200HV 和 300HV 级、产品等级为 A 级的平垫圈的技术要求。主要包括： （1）尺寸； （2）技术条件和引用标准； （3）标记。 **重点与要点：** 1. 不经表面处理，即垫圈应是本色的并涂有防锈油或按供需双方协议的涂层。 2. 零件不允许有不规则的或有害的缺陷，垫圈表面不得有突出的毛刺。 3. 对淬火并回火的垫圈应采用适当的涂或镀工艺，以避免氢脆，当电镀或磷化处理垫圈时，应在电镀或涂层后立即进行适当处理，以驱除有害的氢脆	**关联：** 1. 小垫圈 A 级采用不锈钢材料时应符合《紧固件机械性能 不锈钢螺栓、螺钉和螺柱》GB/T 3098.6 的相关规定。 2. 小垫圈 A 级的公差应符合《紧固件公差 平垫圈》GB/T 3103.3 的相关规定。 3. 小垫圈 A 级的表面处理时电镀技术要求按《紧固件 电镀层》GB/T 5267.1 的规定执行，非电解锌片涂层技术要求按《紧固件 非电解锌片涂层》GB/T 5267.2 的规定执行。 4. 小垫圈 A 级的验收及包装应符合《紧固件 验收检查》GB/T 90.1 及《紧固件 标志与包装》GB/T 90.2 的相关规定。 5. 小垫圈 A 级的标记方法应按《紧固件标记方法》GB/T 1237 的规定执行
7	《标称电压高于 1000V 的架空线路绝缘子 第 1 部分：交流系统用瓷或玻璃绝缘子元件定义、试验方法和判定准则》	1. 适用于标称电压高于 1000V、频率不超过 100Hz 交流架空电力和牵引线路用瓷或玻璃绝缘子，也适用于直流架空电力牵引线路用绝缘子。 2. 适用于绝缘子串元	**主要内容：** 明确了 1000V 交流系统用瓷或玻璃绝缘子的技术条件、试验方法等内容。主要包括： （1）绝缘子的分类、型式和绝缘材料； （2）试验分类； （3）质量保证； （4）型式和抽样试验的程序；	**关联：** 1. 绝缘子雷电冲击电压和工频电压的试验按《高电压试验技术 第 1 部分：一般定义及试验要求》GB/T 16927.1 的相关规定执行。 2. 绝缘子串元件的残留机械强度试验应按《架空线路玻璃和瓷绝缘子串元件绝缘件机械破损后的残余强度》

续表

序号	标准名称/标准号/时效性	针对性	内容与要点	关联与差异
7	GB/T 1001.1—2003 2004年2月1日实施	件、架空线路刚性绝缘子和变电所用的类似结构的绝缘子。 3. 不适用于构成电器部件的绝缘子或电器结构中用的部件，及《高压支柱瓷绝缘子　第1部分：技术条件》GB 8287.1中包括的支柱绝缘子	（5）电气试验的试验程序； （6）机械和其他试验的试验程序； （7）针式绝缘子； （8）线路柱式绝缘子； （9）绝缘子串元件； （10）架空电力牵引线路用绝缘子。 **重点与要点：** 1. 架空线路绝缘子按其结构可分为两种类型： A型：系指穿过固体绝缘材料的最短击穿路径的长度至少等于电弧距离一半的绝缘子或绝缘子元件。 B型：系指穿过固体绝缘材料的最短击穿路径的长度小于电弧距离一半的绝缘子或绝缘子串元件。 2. 绝缘子试验分为三类：型式试验、抽样试验、逐个试验	IEC 60797的相关规定。 3. 绝缘子机械破坏荷载试验机连接部件的主要尺寸，球窝连接和槽型连接的绝缘子应符合《绝缘子串元件的球窝连接尺寸》GB/T 4056的相关规定
8	《标称电压高于1000V的架空线路绝缘子　第2部分：交流系统用绝缘子串及绝缘子串组定义、试验方法和接收准则》 GB/T 1001.2—2010 2011年7月1日实施	1. 适用于标称电压高于1000V、频率不大于100Hz的架空电力线路用瓷或玻璃绝缘子串元件组成的绝缘子串和绝缘子串组。 2. 适用于直流架空牵引线路用绝缘子串和绝缘子串组。 3. 适用于变电所的类似结构的绝缘子串和绝缘子串组。 4. 可作为直流架空电力线路用的绝缘子串和绝缘子串组以及复合绝缘子的暂用标准	**主要内容：** 明确了标准电气试验程序及接收规则等内容。主要包括： （1）表征绝缘子串或绝缘子串组的电气值； （2）高电压试验的一般要求； （3）电气试验的标准大气条件及校正因数； （4）湿试验的人工雨参数； （5）电气试验的安装布置； （6）雷电冲击电压试验； （7）湿工频电压试验； （8）湿操作冲击电压试验； （9）安装方法。 **重点与要点：** 1. 绝缘子串或绝缘子串组可以由下列一个或几个电气值表征： （1）规定的雷电冲击干耐受电压； （2）规定的操作冲击湿耐受电压； （3）规定的工频湿耐受电压。 2. 运行电压不是绝缘子串或绝缘子串组的特性值	**关联：** 绝缘子串和绝缘子串组雷电及操作冲击电压以及工频电压试验方法、电气试验的标准大气条件及校正因数、湿试验、雷电冲击电压试验、湿工频电压试验、湿操作冲击电压试验应按《高电压试验技术　第1部分：一般定义及试验要求》GB/T 16927.1的相关规定执行

续表

序号	标准名称/标准号/时效性	针对性	内容与要点	关联与差异
9	《圆线同心绞架空导线》 GB/T 1179－2008 2009年4月1日实施	适用于各类铝及铝合金、架空绞线用镀锌钢线、铝包钢线等金属单线组合而成的圆线同心绞架空导线	**主要内容：** 1. 明确了圆线同心绞架空导线的电气和机械性能。主要包括： （1）绞合导线的要求； （2）试验； （3）包装和标志。 2. 对不同类型圆线同心绞架空导线的金属单线应符合的标准进行了规定。 3. 提供了各种型号圆线同心绞架空导线的性能参数。 **重点与要点：** 1. 相邻层的绞向应相反，除非需方在订货时有特别说明，最外层绞向应为“右向”。 2. 对于有多层的绞线，任何层的节径比应不大于紧邻内层的节径比。 3. 绞制前，构成绞线的所有单线的温度应基本一致。 4. 绞制过程中，单根或多根镀锌钢线或铝包钢线均不应有任何接头。 5. 绞线钢或铝包钢部分的拉断力规定为：按250mm标距，1%伸长时的应力来确定。 6. 铝合金芯铝绞线的额定拉断力为硬铝线部分拉断力与铝合金线部分的95%拉断力的总和	**关联：** 1. 本标准圆线同心绞架空导线的LY9型硬铝线应符合《架空绞线用硬铝线》GB/T 17048的规定；LHA2与LHA1型高强度铝合金线符合《架空绞线用铝-镁-硅系合金圆线》GB/T 23308的规定；架空绞线用镀锌钢线（G1A、G1B、G2A、G2B、G3A）应符合《架空绞线用镀锌钢线》GB/T 3428的规定；铝包钢线（LB1A、LB1B、LB2应符合《电工用铝包钢线》GB/T 17937的规定。 2. 铝包钢绞线的直流电阻应符合《电工用铝包钢线》GB/T 17937的规定。 3. 单线电阻率的测量应符合《电线电缆电性能试验方法 第2部分：金属材料电阻率试验》GB/T 3048.2的规定
10	《钢结构用高强度大六角头螺栓》 GB/T 1228—2006 2006年11月1日实施	适用于铁路和公路桥梁、钢锅炉结构、工业厂房、高层民用建筑、塔桅结构、起重机械及其他钢结构摩擦型高强度螺栓连接	**主要内容：** 明确了螺纹规格M12～M30高强度大六角头螺栓的型式尺寸、技术条件及标记。 **重点与要点：** 提供高强度大六角头螺栓尺寸图例并列表说明了不同规格大六角头螺栓的尺寸	**关联：** 1. 钢结构用高强度大六角头螺栓尺寸代号和标注按《紧固件 螺栓、螺钉、螺柱及螺母 尺寸代号和标注》GB/T 5276的规定执行。螺纹末端尺寸和标注按《紧固件 外螺纹零件的末端》GB/T 2的规定执行。 2. 钢结构用高强度大六角头螺栓技术条件本标准未详细说明，按《钢结构用高强度大六角头螺栓、大六角螺母、垫圈技术条件》GB/T 1231的规定执行。 3. 钢结构用高强度大六角头螺栓标记方法应符合《紧固件标记方法》GB/T 1237的规定

续表

序号	标准名称/标准号/时效性	针对性	内容与要点	关联与差异
11	《钢结构用高强度大六角螺母》 GB/T 1229—2006 2006年11月1日实施	适用于与《钢结构用高强度大六角头螺栓》GB/T 1228配套使用的钢结构摩擦型高强度螺栓连接副	**主要内容：** 明确了螺纹规格为M12～M30高强度大六角螺母的型式尺寸、技术条件及标记。 **重点与要点：** 提供高强度大六角螺母尺寸图例并列表说明了不同规格大六角螺母的尺寸	**关联：** 1. 钢结构用高强度大六角螺母的技术条件应执行《钢结构用高强度大六角头螺栓》GB/T 1231的相关规定。 2. 钢结构用高强度大六角螺母的标记方法应执行《紧固件标记方法》GB/T 1237的相关规定
12	《钢结构用高强度垫圈》 GB/T 1230—2006 2006年11月1日实施	适用于与《钢结构用高强度大六角头螺栓》GB/T 1288配套使用的钢结构摩擦型高强度螺栓连接副	**主要内容：** 明确了规格为12mm～30mm高强度垫圈的型式尺寸、技术条件及标记。 **重点与要点：** 提供高强度垫圈尺寸图例并列表说明了不同规格垫圈的尺寸	**关联：** 1. 钢结构用高强度垫圈的技术条件应执行《钢结构用高强度大六角头螺栓》GB/T 1231的相关规定。 2. 钢结构用高强度垫圈的标记方法应执行《紧固件标记方法》GB/T 1237的相关规定
13	《普通螺纹极限偏差》 GBT 2516—2003 2004年1月1日实施	适用于一般用途的机械紧固螺纹连接，螺纹本身不具有密封功能	**主要内容：** 依据《普通螺纹 公差》GB/T 197的基本偏差和公差，确定了普通螺纹（一般用途米制螺纹）中径和顶径的极限偏差。 **重点与要点：** 1. 内、外螺纹牙底轮廓上的任何点不应超越按基本牙型和公差带位置所确定的最大实体牙型。 2. 如无其他特殊说明，公差带适用于涂镀前的螺纹。涂镀后，螺纹轮廓上的任何点不应超越按公差带位置H或h所确定的最大实体牙型	**关联：** 1. 普通螺纹的基本牙型应符合《普通螺纹 基本牙型》GB/T 192的规定。 2. 直径与螺距应符合《普通螺纹 直径与螺距系列》GB/T 193的规定
14	《架空绞线用镀锌钢线》 GB/T 3428—2012 2013年6月1日实施	适用于架空绞线结构用和（或）加强用镀锌钢线	**主要内容：** 1. 明确了单线标称直径范围1.25mm～5.50mm的镀锌钢线的材料、表面质量、直径和直径偏差、长度和长度偏差、接头、取样、试验地点、机械性能试验、镀锌层试验、合格证等内容的要求。 2. 提供了5个强度等级的镀锌钢线的机械性能、扭转要求和卷绕试验芯轴直径。	**差异：** 本标准与《架空绞线用镀锌钢线》IEC 60888相比，主要有以下差异： （1）本标准补充了“附录C 架空绞线用镀锌钢线产品型号表式方法”。 （2）本标准镀锌层厚度分为A级和B级，对应IEC 60888中镀锌层厚度分为Class1和Class2

续表

序号	标准名称/标准号/时效性	针对性	内容与要点	关联与差异
14			**重点与要点：** 镀锌钢线的镀锌层分 A 级和 B 级 2 个级别，在不同强度等级的镀锌钢线中对应的 1%伸长时应力最小值和抗拉强度最小值有所区别	
15	《绝缘子串元件的球窝连接尺寸》 GB/T 4056—2008 2009 年 3 月 1 日实施	适用于盘形和长棒形绝缘子串元件及其金属附件	**主要内容：** 1. 明确了绝缘子串元件的球窝连接组件及相关技术要求。包括： （1）标准的方案； （2）脚球； （3）帽窝； （4）连接“通”规； （5）绝缘子伞下部分； （6）锁紧销； （7）脚球尺寸及帽窝尺寸； （8）连接通规尺寸； （9）双脚球尺寸； （10）脚球和帽窝间的间隙； （11）锁紧脚球的有效性； （12）R 型销和 W 型销的销孔尺寸。 2. 说明了脚球在帽窝中的滑动位置和倾斜位置。 3. 提供了推荐量规。 **重点与要点：** 锁紧销，即 R 型销或 W 型销，应设计成在最大尺寸的帽窝中能锁紧最小尺寸的脚球	**关联：** 本标准仅涉及安装所必需的尺寸，不规定材料性能和工作负荷，尺寸与强度等级的配合，执行《标称电压高于 1000V 的架空线路绝缘子 交流系统用瓷或玻璃绝缘子件盘形悬式绝缘子元件的特性》GB/T 7253 和《长棒形绝缘子元件的特性》IEC 60433 的相关规定
16	《环形混凝土电杆》 GB/T 4623—2006 2006 年 12 月 1 日实施	1. 适用于电力、通讯及接触网架空线路的电杆、照明支柱和信号机柱等。 2. 不包括电杆的其他组成部分，如横担、卡盘、	**主要内容：** 1. 明确了环形混凝土电杆的分类、原材料及构造、要求、试验方法、检验规则、标志与出厂证明书、贮存及运输等内容的要求。 2. 提供了各类混凝土电杆开裂检验弯矩。 3. 对电杆力学性能试验方法进行了说明。	**关联：** 1. 电杆普通钢筋连接应采用焊接，张拉程度及应力控制方法和焊接质量均应符合《混凝土结构工程施工质量验收规范》GB 50204 的相关规定。 2. 混凝土电杆的混凝土抗压强度试验方法应执行《普通混凝土力学性能试验方法标准》GB/T 50081 的相关规

续表

序号	标准名称/标准号/时效性	针对性	内容与要点	关联与差异
16		地盘等配件	**重点与要点：** 1. 产品按外形分为锥形杆（Z）和等径杆（D）两种，若按产品的不同配筋方式，可分为钢筋混凝土电杆、预应力混凝土电杆和部分预应力混凝土电杆。 2. 钢筋混凝土电杆的混凝土强度等级不宜低于C40，脱模时混凝土抗压强度不宜低于20MPa。 3. 预应力混凝土电杆、部分预应力混凝土电杆的混凝土强度等级不宜低于C50，脱模时混凝土抗压强度不宜低于C40。 4. 纵向受力钢筋的净保护层厚度不得小于15mm，钢板圈、法兰盘接头端纵向受力钢筋顶部，必须采取有效防腐措施处理。 5. 混凝土抗压强度、外观质量和尺寸偏差、保护层厚度及力学性能均符合标准要求时，则判该批产品为合格	定。且28天混凝土抗压检验评定应执行《混凝土强度检验评定标准》GB/T 50107的相关规定。 **差异：** 本标准6.1规定：钢筋混凝土电杆的混凝土强度等级不宜低于C40；预应力混凝土电杆、部分预应力混凝土电杆的混凝土强度等级不宜低于C50。 《66kV及以下架空电力线路设计规范》GB 50061—2010中8.2.3规定：环形断面钢筋混凝土电杆的混凝土强度不应低于C30；预应力混凝土电杆的混凝土强度不应低于C40。其他预制混凝土构件的混凝土强度不应低于C20
17	《紧固件表面缺陷 螺栓、螺钉和螺柱 一般要求》 GB/T 5779.1—2000 2001年2月1日实施	1. 适用于一般要求的螺栓、螺钉和螺柱的各类表面缺陷。 2. 使用的螺栓、螺钉和螺柱包括： （1）螺纹公称直径等于或大于5mm； （2）产品等级A和B级； （3）性能等级等于或小于10.9级。 3. 产品标准另有规定或供需双方有特殊协议者例外	**主要内容：** 1. 明确了紧固件（螺栓、螺钉和螺柱）表面缺陷的种类、原因、外观特征和极限，检查与判定程序。 2. 规定了紧固件（螺栓、螺钉和螺柱）表面缺陷的抽样方案。 **重点与要点：** 1. 紧固件表面缺陷主要有裂缝、原材料的裂纹和条痕、凹痕、皱纹、切痕、损伤。 2. 紧固件检查时，制造者有权采用任何检查程序，但必须保证产品符合本标准的规定	**关联：** 1. 表面缺陷达到本标准允许极限的紧固件（螺栓、螺钉和螺柱），该产品的机械和工作性能仍应符合《紧固件机械性能 螺栓、螺钉和螺柱》GB/T 3098.1的最低要求，且还应符合相应产品标准的尺寸要求。 2. 紧固件（螺栓、螺钉和螺柱）验收检查程序应符合《紧固件 验收检查》GB/T 90.1的相关规定
18	《紧固件表面缺陷 螺母》 GB/T 5779.2—2000	1. 适用于螺母的各类表面缺陷。适用的螺母： （1）螺纹公称直径为	**主要内容：** 明确了紧固件（螺母）表面缺陷的种类、原因、外观特征和极限，检查与判定程序。	**关联：** 1. 表面缺陷达到本标准允许极限的紧固件（螺母），该产品的机械和工作性能仍应符合《紧固件机械性能

续表

序号	标准名称/标准号/时效性	针对性	内容与要点	关联与差异
18	2001年2月1日实施	5mm～39mm； （2）产品等级A和B级； （3）符合《紧固件机械性能　螺栓、螺钉和螺柱》GB/T 3098.2和《紧固件机械性能螺栓、螺钉和螺柱》GB/T 3098.2规定的所有性能等级。 2. 产品标准另有规定或供需双方有特殊协议者例外	**重点与要点：** 1. 在去除表面涂、镀层后，如发现有可能超过允许极限的表面缺陷，则应选取有最严重表面缺陷的样品进行破坏性试验。 2. 如果在目测检查中，发现淬火裂缝或在紧锁部分有超差的裂缝，或超过尺寸极限的表面缺陷，则该批产品应予拒收	螺栓、螺钉和螺柱》GB/T 3098.2、《紧固件机械性能　螺母　细牙螺纹》GB/T 3098.4、《紧固件机械性能　有效力矩型钢锁紧螺母》GB/T 3098.9的最低要求，且还应符合相应产品标准的尺寸要求。 2. 紧固件（螺栓、螺钉和螺柱）验收检查程序应执行《紧固件　验收检查》GB/T 90.1的相关规定。 3. 破坏性试验在去除表面涂、镀层后如发现有可能超过允许极限的表面缺陷，应选取最严重表面缺陷的样品进行，执行《紧固件机械性能　螺母锥形保证荷载试验》GB/T 3098.12和《紧固件机械性能　螺母扩孔试验》GB/T 3098.14的相关规定。 4. 易切钢制造的螺母的仲裁试验应按照《紧固件机械性能　螺母扩孔试验》GB/T 3098.14的规定对螺母进行扩孔试验
19	《紧固件表面缺陷　螺栓、螺钉和螺柱　特殊要求》 GB/T 5779.3—2000 2001年2月1日实施	1. 适用于特殊要求的螺栓、螺钉和螺柱的各类表面缺陷。 2. 使用的螺栓、螺钉和螺柱包括： （1）螺纹公称直径等于或大于5mm； （2）产品等级A和B级； （3）公称长度$l \leqslant 10d$； （4）性能等级12.9级； （5）性能等级8.8、9.8和10.9级，但应在产品标准或供需双方协议中的规定	**主要内容：** 1. 明确了特殊要求的螺栓、螺钉和螺柱表面缺陷的种类、原因、外观特征和极限，检查与判定程序。 2. 提供了特殊要求的螺栓、螺钉和螺柱表面缺陷的抽样方案。 **重点与要点：** 1. 紧固件检查时，制造者有权采用任何检查程序，但必须保证产品符合本标准的规定。 2. 如查出不合格产品，则根据相关规定，将有最严重缺陷的产品组成第二样本，并在通过缺陷的最大深度处取一个垂直于缺陷的截面进行检查	**关联：** 1. 表面缺陷达到本标准允许极限的螺栓、螺钉和螺柱，该产品的机械和工作性能仍应符合《紧固件机械性能　螺栓、螺钉和螺柱》GB/T 3098.1的最低要求，还应符合相应产品标准的尺寸要求。 2. 对特殊要求的螺栓、螺钉和螺柱验收检查程序应执行《紧固件　验收检查》GB/T 90.1的相关规定
20	《标称电压高于1000V的架空线路绝缘子　交流系统用瓷或玻璃绝缘子元	1. 适用于标称电压高于1000V、频率不大于100Hz的交流架空线路	**主要内容：** 1. 明确了盘形悬式绝缘子串元件的机械特性和主要尺寸的特征值。主要包括： （1）机械和尺寸特性； （2）型号及标志；	**关联：** 本标准未规定绝缘子串元件的工频、雷电冲击和击穿耐受电压值，《标称电压高于1000V的架空线路绝缘子

续表

序号	标准名称/标准号/时效性	针对性	内容与要点	关联与差异
20	件 盘形悬式绝缘子元件的特性》 GB/T 7253—2005 2006年7月1日实施	用瓷或玻璃盘形悬式绝缘子串元件。 2. 适用于变电站使用的类似结构的绝缘子。 3. 适用于球窝连接、槽形连接的盘形悬式绝缘子串元件。 4. 适用于清洁地区和污秽地区的架空线路绝缘子串元件	（3）公差。 2. 说明了本标准与《盘形悬式绝缘子串元件尺寸与特性》GB/T 7253—1987和《高压线路耐污盘形悬式绝缘子》JB 9681—1999的典型盘形悬式绝缘子元件型号对照。 **重点与要点：** 1. 对于直流系统的绝缘子可能也需选择不同的尺寸，在任何情况下，推荐采用本标准规定的标准化的机械特性和连接尺寸。 2. 标准盘形悬式绝缘子串元件由以下特性表征： （1）机电或机械破坏负荷； （2）绝缘件的最大公称直径； （3）公称结构高度； （4）最小公称爬电距离； （5）标准连接标记	第1部分：交流系统用瓷或玻璃绝缘子元件 定义、试验方法和判定准则》GB/T 1001.1规定了绝缘子串元件的电气特性，其值应该由供需双方商定。 **差异：** 本标准未规定绝缘子串元件的工频、雷电冲击和击穿耐受电压值，《标称电压高于1000V的架空线路绝缘子 第1部分：交流系统用瓷或玻璃绝缘子元件 定义、试验方法和判定准则》GB/T 1001.1规定了绝缘子串元件的电气特性，其值应该由供需双方商定
21	《架空绞线用硬铝线》 GB/T 17048—2009 2009年12月1日实施	适用于架空输电用绞线的硬铝线	**主要内容：** 明确了标称直径范围为1.25mm～5.00mm硬铝线的机械性能和电气性能。主要包括： （1）硬铝线计算用数值； （2）材料； （3）表面质量； （4）直径和直径公差； （5）长度和长度误差； （6）接头； （7）取样； （8）试验地点； （9）机械性能试验及电阻率试验； （10）合格证。 **重点与要点：** 1. 硬铝线应由要求纯度的铝制成，以达到本标准规定机械性能和电气性能，铝的含量应不小于99.5%。 2. 硬铝线表面应光洁，并不应有与良好的商品不相称的任何缺陷	**关联：** 1. 架空绞线用硬铝线的拉力试验方法应执行《裸电线试验方法 第3部分：拉力试验》GB/T 4909.3的相关规定。 2. 架空绞线用硬铝线的卷绕试验方法应执行《裸电线试验方法 第7部分：卷绕试验》GB/T 4909.7的相关规定。 3. 架空绞线用硬铝线的电阻率试验方法应执行《电线电缆电性能试验方法 第2部分：金属材料电阻率试验》GB/T 3048.2的相关规定

续表

序号	标准名称/标准号/时效性	针对性	内容与要点	关联与差异
22	《电工用铝包钢线》 GB/T 17937—2009 2009 年 12 月 1 日实施	1. 适用于绞合前的、不同电气性能和机械性能的电工用圆形硬拉裸铝包钢线。 2. 包括应用于铝绞线的加强芯及所有铝包钢绞线的铝包钢线。 3. 不包括再拉制的线	**主要内容：** 1. 明确了电工用铝包钢线的电气和机械性能、试验、包装等的要求。 2. 提供了铝和钢截面积的比率，铝包钢线的分级、导电率、铝层厚度、20℃时标称密度、物理常数的具体要求及数值。 3. 详细规定了铝包钢线的材料质量要求，包括材料、外观、密度、标称直径偏差、最小铝层厚度、抗拉强度、伸长率、电阻率、扭转试验、1%伸长时应力、接头等要求。 **重点与要点：** 1. 包层用铝的纯度最小为 99.5%，其质量应足以满足本标准规定的厚度和电阻要求。 2. 铝包钢线应光洁，并且不得有可能影响产品性能的所有缺陷。 3. 根据抗拉强度计算单根铝包钢线拉断力时，应使用成品线的实测直径。 4. 铝包钢线应符合断裂后伸长率不小于 1%或断裂时总的伸长率不小于 1.5%的要求。 5. 在 100 倍标称直径的长度上，铝包钢线应能经受不少于 20 次的扭转而不断裂	**关联：** 铝包钢线试件电阻率试验应按《电线电缆电性能试验方法　第 2 部分 金属材料电阻率试验》GB/T 3048.2 的规定执行，测量时温度应不小于 10℃也不大于 30℃
23	《架空线路绝缘子 标称电压高于 1000V 的交流系统用悬垂和耐张复合绝缘子定义、试验方法及接收准则》 GB/T 19519—2014 2015 年 1 月 22 日实施	1. 适用于交流线路、变电站悬垂和耐张用复合绝缘子。 2. 适用于芯棒由同一绝缘材料制成的混合复合绝缘子。 3. 不适用于线路柱式绝缘子。 4. 不包括按特定运行条件选择绝缘子的要求	**主要内容：** 1. 明确了交流架空线路用复合绝缘子的定义、试验方法及接收准则。包括： （1）标志； （2）环境条件； （3）运输、存储和安装； （4）混合绝缘子； （5）公差； （6）试验分类； （7）设计试验； （8）型式试验；	**关联：** 1. 复合绝缘子的标志、正常运行环境条件、运输、存储和安装应符合《标称电压高于 1000V 使用的户内和户外聚合物绝缘子 一般定义、试验方法和接收准则》GB/T 22079 的相关规定。 2. 复合绝缘子干雷电冲击耐受电压试验、湿工频电压试验、湿操作冲击耐受电压试验应符合《标称电压高于 1000V 的架空线路绝缘子　第 2 部分：交流系统用绝缘子串及绝缘子串组 定义、试验方法和接收准则》GB/T 1001.2 的规定。

续表

序号	标准名称/标准号/时效性	针对性	内容与要点	关联与差异
23			（9）抽样试验； （10）逐个试验。 2. 本标准可部分应用于芯棒由同一材料（瓷、树脂）制成的混合复合绝缘子。负荷-时间机械试验和芯棒材料试验通常不适用于瓷质芯棒，对于这类绝缘子可从本标准和《标称电压高于1000V的架空线路绝缘子 第1部分：交流系统用瓷或玻璃绝缘子元件 定义、试验方法和判定准则》GB/T 1001.1中选择试验。 3. 提供了悬垂和耐张复合绝缘子的损伤极限、负荷配合及其试验原理。 4. 提供了悬垂和耐张复合绝缘子的非标准机械应力和机械动载荷。 5. 提供了两种突然卸载装置示例。 **重点与要点：** 1. 绝缘子上应有证明其已通过了逐个试验的标识。 2. 型式试验旨在验证复合绝缘子的主要特性。 3. 抽样试验是为了验证绝缘子由制造质量和所用材料决定的特性。 4. 逐个试验用来剔除有制造缺陷的绝缘子。 5. 验证试验包括外观检查、陡波前冲击电压试验和干工频电压试验	**差异：** 1. 本标准没有考虑把工频电弧试验作产品标准试验之一，由于输电网络的结构和杆塔不同，以及电弧保护设计不同，试验参数及其取值多种多样。绝缘子交流工频电弧试验应按《标称电压高于1000V的架空线路用绝缘子串和绝缘子串组 交流工频电弧试验》GB/T 25084的要求执行。 2. 本标准不包括有关按特定运行条件选择绝缘子的要求。而《标称电压高于1000V交流架空线路用复合绝缘子使用导则》DL/T 864中包括有关按特定运行条件选择绝缘子的要求
24	《标称电压高于1000V架空线路用复合绝缘子串件 第1部分：标准强度等级和端部附件》	1. 适用于标称电压高于1000V、频率不超过100Hz的交流架空线路用复合绝缘子串元件。 2. 适用于变电站或电力牵引线路上使用类似设计的绝缘子	**主要内容：** 1. 主要包括： （1）机械和尺寸特性； （2）标准方案； （3）绝缘子连接符号表示； （4）标志； （5）复合绝缘子串元件。 2. 明确了复合绝缘子串元件的标准连接符号和表示方法。 3. 提供了球窝连接（N系列）、槽形连接（N系列）、Y形连接和耳环形连接的尺寸。	**关联：** 复合绝缘子的球头和帽窝连接尺寸应符合《绝缘子串元件的球窝连接尺寸》GB/T 4056的相关规定

续表

序号	标准名称/标准号/时效性	针对性	内容与要点	关联与差异
24	GB/T 21421.1—2008 2008 年 9 月 1 日实施		**重点与要点：** 1. 复合绝缘子串元件机械特性的规定值和使用在复合绝缘子串元件上连接的主要尺寸，使不同制造者提供的绝缘子或端部附件能够装配及互换。 2. 每个绝缘子都应清晰和持久地标明制造厂的名称或商标、制造年份、规定机械负荷，并且每个零部件允许一种方式标志	
25	《铜包铝线》 GB/T 29197—2012 2013 年 6 月 1 日实施	1. 适用于电工裸圆铜包铝线。 2. 该铜包铝线的典型用途为射频同轴电缆内导体，其他用途也可选用	**主要内容：** 1. 明确了铜包铝线的相关要求，主要包括： （1）分类与型号； （2）要求； （3）试验方法； （4）检验规则； （5）包装、标志、运输和贮存； （6）订货合同内容。 2. 提供了测量标称直径小于 2.00mm 铜包铝线铜层厚度的金相显微镜法，并进行了详细说明。 3. 对抗拉强度和断裂时伸长率试验进行了说明。 **重点与要点：** 1. 反复弯曲试验时，铜包铝线的铜层与铝芯线的界面上应无分层现象。 2. 每盘铜包铝线应为一整根，不允许有接头	**关联：** 1. 铜包铝线的直径和长度应按《裸电线试验方法　第 2 部分：尺寸测量》GB/T 4909.2 的规定进行测量。 2. 铜包铝线的直流电阻测量应按《电线电缆电性能试验方法　第 2 部分：金属材料电阻率试验》GB/T 3048.2 的规定进行。 3. 铜包铝线的扭转试验应按《同轴通信电缆　第 1-310 部分：机械试验方法 铜包金属的扭转特性试验》IEC 61196-1-310 的规定进行。 4. 铜包铝线的反复弯曲试验应按《裸电线试验方法 第 5 部分：弯曲试验反复弯曲》GB/T 4909.5 的规定进行
26	《架空导线用纤维增强树脂基复合材料芯棒》 GB/T 29324—2012 2013 年 6 月 1 日实施	适用于架空导线的纤维增强树脂基复合材料加强芯	**主要内容：** 1. 明确了架空导线用纤维增强树脂复合材料芯棒的各项要求，主要包括： （1）产品命名及表式方法； （2）规格； （3）技术要求； （4）试验； （5）检验规则； （6）包装、标志、运输和贮存；	**关联：** 1. 复合材料芯棒的径向耐压试验除应执行本标准规定外，其他试验条件尚应符合《纤维增强塑料性能试验方法 总则》GB/T 1446 的相关规定。 2. 复合材料芯棒的弹性模量测试方法按《金属材料 弹性模量和泊松比试验方法》GB/T 22315 的规定执行。 3. 复合材料芯棒的耐荧光紫外老化试验按《塑料 实验室光源暴露试验方法　第 3 部分：荧光紫外灯》GB/T 16422.3 的规定进行。

续表

序号	标准名称/标准号/时效性	针对性	内容与要点	关联与差异
26			（7）接收和拒收。 2．说明了卷绕试验、扭转试验的设备和试验方法。 **重点与要点：** 1．复合芯棒表面应圆整、光洁、平滑、色泽一致，不得有与良好的工业产品不相称的任何缺陷。 2．复合芯棒的密度应不大于2.0kg/dm³。 3．复合芯棒应承受不小于30kN的压力，其端部应不开裂或脱皮。 4．复合芯棒成品不允许有任何形式的接头	4．复合材料芯棒的密度测量按《纤维增强塑料密度和相对密度试验方法》GB/T 1463规定的方法进行。 5．复合材料芯棒的玻璃化转变温度按《电气绝缘材料测定玻璃化转变温度的试验方法》GB/T 22567规定的方法进行试验和计算DMA T_g。 6．复合材料芯棒的线膨胀系数按《纤维增强塑料平均线膨胀系数试验方法》GB/T 2572规定的方法对同一试样进行两次试验，第二次试验测试数据作为最终试验结果。 7．复合材料芯棒的盐雾试验按《人造气氛腐蚀试验 盐雾试验》GB/T 10125规定的方法进行
27	《架空导线用软铝型线》 GB/T 29325—2012 2013年6月1日实施	适用于制造架空导线的软铝型线	**主要内容：** 1．主要包括： （1）产品命名及表式方法； （2）规格； （3）材料； （4）截面形状； （5）外观； （6）尺寸偏差； （7）机械性能； （8）电性能； （9）交货要求； （10）检验规则； （11）包装及标志。 2．提供了软铝型线推荐截面形状示意图。 3．提供了软铝型线进行拉力试验的夹持方式。 **重点与要点：** 1．软铝型线表面应光洁，不得有与良好工业产品不相称的任何缺陷。 2．软铝型线应成盘交货，每盘软铝型线应为一整根，不允许有任何形式的接头。在制造过程中铝杆和成品线模前的焊接除外。 3．根据双方协议，允许以任何重量的软铝型线交货	**关联：** 1．软铝型线应采用符合《电工圆铝杆》GB/T 3954规定的圆铝杆制造。 2．软铝型线的尺寸偏差检验应执行《裸电线试验方法 第2部分：尺寸测量》GB/T 4909.2的相关规定，机械性能检验执行《裸电线试验方法 第3部分：拉力试验》GB/T 4909.3的相关规定，电性能检验执行《电线电缆电性能试验方法 第2部分：金属材料电阻率试验》GB/T 3048.2的相关规定

续表

序号	标准名称/标准号/时效性	针对性	内容与要点	关联与差异
28	《架空绞线用耐热铝合金线》 GB/T 30551—2014 2014 年 10 月 28 日实施	适用于架空输电用绞线的耐热铝合金线	**主要内容：** 1. 明确了商业应用的直径范围内的耐热铝合金线的机械性能、电气性能及耐热性能。主要包括： （1）型号； （2）耐热铝合金线的数值； （3）技术要求； （4）检验； （5）接收或拒收。 2. 明确了耐热铝合金线的相关参数。 3. 对耐热铝合金线的材料、表面质量、直径和直径偏差、抗拉强度、伸长率、电阻率、耐热性、长度及长度偏差、接头、卷绕、取样等技术要求进行了详细说明。 4. 规定了耐热铝合金线的型式试验要求。 5. 明确了例行试验的项目与要求。 **重点与要点：** 1. 耐热铝合金线表面应光洁，没有任何如裂纹、毛刺、开裂、夹杂，或其他可能危害产品性能的缺陷。 2. 对绞合时成型的非圆形线，抗拉强度应不小于相应的绞前抗拉强度要求值的 95%。 3. 伸长率是以初始标距作为原始长度的伸长百分比，最终伸长率测试应在卸载后的样品上进行	**关联：** 1. 本标准明确所有类型的铝-锆合金线运行温度都高于《架空绞线用铝-镁-硅系合金圆线》GB/T 23308—2009 中所列的铝-镁-硅系合金线及《架空绞线用硬铝线》GB/T 17048—2009 所列的架空绞线用硬铝线，并提供了铝-锆合金线的允许运行温度。 2. 耐热铝合金线样品电阻率应按《金属材料的电阻率试验方法》IEC 60469：1974 规定的方法，在 10℃～30℃范围内测量
29	《输电线路杆塔不锈钢复合材料耐腐蚀接地装置》 DL/T 248—2012 2012 年 7 月 1 日实施	1. 适用于架空输电线路杆塔所使用的接地装置，包括埋入一般中性土壤、酸性土壤中的接地装置。 2. 交流架空配电线路杆塔、直流输电线路杆塔所使用的接地装置可参照执行	**主要内容：** 1. 明确了不锈钢复合材料耐腐蚀接地装置的一般技术要求。包括： （1）分类和型号； （2）要求； （3）试验方法； （4）检验规则； （5）标志、包装、运输和贮存。 2. 提供了耐腐蚀接地装置结构示意图。 3. 明确了土壤腐蚀性评价标准、常用接地材料的相关	**关联：** 1. 接地体及引下线包覆用材料应符合《流体输送用不锈钢焊接钢管》GB/T 12771 中的化学成分和力学性能；接地体及引下线芯棒用材料应符合《冷镦和冷挤压用钢》GB/T 6478 中化学成分和力学性能。 2. 极尖、接地线连接板用材料应符合《不锈钢和耐热钢牌号及化学成分》GB/T 20878 中化学成分和物理性能。 3. 连接头及连接管材料应符合《流体输送用不锈钢无缝钢管》GB/T 14976 中化学成分和力学性能

续表

序号	标准名称/标准号/时效性	针对性	内容与要点	关联与差异
29			参数、耐腐蚀接地装置的安装施工及验收要求、耐腐蚀接地装置抽样方案。 **重点与要点：** 1. 耐腐蚀接地装置按结构可分为Ⅰ型、Ⅱ型、Ⅲ型、Ⅳ型。 2. 耐腐蚀接地装置按耐腐蚀等级，可分为耐一般腐蚀（A级）和耐强腐蚀（B级）两种。 3. 接地装置中的接地体、接地引下线及接地线连接板、连接头、极尖等部件均应耐受强酸性土壤和强碱性土壤的腐蚀，其平均腐蚀率应满足不大于0.008mm/a（毫米/年）的要求。 4. 接地体耐腐蚀性能检验分为型式试验、出厂试验和验收试验	
30	《输电线路杆塔及电力金具用热浸镀锌螺栓与螺母》 DL/T 284—2012 2012年3月1日实施	适用于输电线路杆塔和电力金具及其他的钢制紧固连接用零件	**主要内容：** 1. 明确了螺纹规格为M10～M64的输电线路杆塔及电力金具用热浸锌六角头螺栓、六角螺母、六角薄螺母和脚钉的型式尺寸、技术要求、试验方法的运用及适用性、试验方法、验收检查和组配包装与标识，以及采用加大攻丝尺寸的内螺纹，以容纳热浸镀锌层，满足外螺纹与内螺纹配合要求。 2. 对4.8、6.8、8.8、10.9四个等级的螺栓和脚钉5、6、8、10、12五个等级的螺母进行了详细的说明。 **重点与要点：** 1. 螺栓、脚钉产品应在头部顶面用凸字或凹字制出性能等级标记代号和制造者识别标志。 2. 螺栓螺纹及其他零件的外螺纹应采用滚压螺纹工艺制造；螺母螺纹及其他内螺纹零件在热浸镀锌后进行攻丝，不允许重复攻丝。 3. 热浸镀锌层的局部厚度应不小于40μm，平均厚度不小于50μm	**关联：** 1.《紧固件机械性能　螺栓、螺钉和螺柱》GB/T 3098.1和《紧固件机械性能　螺母粗牙螺纹》GB/T 3098.2对螺栓、脚钉和螺母性能等级标志的规定与本标准相同，对螺纹的精度、硬度和材料做了更详细的规定。在输电线路中如采用本标准提出的螺栓与螺母之外等级的螺栓与螺母时，应执行《紧固件机械性能　螺栓、螺钉和螺柱》GB/T 3098.1和《紧固件机械性能　螺母粗牙螺纹》GB/T 3098.2的规定。 2. 螺栓和脚钉、螺母表面缺陷应符合《紧固件表面缺陷　螺栓、螺钉和螺柱一般要求》GB/T 5779.1和《紧固件表面缺陷　螺母》GB/T 5779.2的相关规定。 3. 内螺纹基本偏差应符合《热浸镀锌螺纹在内螺纹上容纳镀锌层》GB/T 22028中6AZ的规定，外螺纹镀前应采用《普通螺纹公差》GB/T 197规定的6g公差带。 4. 螺栓与螺母的未注尺寸公差及几何公差检查中应执行《紧固件公差　螺栓、螺钉、螺柱和螺母》GB/T 3103.1的C级规定

续表

序号	标准名称/标准号/时效性	针对性	内容与要点	关联与差异
31	《设备线夹》 DL/T 346—2010 2011年5月1日实施	适用于发电厂和变电站配电装置中母线引下线与电气设备及电气设备间连接的设备线夹	**主要内容：** 1. 明确了设备线夹的型式、分类、技术要求、试验方法、验收规则、标志与包装及型号命名方法。 2. 对各类型设备线夹进行分类并提供了图样。 3. 明确了设备线夹应满足的技术要求和质量标准，并提供了加工、材料及紧固件的要求和执行标准。 **重点与要点：** 1. 设备线夹是母线引下线与电气设备及电气设备之间连接用的金具。 2. 设备线夹按连接型式一般分为螺栓型结构和压缩型结构两种型式。 3. 设备线夹的机械性能是其握力不低于被安装导（绞）线计算拉断力的10%。 4. 铜铝焊接处在弯曲180°时，焊缝不应断裂	**关联：** 1. 设备线夹的试验方法应符合《电力金具试验方法　第1部分：机械试验》GB/T 2317.1、《电力金具试验方法　第2部分：电晕和无线电干扰试验》GB/T 2317.2、《电力金具试验方法　第3部分：热循环试验》GB/T 2317.3的相关规定。 2. 设备线夹热镀锌的锌层检验按《电力金具制造质量　钢铁件热镀锌层》DL/T 768.7的规定执行。 3. 设备线夹的验收、标志与包装应符合《电力金具通用技术条件》GB/T 2314的相关规定
32	《T型线夹》 DL/T 347—2010 2011年5月1日实施	适用于架空电力线路、电厂及变电站配电装置中母线及引下线T接的T型线夹	**主要内容：** 明确了T型线夹的型式、分类、技术要求、试验方法、验收规则、标志与包装及型号命名方法。 **重点与要点：** 1. T型线夹是架空电力线路、电厂及变电站配电装置中母线与引下线的T形连接金具。 2. 连接主导线的型式一般分为螺栓型结构和压缩型结构两种，每种型式又可分为单导线结构和双导线结构。 3. 引下线通常采用螺栓连接、压缩连接或引流板连接三种型式。 4. T型线夹的握力不应小于被安装导线计算拉断力的10%。 5. 引下线采用空心扩径导线时，应安装芯棒	**关联：** 1. T型线夹的制造质量应符合《电力金具制造质量　铝制件》DL/T 768.5的相关规定。 2. T型线夹一般技术条件应符合《电力金具通用技术条件》GB/T 2314的规定。 3. 压缩型T型线夹按《重熔用铝锭》GB/T 1196的规定，采用铝含量不低于99.5%的铝材制造。 4. 螺栓型T型线夹按《铸造铝合金》GB/T 1173的规定，采用ZL 102铝硅合金制造。 5. U型螺丝按《碳素结构钢》GB/T 700的规定，采用抗拉强度不低于375MPa的钢制造
33	《绝缘子用常温固化硅橡胶防污闪涂料》 DL/T 627—2012 2012年7月1日实施	适用于交流系统额定电压高于1000V、环境温度−40℃～+40℃、污秽条件下运行绝缘子使用的RTV涂料	**主要内容：** 1. 明确了绝缘子用常温固化硅橡胶防污闪涂料（简称RTV）的基本技术要求、检验规则、包装与贮存、选用	**关联：** RTV涂层的耐污压性能试验应执行《高压交流系统用复合绝缘子人工污秽试验》DL/T 859的相关试验方法，性能应满足本标准4.2.2的规定

续表

序号	标准名称/标准号/时效性	针对性	内容与要点	关联与差异
33			原则、验收、施工、运行围护和技术管理等。 2．对RTV的抽样试验和型式试验的试验方法和依据进行了说明。 3．明确了剪切强度试验方法、自洁性试验方法、冲击击穿电压试验方法、在运行电压和模拟气候下的老化试验及切片法测量RTV涂层厚度。 **重点与要点：** 1．以同批原料同一工艺方法连续生产制成的RTV涂料算作一批，每批数量不超过500g。 2．RTV涂料的检验分抽样试验和型式试验，出厂时进行抽样试验。 3．憎水性检测结果的判定不以一次检测结果为依据，应综合多次测量结果进行判定	
34	《悬垂线夹》 DL/T 756—2009 2009年12月1日实施	1．适用于架空线路的直线杆塔导线、地线用螺栓紧固型悬垂线夹。 2．非直线杆塔固定跳线用悬垂线夹可参照执行	**主要内容：** 1．明确了悬垂线夹的型式、技术要求、材料工艺的相关要求。主要包括： （1）型式及分类； （2）技术要求； （3）材料及工艺； （4）验收规则及试验方法； （5）标志与包装； （6）型号命名方法。 2．明确了悬垂线夹材料、质量、工艺、试验与验收、包装相应执行标准及规定。 **重点与要点：** 1．悬垂线夹一般包括船体、回转轴和压条等部件，对于不用回转轴部件的悬垂线夹，仅在特殊场合使用。 2．悬垂线夹根据回转轴中心与导线轴线之间的相对位置关系，可分为：中心回转式、下垂式及上扛式。 3．根据悬垂线夹对导线握力值要求，悬垂线夹可划分为固定型、滑动型及有限握力型。	**关联：** 1．悬垂线夹的一般技术条件、标志与包装应符合《电力金具通用技术条件》GB/T 2314的相关规定。 2．与悬垂线夹连接的双板槽型适配金具连接尺寸应符合《电力金具标称破坏载荷系列及连接型式尺寸》GB/T 2315的相关规定。 3．悬垂线夹的试验方法及验收应符合《电力金具试验方法》GB/T 2317.1～4的相关规定。 4．悬垂线夹的型号与命名方法应符合《电力金具产品型号命名方法》DL/T 683的相关规定

续表

序号	标准名称/标准号/时效性	针对性	内容与要点	关联与差异
34			4. 悬垂线夹的结构型式应偏于带电作业，线夹的组成部件数应减为最少，并可采用带电作业工具进行线夹的安装或拆卸	
35	《耐张线夹》 DL/T 757—2009 2009 年 12 月 1 日实施	适用于架空线路、配电线路、变电站及发电厂配电装置的耐张杆塔上导线、地线终端固定及杆塔拉线终端固定用耐张线夹	**主要内容：** 明确了耐张线夹型式和技术要求。主要包括： （1）型式及分类； （2）技术要求； （3）材料及工艺； （4）试验方法及验收规则； （5）标志与包装； （6）型号命名方法。 **重点与要点：** 1. 耐张线夹按其结构和安装方法主要分为压缩型、螺栓型、楔型和预绞式耐张线夹。 2. 压缩型耐张线夹的安装一般分为液压和爆压两种方式，其连接型式有环型连接与槽型连接两种。 3. 耐张线夹与导、地线的连接处，应避免两种不同金属间产生的双金属腐蚀问题。 4. 压缩型耐张线夹钢锚非压缩部分的强度不应小于导线、地线计算拉断力的 105%，或符合需方要求。 5. 螺栓型线夹强度应不小于导线计算拉断力的 105%，或符合需方要求	**关联：** 1. 耐张线夹的一般技术条件、握力强度、标志与包装应符合《电力金具通用技术条件》GB/T 2314 的相关规定。 2. 耐张线夹的命名方法应符合《电力金具产品型号命名方法》DL/T 683 的相关规定。 3. 耐张线夹的试验方法及验收按《电力金具试验方法》GB/T 2317.1～4 的规定执行。 4. 耐张线夹的制造质量应符合《电力金具制造质量》DL/T 768.1～7 的规定
36	《接续金具》 DL/T 758—2009 2009 年 12 月 1 日实施	1. 适用于额定电压及以上的架空线路导线、地线用接续金具。 2. 10kV 以下线路使用接续金具可参照执行。 3. 在严重腐蚀，污秽的环境、高海拔地区、高寒地区等条件下使用的金具应满足其他相关标准的规定	**主要内容：** 1. 明确了架空线路用接续金具在设计、制造、试验、验收及标志与包装等方面的要求。主要包括： （1）型式及分类； （2）技术要求； （3）材料及工艺； （4）试验方法及验收规则； （5）标志与包装； （6）型号命名方法。	**关联：** 1. 接续金具的一般技术条件、握力强度、材料及工艺、标志与包装应符合《电力金具通用技术条件》GB/T 2314 的相关规定。 2. 接续金具的命名方法应符合《电力金具产品型号命名方法》DL/T 683 的相关规定。 3. 接续金具的制造质量应符合《电力金具制造质量》DL/T 768.1～7 的规定。

续表

序号	标准名称/标准号/时效性	针对性	内容与要点	关联与差异
36			2. 明确了接续金具材料、质量、工艺、试验与验收、包装相应执行标准及规定。 **重点与要点：** 1. 接续金具按其承受拉力情况分为承力型和非承力型。 2. 承力型接续金具一般分为压缩型和预绞式；压缩型接续金具一般分为钳压、液压和爆压三种。 3. 接续金具与导、地线连接处应避免两种不同金属间产生的双金属腐蚀。 4. 承受全张力荷载的圆形铝或铝合金液压型接续管的拔稍长度为导线直径的1～1.5倍	4. 接续金具的试验方法及验收按《电力金具试验方法》GB/T 2317.1～4的规定执行
37	《连接金具》 DL/T 759—2009 2009年12月1日实施	1. 适用于额定电压10kV及以上架空线路、变电站及发电厂配电装置用连接金具。 2. 10kV以下线路使用的连接金具可参照执行。 3. 在严重腐蚀，污秽的环境、高海拔地区、高寒地区等条件下使用的连接金具应满足其他相关标准的规定	**主要内容：** 1. 明确了架空线路、变电站及发电厂配电装置用连接金具在设计、制造、试验、验收及标志与包装方面的要求。主要包括： （1）型式及分类； （2）技术要求； （3）材料及工艺； （4）试验方法及验收规则； （5）标志与包装； （6）型号命名方法。 2. 明确了连接金具材料、质量、工艺、试验与验收、包装相应执行标准及规定。 3. 提供了各种连接金具的典型结构型式及分类图样说明。 **重点与要点：** 1. 连接金具应承受安装、维修及运行中可能出现的机械荷载及环境条件等各种情况的考验。 2. 连接金具应避免采用有冷脆性的材料。 3. 采用冷加工的U形连接金具，其曲率半径不应小于板材厚度或棒材直径的2.5倍。 4. 采用冷加工弯曲成形的连接金具部件应进行退火处理，以消除应力	**关联：** 1. 连接金具的一般技术条件、材料及工艺、标志与包装应符合《电力金具通用技术条件》GB/T 2314的相关规定。 2. 连接金具的命名方法应符合《电力金具产品型号命名方法》DL/T 683的相关规定。 3. 连接金具的标称荷载、连接型式及尺寸应符合《电力金具标称破坏载荷系列及连接型式尺寸》GB/T 2315的相关规定。 4. 连接金具的试验方法及验收按《电力金具试验方法》GB/T 2317.1～4的规定执行

续表

序号	标准名称/标准号/时效性	针对性	内容与要点	关联与差异
38	《均压环、屏蔽环和均压屏蔽环》 DL/T 760.3—2012 2012 年 12 月 1 日实施	适用于 330kV 及以上电压等级的架空电力线路及变电站悬垂绝缘子串使用的均压环、屏蔽环和均压屏蔽环	**主要内容：** 1. 明确了均压环、屏蔽环和均压屏蔽环的结构型式及分类、技术要求、试验方法和验收规则等内容。 2. 详细说明了型号标记的组成。 3. 提供了线路及变电站所使用均压环、屏蔽环、均压屏蔽环的结构型式图样。 **重点与要点：** 1. 均压环、屏蔽环及均压屏蔽环应能够屏蔽金具，使绝缘子串在最高运行电压或规定的试验电压下无可见电晕，无线电干扰控制在允许范围内。 2. 均压环、屏蔽环和均压屏蔽环应具有足够的机械强度，能承受不小于 1000N 的静态机械荷载，且环体和支架不得因振动引起松脱或疲劳损坏	**关联：** 1. 均压环、屏蔽环和均压屏蔽环的一般技术条件应符合《电力金具通用技术条件》GB/T 2314 的相关规定。 2. 均压环、屏蔽环及均压屏蔽环的机械试验应执行《电力金具试验方法　第 1 部分：机械试验》GB/T 2317.1 的规定。 3. 均压环、屏蔽环及均压屏蔽环的电晕及无线电干扰试验应执行《电力金具试验方法　第 2 部分：电晕和无线电干扰试验》GB/T 2317.2 的规定。 4. 均压环、屏蔽环及均压屏蔽环的验收应执行《电力金具试验方法　第 4 部分：验收规则》GB/T 2317.4 的规定
39	《电力金具用杆部带销孔六角头带螺栓》 DL/T 764—2014 2015 年 3 月 1 日实施 （报批稿）	适用于电力金具用杆部带销孔六角头螺栓	**主要内容：** 明确了螺纹规格为 M12～M64 的电力金具用杆部带销孔六角头螺栓的相关要求。主要包括： （1）型式与尺寸； （2）技术条件； （3）标志和标记； （4）验收和包装。 **重点与要点：** 1. 4.8 级和 6.8 级螺栓采用碳素结构钢制造，8.8 级和 10.9 级螺栓采用合金结构钢制造。 2. 4.8 级螺栓螺纹公差为 6g，6.8、8.8 和 10.9 级螺栓螺纹公差为 8g	**关联：** 1. 螺纹标准按《普通螺纹基本尺寸》GB/T 196、《普通螺纹公差》GB/T 197 的规定执行。 2. 螺纹的尺寸公差按《紧固件公差螺栓、螺钉和螺母》GB/T 3103.1 的 C 级规定要求执行。 3. 螺栓的热浸镀锌按照《电力金具制造质量钢铁件热镀锌层》DL/T 768.7 的规定执行。 4. 螺栓的表面缺陷、配套用螺母、验收检查、包装与标识按照《输电线路杆塔及电力金具用热浸镀锌螺栓与螺母》DL/T 284 的规定执行
40	《交流输电线路用复合外套金属氧化物避雷器》 DL/T 815—2012 2012 年 3 月 1 日实施	1. 适用于 10kV～500kV 交流输电线路用避雷器。 2. 所指避雷器只用于限制线路雷电过电压，以保护线路绝缘子免受雷电引起的绝缘闪络	**主要内容：** 1. 主要内容包括： （1）标志及分类； （2）标准额定值； （3）运行条件； （4）技术要求；	**关联：** 1. 避雷器复合外套材料的耐漏电起痕和耐电蚀损试验应执行《严酷环境条件下使用的电气绝缘材料 评定耐电痕化和蚀损的试验方法》GB/T 6553 的规定。 2. 避雷器镀锌金属件镀锌检查及试验方法应执行《绝缘子金属附件热镀锌层 通用技术条件》JB/T 8177 的相关要求。

续表

序号	标准名称/标准号/时效性	针对性	内容与要点	关联与差异
40			（5）试验方法； （6）检验规则； （7）标志及包装等。 2.线路避雷器分为无间隙避雷器和带外串联间隙避雷器，带外串联间隙避雷器由线路避雷器本体和外串联间隙两部分构成。 3．线路避雷器不同试验类别如下： （1）型式试验； （2）出厂试验； （3）验收试验； （4）定期试验； （5）抽样试验。 4．规定了在不同电压等级（10kV～500kV）下避雷器的标准额定值及电气参数。 **重点与要点：** 1．无间隙避雷器或带间隙避雷器本体在0.75倍直流参考电压下的泄漏电流不应大于50μA。 2．无间隙避雷器在1.05倍持续运行电压下、带间隙避雷器本体在0.75倍额定电压下的局部放电量应不大于10pC。 3．复合外套表面单个缺陷面积（如缺胶、杂质、凸起等）不应超过5mm^2，深度不大于1mm，凸起表面与合缝应清理平整，凸起高度不应超过0.8mm，黏结缝凸起高度不应超过1.2mm，总缺陷面积不应超过复合外套总表面积的0.2%	3．试验方法中的试品、直流参考电压试验、0.75倍直流参考电压泄漏电流试验、残压试验、工频参考电压和持续电流试验、电流冲击耐受试验、动作负载试验、短路电流试验、密封试验、湿气浸入试验、气候老化试验、局部放电和无线电干扰试验、机械性能试验、工频电压耐受时间特性试验、人工污秽试验等应执行《交流无间隙金属氧化物避雷器》GB 11032的相关规定。 4．雷击冲击放电电压试验、雷击冲击伏秒特性试验、工频耐受电压试验、带电间隙避雷器本体故障后线路避雷器的绝缘耐受试验、复合外套绝缘耐受试验应执行《高电压试验技术　第1部分：一般定义及试验要求》GB/T 16927.1的相关规定。 5．带间隙避雷器支撑件的湿气浸入试验、老化试验、工频耐受电压试验、陡波冲击电压试验应执行《架空线路绝缘子　标称电压高于1000 V交流系统用悬垂和耐张复合绝缘子　定义、试验方法及接收准则》GB/T 19519的相关规定。 **差异：** 本标准与《电气装置安装工程　电气设备交接试验标准》GB 50150—2006的主要差异： （1）本标准未规定避雷器底座绝缘电阻标准。 GB 50150中21.0.2规定：底座绝缘标准及不同电压等级金属氧化物避雷器在测试绝缘电阻时必须使用不同规格的绝缘电阻表。 （2）本标准对部分电压等级线路避雷器提出了进行直流2mA下的参考电压试验的要求。 GB 50150未要求避雷器进行直流2mA下的参考电压试验
41	《光纤复合架空地线》 DL/T 832—2003 2003年6月1日实施	适用于光纤复合架空地线（OPGW）	**主要内容：** 明确了光纤复合架空地线（OPGW）的产品型号、结构、技术要求、特性参数、相应的试验方法和验收规则、包装、运输贮存、安装建议以及使用说明书的相关要求。	**关联：** 1．用于成缆的单模光纤的涂覆层结构、光纤强度筛选水平、模场直径和尺寸参数、截止波长、1550nm波长上的宏弯损耗和传输特性，均应符合《通信用单模光纤》GB/T 9771.1～6的相关规定；多模光纤的特性应符合《光

续表

序号	标准名称/标准号/时效性	针对性	内容与要点	关联与差异
41			**重点与要点：** 1. 光纤数量代号用光缆中间类别光纤的实际有效数目的数字表示，当光缆中具有不同类别的光纤时，应当分别表示，中间用“＋”相连。 2. 同批次、同类型 OPGW 产品应使用同一设计、相同材料和相同工艺制造出来的光纤。 3. 当同一根缆中不锈钢管个数大于 1 个时，不锈钢管应采用不褪色、不迁移的明显标记区别。 4. OPGW 交货盘长应订货合同中所要求的配盘长度，不允许有负公差。 5. 被试样本如有不合格项目时，应重新抽取双倍数量的样本就不合格项目进行检测，如果是光纤不合格，应重测双倍数量样本中的全部光纤，如仍有不合格时，则应对该批全部光缆的这一项目进行检验	纤　第 2 部分：产品规范》IEC 60793-2 中的有关规定；光纤带的特性应符合《光纤带技术要求和检验方法》YD/T 979 中的有关规定。 2. 松套管中的光纤，应采用全色谱来识别，其标志颜色应符合《电线电缆识别标志方法　第 2 部分：标准颜色》GB/T 6995.2 规定。光纤带的色谱识别应符合《光纤带技术要求和检验方法》YD/T 979 中的有关规定。 3. 阻水材料的性能应符合《通信电缆光缆用阻水材料　第 1 部分：阻水带》YD/T 1115.1 和《通信电缆光缆用阻水材料　第 2 部分：阻水纱》YD/T 1115.2 的规定。 4. 铝-镁-硅系合金圆线性能应符合《架空绞线用铝-镁-硅系合金圆线》GB/T 23308 的规定；镀锌钢线性能应符合《单线用镀锌钢线》IEC 60888 的规定；硬拉铝线性能应符合《架空绞线用硬铝线》GB/T 17048 的规定；铝包钢线性能应符合《电工用铝包钢线》GB/T 17937 的规定。 5. OPGW 抗拉性能试验方法、OPGW 应力、应变试验方法应符合《圆线同心绞架空导线》GB/T 1179 中附录 B 的规定。 6. 衰减监测按《光纤传输衰减变化的监测方法》YD/T 629 的规定执行。 **差异：** 本标准规定 OPGW 放线导轮直径不得小于 OPGW 直径的 40 倍，且最小直径不得小于 600mm；《750kV 架空送电线路张力架线施工工艺导则》DL/T 5343、《±800kV 架空输电线路张力架线施工工艺导则》DL/T 5286 与《1000kV 架空输电线路张力架线施工工艺导则》DL/T 5290 规定 OPGW 放线滑轮槽底直径应大于 OPGW 直径的 40 倍，且不得小于 500mm
42	《输电杆塔用地脚螺栓与螺母》 DL/T 1236—2013 2013 年 8 月 1 日	适用于架空输电线路杆塔用地脚螺栓与螺母，其他钢结构用地脚螺栓与螺母可参照执行	**主要内容：** 1. 明确了螺纹规格 M20～M100，性能等级为 4.6、5.6 和 8.8 级输电杆塔用地脚螺栓及螺母的型式与尺寸、技术条件、试验项目及验收检查、试验方法组配与包装。	**关联：** 1. 一般情况下不采取热浸镀锌形式，特殊情况下需进行热浸锌的地脚螺栓和螺母，其螺纹基本偏差应符合《热浸镀锌螺纹在内螺纹上容纳镀锌层》GB/T 22028 中 6AZ

续表

序号	标准名称/标准号/时效性	针对性	内容与要点	关联与差异
42	实施		2．详细说明了地脚螺栓类型及尺寸，并提供了图样。 3．将螺母性能等级划分为5、6、8、10四个等级，并明确了与之相配置的地脚螺栓等级。 4．说明了地脚螺栓及螺母的机械和物力性能、试验方法、技术要求和验收检查内容。 **重点与要点：** 1. 应在地脚螺栓露出地面端的端面用凹字或凸字制出性能等级标识和制造者识别标识。 2．双面倒角的螺母应在一支承面或侧面用凹字制出性能等级和制造者识别标识，单面倒角的螺母应在倒角的断面用凹字或凸字制出性能等级和制造者识别标记。 3．硬度试验适用于所有规格和所有性能等级的地脚螺栓；机械加工试件冲击试验适用于5.6级和8.8级机械加工试件。 4．脱碳试验可测定淬火并回火地脚螺栓的表面脱碳和脱碳层深度。表面碳量的测定方法：金相法和硬度法。 5．增碳试验适用于测定淬火并回火地脚螺栓的表面在热处理工艺中是否形成增碳。 6．保证荷载是仲裁用试验。仲裁时，应以拉伸试验为准	的规定；地脚螺栓和螺母热浸锌层的技术要求及试验应执行《输电线路杆塔及电力金具用热浸镀锌螺栓与螺母》DL/T 284的相关规定。 2．地脚螺栓和螺母未注明尺寸公差和几何公差，在检测时应执行《紧固件公差　螺栓、螺钉、螺柱和螺母》GB/T 3103.1的C级规定。 3．地脚螺栓和螺母表面缺陷应按《紧固件表面缺陷　螺栓、螺钉和螺柱一般要求》GB/T 5779.1的相关规定进行检查和控制，螺母表面缺陷应按《紧固件表面缺陷　螺母》GB/T 5779.2的相关规定进行检查和控制
43	《盘形悬式绝缘子用钢化玻璃绝缘件外观质量》 JB/T 9678—2012 2012年11月1日实施	适用于盘形悬式玻璃绝缘子串元件用玻璃件	**主要内容：** 1. 明确了盘形悬式绝缘子用钢化玻璃绝缘件的外观质量要求和检查方法。 2. 对玻璃件变形检查装置示意及玻璃件的外观缺陷分类、描述与质量要求进行了说明。 **重点与要点：** 盘形悬式绝缘子用钢化玻璃绝缘件的外观缺陷主要有：结石、裂纹、毛糙、缺料、开口泡、折痕、气泡、飞边、剥落、痕迹、变形	**关联：** 本标准涉及术语与定义参照《标称电压高于1000V的架空线路绝缘子　第1部分：交流系统用瓷或玻璃绝缘子元件　定义、试验方法和判定准则》GB/T 1001.1和《电工术语绝缘子》GB/T 2900.8的规定执行

续表

序号	标准名称/标准号/时效性	针对性	内容与要点	关联与差异
44	《高压线路蝶式瓷绝缘子》 JB/T 10586—2006 2006 年 10 月 11 日实施	1．适用于标称电压高于 1000V 的架空线路用高压线路蝶式瓷绝缘子。 2．不适用于在能破坏瓷和釉的介质中使用的高压线路蝶式瓷绝缘子	**主要内容：** 明确了高压线路蝶式瓷绝缘子的形状与尺寸、技术要求、试验方法、试验项目以及包装与标志。 **重点与要点：** 1．绝缘子应经受工频闪络电压试验、工频击穿电压试验、机械破坏荷载试验和工频火花电压试验。 2．绝缘子应进行三次温度循环试验而不损坏。 3．绝缘子瓷件的剖面应均匀致密，经孔隙性试验后不应有任何渗透现象。 4．绝缘子的试验分为逐个试验、抽样试验和型式试验	**关联：** 1．绝缘子的外观质量、主要尺寸的偏差、温度循环试验温度差、孔隙性试验的压力与时间应符合《高压绝缘子瓷件　技术条件》GB/T 772 的规定。 2．工频闪络电压试验、温度循环试验和孔隙性试验的程序和判定准则应符合《标称电压高于 1000V 的架空线路绝缘子　第 1 部分：交流系统用瓷或玻璃绝缘子元件定义、试验方法和判定准则》GB/T 1001.1 的规定
45	《镀锌钢绞线》 YB/T 5004—2012 2013 年 3 月 1 日实施	适用于架空电力地线、通讯电缆、吊架、悬挂、拴系及固定物件等用的热镀锌钢绞线	**主要内容：** 1．明确了热镀锌钢绞线的分类、尺寸、外形、重量及允许偏差、订货内容、技术要求、试验方法、检验规则、包装、标志和质量证明书。 2．给出了电力用钢绞线的推荐表供参考。 **重点与要点：** 1．钢绞线按断面结构分为四种：1×3、1×7、1×19、1×37，经供需双方协议，也可提供其他结构钢绞线。 2．钢绞线按公称抗拉强度分为五级：1270MPa、1370MPa、1470MPa、1570MPa、1670MPa。 3．钢绞线内钢丝锌层级别分为三级：A、B、C。 4．钢丝的镀锌层不能有影响使用的表面缺陷。 5．钢绞线的直径和捻距应均匀，切断后不松散。 6．热镀锌钢丝表面应镀上均匀、连续、平滑的锌层，不应有裂纹和漏镀等其他影响使用的表面缺陷。 7．钢绞线应按批验收，每批应又同一结构、同一直径、同一抗拉强度级、同一锌层级别的钢绞线组成	**关联：** 1．钢绞线用钢丝应按《制丝用非合金钢盘条　第 2 部分：一般用途盘条》GB/T 24242.2、《优质碳素钢热轧盘条》GB/T 4354 规定的盘条制造。 2．钢丝镀锌用锌锭应采用《锌锭》GB/T 470 中的 Zn99.995 或 Zn99.99 的锌锭。 3．钢绞线拉伸试验规定按照《金属材料　拉伸试验　第 1 部分：室温试验方法》GB/T 228.1 横截面积按公称直径计算。 4．镀锌钢绞线的扭转试验按照《金属材料　线材　第 1 部分：单向扭转试验方法》GB/T 239.1 及《金属材料　线材　第 2 部分：双向扭转试验方法》的规定执行。 5．镀锌钢绞线的锌层重量试验按照《钢产品镀锌层质量试验方法》GB/T 1839 的规定执行。 6．镀锌钢绞线的缠绕试验按照《金属材料线材缠绕试验方法》GB/T 2976 的规定执行。 7．镀锌钢绞线的最小破断拉力试验按照《钢丝绳　实际破断拉力测定方法》GB/T 8358 的规定执行

第四节 施工机具

序号	标准名称/标准号/时效性	针对性	内容与要点	关联与差异
1	《架空输电线路施工抱杆通用技术条件及试验方法》 DL/T 319—2010 2011年5月1日实施	1. 适用于架空输电线路施工中整体组立或分体组立杆塔所用的金属抱杆。 2. 其他材料及用途的抱杆可参照执行	**主要内容：** 1. 明确了架空输电线路施工用抱杆的分类、技术要求、试验方法、检验规则、包装、标志、运输与贮存等，作为设计、制造和验收的依据。 2. 对抱杆的技术要求、检验、试验方法及要求进行了详细的说明。 **重点与要点：** 1. 抱杆制造或组装后，其横向变形不得超过 $L/1000$，L 为抱杆长度。 2. 抱杆连接螺栓规格不宜小于 M16，螺栓等级不宜低于6.8级	**关联：** 1. 本标准规定了抱杆钢丝绳应符合《一般用途钢丝绳》GB/T 20118 的要求，优先采用线接触钢丝绳。 2. 抱杆配套的绞磨、拉线、锚体、滑车等附件应符合《输电线路施工工机具设计、试验基本要求》DL/T 875 的要求。 3. 抱杆的加工与验收应符合《钢结构工程施工质量验收规范》GB 50205 和《铝合金结构工程施工质量验收规范》GB 50576 的有关规定。 4. 对新设计、新制造、首次投入使用的抱杆或者根据《起重机设计规范》GB/T 3811 确定的整机工作级别大于或者等于 A4 的样机，应按照本标准进行可靠性试验时。 5. 抱杆的型式试验应执行《轻小型其中设备型式试验细则》TSG Q7012 的有关规定。 **差异：** 1. 本标准 5.1.2 规定了钢抱杆整体长细比≤150，铝合金抱杆整体长细比≤110。 《750kV 架空送电线路铁塔组立施工工艺导则》DL/T 5342—2006 中 4.0.9、《±800kV 架空输电线路铁塔组立施工工艺导则》DL/T 5287—2013 附表 B 规定了方形断面的格构式抱杆主材为铝合金型材时，细长比不宜大于100，主材为 Q345 钢材时，细长比不宜大于 120；《1000kV 架空输电线路铁塔组立施工工艺导则》DL/T 5289—2013 3.0.4 推荐了内悬浮抱杆主要参数。 2. 本标准规定的抱杆样机试验与《电力建设安全工作规程　第2部分：架空电力线路》DL 5009.2—2013 存在的差异有：本标准对抱杆静载试验在 1.25 倍、1.5 倍额定载荷下进行要求；DL 5009.2—2013 对抱杆要求 1.25 倍额定载荷的试验要求

续表

序号	标准名称/标准号/时效性	针对性	内容与要点	关联与差异
2	《架空输电线路放线滑车》 DL/T 371—2010 2010年10月1日实施	1. 适用于架空输电线路施工使用的常规放线滑车的设计、制造、检验。 2. 本标准涉及的放线滑车主要用来展放导线、架空地线和光纤复合架空地线等，其他功用（大跨越用放线滑车、转向用放线滑车等）、非常规展放方式（直升机放线、不平衡放线等）下使用的特殊放线滑车可参照本标准	**主要内容：** 1. 明确了架空输电线路放线滑车的型式、主要技术参数、技术要求、检验方法、检验规定等内容。 2. 明确了放线滑车的型号标识方法、检验方法。 3. 介绍了放线滑车的主要零部件。 4. 对放线滑车产品的出厂检验及项目、型式试验等做出了详细的规定。 5. 提供了滑车摩阻系数的测试方法及试验设备。 **重点与要点：** 1. 导线滑轮槽底直径不宜小于 $20d_c$（d_c为导线直径），地线滑轮槽底直径不宜小于 $15d$（相应线索），光缆复合架空地线滑轮槽底直径不宜小于 $40d$（相应线索），且应大于500mm。 2. 放线滑轮、滑车安全系数应不小于3。 3. 导线放线滑车摩阻系数应不大于1.015	**关联：** 1. 放线滑轮、放线滑车基本参数系列及尺寸参照《优先数和优先数系》GB/T 321和《标准尺寸》GB/T 2822中R20、R40常用系列选择确定。 2. 放线滑车设计、制造、检验、型式试验等应符合本标准及《输电线路施工机具设计、试验基本要求》DL/T875的规定。 3. 滑轮使用后应按照《电力建设安全工作规程　第2部分：架空电力线路》DL 5009.2的规定期限进行本标准要求的各项试验。 **差异：** 本标准5.2.2规定：光缆滑轮槽体直径不宜小于40倍光缆直径，且应不大于500mm。 《光纤复合架空地线》DL/T 832—2003第12章规定OPGW放线导轮直径不得小于OPGW直径的40倍，且最小直径不得小于600mm
3	《输电线路张力架线用牵引机通用技术条件》 DL/T 372—2010 2010年10月1日实施	适用于架空输电线路用于牵引展放导线、地线、光缆等的牵引机	**主要内容：** 1. 明确了牵引机的产品型式、主要技术参数、技术要求、试验方法、检验规则内容等，作为设计、制造、试验及验收的技术依据。 2. 明确了牵引机产品型号的表示方法。 3. 对牵引机除提出一般技术条件外，由于牵引机同工程机械相比又有其特殊的性能要求，因此对其使用的原动机、减速机、牵引卷筒及所采用的液压系统等也提出了技术要求。对牵引机的试验方法、检验规则、标志、包装等也提出了相应的规定。 **重点与要点：** 1. 制动器制动安全系数应不小于1.5。 2. 分离式钢丝绳卷绕装置应具有可靠的锚固装置，安全系数不小于3	**关联：** 1. 牵引机的设计计算和型式试验，应符合《输电线路施工机具设计、试验基本要求》DL/T875的有关规定。 2. 牵引机金属结构的焊接，应符合《工程机械　焊接件通用技术条件》JB/T 5943的规定；涂装应符合《工程机械　涂装通用技术条件》JB/T 5946的规定；发动机噪声应符合《土方机械　噪声限值》GB 16710的有关规定。 3. 采用液压传动的牵引机液压回路系统应符合《液压系统通用技术条件》GB/T 3766的规定，液压系统所用元件应符合《液压元件通用技术条件》GB/T 7935的有关规定。 4. 牵引机电气系统应符合《机械电气安全　机械电气设备　第1部分：通用技术条件》GB 5226.1的有关规定

续表

序号	标准名称/标准号/时效性	针对性	内容与要点	关联与差异
4	《架空输电线路带电安装导则及作业工具设备》 DL/T 1007—2006 2007年3月1日实施	1．适用于110kV及以上输电线路。 2．对于35kV及以下的配线路，大部分技术要求和试验规定也适用	**主要内容：** 1．明确了带电安装架空输电线路的导线、地线和绝缘子串及其金具时，安装工具设备的选择原则和技术要求。 2．确定了接地程序，以保障作业设备和工作人员不受感应电流的伤害。 3．对危及作业安全的基础理论分析、导线架线方法和设备、特别接地要求、设备测试进行了详细说明。 **重点与要点：** 1．钢丝绳的破坏强度应不小于最大使用荷载的3倍。 2．合成绳的破坏强度应不小于最大使用荷载的5倍。部分高强度合成绳可在4倍最大使用荷载下使用，制造厂应明确标明绳索的最大使用荷载	**关联：** 接地线夹、接地线等型式试验时应执行《带电作业用便携式接地和接地短路装置》DL/T 879的有关规定。 **差异：** 1．本标准5.3.7.1规定：导线轮槽底最小直径满足：$D=20d-100$mm。 《架空输电线路放线滑车》DL/ T 371—2010中5.2.2规定：导线滑轮槽底直径不宜小于$20d_c$（d_c为导线直径），地线滑轮槽底直径不宜小于$15d$（d相应线索），光缆复合架空地线滑轮槽底直径不宜小于$40d$（相应线索），且应大于500mm。 2．本标准5.3.1.3规定：张力机张力轮最小直径应为导线直径的35倍。 《750kV架空送电线路张力架线施工工艺导则》DL/T 5343—2006中4.1.4、《±800kV架空输电线路张力架线施工工艺导则》DL/T 5286—2013中3.1.5、《1000kV架空输电线路张力架线施工工艺导则》DL/T 5290—2013中3.1.6和《输电线路张力架线用张力机通用技术条件》DL/T 1109—2009中5.4.1均规定主张力机的导线轮槽底直径应满足公式要求：$D\geq 40d-100$mm
5	《输电线路张力架线用张力机通用技术条件》 DL/T 1109—2009 2009年12月1日实施	适用于架空输电线路用于展放导线、地线、光缆等的张力机	**主要内容：** 1．明确了张力机的产品型式、主要技术参数、技术要求、试验方法、检验规则等内容，作为设计、制造、试验及验收的技术依据。 2．明确了张力机的产品型号的表示方法。 3．张力机同工程机械相比又有其特殊的性能要求，除一般技术条件外，对其使用的原动机、减速器、制动器、放线卷筒及所采用的液压系统等也提出了技术要求。 4．提供了导线轴架的技术要求。 **重点与要点：** 1．张力机锚固装置的安全系数不得小于3。	**关联：** 1．张力机的设计计算和型式试验，应符合《输电线路施工机具设计、试验基本要求》DL/T 875的有关规定。 2．张力机金属结构设计应符合《起重机设计规范》GB/T 3811的有关规定；焊接应符合《工程机械 焊接件通用技术条件》JB/T 5943的有关规定；涂装应符合《工程机械 涂装通用技术条件》JB/T 5946的有关规定；发动机噪声应符合《土方机械 噪声限值》GB 16710的有关规定。 3．采用液压传动的张力机液压回路系统应符合《液压系统通用技术条件》GB/T 3766的有关规定，液压系统所用元件应符合《液压元件通用技术条件》GB/T 7935

续表

序号	标准名称/标准号/时效性	针对性	内容与要点	关联与差异
5			2．减速器扭矩的储备系数不得小于1.25。 3．制动器安全系数不得小于1.5。 4．导线轴架应具有可靠锚固装置，其安全系数不得小于3	的有关规定。 4．张力机电气系统应符合《机械电气安全 机械电气设备　第1部分：通用技术条件》GB 5226.1的有关规定。 5．对于Z、ZQ型张力机牵引功能试验按照《输电线路张力架线用牵引机通用技术条件》DL/T 372的有关规定进行。 **差异：** 本标准5.4.1规定：主张力机的导线轮槽底直径应满足公式要求：$D\geqslant 40d-100$mm。 《架空输电线路带电安装导则及作业工具设备》DL/T 1007—2006中5.3.1.3规定：张力机张力轮最小直径应为导线直径的35倍

第五节　施工及验收

序号	标准名称/标准号/时效性	针对性	内容与要点	关联与差异
1	《电气装置安装工程 电缆线路施工及验收规范》 GB 50168—2006 2006年11月1日实施	1．适用于额定电压为500kV及以下的电力电缆线路及其附属设备和构筑物设施。 2．控制电缆及导引电缆可以参照使用	**主要内容：** 规定了电力电缆线路安装工程及其附属设备和构筑物设施的施工及验收的技术要求。主要包括： （1）电缆及附件的运输与贮存保管。 （2）电缆线路附属设备和构筑物施工。 （3）电缆的敷设。 （4）电缆附件的安装。 （5）电缆线路防火阻燃设施施工等。 **重点与要点：** 1．严禁将电缆直接由车上推下，电缆不应平放运输、贮存。电缆必须顺着电缆盘上的箭头指示或电缆缠绕方向滚动。	**关联：** 1．接地施工应执行《电气装置安装工程　接地装置施工及验收规范》GB 50169的有关规定。 2．电缆终端与电气装置的连接应执行《电气装置安装工程 母线装置施工及验收规范》GB 50149的有关规定。 3．电缆防火涂料的质量应符合《电缆防火涂料》GB 28374的有关规定。 4．电缆防火堵料的质量应符合《防火封堵材料》GB 23864的有关规定。 5．交接试验执行《电气装置安装工程 电气设备交接试验标准》GB 50150的有关规定。 6．35kV及以下电缆终端与接头主要性能应符合《额定电压1kV（U_m=1.2kV）至35kV（U_m=40.5kV）挤包

续表

序号	标准名称/标准号/时效性	针对性	内容与要点	关联与差异
1			2．每根电缆管的弯头不超过 3 个，直角弯不超过 2 个。 3．电缆管的埋设深度应大于 0.7m，在人行道下面则大于 0.5m，排水坡度大于 0.1%。 4．金属电缆管采用套管焊接的方式，套管长度大于电缆管外径的 2.2 倍。硬质塑料管采用套接或插接，其插入深度为管子内径的 1.1～1.8 倍，插接面涂胶合剂，套接管两端应密封。 5．直线段钢制电缆桥架超过 30m、铝合金或玻璃钢制电缆桥架超过 15m 应设伸缩缝。 6．电缆终端头、电缆接头处装设电缆标志牌；标志牌上注明线路编号、型号、规格及起讫地点等，字迹应清晰不易脱落。 7．电缆固定要求： （1）垂直敷设或超过 45°倾斜敷设在每个支架上固定； （2）水平敷设在电缆的首尾两端及转弯、电缆接头的两端；当对电缆间距有要求时，每隔 5m～10m 处； （3）单芯电缆的固定应符合设计要求； （4）交流系统的单芯电缆或分相后的分相铅套电缆的固定夹具不应构成闭合磁路。 8．直埋电缆在直线段每隔 50m～100m 处、电缆接头处、转弯处、进入建筑物等处，设置明显的方位标志或标桩。 9．穿入管中电缆的数量符合设计要求，交流单芯电缆不得单独穿入钢管内。 10．在室外制作 6kV 及以上电缆终端与接头时，其空气相对湿度宜为 70%及以下；当湿度大时，可提高环境温度或加热电缆。110kV 及以上高压电缆终端与接头施工时，应搭临时工棚，严格控制湿度，温度宜为 10℃～30℃。 11．对易受外部影响着火的电缆密集场所或可能着火蔓延而酿成严重事故的电缆线路，必须按设计要求的防火阻燃措施施工	绝缘电力电缆及附件》GB/T 12706.1～12706.4 及相关的其他产品标准的规定。 7．35kV 以上至 110kV 电缆终端与接头主要性能应符合《额定电压 110kV 交联聚乙烯绝缘电力电缆及附件》GB/T 11017.1～11017.3 及相关的其他产品标准的规定。 8．220kV 电缆终端与接头主要性能应符合《额定电压 220kV（U_m=252kV）交联聚乙烯绝缘电力电缆及附件》GB/Z 18890.1～18890.3 及相关的其他产品标准的规定。 9．500kV 电缆及附件应执行《额定电压 500kV（U_m=550kV）交联聚乙烯绝缘电力电缆及其附件》GB/T 22078.1～3 的有关规定。 **差异：** 本标准与《电力工程电缆设计规范》GB 50217—2007 差异有： （1）《电力工程电缆设计规范》GB 50217—2007 表 5.1.7 对明敷电缆与管道之间无隔板防护距离做出了规定，本标准中无此规定。 （2）本标准 5.2.6 规定：直埋电缆在直线段每隔 50m～100m 处、电缆接头处、转弯处、进入建筑物等处，设置明显的方位标志或标桩。 《电力工程电缆设计规范》GB 50217 中 5.3.1 规定：直埋电缆沿电缆路径直线间隔 100m，转弯处和接头部位，应竖立明显的方位标志或标桩。 （3）本标准 4.1.6 规定：电缆管埋设深度不应小于 0.7m，电缆管的排水坡度不应小于 0.1%。 《电力工程电缆设计规范》GB 50217 中 5.4.5、5.4.6 规定：地下埋管距地面深度不宜小于 0.5m，电缆管的排水坡度不宜小于 0.2%。 （4）本标准 4.2.3 规定的电缆水平敷设时电缆支架最上层及最下层布置尺寸与 GB 50217 中 5.5.3 规定存在差异。 （5）本标准 5.1.6 规定：35kV 及以上高压电缆各支持点间距为 2000mm，且对控制电缆支持点间距做出了要求。 《电力工程电缆设计规范》GB 50217 中 6.1.2 规定：35kV 及以上高压电缆普通支架、吊架的允许跨距垂直方向为 3000mm

续表

序号	标准名称/标准号/时效性	针对性	内容与要点	关联与差异
2	《电气装置安装工程 66kV 及以下架空电力线路施工及验收规范》 GB 50173—2014 2015 年 1 月 1 日实施	1．适用于 66kV 及以下架空电力线路新建、改建、扩建工程的施工及验收。 2．有特殊要求的 66kV 及以下架空电力线路工程，尚应符合有关专业规范的规定	**主要内容：** 1．规定了 66kV 及以下架空电力线路材料及器材检验相关要求，规定了测量、土石方工程、基础工程、杆塔工程、架线工程、接地工程、杆上电气设备的工程验收与移交等内容。 2．将架空线路材料质量、施工及验收的尺寸及允许偏差数据表格化。 3．规定了 66kV 以下架空电力线路杆塔电气设备交接试验报告统一格式。 4 统一了不同标准规范的架空电力线路对地及交叉跨越安全距离要求。 5．明确了 66kV 及以下架空电力线路施工工程类别划分表。 6．汇总形成了统一的 66kV 及以下线路工程施工质量检查及验收记录表。 **重点与要点：** 1．新技术、新工艺、新材料、新设备在施工前应经过试点、测试、验证，判定满足本标准要求时方可采用。 2．架空电力线路的施工、验收、原材料和器材的检验及电气设备的试验，除应符合本标准有关规定外，尚应符合国家现行有关标准的规定	**关联：** 1．本标准是对 66kV 及以下架空电力线路施工及验收的规范，《110kV～750kV 架空输电线路施工及验收规范》GB 50233—2014 是对 110kV～750kV 架空输电线路施工及验收的规范，适用的电压等级不同。 2．环形混凝土电杆质量应符合现行标准《环形混凝土电杆》GB/T 4623 的规定。 3．角钢铁塔、混凝土电杆铁横担的加工质量、角钢铁塔塔材弯曲度应符合现行标准《输电线路铁塔制造技术条件》GB/T 2694 的规定。 4．薄壁离心钢管混凝土结构铁塔的加工质量，除应符合现行标准《薄壁离心钢管混凝土结构技术规程》DL/T 5030 的规定外，还应符合设计要求。 5．钢管电杆的质量应符合现行标准《输变电钢管结构制造技术条件》DL/T 646 的规定。 6．杆塔用螺栓的质量应符合现行标准《输电线路杆塔及电力金具用热浸镀锌螺栓与螺母》DL/T 284 的规定。 7．导线质量应符合现行标准《圆线同心绞架空导线》GB/T 1179 的规定，架空绝缘线质量应符合现行标准《额定电压 10kV 架空绝缘电缆》GB/T 14049 和《额定电压 1kV 及以下架空绝缘淡蓝》GB/T 12527 的规定。 8．镀锌钢绞线的质量应符合现行标准《镀锌钢绞线》YB/T 5004 的规定。 9．复合电缆应符合现行标准《光纤复合架空地线》DL/T 832 的规定。 10．盘形悬式瓷及玻璃绝缘子的质量应符合现行标准《标称电压高于 1000V 的架空线路绝缘子》GB/T 1001、《标称电压高于 1000V 的架空线路绝缘子 交流系统用瓷或玻璃绝缘子元件 盘形悬式绝缘子元件的特性》GB/T 7253 和《盘形悬式玻璃绝缘子玻璃件外观质量》JB/T 9678 的规定。有机复合绝缘子的质量应符合现行国家标准《标称电压高于 1000V 的交流架空线路用复合绝缘子-定义 试验方法及验收准则》GB/T 19519 的规定。

续表

序号	标准名称/标准号/时效性	针对性	内容与要点	关联与差异
2				11．35kV及以下架空线路金具、10kV绝缘导线金具，还应符合现行标准《架空配电线路金具技术条件》DL/T 765.1及《额定电压10kV及以下架空裸导线金具》DL/T 765.2和《额定电压10kV及以下架空绝缘导线金具》DL/T 765.3的规定。 12．采用压接型线夹的拉线，安装时应符合国家现行标准《输变电工程架空导线及地线液压压接工艺规程》DL/T 5285的规定。 13．导地线的修补应符合《架空输电线路导地线补修导则》DL /T 1069的有关规定。 14．电气设备试验项目应符合现行国家标准《电气装置安装工程　电气设备交接试验标准》GB 50150的规定
3	《110kV～750kV架空输电线路施工及验收规范》 GB 50233—2014 2015年8月1日实施	适用于电压等级为110kV～750kV交流架空输电线路新建、改建及扩建工程的施工与验收	**主要内容：** 1.规定了110kV～750kV架空送电线路施工与验收的要求。主要包括： （1）原材料及器材的检验； （2）测量； （3）土石方工程； （4）基础工程； （5）杆塔工程； （6）架线工程； （7）接地工程； （8）工程验收与移交等。 2.提供了输电线路施工测量中测量仪器（包括经纬仪、全站仪和卫星定位系统）的标准。 3．规定了输电线路的各项最小安全距离。 **重点与要点：** 1．基础混凝土中严禁掺入氯盐。 2.分解组立铁塔时，基础混凝土的抗压强度必须达到设计强度的70%。 3．220kV及以上线路工程的导线展放应采用张力放线。	**关联：** 1．本标准替代了《110kV～500kV架空送电线路施工及验收规范》GB 50233—2005及《750kV架空送电线路施工及验收规范》GB 50389—2006。 2．工程所使用的碎石、卵石应符合《建设用卵石、碎石》GB/T 14685的有关规定。 3．工程所使用的砂应符合《建设用砂》GB/T 14684的有关规定。 4.预制混凝土构件、现场浇筑混凝土基础及防护设施所使用的碎石、卵石和砂应符合《普通混凝土用砂、石质量及检验方法标准》JGJ 52的有关规定。 5.工程所使用的水泥应符合《通用硅酸盐水泥》GB 175的有关规定。 6.预拌混凝土配制强度应符合设计要求，其质量应符合《预拌混凝土》GB/T 14902的规定。 7．混凝土拌和及养护用水应符合《混凝土用水标准》JGJ 63的有关规定。 8.混凝土所用外加剂的质量及应用技术应符合《混凝土外加剂》GB 8076、《混凝土外加剂应用技术规范》GB 50119及有关环境保护的规定。

续表

序号	标准名称/标准号/时效性	针对性	内容与要点	关联与差异
3			4．不同金属、不同规格、不同绞制方向的导线或架空地线严禁在一个耐张段内连接。 5．架线施工前必须由具有资质的单位对试件进行连接后的握着强度试验。 6．切割导线外层铝股时严禁伤及钢芯	9．杆塔基础和拉线基础的钢筋混凝土工程施工与验收、预应力钢筋混凝土和普通钢筋混凝土预制构件的加工质量及混凝土表面缺陷的处理均应符合《混凝土结构工程施工质量验收规范》GB 50204 的有关规定。 10．钢管杆塔加工质量应符合《输变电钢管结构制造技术条件》DL/T 646 的有关规定。 11．薄壁离心钢管混凝土结构的加工质量应符合设计要求和《薄壁离心钢管混凝土结构技术规程》DL/T 5030 的有关规定。 12．环形混凝土电杆的质量应符合《环形混凝土电杆》GB/T 4623 的规定。 13．导线的型号、规格、制造质量及检查、试验、包装等应符合《圆线同心绞架空导线》GB/T 1179、《型线同心绞架空导线》GB/T 20141 的有关规定和设计技术要求。 14．采用镀锌钢绞线作架空地线或拉线时，其型号、规格及质量应符合《镀锌钢绞线》YB/T 5004 的规定。光纤复合架空地线的型号、规格及质量应符合《光纤复合架空地线》DL/T 832 的规定。 15．金具的制造质量应符合《电力金具通用技术条件》GB/T 2314 和《电力金具制造质量》DL/T 768 的有关规定，验收、标志与包装应符合《电力金具试验方法 第4部分：验收规则》GB/T 2317.4 的规定。 16．导线及金具连接使用的电力复合脂产品质量应符合《电力复合脂技术条件》 DL/T 373 的规定。 17．盘形悬式瓷及玻璃绝缘子的产品质量应符合《标称电压高于 1000V 的架空线路绝缘子 第 1 部分：交流系统用瓷或玻璃绝缘子元件 定义、试验方法和判定准则》GB/T 1001.1 和《标称电压高于 1000V 的架空线路绝缘子 交流系统用瓷或玻璃绝缘子元件 盘形悬式绝缘子元件的特性》GB/T 7253 的规定。 18．有机复合绝缘子的产品质量应符合《标称电压高于 1000V 的交流架空线路用复合绝缘子定义、试验方法及接收准则》GB/T 19519 的规定。

续表

序号	标准名称/标准号/时效性	针对性	内容与要点	关联与差异
3				19．长棒型瓷绝缘子的产品质量应符合《高压架空线路用长棒形瓷绝缘子元件特性》GB/T 26874 的规定。 20．架空地线用绝缘子的产品质量应符合《高压架空输电线路地线用绝缘子》JB/T 9680 的规定。架空地线用针式瓷绝缘子的产品质量应符合《标称电压高于 1000V 的架空线路绝缘子　第 1 部分：交流系统用瓷或玻璃绝缘子元件　定义、试验方法和判定准则》GB/T 1001.1 的规定。 21．电力金具螺栓及杆塔螺栓的型式应符合设计要求，其产品质量应符合《输电线路杆塔及电力金具用热浸镀锌螺栓与螺母》DL/T 284 的规定。 22．工程使用的接地模块、降阻剂等接地降阻材料的产品质量应符合《接地降阻材料技术条件》DL/T 380 的规定。 23．输电线路施工测量除应同时符合《工程测量规范》GB 50026 和《电力工程施工测量技术规范》DL/T 5445 的有关规定。 24．输电线路工程的土石方施工及验收应同时符合《土方与爆破工程施工及验收规范》GB 50201 的有关规定。采用灰土处理湿陷性黄土的地基时，施工、验收质量应符合《湿陷性黄土地区建筑规范》GB 50025 的有关规定。 25．杆塔基础和拉线基础的钢筋混凝土工程施工及验收应同时符合《混凝土结构工程施工规范》GB 50666 和《混凝土结构工程施工质量验收规范》GB 50204 的有关规定。输电线路大体积混凝土基础施工应符合《大体积混凝土施工规范》GB 50496 的有关规定。 26．基础钢筋连接应符合《钢筋机械连接技术规程》JGJ 107 和《钢筋焊接及验收规程》JGJ 18 的有关规定。 27．采用混凝土泵送时应符合《混凝土泵送施工技术规程》JGJ/T 10 的有关规定。 28．基础浇筑前应按设计混凝土强度等级和现场浇制使用的砂、石、水泥等原材料，根据《普通混凝土配合比设计规程》JGJ 55 的有关规定进行试配后确定混凝土配合比。

续表

序号	标准名称/标准号/时效性	针对性	内容与要点	关联与差异
3				29. 基础施工过程质量检测和实体质量检测应符合《建筑工程检测试验技术管理规范》JGJ 190 的有关规定。 30. 灌注桩基础的施工及验收应同时符合《建筑桩基技术规范》JGJ 94 的有关规定。按照《建筑基桩检测技术规范》JGJ 106 的有关规定检测桩身完整性。 31. 角钢铁塔塔材加工质量应符合《输电线路铁塔制造技术条件》GB/T 2694 的有关规定。 32. 放线滑车应符合《架空输电线路放线滑车》DL/T 371 的有关规定。 33. 张力放线操作除应遵守以下规定外，应符合《750kV 架空送电线路张力架线施工工艺导则》DL/T 5343 的规定。 34. 张力机应符合《输电线路张力架线用张力机通用技术条件》DL/T 1109 的有关规定。 35. 拉线金具应符合《电力金具通用技术条件》GB/T 2314 的有关规定。 36. 电力复合脂应符合《电力复合脂技术条件》DL/T 373 的规定。 37. 拉线的压接型线夹、导线或架空地线的接续管、耐张线夹及补修管采用液压连接时应符合《输变电工程架空导线及地线液压压接工艺规程》DL/T 5285 的规定。 38. 接地工程的施工及验收除应符合本规范的规定外，应符合《电气装置安装工程　接地装置施工及验收规范》GB 50169 的有关规定。 **差异：** 本标准 8.7.5 规定：光缆滑轮槽体直径不宜小于 40 倍光缆直径，且应不大于 500mm。 《光纤复合架空地线》DL/T 832 第 12 章规定：OPGW 放线导轮直径不得小于 OPGW 直径的 40 倍，且最小直径不得小于 600mm

续表

序号	标准名称/标准号/时效性	针对性	内容与要点	关联与差异
4	《±800kV 直流架空输电线路检修规程》 DL/T 251—2012 2012 年 7 月 1 日实施	适用于±800kV 直流架空输电线路、附属接地极及线路	**主要内容：** 规定了±800kV 直流架空输电线路的检修项目、内容、周期等。主要包括： （1）基本要求； （2）导地线（含 OPGW）； （3）杆塔； （4）基础； （5）绝缘子； （6）金具； （7）接地装置； （8）附属设施； （9）接地极及线路； （10）大型检修和事故抢修； （11）检修周期。 **重点与要点：** 1. 停电检修工作中，若遇雷、雨或风力超过 5 级等恶劣天气时，不宜继续作业。 2. 带电作业中遇有雷电活动或空气湿度大于 70%时，应停止作业。风力大于 4 级时，不宜进行带电作业。 3. 明确了导地线断股损伤和减少截面积进行单丝缠绕和补修预交丝或补修管处理的条件和要求。 4. 明确了导地线断股进行切断重接处理的情况	**关联：** 1. 检修作业和事故抢修必须按照《电业安全工作规程（电力线路部分）》DL 409 的有关规定。 2. 带电作业应按照 DL 409 和《±500kV 直流输电线路带电作业技术导则》DL/T 881 的有关规定，在良好天气情况下进行。 3. 相关检修项目完成后，应满足《±800kV 及以下直流架空输电线路工程施工及验收规程》DL/T 5235 的有关规定。 4. 补修预绞丝应符合《架空线路用预绞式金具技术条件》DL/T 763 的有关规定。 5. 补修管采用液压施工方式，操作必须符合《输变电工程架空导线及地线液压压接工艺规程》DL/T 5285 的有关规定。 6. 加长型补修管的工艺应符合《架空输电线路导地线补修导则》DL/T 1069 的有关规定。 7. 防卸、放松螺栓加装应符合 DL/T 5092 的有关规定。 8. 更换后的金具应符合原设计要求，型号相同并符合《电力金具产品型号命名方法》DL/T 683 的规定。 9. 接地极及线路的维护、检修及测试周期严格执行《高压直流接地极技术导则》DL/T 437 的有关规定。 **差异：** 本标准 7.2.3.2 规定：RTV 涂层厚度必须满足《绝缘子用常温固化硅橡胶防污闪涂料》DL/T 627 的规定，Ⅰ、Ⅱ级污区 0.2mm～0.3mm，Ⅲ、Ⅳ级污区及强风沙地区 0.4mmm～0.5mm。 DL/T 627—2012 中 4.2.5 规定：RTV 涂层厚度不小于 0.3mm，在工厂采用 RTV-Ⅱ型涂覆绝缘子的涂层厚度为 0.4mm±0.1mm
5	《110kV 及以下海底电力电缆线路验收规范》	1. 适用于 110kV 及以下交流海缆、光纤复合海缆。	**主要内容：** 1. 规定了交联聚乙烯绝缘海底电缆线路工程验收的基本要求，包括海缆出厂、施工、竣工验收。	**关联：** 1. 海底电缆的机械试验和透水试验的试验项目应执行《额定电压 10kV 至 110kV 交联聚乙烯绝缘大长度交流海

续表

序号	标准名称/标准号/时效性	针对性	内容与要点	关联与差异
5	DL/T 1279—2013 2014年4月1日实施	2．更高电压等级的海底电缆及直流海缆线路可参照执行	2．对海底电力电缆出厂验收、施工验收与竣工验收做了详细规定。 3．对竣工验收前应提供的相关资料进行了规定。 **重点与要点：** 海缆敷设应沿设计路由进行，偏离距离不应超过实时水深的50%，冲埋深度应达到设计要求	底电缆及附件　第1部分：试验方法和要求》JB/T 11167.1的有关规定。 2．路上段电缆构筑物验收项目和要求应执行《电气装置安装工程　电缆线路施工及验收规范》GB 50168的有关规定。 3．海底光缆或光纤复合海缆中光缆的测试试验项目和要求应符合《海底光缆规范》GB/T 18480的有关规定
6	《10kV～500kV架空电力线路工程施工质量及评定规程》 DL/T 5168—2002 2002年12月1日实施	1．适用于110kV～500kV交流和直流架空电力线路新建工程的施工质量及等级评定。 2．其他电压等级无专业标准的工程亦可参照执行	**主要内容：** 1．规定了110kV～500kV交流和直流架空电力线路土石方工程、基础工程、杆塔工程、架线工程、接地工程、线路防护设施与原材料及器材的质量检验、评定及检查方法。 2．明确了原材料及器材的检验项目、检验标准及检验方法。 3．提供了规范性表式：线路工程施工质量检查及评级记录表；线路复测、基础分坑及开挖检查记录表；线路工程施工质量评级统计表。 **重点与要点：** 1．原材料及器材只有按检验标准进行检验，并必须合格后才能使用，但不评定等级。 2．质量监督站对大中型工程进行质量监督，对工程总体质量提出评定意见	**关联：** 1．本标准是110kV～500kV架空电力线路工程施工质量检验及评定规程，重点在检验及评定，并设定了记录表式；《110～500kV架空送电线路施工及验收规范》GB 50233—2005是施工与验收规范，为施工及验收提供判定标准，本标准表式中相关内容的合格判定依据是施工及验收规程。 2．本标准与《750kV架空送电线路工程施工质量检验及评定规程》GB 50389—2006内容基本相同
7	《±800kV及以下直流架空输电线路工程施工及验收规程》 DL/T 5235—2010 2010年10月1日实施	适用于±800kV及以下直流架空输电线路的新建及改线工程	**主要内容：** 规定了±800kV及以下直流架空输电线路工程施工过程的质量控制和工程验收条件，主要包括： （1）原材料及器材的检验； （2）测量； （3）土石方工程； （4）基础工程； （5）铁塔工程； （6）架线工程；	**关联：** 1．本标准是±800kV及以下直流架空输电线路工程的施工及验收规程，《±800kV架空输电线路张力架线施工工艺导则》DL/T 5286是±800kV架空输电线路张力架线施工工艺方法的技术指导性的文献，在施工操作、施工方法有关规定是相同的，本标准在验收方面是验收依据和标准。 2．本标准与GB 50233—2005内容基本相同，本标准仅适用±800kV及以下直流架空输电线路的新建及改线工程。

续表

序号	标准名称/标准号/时效性	针对性	内容与要点	关联与差异
7			（7）接地工程； （8）工程验收与移交。 **重点与要点：** 1．明确了进口产品应符合设计选用标准。 2．使用的原材料必须经检验，并有该批产品出厂质量检验合格证书。 3．验收阶段按照本标准的规定进行验收检查	3．导线制造质量及检查、试验、包装应符合《圆线同心绞架空导线》GB/T 1179 的规定。 4．镀锌钢绞线的型号、规格及制造适量应符合《镀锌钢绞线》YB/T 5004 或《架空绞线用镀锌钢线》GB/T 3428 的有关规定 5．金具的制造质量应符合《电力金具通用技术条件》GB/T 2314 和《电力金具制造质量》DL/T 768 的有关规定，验收、标志与包装应符合《电力金具试验方法 第4部分：验收规则》GB 2317.4 的有关规定。 6．盘形悬式瓷及玻璃绝缘子产品质量应符合《标称电压高于1000V的架空线路绝缘子》GB 1001、《标称电压高于1000V的架空线路绝缘子 交流系统用瓷或玻璃绝缘子件盘形悬式绝缘子件的特性》GB 7253 和《盘形悬式绝缘子用钢化玻璃绝缘件外观质量》JB/T 9678 的相关要求。 7．复合绝缘子产品质量应符合《±500kV及以上电压等级直流棒形悬式复合绝缘子技术条件》DL/T 810 的相关要求。 8．本标准对湿陷性黄土的地基采用灰土处理时，施工、验收质量应参照《湿陷性黄土地区建筑规范》GB 50025 的有关规定。 9．铁塔基础的钢筋混凝土工程施工及验收应遵守本标准，本标准未做规定的应符合《混凝土结构工程施工质量验收规范》GB 50204 及相关标准的规定。 10．基础混凝土中掺入外加剂应符合《混凝土外加剂应用技术规范》GB 50119 的有关规定。 11．基础钢筋焊接应符合《钢筋焊接及验收规程》JGJ 18 的有关规定。 12．本标准规定基础混凝土配合比和现场浇制使用的砂、石、水泥等原材料应按照设计要求执行《普通混凝土配合比设计规程》JGJ 55 的有关规定。 13．本标准对钻孔灌注桩基础的施工进行了规定，其他事宜应符合《建筑桩基技术规范》JGJ 94 的有关规定。 14．本标准对冬期施工进行了规定，其他事宜应符合

续表

序号	标准名称/标准号/时效性	针对性	内容与要点	关联与差异
7				《建筑工程冬期施工规程》JGJ/T 104 的有关规定。 15．角钢铁塔加工质量及验收应符合《输电线路铁塔制造技术条件》GB/T 2694 的有关规定，钢管铁塔加工质量符合设计要求及有关规定。 16．展放导线用多轮滑车轮槽底部轮径应符合《放线滑轮基本要求、检验规定及测试方法》DL/T 685 的有关规定，对 DL/T 685 中未涵盖的导线规格，规定按照相邻高规格直径选取滑车。 17．导线和架空地线的接续管、耐张线夹及补修管的液压应符合《输变电工程架空导线及地线液压压接工艺规程》DL/T 5285 的有关规定。 **差异：** 本标准 8.2.3 规定：张力机放线主卷筒槽底直径 $D \geqslant 40d-100mm$。 《架空输电线路带电安装导则及作业工具设备》DL/T 1007—2006 中 5.3.1.3 规定：张力机张力轮最小直径应为导线直径的 35 倍
8	《±800kV 及以下直流架空输电线路工程施工质量检验及评定规程》 DL/T 5236—2010 2010 年 10 月 1 日实施	适用于±800kV 及以下直流架空输电线路的新建、改建及扩建工程的施工质量检验及评定工作	**主要内容：** 1. 规定了±800kV 及以下直流架空输电线路土石方工程、基础工程、铁塔组立工程、架线工程、接地工程、线路防护设施等的质量检验、评定及检查方法。 2. 明确了原材料及器材的检验项目、检验标准及检验方法。 3. 提供了规范性表式：线路工程施工质量检查及评级记录表；线路复测、基础分坑及开挖检查记录表；线路工程施工质量评级记录表、线路工程施工质量评级统计表。 **重点与要点：** 1. 原材料及器材只有按检验标准进行检验，并必须合格后才能使用，但不评定等级。 2. 质量监督站对大中型工程进行质量监督，对工程总体质量提出评定意见	**关联：** 1. 本标准是±800kV 及以下直流架空输电线路工程施工质量检验及评定规程，重点在检验及评定，并设定了记录表式；《±800kV 及以下直流架空输电线路工程施工及验收规程》DL/T 5235 是施工及验收规程，为施工及验收提供判定标准。本标准表式中相关内容的合格判定依据是 DL/T 5235。 2. 本标准与《110kV～500kV 架空电力线路工程施工质量检验及评定规程》DL/T 5168—2002、《750kV 架空送电线路工程施工质量检验及评定规程》GB 50389—2006 的结构内容基本相同

续表

序号	标准名称/标准号/时效性	针对性	内容与要点	关联与差异
9	《输变电工程架空导线及地线液压压接工艺规程》 DL/T 5285—2013 2013年8月1日实施	1．适用于《圆线同心绞架空导线》GB/T 1179规定的导地线。 2．新增或特殊导地线的压接可参照本规程执行	**主要内容：** 1．规定了导地线压接施工中的基本规定、压接设备及压接管、导地线切割与穿管、压接工艺以及压接质量检查等要求。 2．介绍了压接模具尺寸的计算方法，配备模具的具体要求。 **重点与要点：** 1．详细介绍了液压压接的工艺概念，对导地线压接是以超高压液压泵为动力，配套相应压接模具对导地线及压接管进行满足使用要求的连接，此作业过程称为液压压接工艺。 2．要求在工程开工前应结合实际情况编制作业指导书，并按照规定制作检验性试件，导地线线路中耐张线夹及接续管的握着力，均不应小于导线及地线设计计算拉断力的95%	**关联：** 1．本标准规定导地线的结构尺寸及性能参数应符合GB/T 1179的规定，各类压接管和线夹的性能参数应符合《电力金具通用技术条件》GB/T 2314的规定。 2．规定了搭接接续管的内径公差大于GB/T 2314规定的正偏差值时不应使用。 3．导地线补修管的压接工艺按照《架空输电线路导地线补修导则》DL/T 1069的规定执行。 4．压接过程中的安全要求应按照《电力建设安全工作规程　第2部分：架空电力线路》DL 5009.2的有关规定执行。 5．压接模具、压接机、液压胶管总成的选择和液压泵站及压接钳的检查均应符合本标准及《输变电工程液压压接机》DL/T 689的相关要求。 6．接续管及线夹尺寸及公差应符合GB/T 2314、《电气装置安装工程 母线装置施工及验收规范》GB 50149的有关规定。 7．检验性试件的线夹与线夹或线夹与接续管之间的导地线净长度应符合《电力金具 机械试验方法》GB/T 1317.1—2008中7.1.1的规定。 8．压接作业时额定工作压力符合《输电线路施工机具设计、试验基本要求》DL/T 875的规定。 9．本标准规定的导地线各种接续管、耐张线夹、跳线线夹及设备线夹，应按照《电力金具通用技术条件》GB/T 2314、《耐张线夹》DL/T 757和《接续金具》DL/T 758的规定进行检查。 10．导地线压接金具检验性试件制作和试验，应按照《电力金具试验方法　第1部分：机械试验》GB/T 2317.1的规定执行。 **差异：** 1．本标准对模具尺寸做出了具体要求，而《1000kV输变电工程导地线液压施工工艺规程 DL/T 5291—2013对此未做说明。

续表

序号	标准名称/标准号/时效性	针对性	内容与要点	关联与差异
9				2. 本标准 4.3.2 规定：3 层及以下铝线结构绞线铝压接管的外径极限偏差符合《电力金具通用技术条件》GB/T 2314 的规定，4 层铝线结构绞线铝压接管的外径极限偏差应小于＋0.6mm
10	《±800kV 架空输电线路张力架线施工工艺导则》 DL/T 5286—2013 2013 年 8 月 1 日实施	1. 适用于±800kV 架空输电线路工程架线施工。 2. ±660kV 及以下直流架空输电线路张力架线施工可参照执行。 3. 本标准不完全适用于下述特殊张力架线施工，这些特殊张力架线施工，可参照本导则，编制专门的特殊架线施工方案和技术措施： （1）大跨越的张力架线施工； （2）带电跨越张力架线施工； （3）采用环形牵放方式的张力架线施工； （4）其他特种导线的张力架线施工	**主要内容：** 1. 规定了±800kV 架空输电线路导线、地线、复合光缆（以下称 OPGW）的张力放线、紧线、附件安装施工工艺方法。主要包括： （1）基本规定； （2）施工准备； （3）张力放线； （4）紧线； （5）附件安装； （6）施工质量及安全措施。 2. 所用工器具受力状况进行全面分析、计算，提供选择架线工器具的依据。 **重点与要点：** 1. ±800kV 架空输电线路导线的主要放线方法如下： （1）一次展放方式：一牵 4；一牵 6（2＋4）、一牵 6（2＋2＋2）；二牵 6（4＋2）、二牵 6（2＋2＋2）；一牵 8（4＋4）、一牵 8（2＋2＋2＋2）。 （2）同步展放方式：一牵 4＋一牵 2、2×（一牵 4）、2×（一牵 3）。也可采用 2×（一牵 2）、3×（一牵 2）或 4×（一牵 2）。 2. 在同一放线施工段内，同极导线采用两套或以上牵引机、张力机组成的两个或多个放线系统进行导线展放时，为使导线蠕变量基本一致，在保持同档距内的放线弧垂基本相同的情况下，其同极子导线到达牵引场的时间差不宜超过 0.5h。 3. 张力放线过程中，导线尾线在线轴上的盘绕圈数、导引绳及牵引绳在钢丝绳卷筒上的盘绕圈数均不得少于 6 圈，尾端应与线轴或卷筒固定	**关联：** 1. 本标准是对±800kV 架空输电线路张力架线施工工艺方法的规定，《±800kV 及以下直流架空送电线路施工及验收规范》DL/T 5235 和《±800kV 及以下直流架空送电线路工程施工质量检验及评定规程》DL/T 5236 的规定是对架线施工工艺结果的检验和评定，并含验收评定表式。《1000kV 架空输电线路张力架线施工工艺导则》DL/T 5291—2013 对 1000kV 架空输电线张力架线施工工艺做出具体规定，各自具有较强的针对性，但对张力架线的施工工艺方法基本相同。 2. 根据±800kV 及以下直流架空送电线路张力架线的特点，张力架线工器具的设计、制造、使用应符合下列现行国家标准以及《建筑结构荷载规范》GB 50009 和《输电线路施工机具设计、试验基本要求》DL/T 875。 3. 导线放线滑车轮槽底直径和槽形应符合《放线滑轮基本要求、检验规定及测试方法》DL/T 685 的规定。 **差异：** 本标准 3.3.1 规定：OPGW 放线滑轮槽底直径应大于 OPGW 直径的 40 倍，且不得小于 500mm。 《光纤复合架空地线》 DL/T 832—2003 第 12 章规定：OPGW 放线导轮直径不得小于 OPGW 直径的 40 倍，且最小直径不得小于 600mm

续表

序号	标准名称/标准号/时效性	针对性	内容与要点	关联与差异
11	《±800kV 架空输电线路铁塔组立施工工艺导则》 DL/T 5287—2013 2013 年 8 月 1 日实施	1. 适用于±800kV 及以下直流架空输电线路工程的铁塔组立施工。 2. 大跨越工程和±660kV 及以下直流架空输电线路铁塔组立可参照本标准执行	**主要内容：** 1. 规定了±800kV 及以下直流架空输电线路工程铁塔组立施工工艺标准。 2. 介绍了采用分解组立自立式铁塔时的主要方法：内悬浮外（内）拉线抱杆分解组塔；内悬浮外拉线摇臂抱杆分解组塔；落地摇（平）臂抱杆分解组塔；塔式起重机分解组塔等。对每种施工方法做出了详细的规定。 **重点与要点：** 1. 要求对铁塔组立过程中的塔体强度及稳定性进行校验。塔材部件的安装应力应小于强度设计值。 2. 对所用工器具受力状况进行全面分析、计算，以受力最大值作为选择设备及工器具的依据	**关联：** 1. 本标准是对±800kV 及以下直流架空送电线路铁塔组立施工工艺方法的规定，而《±800kV 及以下直流架空送电线路施工及验收规范》DL/T 5235 和《±800kV 及以下直流架空送电线路工程施工质量检验及评定规程》DL/T 5236 的规定是对铁塔组立施工工艺结果的检验和评定，并含验收评定表式。《1000kV 架空输电线路铁塔组立施工工艺导则》DL/T 5289 对 1000kV 架空输电线路铁塔组立施工工艺做出具体规定，各自具有较强的针对性，但对铁塔组立方法基本相同。 2. 铁塔组立施工的安全应符合《电力建设安全工作规程　第 2 部分：电力线路》DL 5009.2 及相关规程的规定。 3. 铁塔组立施工的质量应符合《±800kV 及以下直流架空输电线路工程施工及验收规程》DL/T 5235 及相关规程的规定。 4. 铁塔组立工器具的设计、制造、使用应符合《电力建设安全工作规程　第 2 部分：电力线路》DL 5009.2 和《输电线路施工机具设计、试验基本要求》DL/T 875 及相关规程的规定。 **差异：** 本标准附录 2 规定：规定方形断面的格构式抱杆主材为铝合金型材时，细长比不宜大于 100，主材为 Q345 钢材时，细长比不宜大于 120。 《架空输电线路施工抱杆通用技术条件及试验方法》DL/T 319—2010 中 5.1.2 表 1 规定：钢抱杆整体长细比≤150，铝合金抱杆整体长细比≤110
12	《架空输电线路大跨越工程跨越塔组立施工工艺导则》 DL/T 5288—2013 2013 年 8 月 1 日实施	适用于 220kV 及以上架空输电线路大跨越工程全高在 100m 及以上的自立式钢结构跨越塔组立施工	**主要内容：** 1. 规定了架空输电线路大跨越工程跨越塔组立施工，主要包括： （1）基本规定； （2）施工准备； （3）流动式起重机分解组塔；	**关联：** 1. 抱杆、塔式起重机及其他起重机具的设计、制造、使用应符合《电力建设安全工作规程　第 2 部分：架空电力线路》DL 5009.2、《输电线路施工机具设计、试验基本要求》DL/T 875 的有关规定；抱杆和塔式起重机的设计、制造、使用同时应符合《高耸结构设计规范》GB

续表

序号	标准名称/标准号/时效性	针对性	内容与要点	关联与差异
12			（4）落地双摇臂抱杆分解组塔； （5）落地双平臂抱杆分解组塔； （6）落地四摇臂抱杆分解组塔； （7）内悬浮双摇臂抱杆分解组塔； （8）塔式起重机分解组塔； （9）安全措施； （10）环境保护要求。 2. 对流动式起重机、落地双摇臂抱杆、落地双平臂抱杆、落地四摇臂抱杆、内悬浮双摇臂抱杆、塔式起重机等6种分解组立跨越塔施工方法进行了详细说明，明确了跨越塔一般规定、现场布置、工艺流程和主要工艺。 3. 规定了落地双摇臂抱杆、落地双平臂抱杆、落地四摇臂抱杆的工况计算方法。 **重点与要点：** 开工前应根据选择的铁塔组立方法进行施工技术设计。施工技术设计时应对所用机具受力状况进行全面分析、计算，以受力最大值作为选择机具的依据，并应对跨越塔组立过程中的塔体强度及稳定性进行校验	50135、《起重机设计规范》GB/T 3811 和《塔式起重机设计规范》GB/T 13752 等有关规定。 2. 在工况计算中未提供落地双摇臂抱杆、落地双平臂抱杆、落地四摇臂抱杆、内悬浮双摇臂抱杆分解组立的风载荷计算方法，对全高在 200m 及以下的抱杆风载荷计算按照《高耸结构设计规范》GB 50135、《起重机设计规范》GB/T 3811 的有关规定进行计算。对全高超过 200m 的抱杆，风载荷宜按《高耸结构设计规范》GB 50135 的有关规定进行计算。 3. 塔式起重机工况计算应符合《塔式起重机设计规范》GB/T 13752 的有关规定。 4. 流动式起重机、塔式起重机及报告的使用应符合《汽车起重机和轮胎起重机安全规程》JB 8716、《履带起重机安全规程》JG 5055、《塔式起重机操作使用规程》JG/T 100、《建筑施工塔式起重机安装、使用、拆卸安全技术规程》JGJ 196 的有关规定。 5. 配有电源的抱杆或塔式起重机的电缆、控制线绝缘未应符合《塔式起重机设计规范》GB/T 13752 的有关规定。施工现场临时用电应符合《建设工程施工现场供用电安全规范》GB 50194 和《施工现场临时用电安全技术规范》JGJ 46 的有关规定
13	《1000kV 架空输电线路铁塔组立施工工艺导则》 DL/T 5289—2013 2013 年 8 月 1 日实施	适用于 1000kV 架空输电线路工程的铁塔组立施工	**主要内容：** 1. 规定了 1000kV 架空输电线路工程铁塔组立施工工艺标准。主要包括： （1）基本规定； （2）内悬浮外拉线抱杆分解组塔； （3）落地双摇臂抱杆分解组塔； （4）内悬浮外拉线摇臂抱杆分解组塔； （5）其他组塔方式； （6）质量要求； （7）安全措施。 2. 介绍了自立式铁塔分解组立方法，包括内悬浮外拉线抱杆分解组塔、落地双摇臂抱杆分解组塔、落地双平	**关联：** 1. 本标准是对 1000kV 架空输电线路铁塔组立施工工艺方法的规定，而《1000kV 架空输电线路工程施工质量检验及评定规程》DL/T 5300 是对铁塔组立施工工艺结果检验和评定的规定，并含验收评定表式。 2. 本标准规定：组立铁塔的抱杆及其他起重工器具的设计、制造、使用具有其特殊要求，应符合《输电线路施工机具设计、试验基本要求》DL/T 875 和《架空输电线路施工抱杆通用技术条件及试验方法》DL/T 319 的规定。 3. 本标准规定了铝合金抱杆的加工及验收应符合《铝合金结构工程施工质量验收规范》GB 50576 的规定。钢

续表

序号	标准名称/标准号/时效性	针对性	内容与要点	关联与差异
13			臂抱杆分解组塔、内悬浮外拉线摇臂抱杆分解组塔、流动式起重机分解组塔、塔式起重机分解组塔、直升机组立铁塔等多种施工方法。对每种施工方法做出了详细的规定。 **重点与要点：** 1. 铁塔组立过程中的塔体强度及稳定性进行校验。塔材部件的安装应力应小于强度设计值。 2. 所用工器具受力状况必须进行全面分析、计算，以受力（或力矩）最大值作为选择铁塔组立工器具的依据	结构抱杆的加工及验收应符合《钢结构施工质量验收规范》GB 50205 的规定。 4. 抱杆配套的绞磨、拉线、锚体、滑车等附件应符合《输电线路施工机具设计、试验基本要求》DL/T 875 和《起重机 钢丝绳 保养、维护、安装、检验和报废》GB/T 5972 的规定。 **差异：** 本标准提供了内悬浮抱杆的主要参数，计算长细比值均不大于 100。 《架空输电线路施工抱杆通用技术条件及试验方法》DL/T 319—2010 中 5.1.2 表 1 规定：钢抱杆整体长细比≤150，铝合金抱杆整体长细比≤110
14	《1000kV 架空输电线路张力架线施工工艺导则》 DL/T 5290—2013 2013 年 8 月 1 日实施	适用于 1000kV 架空输电线路张力架线施工	**主要内容：** 1. 规定了 1000kV 架空输电线路必须张力展放导线、地线、复合光缆（以下称 OPGW）以及紧线、附件安装的施工工艺方法。 2. 介绍了 1000kV 架空输电线路 8 分裂导线的主要张力放线方法，例如：1 牵 8，2×（一牵 4），二牵 8 等张力展放方法。 **重点与要点：** 1. 要求在工程开工前，应结合实际情况编制作业指导书，并进行试点。 2. 必须对所用工器具受力状况进行全面分析、计算，以受力（或力矩）最大值作为选择架线工器具的依据	**关联：** 1. 本标准是对 1000kV 架空输电线路张力架线施工工艺方法的规定，而《1000kV 架空输电线路工程施工质量检验及评定规程》DL/T 5300 的规定是对架线施工工艺结果检验和评定，并含验收评定表式。 2. 根据 1000kV 架空输电线路张力架线施工的特点，张力架线工器具的设计、制造、使用应符合下列现行国家标准、规程、规范： （1）施工机具本导则未做详细说明，但应符合《建筑结构荷载规范》GB 50009 和《输电线路施工机具设计、试验基本要求》DL/T 875 施工机具的规定； （2）滑车滑轮应符合《架空输电线路放线滑车》DL/T 371 和《放线滑轮基本要求、检验规定及测试方法》DL/T 685 规定；起重滑车应符合《起重滑车 型式、基本参数主尺寸》JB/T 9007.1 和《起重滑车 技术条件》JB/T 9007.2 的规定； （3）防扭钢丝绳钢丝应符合《制绳用钢丝》GB/T 8919 标准规定； （4）卡线器在 1.25 倍额定载荷作用下，线体的表面压痕及毛刺不超过《110～500kV 架空送电线路施工及验收规范》GB 50233 的规定；

续表

序号	标准名称/标准号/时效性	针对性	内容与要点	关联与差异
14				（5）液压系统应符合《液压系统通用技术条件》GB/T 3766 的要求，液压元件应符合《液压元件通用技术条件》GB/T 7935 的规定。 **差异：** 1．本标准对张力放线的施工准备、架设方法、架线工器具受力计算做了详细的说明，未对工艺质量、安全措施和工器具及跨越脚手架等做详细要求。 《跨越电力线路架线施工规程》DL/T 5106，对跨越施工工艺质量、安全措施和工器具及脚手架做了详细的规定。 2．本标准 3.3.1 规定：OPGW 放线滑轮槽底直径应大于 OPGW 直径的 40 倍，且不得小于 500mm。 《光纤复合架空地线》 DL/T 832—2003 第 12 章规定：OPGW 放线导轮直径不得小于 OPGW 直径的 40 倍，且最小直径不得小于 600mm
15	《1000kV 输变电工程导地线液压施工工艺规程》 DL/T 5291—2013 2013 年 8 月 1 日实施	1．适用于 1000kV 电压等级架空输电线路、变电站中，以高压油泵为动力，用相应压模对导地线和配套金具进行液压施工。 2．适用于《圆线同心绞架空导线》GB/T 1179、《镀锌钢绞线》YB/T 5004、《铝包钢绞线》YB/T 124 等标准规定的同心绞架空导线和地线，也包括其他符合上述标准要求的导线。 3．适用于变电站（开关站）用扩径导线	**主要内容：** 1．规定了 1000kV 架空输变电线工程导线、地线液压施工方法和工艺要求。 2．明确了压接工器具及压接设备的要求。 3．详细描述了液压操作工艺要求和质量检验的规定。 **重点与要点：** 工程开工前应结合实际情况编制作业指导书，并按照规定制作检验性试件，导地线线路中耐张线夹及接续管的握着力，均不应小于导线及地线设计计算拉断力的 95%，对于变电站用大截面扩径导线，其握着力均不应小于导线额定抗拉力的 65%，通过验证液压工艺方法和结果指导施工	**关联：** 1．导地线各种接续管、耐张线夹、跳线线夹及设备线夹应按照《电力金具通用技术条件》GB/T 2314、《耐张线夹》DL/T 757 和《接续金具》DL/T 758 的规定进行检查。 2．导地线压接试件、金具检验性试件制作和试验应按照《电力金具试验方法　第 1 部分：机械试验》GB/T 2317.1 的有关规定执行。 3．本标准对压接模具未进行介绍和提出要求，《输变电工程架空导线及地线液压压接工艺规程》DL/T 5285—2013 中 4.2 对模具尺寸做出了具体要求，建议参照其配备压接模具。 **差异：** 本标准对操作工艺方法和试验要求与《输变电工程架空导线及地线液压压接工艺规程》DL/T 5285—2013 差异有： （1）本标准 4.1.3 规定：施压时相邻两模至少应重叠 5mm。 DL/T 5285—2013 中 6.1.5 规定：钢管相邻两模重叠压接应不小于 5mm，铝管相邻两模重叠压接应不小于 10mm。

续表

序号	标准名称/标准号/时效性	针对性	内容与要点	关联与差异
15				（2）本标准 5.0.2 规定：各种液压管压后对边距尺寸 S 的最大允许值为 $S=0.866\times0.993D+0.2$mm。 DL/T 5285—2013 中 7.0.5 规定：压接管压后对边距 S 的允许值参考：$S=0.866kD+0.2$，k 值根据导地线截面和使用范围不同取值。 （3）本标准对变电站用大截面扩径导线的试件数量未做明确规定。 DL/T 5285—2013 中 7.0.1 规定：变电站用耐张线夹每种规格导地线取试件 2 件。 （4）DL/T 5285—2013 提出正压、倒压和顺压的施工工艺要求，适用于大截面导线压接
16	《1000kV 架空输电线路工程施工质量检验及评定规程》 DL/T 5300—2013 2014 年 4 月 1 日实施	适用于新建、改建、扩建 1000kV 交流架空输电线路工程的施工质量检验及等级评定	**主要内容：** 1．规定了 1000kV 交流架空输电线路土石方工程、基础工程、铁塔组立工程、架线工程、接地工程、线路防护设施等的质量检验、评定及检查方法，并规定了原材料及器材的质量要求和检查方法。 2．规范了单位工程、分部工程、分项工程和单元工程和项目的定义，并将工程的验评项目划分列表说明。 3．按单元工程、分项工程、分部工程及单位规程制定出相应的质量等级，均分为优良、合格与不合格三个等级，并有相应的具体规定。 4.提供了相对应的规范性施工质量检验及评定的记录表式。 **重点与要点：** 1．规定了检查（检验）项目分类原则，检查（检验）项目分为：关键项目、重要项目、一般项目与外观项目。 2.原材料及器材按照检验标准进行检验，应在质量检验合格并满足合同要求后使用，但不评定等级	**关联：** 1．本标准与《建筑工程施工质量验收统一标准》GB 50300 和《110kV～500kV 架空电力线路工程施工质量及评定规程》DL/T 5168 的规定的单位工程、分部工程、分项工程和单元工程划分方式和评定方法基本相同。 2．本标准侧重于质量验收及评定，基础、铁塔组立和接地施工质量检验具体标准还应符合《1000kV 架空输电线路施工与质量验收规范》GB 50804 的规定。 3．导线、避雷线及 OPGW 检查标准及检查方法符合设计和《圆线同心绞架空导线》GB/T 1179、《镀锌钢绞线》YB/T 5004、《光纤复合架空地线》DL/T 832、《架空绞线用镀锌钢线》GB/T 3428 的规定

续表

序号	标准名称/标准号/时效性	针对性	内容与要点	关联与差异
17	《750kV 架空送电线路铁塔组立施工工艺导则》 DL/T 5342—2006 2007 年 3 月 1 日实施	1. 适用于新建、改（扩）建 750kV 送电线路一般铁塔（全高 100m 以下）的组立工程。 2. 500kV 及以下线路的铁塔组立可参考执行	**主要内容：** 规定了 750kV 架空送电线路铁塔组立施工工艺方法，主要包括： （1）基本规定； （2）施工准备； （3）内悬浮抱杆分解组塔； （4）外抱杆分解组塔； （5）内悬浮摇臂抱杆分解组塔； （6）落地摇臂抱杆分解组塔； （7）安全措施。 **重点与要点：** 1. 对拉线铁塔宜采用人字倒落式抱杆整体组立，也可采用分解组立。 2. 对自立式铁塔组立推荐的组立的主要方法有： （1）内悬浮抱杆分解组塔； （2）外抱杆分解组塔； （3）内悬浮摇臂抱杆分解组塔； （4）落地摇臂抱杆分解组塔。 并对每种施工方法做出了详细的规定。 3. 铁塔组立过程中必须对塔体强度进行校验。塔材部件的安装应力应小于容许应力。 4. 起吊中必须对最重的一段、较重且较高的一段及抱杆倾斜最大的一段进行计算，然后取其受力最大值作为选择工器具的依据。 5. 抱杆和铁塔的临时拉线采用地锚锚固时，其深度应根据地质条件及受力大小确定	**关联：** 1. 本标准是对 750kV 架空送电线路铁塔组立施工工艺方法的规定，《750kV 架空送电线路施工及验收规范》GB 50389 对铁塔组立施工过程的质量控制要求和验收条件做出了规定。 2.《1000kV 架空输电线路铁塔组立施工工艺导则》DL/T 5289—2013 增加了流动式起重机分解组塔、塔式起重机分解组塔和直升机组立铁塔方法等。在 750kV 架空送电线路铁塔组立时，上述三种方法也可参照执行。同时，对内悬浮外拉线抱杆分解组塔、落地双摇臂抱杆分解组塔、内悬浮外拉线摇臂抱杆分解组塔工艺方法介绍得更详细。 **差异：** 本标准 4.0.9 规定：方形断面的格构式抱杆主材为铝合金型材时，细长比不宜大于 100，主材为 Q345 钢材时，细长比不宜大于 120。 《架空输电线路施工抱杆通用技术条件及试验方法》DL/T 319—2010 中 5.1.2 表 1 规定：钢抱杆整体长细比≤150，铝合金抱杆整体长细比≤110
18	《750kV 架空送电线路张力架线施工工艺导则》 DL/T 5343—2006 2007 年 3 月 1 日实施	1. 适用于 750kV 架空送电线路架线施工。 2. 以下特殊张力架线施工可参照本标准，进行编制特殊张力架线施工方案：	**主要内容：** 规定了架空送电线路中导线、架空地线、光纤复合架空地线（OPGW）的张力架线施工工艺。 **重点与要点：** 1. 750kV 架空送电线路 6 分裂导线的主要放线方法如下：1 牵 6、1 牵（4+2），1 牵（2+2+2）。	**关联：** 1. 本标准是对 750kV 架空送电线路张力架线施工工艺方法的规定，而《750kV 架空送电线路施工及验收规范》GB 50389 是对张力架线施工过程的质量控制要求和验收条件做出的规定。 2. 张力放线施工安全应符合《电力建设安全工作规程

续表

序号	标准名称/标准号/时效性	针对性	内容与要点	关联与差异
18		（1）大跨越张力架线施工； （2）不停电跨越张力架线施工； （3）采用过渡方法的张力架； （4）线施工； （5）采用环形牵放方式的张力架线施工； （6）多于6分裂导线的线路张力架线施工	2．所用工器具受力状况必须进行全面分析、计算，以受力（或力矩）最大值作为选择架线工器具的依据	第2部分：电力线路》DL 5009.2的有关规定。 3．张力架线工器具的设计、制造、使用应符合《输电线路施工机具设计、试验基本要求》DL/T 875的规定。 4．导线放线滑车轮槽底直径和槽形应符合《放线滑轮基本要求、检验规定及测试方法》DL/T 685的规定。 5．本标准3.0.2介绍了针对6分裂导线的放线方法：1牵6、1牵（4+2）、1牵（2+2+2）等三种。 《1000kV架空输电线路张力架线施工工艺导则》DL/T 5291—2013中2.0.4介绍了8分裂导线的主要放线方式，包括1牵8、2×（一牵4）和二牵8等三种放线方法。针对不同分裂导线做出导线展放方法的规定。如不同电压等级有分裂导线变化可参照不同导线展放进行施工。 **差异：** 本标准4.3.1规定：OPGW放线滑轮槽底直径应大于OPGW直径的40倍，且不得小于500mm。 《光纤复合架空地线》DL/T 832—2003第12章规定：OPGW放线导轮直径不得小于OPGW直径的40倍，且最小直径不得小于600mm
19	《电力光纤通信工程验收规范》 DL/T 5344—2006 2007年3月1日实施	适用于新建、扩建和改建的电力光纤通信工程，作为光缆线路、光通信设备、辅助设备和配套设备设施验收的依据	**主要内容：** 1.规定了电力光纤通信工程中的验收组织管理以及工程中的光缆线路、光通信设备、通信电源系统、机房环境和工程文件的验收要求。主要包括： （1）工程验收组织和管理； （2）光缆线路验收； （3）光通信设备验收； （4）通信电源系统验收； （5）机房环境要求； （6）工程文件验收。 2．明确了光通信设备验收技术指标要求。 3．涵盖高、中、低压电力输配电线路（包括电力杆塔及电力沟道）架设（敷设）的光纤复合架空地线（OPGW）、全介质自承式光缆（ADSS）、光纤复合相线（OPPC）、	**关联：** 1．本标准对电力光纤通信工程中工厂验收、到货送检方法和技术指标未做详细说明，应分别符合《全介质自承式光缆》DL/T 788和《光纤复合架空地线》DL/T 832的有关规定。 2．光缆弧垂允许偏差等验收标准应符合《110～500kV架空送电线路施工及验收规范》GB 50233的有关规定。 3.对基于SDH的以太网透传工程检查项目进行了规定，各项指标测试方法及测试注意事项执行《基于SDH的多业务传送节点测试方法》YD/T 1276的有关规定。 4．集成式WDM系统的SDH终端和OUT输出具有满足《带有光放大器的多信道系统的光接口》ITU-T G.692建议的光接口（标准光波长、满足长距离传输的光源）的规定。

续表

序号	标准名称/标准号/时效性	针对性	内容与要点	关联与差异
19			金属自承光缆（MASS）的验收规定。 4. 提供了竣工前证书、光缆线路验收检验要求和记录表格、光通信设备验收记录表格、通信电源系统验收技术要求和记录、工程文件验收内容要求和记录表式。 **重点与要点：** 1. 直通型耐张杆塔跳线在地线支架下方通过时，弧垂为 300mm～500mm；从地线支架上方通过时，弧垂为 150mm～200mm。 2. 引下光缆弯曲半径不得小于 40 倍光缆直径	5. 通信主辅设备的防雷和防过电压能力应满足《电力系统通信站过电压防护规程》DL/T 548 的有关规定。 6. 接地装置的施工及验收应符合《电气装置安装工程 接地装置施工及验收规范》GB 50169 的有关规定

第五章 调试工程执行标准清单名录

第一节 试 验 规 程

序号	标准名称/标准文号/时效性	针对性	内容与要点	关联与差异
1	《高电压试验技术 第2部分：测量系统》 GB/T 16927.2—2013 2013年7月1日实施	适用于在实验室和工厂试验中用于测量《高电压试验技术 第1部分：一般试验要求》GB/T 16927.1规定的直流电压、交流电压、雷电和操作冲击电压的测量系统及其组件	**主要内容：** 1. 给出高压测量不确定度的估算方法、测量系统的认可方法及其组件的校核方法。 2. 规定测量系统应当满足的要求。 3. 给出测量系统满足本部分要求的程序，包括测量不确定度的限值。 4. 一般试验要求规定的测量试验内容包括： （1）直流电压测量； （2）交流电压的测量； （3）雷电冲击电压的测量； （4）操作冲击电压的测量； （5）联合及合成电压试验。	**关联：** 1. 本标准基于《高电压试验技术 第2部分：测量系统》GB/T 16927.2—1997提出，《高电压试验技术 第2部分：测量系统》GB/T 16927.2—1997已更新为《高电压试验技术 第2部分：测量系统》GB/T 16927.2—2013。 2. 本标准的修改部分采用《高电压试验技术 第2部分：测量系统》IEC 60060-2：2010。 3. 规定的测量不确定度的限制适用于《高压输变电设备的绝缘配合》GB 311.1规定的试验电压，但其原则也适用于更高试验电压，此时不确定度可能较大。 **差异：** 本标准与《高电压试验技术 第2部分：测量系统》IEC 60060-2：2010的技术性差异如下：

续表

序号	标准名称/标准文号/时效性	针对性	内容与要点	关联与差异
1			**重点与要点：** 1．测量系统所处的环境，如与带电体和接地物体的净距、周围电场或磁场等都可能明显影响测量结果及其不确定度。 2．测量仪器的分辨率，如记录仪的位数较低，可能是不确定度的重要影响因素。 3．所有用于确定测量系统刻度因素的设备应可溯源至国家和/或国际基准的校准	（1）按照我国实验室认可测量系统不确定度的计算惯例，收集实验室高电压测量数据，给出高压（交流、冲击、雷电冲击）测量系统不确定度计算示例。 （2）本标准 4.5 规定：对于测量系统的性能校验程序的工作条件，考虑到我国高压测量仪器设备以及实验室的具体情况，增加“设备委员会可规定更长标定工作时间”的说明
2	《高压直流输电晶闸管阀　第 1 部分：电气试验》 GB/T 20990.1—2007 2008 年 2 月 1 日实施	1．适用于高压直流输电或作为背靠背系统一部分的电网换相换流器的且在阀两端直接连接有金属氧化物避雷器的晶闸管阀。 2．规定的试验以空气绝缘阀为基础，其他类型的阀也必须遵守本标准的要求和验收标准。	**主要内容：** 1．明确了阀（阀或阀组件）、阀支架、多重阀单元电气试验相关内容，主要包括： （1）型式试验的试验项目； （2）试验顺序、试验方法； （3）试验环境参数及试验频率； （4）型式试验成功的判据，包括晶闸管级适用判据和整体阀的适用判据； （5）试验报告结果的表述。 2．明确了晶闸管冗余的处理、确定损耗的方法。 3．对出厂试验目的、试验内容做出要求。 **重点与要点：** 1．规定的型式试验可按任意顺序进行。 2．在直流电流断续运行期间，每周期阀中电流脉动的最大数量，对于在 HVDC 输电中应用的阀通常为 4，而对于背靠背接线中的阀则为 8	**关联：** 1．本标准 6.3.3～6.3.4 规定：阀支架相关型式试验项目中的试验波形应采用 IEC 60060 中的标准试验波形。 2．本标准 7.3.3～7.3.4 规定：多重阀单元相关型式试验项目中的试验波形应采用 IEC 60060 中的标准试验波形。 3．本标准 8.3.4～8.3.5 规定阀相关型式试验项目应采用 IEC 60060 中的标准试验波形。 4．本标准引用《高压试验技术　第 1 部分：一般试验要求》GB/T 16927.1—1997 已由 GB/T 16927.1—2011 替代。 **差异：** 本标准与《±800kV 特高压直流输电用晶闸管阀电气试验》GB/T 28563—2012 差异有： （1）针对型式试验中整体阀的适用判据：GB/T 28563—2012 增加了元件、导体表面和相应载流结点和连接件的温度，以及相邻物体表面的温度在任何时候均应保持在设计允许的范围内的判据。 （2）本标准 6.3.2 规定：阀支架交流电压试验前，应将阀支架短路接地至少 2h。GB/T 28563—2012 无此规定。 （3）GB/T 28563—2012 中 8.3.2 条增加了阀的湿态直流电压试验。 （4）本标准 8.3.4 中的阀操作冲击试验、8.3.7 中的阀的雷电冲击试验采用《高电压试验技术　第 1 部分：一

续表

序号	标准名称/ 标准文号/时效性	针对性	内容与要点	关联与差异
2		3．只规定了电气型式试验和出厂试验		般定义及试验要求》IEC 60060-1 中的标准操作冲击电压波形； GB/T 28563—2012 相应的试验采用符合《高电压试验技术　第 1 部分：一般定义及试验要求》GB/T 16927.1 的标准操作冲击电压波形。 （5）GB/T 28563—2012 增加了 8.3.6“阀的湿态操作冲击试验”，增加了 9.3.7“保护性触发连续运行试验”以及 9.3.8“阀损耗验证”
3	《绝缘套管油为主绝缘（通常为纸）浸渍介质套管中溶解气体分析（DGA）的判断导则》 GB/T 24624—2009 2010 年 4 月 1 日实施	适用于在用的充油和油浸纸套管	**主要内容：** 1．明确了溶解气体分析（DGA）判断的导则。 2．浸油套管溶解气体分析的结果判断包括： （1）油和纸分解产生的气体； （2）关键气体、气体含量及比率； （3）溶解气体分析结果的判断方法。 **重点与要点：** 1．变压器油在存放、运输过程中，或在某些特殊条件下也可能会产生极微量乙炔，不属于特征故障所致。 2．溶解气体分析是一项检测充油设备中某些型式缺陷的技术，进一步的信息应用电性能试验检测（如电容量、$\tan\delta$、局部放电量测量），作为这种诊断的支持	**关联：** 1．本标准 3.2 规定：油中溶解性气体应符合《充油电气设备气体和油样抽取及游离和溶解气体分析导则》IEC 60567：1992 的要求。 2．本标准 3.3 规定：从套管中抽取油样进行溶解气体分析的判断结果应视为指导性的信息，随之采取的任何措施均应在适当地工程评价和按照《交流电压高于 1000V 的绝缘套管》GB/T 4109—2008 的电气试验后进行。 3．本标准附录 A.2 规定：抽取油样使用的装置和方法应符合《充油电气设备气体和油样抽取及游离和溶解气体分析导则》IEC 60567：1992 的要求。 4．本标准规定了套管的主绝缘（通常为纸）应符合《电工用液体》IEC 60296：2003 的矿物绝缘油浸渍
4	《±800kV 特高压直流输电用晶闸管阀电气试验》 GB/T 28563—2012 2012 年 11 月 1 日实施	1．适用于±800kV 特高压直流输电用电网换相换流器，且在阀两端直接连接有金属氧化物避雷器的晶闸管阀。 2．只限于电气型式试验和产品试验。 3．规定的试验以空气绝缘水冷却阀为基础，其他类型的阀也可参照本标准的要求和验收标准。	**主要内容：** 1．晶闸管级、整体阀试验型式试验执行的导则，包括试验顺序、试验方法、试验环境等 7 个方面。 2．晶闸管级、整体阀试验等型式试验成功的判据。 3．对阀基、多重阀单元、阀或阀组件进行的 31 个型式试验项目、试验要求、试验标准及评判标准。 4．阀、阀组件等组装部件产品例行试验的最低检查要求。 5．型式试验结果表述的要求。	**关联：** 1．本标准 4.1.4 规定：型式试验方法应按《高压试验技术　第 1 部分：一般定义及试验要求》GB/T 16927.1 的规定进行。 2．本标准 6.3.3 规定：阀基、多重阀、阀的操作冲击试验及雷电冲击试验的试验电压波形符合《高压试验技术　第 1 部分：一般定义及试验要求》GB/T 16927.1 相关要求，试验电压选取按《±800kV 高压直流换流站设备的绝缘配合》GB/T 28541—2012 要求进行。 3．本标准第 16 章规定：试验报告应符合《检测和校准实验室能力的通用要求》GB/T 27025 的要求。

续表

序号	标准名称/标准文号/时效性	针对性	内容与要点	关联与差异
4		4．本标准产品试验中不包括阀、阀基和阀结构中使用的独立部件的试验	**重点与要点：** 在重复反极性电压试验前，试品应短接接地数小时	4．高压晶闸管阀的损耗确定程序符合《高压直流换流站损耗的确定》GB/T 20989 中的规定。 **差异：** 本标准与《高压直流输电晶闸管阀　第 1 部分：电气试验》GB/T 20990.1—2009 差异有： （1）针对型式试验中整体阀的适用判据：本标准增加了元件、导体表面和相应载流结点和连接件的温度，以及相邻物体表面的温度在任何时候均应保持在设计允许的范围内的判据。 （2）GB/T 20990.1—2009 中 6.3.2 规定阀支架交流电压试验前，应将阀支架短路接地至少 2h。本标准无此规定。 （3）本标准 8.3.2 增加了阀的湿态直流电压试验。 （4）GB/T 20990.1—2009 中 8.3.4“阀操作冲击试验”、8.3.7“阀的雷电冲击试验”采用《高电压试验技术　第 1 部分：一般定义及试验要求》IEC 60060-1 中的标准操作冲击电压波形。 本标准相应的试验采用符合《高电压试验技术　第 1 部分：一般定义及试验要求》GB/T 16927.1 的标准操作冲击电压波形。 （5）本标准增加了 8.3.6“阀的湿态操作冲击试验”，增加了 9.3.7“保护性触发连续运行试验”以及 9.3.8“阀损耗验证”
5	《串联电容器补偿装置控制保护系统现场检验规程》 DL/T 365—2010 2010 年 10 月 1 日实施	1．适用于 220kV～500kV 电压等级输电线路串联电容器补偿装置（串补装置）控制保护系统的现场检验。	**主要内容：** 明确了串联电容器补偿装置控制保护系统现场检验 15 个项目的试验方法、试验标准，主要包括： （1）检验所用的仪器、仪表准确等级； （2）新安装检验、全部检验、部分检验的试验项目及试验周期； （3）电容器保护、MOV 保护等 6 类保护装置功能检验方法和试验标准；	**关联：** 1．本标准规定：串补控制保护系统的现场检验过程中没有涉及的内容执行《继电保护和电网安全自动装置检验规程》DL/T 995—2006 的规定。 2．本标准 5.5 规定：信号光缆回路衰减检验执行《光纤光缆衰减测量方法》SJ 2668—1986（该标准已废止）中第 5 章的规定。

续表

序号	标准名称/标准文号/时效性	针对性	内容与要点	关联与差异
5		2．其他电压等级串补装置控制保护系统的现场检验可参照执行	（4）整组试验的试验项目、试验方法及试验结果的评估； （5）系统试验的试验项目、试验方法及试验结果的评估。 **重点与要点：** 1．检验所用仪器、仪表必须经过检验合格，准确级不低于 0.5 级，电压表使用高内阻的表计。 2．使用交流电源供电的电子仪器测量电路参数时，电子仪器测量端子与其电源应良好隔离，仪器外壳与控制保护屏柜在同一点接地	3．本标准 5.7 规定：数据采集设备零漂检验执行 DL/T 995—2006 中 6.3.9 的规定，线性度检验执行《包装材料试验方法　透油性》GB/T 16929 的规定。 **差异：** 本标准与《500kV 串联电容器补偿装置系统调试规程》DL/T 1304—2013 有关系统调试方面的差异有： （1）DL/T 1304—2013 适用于可控串补的系统试验项目，增加了可控串补小负荷下投退试验、可控串补持续高容抗试验。 （2）DL/T 1304—2013 对系统调试项目的试验条件、试验方法、测试内容、判据给出了明确详细的规定，本标准的规定不具体
6	《电力设备局部放电现场测量导则》 DL/T 417—2006 2007 年 3 月 1 日实施	适用于在变电站现场或试验室条件下，利用交流电压下的脉冲电流法测量变压器、互感器、套管、耦合电容器等电容型绝缘结构设备的局部放电。其测定的物理量为： （1）测定电力设备在某一规定电压下的局部放电量； （2）测定电力设备局部放电的起始电压和熄灭电压	**主要内容：** 明确了电气法局部放电试验的测量方法、测量仪器、校准方法、有关通用的试验程序、识别试品内部放电和外界干扰脉冲的图谱与说明，内容包括： （1）试验回路的接线方式和测量仪器参数标准； （2）视在放电量的校准； （3）电力设备局部放电试验前对试品的要求、试验的测量方法及标准； （4）局部放电时的干扰抑制； （5）有关电力设备局部放电量的允许水平； （6）局部放电的波形和识别图谱。 **重点与要点：** 在视在放电量校准时，应注意： （1）方波发生器每次使用前应检查电池是否充足电； （2）从 C0 到 Cx 的引线应尽可能短直，C0 与校准方波发生器之间的连线最好选用同轴电缆，以免造成校准方波的波形畸变； （3）当更换试品或改变试验回路任一参数时，必须重新校准	**差异：** 本标准中表 3 对有关电力设备局部放电量的允许水平规定：110kV 及以上变压器采用自激法时在 $1.5U_m/\sqrt{3}$ 电压下，交接试验允许放电量为 500pC；$1.3U_m/\sqrt{3}$ 电压下，交接试验允许放电量为 300pC。 《1000kV 变压器局部放电现场测量技术导则》DL/T 1275—2013 中 5.2.2.7 规定：交接试验时，1000kV 变压器在 $1.5U_m/\sqrt{3}$ 电压下，1000kV 端子、500kV 端子和 110kV 端子的局部放电量的连续水平分别应不大于允许放电量为 100、200、300pC；预防试验时，1000kV 变压器在 $1.3U_m/\sqrt{3}$ 电压下，1000kV 端子、500kV 端子和 110kV 端子的局部放电量的连续水平分别应不大于允许放电量为 300、300、500pC

续表

序号	标准名称/标准文号/时效性	针对性	内容与要点	关联与差异
7	《现场绝缘试验实施导则》 DL/T 474.1～5—2006 2006年10月1日实施	适用于在发电厂、变电所、电力线路等现场和在修理车间、试验室等条件下，对高、低压电气设备进行的现场绝缘试验	**主要内容：** 1．本导则共分为5个部分： （1）绝缘电阻、吸收比和极化指数试验； （2）直流高电压试验； （3）介质损耗因数 $\tan\delta$ 试验； （4）交流耐压试验； （5）避雷器试验。 2．各部分的主要内容如下： （1）第一部分提出了绝缘电阻、吸收比和极化指数试验所涉及的仪表选择、试验方法和注意事项等技术细则； （2）第二部分提出了现场直流高电压绝缘试验所涉及的试验电压的产生、试验接线、主要元件的选择和试验方法等技术细则和注意事项； （3）第三部分提出了测量高压电力设备绝缘介质损耗因数 $\tan\delta$ 和电容的方法，试验接线和判断标准，着重阐述了现场测量的各种影响因素、可能产生的误差和减少误差的技术措施； （4）第四部分提出了高电压电气设备交流耐压试验所涉及的试验接线、试验设备、试验方法和注意事项等技术细则； （5）第五部分提出了阀型避雷器常规试验项目的具体试验方法、技术要求和注意事项等技术细则。 **重点与要点：** 1．对二次回路或低压配电装置及电力布线，用2500V绝缘电阻表代替直流耐压试验时，应考虑到绝缘电阻低而使端电压降低的因素。 2．对于高压大容量的电力变压器，若湿度等原因造成外绝缘对测量结果影响较大时，应尽量在空气相对较小的时段（如午后）进行试验。 3．若试品在上一次试验后，接地放电时间不充分，绝缘内积聚的电荷没有放净，仍积滞有一定的残余电荷，会直接影响绝缘电阻、吸收比和极化指数值。实践表明接地放电至少5min以上才能得到较正确的结果	**差异：** 1．本标准与《电气装置安装工程　电气设备交接试验标准》GB 50150—2006的差异性有： （1）本标准第三部分4.1.1规定：电力设备介质损耗因数 $\tan\delta$ 的现场测试在良好的天气，试品及环境温度不低于＋5℃和空气相对湿度不大于80%的条件下进行。 GB 50150—2006中16.0.3规定：测量20kV及以上非纯瓷套管的主绝缘介质损耗角正切值 $\tan\delta$ 应在室温不低于10℃的条件下进行。 （2）本标准第一部分4.3规定：测量变压器吸收比和极化指数时应尽量采用大容量的绝缘电阻表，即选用最大输出电流1mA及以上的绝缘电阻表，大型电力变压器宜选用最大电流3mA级以上的绝缘电阻表。 GB 50150—2006总则1.0.10规定：测量绝缘电阻时，用于极化指数测量时，绝缘电阻表短路电流不应低于2mA。 （3）本标准第三部分4.3.3规定：判断及标准规定电容式套管的电容值与出厂值或初始值比较一般不大于±10%，当此变化达±5%时应引起注意，500kV套管电容值允许偏差为±5%。 GB 50150—2006中16.0.3规定：电容型套管的实测电容量值与产品铭牌数值或出厂试验值相比，其差值应在±5%范围内。 2．本标准第三部分4.3.3规定：判断及标准规定套管测得的 $\tan\delta$(%)按《电力设备预防性试验规程》DL/T 596进行综合判断。判断时应注意：$\tan\delta$ 值与出厂值或初始值比较不应有显著变化。 《电气装置安装工程电气设备交接试验标准》GB 50150—2006中16.0.3规定了不同材质的20kV及以上非纯瓷套管的主绝缘介质损耗角正切值 $\tan\delta$。 《电力设备预防性试验规程》DL/T 596—1996中表20给出了不同电压等级、不同材质、不同运行时间、不同性质检修时套管的主绝缘介质损耗角正切值 $\tan\delta$。 相比较而言GB 50150的标准严于DL/T 596

续表

序号	标准名称/标准文号/时效性	针对性	内容与要点	关联与差异
8	《接地装置特性参数测量导则》 DL/T 475—2006 2006年10月1日实施	1. 适用于对新建电厂、变电站和线路杆塔的接地装置的验收测试。通过测试结果对接地装置的状况进行评估。 2. 通信设施、建筑物等其他接地装置的特性参数测试可参照本标准有关内容进行	**主要内容：** 1. 明确了电力系统中发电厂、变电站、输电线路杆塔的接地装置的特性参数以及土壤电阻率测试的一般原则、内容、方法、判据、周期。 2. 概括了接地装置特性参数测试的基本要求，接地装置的电气完整性测试、接地装置工频特性参数的测试、输电线路杆塔接地装置的接地阻抗测试、土壤电阻率的测试等内容。 3. 介绍了接地阻抗测试方法，包括电位降法、电流-电压表三极法、接地阻抗测试仪法；场区地表电位梯度测试的测试方法；输电线路杆塔接地装置的接地阻抗测试的测试方法。土壤电阻率测试方法包括单极法测试和四极法测试。并提出了一般要求和注意事项。 **重点与要点：** 1. 推荐采用异频电流法测试大型接地装置的工频特性参数，试验电流宜在3A～20A范围，频率宜在40Hz～60Hz范围。 2. 如采用工频电流测试大型接地装置的工频特性参数，试验电流不宜小于50A，并要特别注意试验的安全问题。 3. 测试大型接地装置的工频特性参数的测试回路应尽量避开河流、湖泊；尽量远离地下金属管路和运行中的输电线路，避免与之长段并行，与之交叉时垂直跨越；注意减小电流线与电位线之间的互感的影响	**关联：** 1.《电气装置安装工程　电气设备交接试验标准》GB 50150—2006第26章规定接地阻抗测量方法参照本标准的规定进行。 2. 本标准侧重对接地装置的特性参数以及土壤电阻率测试进行规定，而《杆塔工频接地电阻测量》DL/T 887侧重规定了杆塔的工频接地电阻测试方法。 3. 本标准7.3规定：钳表法测试杆塔接地阻抗的原理和方法，应执行《杆塔工频接地电阻测量》DL/T 887—2004的规定。 4. 本标准7.3.2规定：测试杆塔所在线路区段中要求直接接地的避雷线上并联的杆塔数量应执行《杆塔工频接地电阻测量》DL/T 887的规定。 5. 本标准6.2.3规定：判断接地阻抗是否合格应首先参照《交流电气装置的接地》DL/T 621—1997的规定，同时也要根据实际情况，包括地形、地质和接地装置的大小，综合判断。 6. 本标准6.4规定：跨步电位差和接触电位差的安全界定值应执行《交流电气装置的接地》DL/T 621—1997的规定。 **差异：** 本标准与《电气装置安装工程　电气设备交接试验标准》GB 50150—2006差异有： （1）本标准提出了在接地装置的电气完整性测试时，根据直流电阻值测试结果对接地状况进行判断。根据不同测试结果明确了不同的处理措施。GB 50150—2006第26章中的接地装置条款中规定直流电阻值不应大于0.2Ω。 （2）本标准规定了跨步电位差、跨步电压、接触电位差、接触电压测试方法及对测试结果评估标准。GB 50150—2006未涉及此四项试验

续表

序号	标准名称/标准文号/时效性	针对性	内容与要点	关联与差异
9	《气体绝缘金属封闭开关设备现场耐压及绝缘试验导则》 DL/T 555—2004 2004 年 6 月 1 日实施	1. 适用于额定电压 72.5kV 及以上，频率为 50Hz 的全部或部分采用气体作为绝缘介质的气体绝缘金属封闭开关设备（GIS）。 2. 72.5kV 以下的 GIS 可参考本标准。 3. GIS 新安装部分、扩建部分、解体检修部分均应按本标准试验。 4. 单独使用的 SF_6 罐式断路器可参照本标准执行	**主要内容：** 明确了额定电压 72.5kV 及以上，频率为 50Hz 的 GIS 现场耐压及绝缘试验方法、试验标准和试验结果的评估，主要包括： （1）被试品试验前具备的条件； （2）被试品可能存在的绝缘缺陷； （3）交流电压、冲击电压波形选择要求； （4）试验设备组成； （5）局部放电试验方法和试验结果的评估。 **重点与要点：** 1. 现场交流试验电压值应为出厂试验电压的 80%。 2. 在现场耐压时必须同时进行老练试验，同时规定了老练试验的程序和试验结果的判定依据	本标准 5.1 规定：交流电压波形两个半波应完全一样，且峰值和有效值之比等于 $\sqrt{2}\pm 0.07$，交流电压频率一般应在 10Hz～300Hz 范围内。 《气体绝缘金属封闭开关设备现场交接试验规程》DL/T 618—2011 中 13.6.1 规定：试验电压波形正半波峰值与负半波峰值差应小于 2%，正半波峰值与有效值之比在 $\sqrt{2}\pm 5\%$，试验电压频率一般应在 30Hz～300Hz 范围内
10	《劣化盘形悬式绝缘子检测规程》 DL/T 626—2005 2005 年 6 月 1 日实施	1.适用于标称电压高于 1000V、频率 50Hz 的交流架空电力线路、发电厂及变电站用盘形悬式瓷和玻璃绝缘子。 2. 直流架空电力线路和换流站用盘形悬式绝缘子的检测方法可参照执行	**主要内容：** 明确了交流输变电设备用绝缘子在施工安装及运行中，对盘形悬式绝缘子进行检测的一般技术要求、检测方法及判定准则，主要包括： （1）施工安装中绝缘子检测； （2）运行绝缘子的巡检； （3）技术资料统计及管理。 **重点与要点：** 1. 绝缘子投运后应在 2 年普测一次，再根据所测劣化率和运行经验可延长检测周期，但最长不能超过 10 年。 2. 运行瓷、玻璃同串绝缘子在规定的检测、检查次数中，其劣化片数累计达到规定值时必须立即整串更换	**关联：** 本标准 4.2 规定：外观检查应执行《高压绝缘子瓷件技术条件》GB 772、《标称电压高于 1000V 的架空线路绝缘子 第 1 部分：交流系统用瓷或玻璃绝缘子元件定义、试验方法和判定准则》GB/T 1001.1 和《盘形悬式绝缘子用钢化玻璃绝缘件外观质量》JB/T 9678。 **差异：** 1. 本标准 4.4 规定：瓷绝缘子安装时绝缘电阻测量应逐只进行试验，干燥情况下，其绝缘电阻应不小于 500MΩ。 《电气装置安装工程电气设备交接试验标准》GB 50150—2006 中 17.0.2 规定：采用 2500V 绝缘电阻表测量绝缘子绝缘电阻值，可按同批产品数量的 10%抽查，330kV 及以下电压等级的悬式绝缘子的绝缘电阻值不小于 300MΩ，500kV 电压等级的悬式绝缘子的绝缘电阻值不小于 500MΩ，35kV 及以下电压等级的支柱绝缘子的绝缘电阻值不小于 500MΩ。 2. 本标准 4.3 规定：160kN 及以下瓷、玻璃绝缘子抽取不少于批量 5%～10%的产品进行工频耐压试验。 《电气装置安装工程电气设备交接试验标准》GB 50150—2006 无此项规定

续表

序号	标准名称/标准文号/时效性	针对性	内容与要点	关联与差异
11	《远动设备及系统　第5-6部分：IEC 60870-5配套标准一致性测试导则》 DL/T 634.56—2010 2010年10月1日实施	1．适用于远动设备、变电站自动化系统和远动系统通信设备一次性测试。 2．不包括EMC要求的测试或有关环境和组织的条件的测试	**主要内容：** 1．明确了远动设备、变电站自动化系统和远动系统（包括SCADA前置功能）通信设备的一致性测试方法。 2．描述了测试环境的指导意见和条件。 3．对《远动设备及系统　第5部分：传输规约》IEC 60870-5配套标准协议实现给以明确和标准的评价。 **重点与要点：** 1．一致性测试不能代替工程上特定的有关系统测试，如FAT和SAT。 2．本标准主要处理通信一致性测试，不包括其他如安全或EMC的要求	**关联：** 本标准对配套标准的强制和可选的详细测试用例将在《远动设备及系统　第5部分：传输规约》IEC 60870-5中规定
12	《变压器油中溶解气体分析和判断导则》 DL/T 722—2014 2015年3月1日实施	适用于以变压器油和纸（板）为主要绝缘材料的电气设备，包括变压器、电抗器、电流互感器、电压互感器和套管等	**主要内容：** 对变压器油中溶解气体分析和判断做出了要求，主要包括： （1）分析了变压器油产气原理； （2）出厂和新投运的充油电气设备气体含量要求； （3）变压器、电抗器、互感器、套管运行中设备的定期检测周期； （4）取样方法、取油量、使用的容器和取油的部位； （5）给出了充油电气设备故障类型的判断方法。 **重点与要点：** 油中气泡或进水受潮可能使氢含量升高，设备检修时，暴露在空气中的油可吸收空气中二氧化碳，某些操作也可生成故障气体，这些气体的存在一般不影响设备的正常运行，但当利用气体分析结果设备内部是否存在故障及其严重程度时，要注意加以区分	**差异：** 本标准9.2关于出厂和新投运设备表6中气体含量的要求：330kV及以上变压器和电抗器 H_2 含量<10μL/L；220kV及以下压器和电抗器 H_2 含量<30μL/L。 《变压器油中溶解气体分析和判断导则》GB/T 7252—2001中9.2关于出厂和新投运设备的表6中气体含量的要求：变压器和电抗器 H_2 含量<30μL/L
13	《继电保护和电网安全自动装置检验规程》	1．适用于110kV及以上电压等级电力系统中电力设备及线路微机型继电保护和电网安全自动装置检验工作。	**主要内容：** 1．明确了继电保护和电网安全自动装置在检验过程中应遵循的基本原则，主要包括： （1）检验的种类、周期； （2）检验工作应具备的条件，如使用试验仪器、仪表	**关联：** 1．本标准6.3.5.4规定：必须执行《静态继电保护装置逆变电源技术条件》DL/T 527—2002（已被DL/T 527—2013替代）标准； 2．本标准5.1.1规定：应满足《继电保护和安全自动

续表

序号	标准名称/标准文号/时效性	针对性	内容与要点	关联与差异
13	DL/T 995—2006 2006 年 10 月 1 日实施	2．其他电压等级或非微机型继电保护装置可参照执行	的规范； （3）现场检验的内容和试验标准； （4）装置投入运行前的准备工作、投入时试验项目、试验标准。 2．规范了与厂站自动化系统、继电保护及保障信息管理系统的配合检验内容和重点检查项目。 **重点与要点：** 在定期检验中时，母线差动保护、断路器失灵保护及电网安全自动装置中投切发电机组，切除负荷、切除线路或变压器的跳合断路器试验，允许用导通方法分别证实至每个断路器接线的正确性	装置基本试验方法》GB/T 7261—2000（已被 GB/T 7261—2008 替代）中的规定。 **差异：** 本标准与《直流换流站二次电气设备交接试验规程》DL/T 1129—2009 的差异： （1）本标准 6.1.2.3 规定：有条件时，自电流互感器一次分相通入电流，检查工作抽头的变比及回路是否正确。 DL/T 1129—2009 中 6.2.6 要求电流互感器须进行一次注流试验：在电流互感器一次侧通入不小于一次电流额定值 10%的电流，检查电流互感器的变比、极性以及电流二次回路的正确性。 （2）DL/T 1129—2009 中 6.7.3.3 增加了：各种原理元件的动作值误差可符合装置说明书要求，但误差因试验方法及仪表设备等方面所产生的总的精度误差应不大于±5%，总的角度误差不得超过±5%
14	《电力变压器绕组变形的电抗法检测判断导则》 DL/T 1093—2008 2008 年 11 月 1 日实施	适用于容量 2500kVA 以上的电力变压器，容量小于上述规定的电力变压器可参照执行	**主要内容：** 对电力变压器绕组变形的电抗检测方法提出了指导性意见，主要包括： （1）电力变压器绕组变形的电抗法（低电压）检测的时机、参数和方法，指出了判断的原理、方法和要求； （2）可以判断变压器绕组变形的参数是：Z_{ke}（%）和 Z_k（Ω）； （3）以绕组参数的相对变化和三相不对称程度作为判断绕组有无变形的依据。 **重点与要点：** 1．首次电抗法测试，应测量所有绕组对的绕组参数。 2．测试结果出现异常时，应对所有绕组对用单相法进行复试。 3．测试时，被加压绕组和被短接绕组均应置于最高分接位置	**关联：** 本标准主要参考《电力变压器　第 5 部分：承受短路的能力》GB 1094.5—2003（已被 GB 1094.5—2008 替代）编制

续表

序号	标准名称/标准文号/时效性	针对性	内容与要点	关联与差异
15	《变压器油带电度现场测试导则》DL/T 1095—2008 2008年11月1日实施	适用于220kV及以上电压等级强迫油循环变压器油的带电度测量	**主要内容：** 明确了运行中变压器油带电度的现场测量方法，主要包括： （1）测量装置与材料； （2）测量方法及步骤； （3）测量结果的计算、测试报告所涵盖的内容。 **重点与要点：** 1．被测试变压器改变运行工况后，需在新工况下运行2h后进行测量。 2．测量需在变压器油泵开启并运行2h后进行，每隔30min测量一次，取三次测量值的平均值作为油的带电度	**关联：** 本标准与《电力变压器》GB/T 1094.1同时执行
16	《变压器油中颗粒度限值》 DL/T 1096—2008 2008年11月1日实施	适用于500kV及以上变压器油、电抗器油的质量监督	**主要内容：** 规定了500kV及以上变压器油、电抗器油颗粒度宜达到的质量标准。 **重点与要点：** 1．仪器的校准和样品的准备和测试都应在洁净室（台）完成，宜使用洁净度级别为100级的装配式洁净室（台）。 2．测试用取样容器为经特殊无尘处理的专用采用瓶	**关联：** 1．取油样应执行《电力用油（变压器油、汽轮机油）取样方法》GB/T 7597的规定。 2．本标准用《电力用油中颗粒污染度测量方法》DL/T 432要求的方法进行测定。 **差异：** 1．本标准3.5规定：500kV及以上交流变压器油颗粒度宜控制在：投运前（热油循环后）100mL油中5μm的颗粒数小于等于2000个，运行时（含大修后）100mL油中5μm的颗粒数小于等于3000个。 《1000kV单相油浸式自耦电力变压器技术规范》GB/Z 24843中6.7.2规定：过滤后的绝缘油中直径大于5μm的颗粒不多于1000个/100mL，油中应无乙炔，氢和总烃含量小于10μL/L。 2．本标准3.6规定：±500kV及以上直流换流变压器投运前（热油循环后）100mL油中5μm的颗粒数小于等于1000个。 《±800kV及以下换流站换流变压器施工及验收规范》GB 50776中6.0.1规定：±800kV换流变压器100mL油中5μm～100μm的颗粒数小于等于1500个

续表

序号	标准名称/标准文号/时效性	针对性	内容与要点	关联与差异
17	《1000kV 变压器局部放电现场测量技术导则》 DL/T 1275—2013 2014 年 4 月 1 日实施	适用于 1000kV 交流特高压变压器现场局部放电测量试验	**主要内容：** 对 1000kV 交流特高压变压器现场局部放电试验进行了要求，主要包括： （1）试验前应具备的条件。 （2）带有局部放电监测的绕组连同套管的外施工频耐压试验方法、试验标准、合格标准。 （3）带有局部放电监测的绕组连同套管的长时感应电压试验程序、交接试验和预防性试验标准、试验方法和试验结果评判标准。 （4）使用变频电源或中频发电机作为试验电源时选择原则、试验设备推荐参数和现场试验参数。 （5）局部放电测量系统选择原则、校准方式。 （6）分析了现场干扰的来源及规定了现场干扰抑制措施。 **重点与要点：** 1. 带有局部放电监测的绕组连同套管的外施工频耐压试验电压应为出厂试验电压值的 80%，耐压时间为 1min；试验电压的波形应尽可能接近正弦，试验电压应为测量电压的峰值除以 $\sqrt{2}$ 。 2. 局部放电测量系统的测量仪器建议采用多通道局部放电测量仪以便同步进行多端测量，现场测量时的频带范围推荐为 80kHz～200kHz	**关联：** 1. 本标准 5.2.2 规定：带有局部放电监测的绕组连同套管的长时感应电压试验方法和判断方法应按《电力变压器　第 3 部分：绝缘水平、绝缘试验和外绝缘空气间隙》GB 1094.3 的有关规定执行。 2. 本标准 6.3.2 规定：局部放电测量系统视在放电量的校准应按 GB 1094.3 的有关规定执行。 **差异：** 1. 相比于《电力设备局部放电现场测量导则》DL/T 417—2006，本标准 5.1 规定试验前应具备的条件增加了： （1）被试变压器各侧套管电流互感器二次端子全部短路并接地； （2）被试变压器热油循环后已静置 120h 以上或按制造厂规定； （3）被试变压器已充分排气，绕组短接对地充分放电； （4）被试变压器高压、中压和低压套管加装均压罩，对周围距离足够； （5）被试变压器外壳、铁心及周围金属物件均可靠接地； （6）供电电源容量应满足试验设备启动及被试品所需最大试验容量且保护整定值应有足够裕度，电源电缆载流面积应满足试验电流要求。 2. 相比于 DL/T 417—2006，本标准在干扰抑制措施中增加了： （1）在变电站内选择其他独立接地点作为测量回路的接地来抑制测量回路的干扰的措施； （2）在试验过程中，用紫外成像仪对试验回路和被试变压器进行监测来发现电晕放电； （3）使用超声定位仪对被试变压器进行辅助监测来判断放电来源

续表

序号	标准名称/标准文号/时效性	针对性	内容与要点	关联与差异
18	《海底充油电缆直流耐压试验导则》 DL/T 1301—2013 2014年4月1日实施	适用于500kV海底充油电缆现场直流耐压试验，其他充油电缆现场直流耐压试验可参照执行	**主要内容：** 明确了500kV海底充油电缆现场直流耐压试验的相关要求，主要包括： （1）直流耐压加压方式的选择、充电电流的选择、试验设备的技术要求及选用、安全距离的选择、试验接线； （2）直流耐压试验结果的判断。 **重点与要点：** 1．500kV海底充油电缆的铅套及屏蔽层接地点一般无法解开，电流表应接在加压设备输出的高压端与海缆终端头的连接处，并消除高压引线及耐压终端头套管的影响。 2．若海缆铅套及屏蔽层的接地点可以解开，可在铅套及屏蔽层与地点之间接电流表，但必须在电流表两端并联击穿电压小于铅套绝缘水平的放电间隙或阻值约为电流表输入阻抗1000倍且精度不低于电流表的电阻，不宜在此处并联电容	**差异：** 本标准与《电气装置安装工程　电气设备交接试验标准》GB 50150—2006差异性主要包括： （1）本标准对成套直流高压试验设备做出了明确的技术要求；GB 50150—2006未规定。 （2）本标准4.1规定：对于500kV海底充油电缆，现场耐压对应的直流试验电压为$3U_0$（U_0为额定电压）；或50%雷电冲击试验电压，取两者中的较低值。 GB 50150—2006中18.0.4规定：充油绝缘电缆直流耐压试验电压符合表18.0.4-2的规定，其直流试验电压值略低于$3U_0$。 （3）本标准5.1规定：加压方式可选择连续匀速升压或分4～6阶段升压。不同的加压方式需考虑不同的直流耐压充电电流。 GB 50150—2006中18.0.4.2要求试验时试验电压可分4～6阶段均匀升压
19	《电力变压器试验导则》 JB/T 501—2006 2006年10月1日实施	1．本标准适应于油浸式变压器和干式电力变压器的试验。 2．特种变压器试验可参照本标准进行	**主要内容：** 明确了电力变压器试验相关要求，包括： （1）油浸式变压器和干式电力变压器的例行试验、型式试验程序及方法、注意事项和试验结果的评估； （2）三相变压器的零序阻抗测量、短路承受能力试验、空载电流谐波测量、风扇和油泵电动机所吸取功率测量三类特殊试验的程序及方法、注意事项和试验结果的评估； （3）绝缘电阻测试等14种试验项目所使用试验仪器的性能参数。 **重点与要点：** 1．对不同容量的变压器，其绝缘特性测量部位也是不同的。	**关联：** 1．本标准7.2.2规定：变压器油介质损耗因数试验按GB/T 5654的规定进行。 2．本标准7.3.2规定：变压器油含水量测定按GB/T 7600或GB/T 7601规定进行。 3．本标准11.6规定：干式变压器感应耐压试验按GB 6450规定进行。 **差异：** 本标准与《电气装置安装工程电气设备交接试验标准》GB 50150—2006差异性主要有： （1）本标准6.2.1规定：330kV及以上的变压器才需测量极化指数；测量时使用5000V、指示量限不低于100000MΩ绝缘电阻表，绝缘电阻表的精确度不应低于1.5%。 GB 50150—2006中7.0.9.4规定：变压器电压等级为220kV及以上且容量为120MVA及以上时，宜用5000V

续表

序号	标准名称/标准文号/时效性	针对性	内容与要点	关联与差异
19			2．变压器绝缘特性试验需十分注意高压连线的支撑物及产品外绝缘污秽、受潮等因素对测量结果带来的较大误差。 3．油杯较长时间未用或测得的击穿电压值过低（低于 10kV）时，应按相关规定重新清洗	绝缘电阻表测量极化指数。 （2）本标准 6.3.7 规定：在 10℃～40℃时，介质损耗因数的测试结果应不超过下列规定： 1）35kV 级及以下的绕组 20℃应不大于 1.5%； 2）66kV 级及以上绕组 20℃应不大于 0.8%； 3）330kV 级及以上绕组 20℃应不大于 0.8%。 GB 50150—2006 中 7.0.10 规定：被测绕组的 $\tan\delta$ 值不应大于产品出厂试验值的 130%。 （3）本标准 7.5.7.1 规定：对出厂和新投运的变压器油溶解气体气相色谱分析含量值中氢气含量规定小于 30μL/L。 GB 50150—2006 中 7.0.2 规定：氢气含量小于 10μL/L。 （4）本标准 15.1 仅规定了分接开关的操作试验和辅助线路绝缘试验，不励磁情况下，完成 8 个操作循环，在操作电压降到额定值 85%时，完成一个操作循环。在额定频率、额定电压下空载励磁时，完成一个操作循环。 GB 50150—2006 中 7.0.8 规定：应进行有载调压切换装置切换过程试验，检查切换开关切换触头的全部动作顺序，测量过渡电阻阻值和切换时间。在变压器无电压下，手动操作不少于 2 个循环、电动操作不少于 5 个循环。其中电动操作时电源电压为额定电压的 85%及以上。变压器带电条件下进行有载调压开关电动操作，动作应正常
20	《测量用电流互感器》 JJG 313—2010 2011 年 5 月 5 日实施	适用于额定频率为 50Hz（或 60Hz）的 0.001 级～0.5 级的测量用电流互感器的首次检定、后续检定和使用中检验	**主要内容：** 对测量用电流互感器进行了要求，主要包括： （1）测量用电流互感器的计量性能要求、通用技术要求和计量器具控制要求； （2）测量用电流互感器计量器具的检定条件、项目、方法、周期和结果处理。 **重点与要点：** 1．测量用电流互感器在额定频率、额定功率因数及二次负荷为额定二次负荷的 25%～100%之间的任	**关联：** 1．测量用电流互感器的绝缘电阻、工频耐压试验等应执行《仪用电流互感器》JB/T 5472 的有关规定。 2．检定时的绝缘强度试验设备和方法应执行《高电压试验技术　第 1 部分：一般试验要求》GB/T 16927.1 的有关规定

续表

序号	标准名称/标准文号/时效性	针对性	内容与要点	关联与差异
20			一数值时，各准确等级的误差不得超过本标准表1的限值。 2. 准确度等级0.2级及以上的电流互感器，升降变差不得大于其误差限值的1/5。 3. 测量电流互感器的检定周期为2年。在连续2个周期3次检定中，最后一次检定结果与前2次的任何一次比较，误差变化不大于其误差限值的1/3时，检定周期可延长至4年。 4. 检定证书上应给出检定时所用各种负荷下的误差数值，作标准用的还应给出最大升降变差值	
21	《测量用电压互感器》 JJG 314—2010 2011年5月5日实施	适用于额定频率为50Hz（或60Hz）的0.001级～0.5级的测量用电压互感器的首次检定、后续检定和使用中检验	**主要内容：** 对测量用电压互感器进行了要求，主要包括： （1）测量用电压互感器的计量性能要求、通用技术要求和计量器具控制要求； （2）测量用电压互感器计量器具的检定条件、项目、方法、周期和结果处理。 **重点与要点：** 1. 测量用电压互感器在额定频率、额定功率因数及二次负荷为额定二次负荷的25%～100%之间的任一数值时，各准确等级的误差不得超过本标准表1的限值。 2. 准确度等级0.2级及以上的电压互感器，升降变差不得大于其误差限值的1/5。 3. 测量电压互感器的检定周期为2年。在连续2个周期3次检定中，最后一次检定结果与前2次的任何一次比较，误差变化不大于其误差限值的1/3时，检定周期可延长至4年。 4. 检定证书上应给出检定时所用各种负荷下的误差数值，0.1级及以上电压互感器还应给出最大升降变差值	**关联：** 1. 测量用电压互感器的绝缘电阻、工频耐压、工频感应耐压试验等应执行《仪用电压互感器》JB/T 5473的有关规定。 2. 检定时的绝缘强度试验设备和方法应执行《高电压试验技术　第1部分：一般定义及试验要求》GB/T 16927.1的有关规定

第二节　试　验　方　法

序号	标准名称/标准文号/时效性	针对性	内容与要点	关联与差异
1	《闪点的测定　宾斯基-马丁闭口杯法》 GB/T 261—2008 2009 年 2 月 1 日实施	1．适用于闪点高于 40℃的可燃液体和带悬浮颗粒的液体的闪点测定。 2．在 40℃以下的喷气燃料也可使用本标准进行测定，但精密度未经验证。 3．不适用于含水油漆或含高挥发性材料的液体。 4．不能用于有潜在不稳定的、易分解的或爆炸性的样品，除非事先确认在本标准规定的范围内，此类试品不会产生分解、爆炸或其他不良影响	**主要内容：** 1．明确了宾斯基-马丁闭口闪点试验仪测定可燃液体、带悬浮颗粒的液体、在试验条件下表面趋于层膜的液体和其他液体闪点的方法。 2．规定了试验所采用仪器、取样、样品的处理、试验步骤。 **重点与要点：** 1．对含卤代烃样品得到的闪点试验结果要谨慎分析，因为此类样品可能会产生异常结果。 2．本标准应用可能涉及某些危险性的材料、操作和设备，但未对与此有关的所有安全问题都提出建议，用户在使用本标准之前有责任制定相应的安全和保护措施，明确其受限制的适用范围	**关联：** 1．本标准 1.1 规定：煤油的闪点在 40℃以上，虽然也可使用本标准，但一般情况下煤油的闪点按照《闪点的测定　阿贝尔闭杯法》ISO 13736 进行测定，通常未用过润滑油的闪点按照《石油产品　闪点和燃点的测定　克利夫兰开口杯法》GB/T 3536 进行测定。 2．本标准 1.3 规定：含水油漆的闪点可用《石油及有关产品低闪电的测定　快速平衡法》GB/T 7634 进行测定；含高挥发性材料液体的闪点可用《闪点的测定—闭口杯平衡法》ISO 1523 或 GB/T 7634 进行测定
2	《绝缘油　击穿电压测定法》 GB/T 507—2002 2003 年 4 月 1 日实施	适用于： 1.测定样品温度为 40℃，黏度不大于 350mm²/s 的各种绝缘油。 2．未使用过的绝缘油的交接试验。 3．设备监测和保养时对试样状况的评定	**主要内容：** 明确了绝缘油击穿电压的测定方法，主要包括： （1）绝缘油击穿电压试验采用的仪器、及对材质的要求； （2）绝缘油击穿电压试验前的准备、取样及试验步骤； （3）试验仪器选取和试验电压取值标准。 **重点与要点：** 1．整个试验过程中，试样温度与环境温度之差不大于 5O℃，仲裁试验时，试样温度为（20±5）℃。 2．绝缘油施加电压值达到击穿电压值时至少暂停 2min 后再进行加压，重复 6 次，并计算 6 次击穿电压的平均值	**关联：** 本标准规定试验前应依照《石油液体手工取样法》GB/T 4756 要求取样。 **差异：** 本标准 5.3.1.1 规定试样杯体积在 350mL～600mL 之间。 《电力用油（变压器油、汽轮机油）取样方法》GB/T 7597—2007 中 3.1.1 规定：常规分析用取样瓶为 500mL～1000mL 磨口具塞试剂品

续表

序号	标准名称/标准文号/时效性	针对性	内容与要点	关联与差异
3	《电力金具试验方法　第 1 部分：机械试验》 GB/T 2317.1—2008 2009 年 8 月 1 日实施	适用于额定电压 10kV 及以上架空电力线路、变电站及电厂配电装置用的电力金具试验	**主要内容：** 1. 规定了电力金具的机械试验方法，主要包括： （1）连接金具的试验、悬垂线夹的试验； （2）耐张线夹与接续金具的试验、预绞式金具的试验、保护金具的试验； （3）接触金具的试验母线金具的试验。 2. 明确了各类电力金具机械试验的试验布置、试验步骤及判定准则。 **重点与要点：** 1. 机械抽样试验应按批次进行抽样试验，试件应从提供验收的批量金具中随机抽样。 2. 进行例行试验的金具应对其逐个进行非破坏性试验	**关联：** 1. 本标准 4.1.2 规定：电力金具材料主要尺寸及抽样应执行 GB/T 2317.4 的规定。 2. 预绞式金具机械试验应按《架空线路用预绞式金具技术条件》DL/T 763 执行。 3. 本标准 9.3.1 规定：防振锤试验应按《防振锤技术条件和试验方法》DL/T 1099 执行。 4. 本标准 9.3.2 规定：间隔棒试验应按《间隔棒技术条件和试验方法》DL/T 1098 执行。 5. 本标准 11.1.2 规定：母线固定金具抗弯试验施加弯矩应执行《高压支柱瓷绝缘子　第 2 部分：尺寸与特性》GB/T 8287.2 的相关规定
4	《电力金具试验方法　第 2 部分：电晕和无线电干扰试验》 GB/T 2317.2—2008 2009 年 10 月 1 日实施	适用于 330kV～750kV 交流高压架空线路使用的金具，变电站所用金具参照执行	**主要内容：** 明确了架空电力线路金具的电晕和无线电干扰试验方法、程序和判据。 **重点与要点：** 1. 可见电晕和无线电干扰试验时，试品组装和布置应尽可能与实际线路相同。 2. 进行无线电干扰试验时，应进行背景干扰测量	**关联：** 1. 无线电干扰试验回路应符合《高压绝缘子　无线电干扰试验方法》JB/T 3567 的相关规定。 2. 无线电干扰试验所用仪器应符合《无线电骚扰和抗扰度测量设备和测量方法规范》GB/T 6113 的相关规定
5	《电力金具试验方法　第 3 部分：热循环试验》 GB/T 2317.3—2008 2009 年 10 月 1 日实施	适用于电气接续金具的电阻、温升及热循环电气性能的试验	**主要内容：** 明确了电力金具的热循环试验方法，程序及判定准则，主要包括： （1）电气接续金具试验试件； （2）试验规则及电阻试验； （3）温升试验； （4）热循环试验。 **重点与要点：** 1. 对于连接两种及以上导线的电气接续金具，选择在最大规格和最小规格的导线上进行试验。参照导线应选取较小的导线。 2. 试件支撑方式应使空气可以绕试件自由环流而自然冷却	**关联：** 1. 电气接续金具试验试件数量应符合《电力金具试验方法　第 4 部分：验收规则》GB/T 2317.4 规定的要求。 2.《电力金具通用技术条件》GB/T 2314 规定承受电气负荷性能的金具除满足本标准要求外，还满足载流量的要求

续表

序号	标准名称/标准文号/时效性	针对性	内容与要点	关联与差异
6	《电力金具试验方法 第4部分：验收规则》 GB/T 2317.4—2008 2009年10月1日实施	1．适用于额定电压10kV及以上架空电力线路、变电站及电厂配电装置用的电力金具。 2．低压配电网使用的同类金具可参照本标准执行	**主要内容：** 确定了电力金具的验收规则，主要包括： （1）金具试验分为：型式试验、抽样试验和例行试验等三种； （2）型式试验、抽样试验、例行试验的目的、试验项目和数量、判定标准。 **重点与要点：** 除非另有规定，一批产品不足100件时，不做抽样试验。批量在100件以上时，抽样试验的抽样数量按本标准规定的公式进行计算	**关联：** 1．防振锤除满足本标准规定的型式试验外，还应满足《防振锤技术条件和试验方法》DL/T 1099规定的其他试验要求。 2．间隔棒除满足本标准规定的型式试验外，还应满足《间隔棒技术条件和试验方法》DL/T 1098规定的其他试验要求。 3．悬垂线夹除满足本标准规定的型式试验外，还应满足《悬垂线夹》DL/T 756规定的其他试验要求。 4．金具热镀锌锌层试验的抽样数量按《电力金具制造质量 钢铁件热镀锌层》DL/T 768.7的规定执行。 5．金具外观试验应符合《电力金具通用技术条件》GB/T 2314的规定。 6．连接金具非破坏性试验应符合《电力金具试验方法 第1部分：机械试验》DL/T 2317.1的规定。 7．金具破坏荷载试验、握力试验应符合《电力金具试验方法 第1部分：机械试验》DL/T 2317.1的规定。 8．压缩型耐张线夹、接续金具电阻、温升、热循环试验应符合《电力金具试验方法 第3部分：热循环试验》DL/T 2317.3的规定。 9．金具电晕和无线电干扰试验应符合《电力金具试验方法 第2部分：电晕和无线电干扰试验》DL/T 2317.2的规定
7	《继电保护和安全自动装置基本试验方法》 GB/T 7261—2008 2009年3月1日实施	适用于电力系统二次回路所用有或无继电器、量度继电器、保护装置、安全自动装置及其接口设备等产品的试验	**主要内容：** 明确了继电保护和安全自动装置的基本试验方法，主要包括： （1）相关的试验环境、试验电源基准条件和试验允差、试验用仪器仪表准确等级选用原则； （2）装置结构及外观检查的内容及方法、评估标准； （3）装置及继电器功能的试验项目、试验程序、试验方法及评估标准； （4）功率消耗试验、温升试验、环境试验、电源影响试验的试验条件、试验方法及评估标准；	**关联：** 本标准及试验项目、试验标准所引用的部分标准已被新标准所替代，具体如下： （1）本标准代替《继电器及装置基本试验方法》GB/T 7261—2000。 （2）温升试验、环境试验中引用《电工电子产品环境试验 第2部分：试验方法 试验A：低温》GB/T 2423.1—2001已被GB/T 2423.1—2008替代。 （3）电源影响试验中引用的《电磁兼容 试验和测量技术 电压暂降、短时中断和电压变化的抗扰度试验》GB/T 17626.11—1999已被GB/T 17626.11—2008替代。

续表

序号	标准名称/标准文号/时效性	针对性	内容与要点	关联与差异
7			（5）机械性能试验、电磁兼容试验、过载试验、触点性能和机械寿命试验、安全试验的方法、评估标准； （6）通信规约、装置功能试验的方法。 **重点与要点：** 1．试验的基准条件作为仲裁条件。 2．除非另有规定，负序电流、负序电压、负序功率等特性量准确度的试验应采用模拟相间短路的试验方法。 3．时间特性试验时，应注意试验电路操作开关不同步、多组触点不同步对时间参数测试结果的影响	（4）电磁兼容试验方法引用的《量度继电器和保护装置　第22-2部分：电气骚扰试验　静电放电试验》GB/T 14598.14—1998已被GB/T 14598.14—2010替代。 （5）电磁兼容试验方法引用的《量度继电器和保护装置　第22-3部分：电气骚扰试验　辐射电磁场抗扰度》GB/T 14598.9—2002已被GB/T 14598.9—2010替代
8	《电力用油（变压器油、汽轮机油）取样方法》 GB/T 7597—2007 2008年1月1日实施	1．适用于变压器、互感器、油开关、套管等充油电气设备及汽轮机、水轮机、调相机、调速系统等用油的采集。 2．发电机、给水泵等用油的采集可参照执行	**主要内容：** 1．明确了电力用油（变压器油、汽轮机油）的取样方法。 2．明确了电力用油（变压器油、汽轮机油）的取样工具、取样部位和样品的运输和保存的要求。 **重点与要点：** 1．取样瓶使用前应先用洗涤剂进行清洗，再用自来水冲洗，最后用蒸馏水洗净，烘干、冷却后，盖紧瓶塞，粘贴标签待用。 2．取样注射器使用前应按有机溶剂、自来水、蒸馏水顺序洗净，在105℃充分干燥，或用吹风机热风干燥后，立即用小胶头盖住头部，粘贴标签待用	**差异：** 本标准3.1.1规定：常规分析用取样瓶为500mL～1000mL磨口具塞试剂品。 《绝缘油击穿电压测定法》GB/T 507—2002中5.3.1.1规定：试样杯体积在350mL～600mL之间
9	《分接开关　第1部分：性能要求和试验方法》 GB 10230.1—2007 2008年7月1日实施	1.适用于浸在符合IEC 60296的变压器油中的电阻式和电抗式有载分接开关、无励磁分接开关及它们的电动机构。 2．若条件适合，也适用于气体绝缘或浸在其他绝缘油中的分接开关。	**主要内容：** 1．明确了分接开关环境温度等有关使用条件。 2．明确了以下设备的一般技术要求： （1）有载分接开关、无载分接开关及其附属设备的额定参数； （2）有载分接开关、无载分接开关的电动机构部件、辅助电源。 3．对以下设备等的型式试验、例行试验、特殊试验项目、试验方法、试验标准、试验判据做出要求： （1）有载分接开关； （2）有载分接开关的电动机构；	**关联：** 1．本标准5.2.6.5规定：对于含有对地外绝缘的有载分接开关应按《交流电压高于1000V的绝缘套管》GB/T 4109有关试验的说明进行试验。 2．本标准5.2.6.6及5.2.6.9规定：分接开关在型式试验中外施耐压试验、局部放电测量应采用符合《高电压试验技术　第1部分：一般定义及试验要求》GB/T 16927.1规定的单相交流电压进行试验。 3．本标准5.2.6.9规定：分接开关局部放电的试验方法与《电力变压器　第3部分：绝缘水平、绝缘试验和外绝缘空气间隙》GB 1094.3—2003相当。

续表

序号	标准名称/标准文号/时效性	针对性	内容与要点	关联与差异
9		3．适用于所有类型的电力变压器和配电变压器及电抗器用分接开关。 4．不适用于牵引变压器和牵引电抗器用分接开关。但可参照本标准，有关性能指标由制造单位与用户协商	（3）无载分接开关； （4）无载分接开关的电动机构。 4．规定了分接开关、电动机构铭牌标示内容。 **重点与要点：** 1．设备最高电压 U_m 是指三相系统最高的相间电压方均根值，分接开关的绝缘是按此设计的。 2．油浸式有载分接开关、无励磁分接开关在进行绝缘试验时，应先注入清洁的变压器油或将分接开关浸在充有清洁变压器油的试验箱内	**差异：** 本标准 5.3 规定：装配完好的有载分接开关在触头不带电的情况下，应无故障完成 10 个操作循环的试验。应记录有载分接开关的动作顺序，对切换开关或选择开关的动作进行示波记录，记录的结果与型式试验所得到的示波图应基本一致。 《电气装置安装工程电气设备交接试验标准》GB 50150—2006 中 7.0.8 规定：在变压器无电压下，手动操作不少于 2 个循环、电动操作不少于 5 个循环。其中电动操作时电源电压为额定电压的 85%及以上。变压器带电条件下进行有载调压开关电动操作，动作应正常。应进行有载调压切换装置切换过程试验，检查切换开关切换触头的全部动作顺序，测量过渡电阻阻值和切换时间，测得的过渡电阻阻值、三相同步偏差、切换时间的数值、正反向切换时间偏差均符合制造厂技术要求
10	《绝缘油中溶解气体组分含量的气相色谱测定法》 GB/T 17623—1998 1999 年 8 月 1 日实施	1．适用于用气相色谱法测定充油电气设备内绝缘油中的溶解气体组分（包括氢、甲烷、乙烷、乙烯、乙炔、一氧化碳、二氧化碳、氧及氮等）含量。 2．充油电气设备中的自由气体（气体继电器中气体、设备中油面气体等）也可参照本标准进行组分分析，其浓度以 μL/L 计量	**主要内容：** 1．明确了用气象色谱法测定充油电气设备绝缘油中的溶解气体组成含量的方法，其浓度以 μL/L 计量，主要包括： （1）方法概要、样品采集； （2）仪器设备和材料、最小监测灵敏度； （3）试验步骤、精密度、准确度等。 2．试验步骤包括： （1）按要求采集充油电气设备中的油样、脱出油样中的溶解气体； （2）用气相色谱仪分离、检测各气体组分、浓度； （3）用色谱数据处理装置或记录仪进行结果计算。 3．明确了仪器设备和材料、仪器设备的灵敏度。 **重点与要点：** 1. 运行设备与设备出厂色谱检验有不同最小检测浓度要求。 2．本标准将两个脱气方法统一给出了精密度，并按不同浓度范围，分别明确了重复性 γ 和再现性 R 的要求	**关联：** 1．本标准主要参照《充油电气设备油、气取样与溶解气体、游离气体的分析导则》IEC 567：1992 和《变压器油中溶解气体分析与判断导则》GB/T 7252—1987 进行编制。 2．本标准所用油样的采集执行《电力用油（变压器油、汽轮机油）取样方法》GB 7597 的有关规定

续表

序号	标准名称/标准文号/时效性	针对性	内容与要点	关联与差异
11	《架空导线蠕变试验方法》 GB/T 22077—2008 IEC 61395：1998，IDT 2009年4月1日实施	适用于《圆线同心绞架空导线》GB/T 1179—2008中规定的架空导线的不间断蠕变试验	**主要内容：** 明确了架空导线蠕变试验相关参数定义、样品的选择和制备、温度和温度变化、荷载、试验方法及试验结果的数据处理方法。 **重点与要点：** 1. 蠕变试验的目的主要是计算蠕变量和比较不同导线的蠕变量。 2. 规定试验设备的精度为1%，由于制造工艺的差异，不同导线的蠕变量非精确数值	**关联：** 本标准的架空导线类型应符合《圆线同心绞架空导线》GB/T 1179规定
12	《额定电压500kV（U_m＝550kV）交联聚乙烯绝缘电力电缆及附件 第1部分：额定电压500kV（U_m＝550kV）交联聚乙烯绝缘电力电缆及其附件——试验方法和要求》 GB/T 22078.1—2008 2009年4月1日实施	1. 适用于通常安装和运行条件下的单芯电缆及其附件。 2. 不适用于如海底电缆等特殊用途电缆。 3. 不包含交联聚乙烯绝缘电缆和纸绝缘电缆的过渡接头的试验	**主要内容：** 1. 明确了固定安装的额定电压500kV（U_m＝550kV）交联聚乙烯绝缘电力电缆系统、电缆及附件的试验方法和要求，主要包括： （1）电压标示和材料； （2）电缆阻水措施、电缆和附件特性； （3）试验条件； （4）电缆和预制附件主绝缘的例行试验、电缆和附件抽样试验、电缆系统的型式试验和预鉴定试验； （5）安装后的电气试验。 2. 电缆和预制附件主绝缘例行试验包括： （1）局部放电试验； （2）电压试验； （3）电缆外护套电气试验。 **重点与要点：** 1. 试验的环境温度应在（20±15）℃下进行。 2. 安装后电气试验包括外护套直流电压试验和绝缘交流电压试验	**差异：** 本标准与《Power cables with extruded insulation and their accessories for rated voltages above 150kV（U_m=170kV）up to 500kV（U_m=550kV）—Test methods and requirements》IEC 62067：2006差异如下： （1）将局部放电试验的检测灵敏度由10pC提高为5pC； （2）最大绝缘偏心度由0.10提高为0.08； （3）电缆绝缘“tanδ”的规定值由10×10^{-4}提高为8×10^{-4}

续表

序号	标准名称/ 标准文号/时效性	针对性	内容与要点	关联与差异
13	《变压器油带电倾向性检测方法》 DL/T 385—2010 2010年10月1日实施	适用于变压器油带电倾向性的测试	**主要内容：** 明确了用过滤法测试变压器油带电倾向性的方法，主要包括： （1）测试原理、仪器和材料； （2）操作步骤； （3）测试结果、精密度。 **重点与要点：** 1. 带电倾向性在20pC/mL～100pC/mL时，两次测定值之差应小于平均值的15%。带电倾向性大于100pC/mL时，两次测定值之差应小于平均值的5%。 2. 带电倾向性在30pC/mL～100 pC/mL之间，相对偏差小于 50%。带电倾向性大于 100pC/mL，相对偏差小于20%	**关联：** 本标准规定变压器油取样应执行《电力用油（变压器油、汽轮机油）取样方法》GB/T 7597的规定
14	《绝缘油中含气量测定方法　真空压差法》 DL/T 423—2009 2009年12月1日实施	1. 适用于充油电气设备中绝缘油含气量的测定。 2. 对于运动黏度（40℃）不大于 40mm²/s 的其他油品含气量测定可参照本标准	**主要内容：** 明确了用真空压差法测定绝缘油中含气量的方法和测定操作步骤，主要包括： （1）规范性引用文件； （2）方法概要； （3）取样； （4）A法（电子真空计法）； （5）B法（U形油柱压差计法）。 **重点与要点：** 基于真空压差法原理采用金属容器结构和电子真空计量器件测定油中含气量	**关联：** 1. 本标准是在《绝缘油中含气量的测定　真空压差法》DL/T 423—1991的基础上修编而成。 2. 本标准规定：被测油样采样、运输和保存应执行《电力用油（变压器油、汽轮机油）取样方法》 GB/T 7597的规定
15	《电力用油中颗粒污染度测量方法》 DL/T 432—2007 2007年12月1日实施	适用于测量磷酸酯抗燃油、汽轮机油、变压器油及其他辅机用油等油品的颗粒污染度	**主要内容：** 明确了用自动颗粒计数仪和显微镜测定磷酸酯抗燃油、汽轮机油、变压器油及其他辅机用油的颗粒污染度的方法，主要包括： （1）实验室环境要求； （2）仪器及材料、清洁液的制备及要求； （3）取样瓶的准备、取样；	**关联：** 1. 本标准同时替代《油中颗粒数及尺寸分布测量方法（自动颗粒计数仪法）》SD 313—1989和《油中颗粒污染度测量方法（显微镜对比法）》DL/T 432—1992。 2. 本标准第7章规定取油样应执行《电力用油（变压器油、汽轮机油）取样方法》GB/T 7597的规定。

续表

序号	标准名称/ 标准文号/时效性	针对性	内容与要点	关联与差异
15			（4）测试方法。 **重点与要点：** 仪器的校准、样品的准备和测试应在洁净室中或净化工作台上进行。测试环境空气中，大于0.5μm的灰尘颗粒不得超过35万个/m^3，大于5μm的灰尘颗粒不得超过3000个/m^3	3．仪器的校准应执行《液压传动液体中颗粒自动计数仪的校准》ISO 11171的规定
16	《六氟化硫电气设备中绝缘气体湿度测量方法》 DL/T 506—2007 2008年6月1日实施	适用于六氟化硫电气设备在交接试验及预防性试验时绝缘气体湿度的测量	**主要内容：** 明确了六氟化硫电气设备中绝缘气体湿度的测量方法，主要包括： （1）湿度计、气路系统、环境温度和湿度、测量压力的要求； （2）测量具体方法和步骤； （3）测量结果的换算和报告格式。 **重点与要点：** 1．可用结露观察镜来判断镜面结露形态。 2．测量完毕后，仪器应用干燥氮气吹15min～20min后将仪器关闭，把仪器气路进出口封好备用。 3．在安全措施可靠的条件下，可在设备带电状况下进行测试	**关联：** 本标准第9章规定：湿度的测量方法执行《湿度测量方法》GB/T 11605—2005相关条款
17	《高压线路绝缘子空气中冲击击穿试验——定义、试验方法和判据》 DL/T 557—2005 2005年6月1日实施	1．适用于盘形悬式绝缘子、针式绝缘子和可击穿型柱式绝缘子。 2．其他型式的B型高压线路绝缘子可参照执行	**主要内容：** 明确了电压高于1000V线路用瓷和玻璃绝缘子在空气中冲击击穿耐受试验的要求，主要包括： （1）试品安装的方式、试品数量； （2）试验程序、试验电压； （3）击穿的判定、接收判据。 **重点与要点：** 1．以幅值法进行冲击击穿试验，避免陡度法存在的明显缺陷。 2．在绝缘子进行冲击击穿试验中，若不能确定绝缘子是否发生击穿，则还应进行2次干工频闪络试验	**关联：** 除非另有规定，试验均按照《高电压试验技术》GB/T 16927.1～2、《标称电压高于1000V的架空线路绝缘子　第1部分：交流系统用瓷或玻璃绝缘子元件——定义、试验方法和判定标准》GB/T 1001.1—2003进行。 **差异：** 本标准条款与《Insulators of ceramic material or glass for overhead lines with a nominal voltage greater than 1000V—Impulse puncture testing in air》IEC 61211 Ed.1的技术差异： （1）本标准型式试验试品为10片，IEC 61211 Ed.1型式试验试品为5片； （2）本标准相比IEC 61211 Ed.1增加了抗干扰措施和盘式悬式绝缘子负极性雷电冲击U_{50}的规定值

续表

序号	标准名称/标准文号/时效性	针对性	内容与要点	关联与差异
18	《杆塔工频接地电阻测量》 DL/T 887—2004 2005 年 4 月 1 日实施	适用于采用三极法测量杆塔的工频接地电阻，也适用于采用钳表法测量有避雷线且多基杆塔避雷线直接接地的架空输电线路杆塔的工频接地电阻	**主要内容：** 明确了杆塔工频接地电阻的术语和定义、测量的一般性规定，详细说明了测量杆塔工频接地电阻的三极法和钳表法。 **重点与要点：** 1. 对新建杆塔接地装置的验收应采用三极法测量。使用三极法测量时，应采用合理的电极布置方式，以提高测量结果的可信度。本标准给出了具体接线图示和线长距离。 2. 对杆塔第一次采用钳表法测量时，应同时使用三极法对比测量，确定两者测量增量（两法测量结果差值），以便日常维护检查比较。 3. 采用钳形接地电阻测试仪对有避雷线且多基杆塔避雷线直接接地的架空输电线路杆塔接地装置的接地电阻进行测试。它与三极法测量的对象不同	**关联：** 架空输电线路杆塔的工频接地电阻应符合《交流电气装置的过电压保护和绝缘配合》DL/T 620 的要求。 **差异：** 1. 本标准表 B.1 中土壤电阻率在 100Ω·m～500Ω·m 时，接地阻抗为 15Ω。同样条件下，《电气装置安装工程电气设备交接试验标准》GB 50150—2006 规定接地阻抗为 10Ω。 2. 本标准是对杆塔工频接地电阻测量方法做出规定；而《接地装置特性参数测量导则》DL/T 475 是对杆塔的接地装置的特性参数以及土壤电阻率的测试做出相应的规定
19	《六氟化硫气体湿度测定法（重量法）》 DL/T 914—2005 2005 年 6 月 1 日实施	适用于电气设备用六氟化硫气体湿度的测定	**主要内容：** 明确了六氟化硫气体湿度的测定方法（重量法），主要包括： （1）适用范围、原理； （2）仪器、试剂、操作步骤； （3）测试结果的计算、精确度。 **重点与要点：** 1. 需在恒温、恒湿的房间里进行。 温度要求：20℃～35℃，±2℃； 湿度要求：30%～50%，±2%。 2. 两次测试结果的差值应在±5μg/g 以内。 3. 取平均测试结果的算术平均值作为测试结果	**关联：** 本标准中的六氟化硫气体测量方法、原理与《六氟化硫电气设备中绝缘气体湿度测量方法》DL/T 506—2007 不同，是六氟化硫气体湿度测量的仲裁方法
20	《六氟化硫气体湿度测定法（电解法）》 DL/T 915—2005 2005 年 6 月 1 日实施	适用于电气设备用六氟化硫气体湿度的测定	**主要内容：** 明确了六氟化硫气体湿度的测定方法（电解法），主要包括： （1）适用范围、原理；	**关联：** 本标准所述方法原理《气体微量水分的测定》采用 GB/T 5832.1 中的原理

续表

序号	标准名称/标准文号/时效性	针对性	内容与要点	关联与差异
20			（2）仪器、试剂、操作步骤； （3）测试结果的计算、精确度。 **重点与要点：** 1．两次平行试验结果的相对偏差不能大于10%。 2．取平均测试结果的算术平均值作为测试结果	
21	《六氟化硫气体酸度测定法》 DL/T 916—2005 2005年6月1日实施	适用于电气设备用六氟化硫气体酸度的测定	**主要内容：** 明确了六氟化硫气体酸度的测定方法，主要包括： （1）适用范围、原理； （2）仪器、试剂、操作步骤； （3）测试结果的计算、精确度。 **重点与要点：** 1．取两次测定结果的算术平均值为测定值。 2．两次测定结果的相对偏差小于15%	**关联：** 本标准是在《六氟化硫气体酸度测定法》SD 307—1989（已作废）基础上进行了修改，增加了部分内容
22	《六氟化硫气体密度测定法》 DL/T 917—2005 2005年6月1日实施	适用于电气设备用六氟化硫气体密度测量	**主要内容：** 六氟化硫气体密度的测定方法是指在一定体积的六氟化硫气体质量进行称量，根据气体体积和质量计算出密度，以kg/m^3表示。主要包括： （1）适用范围、原理； （2）仪器、操作； （3）计算精确度。 **重点与要点：** 1．两次平行试验结果的相对偏差不能大于0.5%。 2．取平均测试结果的算术平均值作为测试结果	**关联：** 本标准是在《六氟化硫气体密度测定法》SD 308—1989（已作废）基础上进行了修改，增加了部分内容
23	《六氟化硫气体中可水解氟化物含量测定法》 DL/T 918—2005 2005年6月1日实施	适用于电气设备用六氟化硫气体中可水解氟化物含量的测定	**主要内容：** 1．本测定方法是利用稀碱与六氟化硫气体在密封的玻璃吸收瓶中水解，所产生的氟化物离子用茜素-镧络合试剂比色法或氟离子选择电极法测定，结果以氢氟酸的质量与六氟化硫气体质量比（μg/g）表示。内容主要包括： （1）适用范围、原理； （2）试剂、仪器及设备；	**关联：** 本标准是在《六氟化硫气体中可水解氟化物含量测定法》SD 309—1989（已作废）的基础上进行了修改，增加了部分内容

续表

序号	标准名称/标准文号/时效性	针对性	内容与要点	关联与差异
23			（3）分析步骤、结果计算。 2. 给出了六氟化硫气体中可水解氟化物含量的比色测定方法和电极测定方法。 **重点与要点：** 1. 两次平行试验结果的相对偏差不能大于40%。 2. 取两次平行试验结果的算术平均值为测定值	
24	《六氟化硫气体中矿物油含量测定法（红外光谱分析法）》 DL/T 919—2005 2005年6月1日实施	适用于电气设备用六氟化硫气体中矿物油（不含合成润滑油）含量的测定	**主要内容：** 1. 本方法是将定量的六氟化硫气体按一定的流速通过两个装有一定体积四氯化碳的洗气管，使分散在六氟化硫气体中的矿物油被完全吸收，然后测定该吸光度，再从工作曲线上查出吸收液中矿物油浓度，计算其含量。内容包括： （1）适用范围、原理； （2）仪器、试剂、操作步骤； （3）结果计算、精密度要求。 2. 给出了六氟化硫气体中矿物油（不含合成润滑油）含量的红外光谱分析测定法和试验结果判定。 **重点与要点：** 1. 根据含油量的多少，两次平行试验结果的相对偏差不能大于规定值； 2. 取两次平行试验结果的算术平均值为测定值	**关联：** 本标准是在《六氟化硫气体中矿物油含量测定法（红外光谱分析法）》SD 310—1989（已作废）的基础上进行了修改，增加了部分内容
25	《六氟化硫气体中空气、四氟化碳的气相色谱测定法》 DL/T 920—2005 2005年6月1日实施	适用于电气设备用六氟化硫气体中空气（N_2、O_2）、四氟化碳含量的测定	**主要内容：** 本方法采用气相色谱仪将空气、四氟化碳、六氟化硫完全分离，其浓度可以从它们的峰区面积和被测化合物对检测器的校正系数来确定。结果以空气、四氟化碳与六氟化硫的质量百分数（%）表示。内容包括： （1）范围、原理、仪器和材料； （2）分析步骤； （3）结果计算。 **重点与要点：** 1. 结果计算中校正面积由实测峰区面积乘以校正系数计算。 2. 结果计算按本标准规定的公式计算	**关联：** 本标准是在《六氟化硫气体中空气、四氟化碳的气相色谱测定法》SD 311—1989（已作废）的基础上进行了修改，增加了部分内容

续表

序号	标准名称/标准文号/时效性	针对性	内容与要点	关联与差异
26	《六氟化硫气体毒性生物试验方法》 DL/T 921—2005 2005年6月1日实施	适用于电气设备用六氟化硫气体的毒性生物试验	**主要内容：** 1．明确了六氟化硫气体毒性的生物试验方法。 2．试验内容包括： （1）范围、试验器材； （2）操作步骤、试验结果的判断； （3）注意事项。 **重点与要点：** 1．试验中应控制好气体的比例，否则不能真实反映出试验结果。 2．试验室的温度不可过低，以25℃左右为宜。 3．试验残气一律经处理后排到室外	**关联：** 本标准是在《六氟化硫气体毒性生物试验方法》SD 312—1989（已作废）的基础上进行了修改，增加了部分内容
27	《间隔棒技术条件和试验方法》 DL/T 1098—2009 2009年12月1日实施	1．适用于交、直流架空线路双分裂及以上的多分裂导线所用的刚性间隔棒、柔性间隔棒及阻尼间隔棒。 2．不适用相间间隔棒和跳线间隔棒	**主要内容：** 对间隔棒做了如下具体要求： （1）结构型式； （2）一般要求（设计、材料、外观及尺寸公差）； （3）试验分类（型式试验、抽样试验、例行试验）； （4）试验方法； （5）验收规则、标志与包装、型号命名方法。 **重点与要点：** 1．产品上应有安装方向的标志。 2．线夹垂直方向拉、压力试验适用于用在覆冰地区使用的间隔棒。 3．对于330kV及以上电压等级，应进行间隔棒电晕试验和无线电干扰试验	**差异：** 1．本标准修改采用了《Overhead line s-Requirements and tests for spacers》IEC 61854：1998，主要有以下区别： （1）判别间隔棒阻尼性能时采用了间隔棒的对数衰减率而不是间隔棒关节的刚度阻尼法和刚度法； （2）给出了间隔棒强度试验的具体要求指标； （3）间隔棒各种疲劳试验均在分裂导线上进行，并规定了间隔棒对导线动弯应变的要求值； （4）间隔棒向心力的计算方法与IEC标准不同。 2．本标准替代《架空电力线路间隔棒技术条件和试验方法》GB/T 2338—2002，增加了8分裂间隔棒的结构型式
28	《电力用油闭口闪点测定　微量常闭法》（报批稿） DL/T 1354—2014 2015年3月1日实施	适用于变压器油、汽轮机油或其他闪点为40℃～250℃油的样品	**主要内容：** 明确了电力用油的闭口闪点采用微量常闭法测定的基本要求，内容包括： （1）方法概要、仪器与材料； （2）试验步骤、结果计算、精密度。	**关联：** 本标准5.1规定：采样应按照《电力用油取样方法》GB/T 7597的规定进行

续表

序号	标准名称/标准文号/时效性	针对性	内容与要点	关联与差异
28			**重点与要点：** 1. 同一操作者，在同一实验室使用同一仪器，按方法规定的步骤，对同一样品进行重复测定所得两个结果之差不应超过 1.9℃。 2. 在不同实验室，由不同操作者使用不同一台的仪器，按相同的方法，对同一试样测定的两个单一、独立的结果之差均不超过 3.1℃	
29	《变压器油中糠醛含量的测定　液相色谱法》（报批稿） DL/T 1355—2014 2015 年 3 月 1 日实施	适用于矿物变压器油中糠醛含量的测定。其他电力用油可参照使用	**主要内容：** 明确了变压器油中糠醛含量的液相色谱测定方法，内容包括： （1）方法概要、仪器材料和试剂； （2）样品采集、试验步骤； （3）测量结果要求。 **重点与要点：** 1. 测量结果的最小检测量不应大于 0.001mg/L；测量结果的回收率应大于 90%。 2. 重复性试验要求：当糠醛含量小于 1.0mg/L 时，两次测量值的差值应不大于平均值的 10%；当糠醛含量不小于 1.0mg/L 时，两次测量值的差值应不大于平均值的 5%	**关联：** 1. 本标准 4.10.5 规定：除盐水符合《分析实验室用水规格和试验方法》GB/T 6682 规定的一级水的质量要求。 2. 本标准第 5 章规定：样品采集应按《电力用油（变压器油、汽轮机油）取样方法》GB/T 7597 规定的取样方法进行
30	《六氟化硫电气设备故障气体分析和判断方法》（报批稿） DL/T 1359—2014 2015 年 3 月 1 日实施	适用于以六氟化硫为绝缘介质的断路器、GIS、互感器等电气设备故障特征气体分析和判断。六氟化硫变压器分析方法可参照执行	**主要内容：** 明确了六氟化硫（SF_6）电气设备的故障特征气体分析和判断方法，主要包括： （1）取样； （2）六氟化硫故障气体分析； （3）检验周期、判断依据； （4）安全防护和注意事项。 **重点与要点：** 1. 当确定 SO_2 或 H_2S 含量出现异常变化时，应增加实验室分析，根据 SF_6 气体分解物中 CO、CF_4 含量及其他参考指标的变化，结合故障气体分析历史数据、运行工况等对设备状态进行综合诊断，采取相应的措施。	**关联：** 1. 本标准 4.1 规定：六氟化硫电气设备的气体取样应符合《电气设备用六氟化硫（SF_6）气体取样方法》DL/T 1032 的要求。 2. 本标准 5.1 规定：现场分析项目和方法应符合《六氟化硫电气设备分解产物试验方法》DL/T 1205 的要求

续表

序号	标准名称/标准文号/时效性	针对性	内容与要点	关联与差异
30			2.当 SF_6 气体分解物中的 CO、CF_4 增量变化大于10%，或出现 CS_2 时，应缩短检测周期，并结合电气试验和设备运行状况对设备的固体绝缘状态进行综合诊断。 3.当发生近区短路故障引起断路器跳闸（额定开断电流以下）时，断路器气室的 SF_6 分解物检测结果应包括开断48h后的检测数据	

第三节 交 接 试 验

序号	标准名称/标准文号/时效性	针对性	内容与要点	关联与差异
1	《电气装置安装工程 电气设备交接试验标准》 GB 50150—2006 2006年11月1日实施	1. 适用于500kV及以下电压等级电气装置安装工程电气设备交接试验。 2. 不适用于安装在煤矿井下或其他有爆炸危险场所的电气设备。 3. 不适用于直流电力设备及装置	**主要内容：** 1. 明确了500kV及以下电压等级电气装置安装工程电气设备交接试验的要求。 2. 包含了变压器、互感器等25类电力设备的交接试验项目、试验方法、及评判标准。 **重点与要点：** 1.对进口设备的交接试验，应按合同规定的标准执行。其相同试验项目的试验标准，不得低于本标准的规定。 2.定义了特殊试验项目是指技术难度大，需由具备相应资质和试验能力的单位进行的试验项目，如变压器局放试验。 3.对试验时天气、温度、湿度、试验仪器均提出了相应要求	**关联：** 1. 本标准的高压试验方法按《高电压试验技术 第1部分：一般定义及试验要求》GB/T 16927.1、《现场绝缘试验实施导则》DL/T 474.1～5及相关设备标准的规定进行。 2. 本标准试验所用设备按《高电压试验技术 第2部分：测量系统》GB/T 16927.2的规定执行。 3. 局部放电试验方法及判断方法按《电力变压器 第3部分：绝缘水平、绝缘试验和外绝缘空气间隙》GB 1094.3中的有关规定进行。 4. SF_6 新气充入设备前应按《工业六氟化硫》GB 12022验收，对气瓶的抽检率为10%，其他每瓶只测定含水量。 5.油中溶解气体组分含量色谱分析试验按GB/T 17623《绝缘油中溶解气体组分含量的气相色谱测定法》或《变压器油中溶解气体分析和判断导则》GB/T 7252及《变压器油中溶解气体分析和判断导则》DL/T 722中的有关要求进行试验。 **差异：** 本标准中试验项目及试验标准与其他标准规范中试验项目及试验标准的差异详见各分类设备部分

续表

序号	标准名称/标准文号/时效性	针对性	内容与要点	关联与差异
2	《1000kV 系统电气装置安装工程电气设备交接试验标准》 GB/T　50832—2013 2013 年 5 月 1 日实施	适用于 1000kV 电压等级交流电气装置工程电气设备交接试验	**主要内容：** 明确了下列 1000kV 电压等级交流电气装置工程电气设备的交接试验项目、试验方法及评判标准： （1）变压器、电抗器； （2）电容式电压互感器、气体绝缘金属封闭电磁式电压互感器及套管式电流互感器； （3）气体绝缘金属封闭开关设备； （4）接地开关、套管、避雷器； （5）悬式绝缘子、支柱绝缘子和复合绝缘子； （6）绝缘油、SF_6气体； （7）二次回路、架空电流线路、接地装置。 **重点与要点：** 1. 对试验时天气、温度、湿度、试验仪器均提出了相应要求。 2. 交接试验的检测数据应综合分析比较，应对照制造厂例行试验结果，并比较同类设备检测数据，经全面分析后给出判断。 3. 1000kV 充油电气设备，在真空注油和热油循环后应静置不小于 168h，方可进行耐压试验。 4. 进行与温度和湿度有关的各种试验时，应同时测量被试品的温度和环境空气的温度和湿度，变压器油温测量应注意阳光照射对测量值的影响。在与制造厂例行试验数据比较时，可采取同类设备相互比较的方法	**差异：** 本标准与《电气装置安装工程　电气设备交接试验规程》GB 50150—2006 相比，主要差异如下： 1. 本标准第 3 章电力变压器试验项目增加了密封试验、空载试验、低电流短路阻抗试验、绕组连同套管绝缘电阻对吸收比和极化指数未到达 1.3 和 1.5 时的要求。减少了对分接开关的检查试验。 2. 本标准第 4 章电抗器试验项目减少了对噪声、振动和油箱表面温度分布及引线接头温度进行测量，还强调了以下 4 项试验在系统调试后进行： （1）额定电压下的冲击合闸试验； （2）测量电抗器的噪声； （3）测量油箱的振动； （4）测量油箱表面的温度分布及引线接头的温度。 3. 本标准 6.0.8 规定：气体绝缘金属封闭电磁式电压互感器励磁特性曲线测量点为额定电压的20%、50%、80%、100%。 GB 50150—2006 中 9.0.11 规定：电磁式电压互感器励磁特性曲线测量点一般情况下为额定电压的 20%、50%、80%、100%、120%。 4. 本标准 8.0.7 规定：测量主回路的导电电阻值，采用电流不小于 300A 的直流降压法。 GB 50150—2006 中 14.0.2 规定：测量主回路的导电电阻值，宜采用电流不小于 100A 的直流压降法。 5. 本标准 13.0.1 规定：1000kV 充油电气设备中绝缘油的击穿电压≥70kV，油中水分含量≤8mg/L，油中含气量（V/V）≤0.8%。 GB 50150—2006 中 20.0.1 规定：①充油电气设备中绝缘油的击穿电压：500kV，≥60kV；330kV，≥50kV；60kV～220kV，≥40kV；35kV 及以下电压等级，≥35kV。②油中水分含量：500kV，≤10mg/L；220kV～330kV，≤10mg/L；110kV 及以下电压等级，≤20mg/L。③油中含气量（体积分数，%）：330kV～500kV，≤1%。 6. 本标准 14.0.1 对 SF_6 新气的要求与 GB 50150—2006 相比，未被抽检的气样的验收试验项目增加了“纯度”试验项目

续表

序号	标准名称/标准文号/时效性	针对性	内容与要点	关联与差异
3	《±800kV 高压直流设备交接试验》 DL/T 274—2012 2012年3月1日实施	适用于±800kV 直流输电工程换流站换流阀、换流变压器、直流侧一次设备和交流滤波器的交接试验	**主要内容：** 1. 明确了±800kV 换流站直流设备交接验收试验项目和试验标准，主要包括： （1）验收试验的一般要求； （2）换流变压器、换流阀； （3）干式平波电抗器、直流滤波器、中性母线冲击电容器、直流 PLC 滤波器； （4）直流电压测量装置、直流电流测量装置； （5）直流侧开关、直流隔离开关、接地开关； （6）直流穿墙套管、直流避雷器、支柱绝缘子、绝缘油。 2. 明确了交流滤波器及相关电气设备交接验收试验项目、试验方法和评判标准。 **重点与要点：** 1. 换流变压器注油后，应从“底部”和“顶部”取样阀各取1份油样进行试验。 2. 换流变压器升压或冲击合闸前和额定电压下运行24h 后各进行一次器身内绝缘油的油中溶解气体的色谱分析；两次测得的氢、乙炔、总烃含量，应无明显差别。 3. 油浸式设备的绝缘试验，应在充满合格油后按产品要求静置足够时间，当制造厂无规定时，应至少静置96h	**关联：** 本标准对绝缘油的试验项目及要求： 1. 击穿电压：按《绝缘油 击穿电压测定法》GB/T 507—2002 或《电力系统油质试验方法——绝缘油介电强度测定法》DL/T 429.9—1991 中的有关要求进行试验。 2. 电极：击穿电压指标为平板电极测定值，其他电极可按《运行中变压器油质量》GB/T 7595—2008 及 GB/T 507—2002 中的有关规定进行试验。 3. 油中溶解气体的色谱分析：按《绝缘油中溶解气体组分含量的气相色谱测定法》GB/T 17623—1998、DL/T 722—2000、《变压器油中溶解气体分析和判断导则》GB/T 7252—2001 中的有关要求进行试验。 4. 对保护级绕组进行励磁特性测试推荐按《电气装置安装工程 电气设备交接试验标准》GB 50150—2006 的要求进行。 **差异：** 1. 本标准与 GB 50150—2006 差异如下： （1）绝缘油的试验项目及标准增加了油中颗粒度检测项目。 （2）支柱绝缘子的试验项目增加了憎水性抽样试验。 （3）本标准 16.4 规定：支柱绝缘子绝缘电阻应不低于 10GΩ。GB 50150—2006 中 17.0.2 规定：用于 330kV 及以下电压等级的悬式绝缘子的绝缘电阻值，不应低于 300MΩ；用于 500kV 电压等级的悬式绝缘子，不应低于 500MΩ。 2. 本标准与《高压直流设备验收试验》DL/T 377—2010 主要差异如下： （1）本标准 5.2 规定：整体密封试验应在 20kPa 静油压力下无渗漏。 DL/T 377—2010 中 4.12 规定：换流变压器安装完毕并充满绝缘油后，用压缩空气施加 50kPa 恒定压力，持续 18h，油箱及附件应不出现可见的油渗漏。 （2）本标准 5.6 规定：当绝缘电阻大于 10000MΩ 时，对极化指数和吸收比不做要求。

续表

序号	标准名称/标准文号/时效性	针对性	内容与要点	关联与差异
3				DL/T 377—2010 无此项规定。 （3）本标准 5.9 规定：阀侧绕组连同套管的直流耐压按出厂试验电压的 80%（或合同规定值）加压。 DL/T 377—2010 中 4.8 规定：阀绕组直流耐压试验应按出厂试验电压的 85%（或合同规定值）加压。 （4）本标准 5.10 规定：阀侧绕组连同套管的外施工频耐压按出厂试验电压的 80%（或合同规定值）加压。 DL/T 377—2010 中 4.9 规定：阀绕组外施工频耐压试验应按出厂试验电压的 85%（或合同规定值）加压。 （5）本标准 5.9 规定：绕组连同套管的局部放电量在 $1.3U_m/\sqrt{3}$ 电压下不应大于 300pC。 DL/T 377—2010 中 4.10 规定：绕组连同套管的局部放电量在 $1.5U_m/\sqrt{3}$ 电压下不应大于 500pC。 （6）本标准表 4 规定：绝缘油气体体积含量小于 1%。 DL/T 377—2010 中 4.11 规定：换流变绝缘油气体体积含量<3%。 （7）本标准 5.13 规定：套管的 $\tan\delta$ 不应大于 0.5%且不应大于出厂值的 130%，电容量的偏差不大于 5%，同时还规定了充气套管的气体检测项目和标准。 DL/T 377—2010 中 4.13 规定：换流变套管的 $\tan\delta$、电容量与出厂值相比应无明显差别。未规定充气套管的气体检测项目和标准。 （8）本标准 5.14：规定了套管式电流互感器试验测量结果的具体判据指标。 DL/T 377—2010 中 4.14 规定：套管式电流互感器试验项目的测量结果与出厂值相比，应无明显差别。 （9）本标准 6.3 规定：晶闸管级的保护触发和闭锁抽查试验中抽查数量不少于晶闸管级的 20%。 DL/T 377—2010 中 5.3 规定：晶闸管级的保护触发和闭锁抽查试验中抽查数量不少于晶闸管级的 10%。 （10）本标准 6.5 规定：在额定压力下进行压力试验。 DL/T 377—2010 中 5.5 规定：水冷系统的压力试验中施加压力为出厂试验压力的 80%。

续表

序号	标准名称/标准文号/时效性	针对性	内容与要点	关联与差异
3				（11）本标准7.3规定：直流穿墙套管的$\tan\delta$不应大于0.5%、电容量的偏差应小于5%。同时还规定了充气套管的气体检测项目和标准。 DL/T 377—2010中6.3规定：直流穿墙套管的$\tan\delta$、电容量与出厂值相比应无明显差别。未规定充气套管的气体检测项目和标准。 （12）本标准7.4规定：穿墙套管直流耐压试验电压为出厂试验电压的80%，未规定需做局部放电试验。 DL/T 377—2010中6.4规定：穿墙套管直流耐压试验电压为出厂试验电压的85%，并给出了局部放电量的标准。 （13）本标准第9章规定：支柱绝缘子绝缘电阻应不小于5000MΩ。 DL/T 377—2010第8章规定：支柱绝缘子绝缘电阻应不小于500MΩ。 （14）本标准第12章规定：断路器内不与灭弧室相通的气室SF_6气体微水含量应小于250μL/L,年漏气率不应大于0.5%。 DL/T 377—2010第11章规定：断路器内不与灭弧室相通的气室SF_6气体微水含量应小于500×10^{-6}，年漏气率不应大于1%
4	《高压直流设备验收试验》 DL/T 377—2010 2010年10月1日实施	适用于高压直流输电工程换流站直流设备、换流变压器和交流滤波器等的验收试验	**主要内容：** 明确了换流站高压直流设备的验收试验项目和验收标准，主要包括以下设备： （1）换流变压器； （2）晶闸管阀、直流套管； （3）平波电抗器、直流滤波器、中性母线冲击电容器和交流滤波器； （4）直流分压器、光学直流电流测量装置； （5）直流断路器、直流隔离开关和接地开关。 **重点与要点：** 1. 油浸式设备的绝缘试验，应在充满合格油后按产品要求静置足够时间，当制造厂无规定时：	**关联：** 本标准包括高压直流输电换流站内直流侧所有高压设备、换流变压器及网侧交流滤波器的验收试验项目和接收标准，换流站其他交流设备执行《电气装置安装工程电气设备交接试验标准》GB 50150—2006。 **差异：** 本标准与《±800kV高压直流设备交接试验》DL/T 274—2012的主要差异如下： （1）本标准4.12规定：换流变压器安装完毕并充满绝缘油后，用压缩空气施加50kPa恒定压力，持续18h，油箱及附件应不出现可见的油渗漏。 DL/T 274—2012中5.2规定：整体密封试验应在20kPa静油压力下无渗漏。

续表

序号	标准名称/标准文号/时效性	针对性	内容与要点	关联与差异
4			（1）500kV 电压等级，须静置 72h； （2）220kV 和 330kV 电压等级，须静置 48h 以上； （3）110kV 及以下电压等级，须静置 24h。 2．对试验时天气、温度、湿度、试验仪器均提出了相应要求。 3．换流变压器升压或冲击合闸前和额定电压下运行 24h 后各进行一次器身内绝缘油的油中溶解气体的色谱分析；两次测得的氢、乙炔、总烃含量，应无明显差别	（2）DL/T 274—2012 中 5.6 规定：当绝缘电阻大于 10000MΩ 时，对极化指数和吸收比不做要求。本标准无此规定。 （3）本标准 4.8 规定：阀绕组直流耐压试验应按出厂试验电压的 85%（或合同规定值）加压。 DL/T 274—2012 中 5.9 规定：阀侧绕组连同套管的直流耐压按出厂试验电压的 80%（或合同规定值）加压。 （4）本标准 4.9 规定：阀绕组外施工频耐压试验应按出厂试验电压的 85%（或合同规定值）加压。 DL/T 274—2012 中 5.9 规定：阀侧绕组连同套管的外施工频耐压按出厂试验电压的 80%（或合同规定值）加压。 （5）本标准 4.10 规定：绕组连同套管的局部放电量在 $1.5U_m/\sqrt{3}$ 电压下不应大于 500pC。 DL/T 274—2012 中 5.9 规定：绕组连同套管的局部放电量在 $1.3U_m/\sqrt{3}$ 电压下不应大于 300pC。 （6）本标准 4.11 规定：换流变绝缘油气体体积含量小于 3%。 DL/T 274—2012 中表 4 规定：绝缘油气体体积含量小于 1%。 （7）本标准 4.13 规定：换流变套管的 $\tan\delta$、电容量与出厂值相比应无明显差别。未规定充气套管的气体检测项目和标准。 DL/T 274—2012 中 5.13 规定：套管的 $\tan\delta$ 不应大于 0.5%且不应大于出厂值的 130%，电容量的偏差不大于 5%。同时还规定了充气套管的气体检测项目和标准。 （8）本标准 4.14 规定：套管式电流互感器试验项目的测量结果与出厂值相比，应无明显差别。 DL/T 274—2012 中 5.14 规定：给出了套管式电流互感器试验测量结果的具体判据指标。 （9）本标准 5.3 规定：晶闸管级的保护触发和闭锁抽查试验中抽查数量不少于晶闸管级的 10%。 DL/T 274—2012 中 6.3 规定：晶闸管级的保护触发和闭锁抽查试验中抽查数量不少于晶闸管级的 20%。

续表

序号	标准名称/标准文号/时效性	针对性	内容与要点	关联与差异
4				（10）本标准5.5规定：水冷系统的压力试验中施加压力为出厂试验压力的80%。 DL/T 274—2012中6.5规定：在额定压力下进行压力试验。 （11）本标准6.3规定：直流穿墙套管的tanδ、电容量与出厂值相比应无明显差别。未规定充气套管的气体检测项目和标准。 DL/T 274—2012中7.3规定：直流穿墙套管的tanδ不应大于0.5%、电容量的偏差应小于5%。同时还规定了充气套管的气体检测项目和标准。 （12）本标准6.4规定：穿墙套管直流耐压试验电压为出厂试验电压的85%，并给出了局部放电量的标准。 DL/T 274—2012中7.4规定：穿墙套管直流耐压试验电压为出厂试验电压的80%，未规定需做局部放电试验。 （13）本标准第8章规定：支柱绝缘子绝缘电阻应不小于500MΩ。 DL/T 274—2012第9章规定：支柱绝缘子绝缘电阻应不小于5000MΩ。 （14）本标准第11章规定：断路器内不与灭弧室相通的气室SF_6气体微水含量应小于500×10^{-6}，年漏气率不应大于1%。 DL/T 274—2012第12章规定：断路器内不与灭弧室相通的气室SF_6气体微水含量应小于250μL/L，年漏气率不应大于0.5%
5	《气体绝缘金属封闭开关设备现场交接试验规程》 DL/T 618—2011 2011年11月1日实施	1．适用额定电压72.5kV及以上，频率为50Hz的气体绝缘金属封闭开关设备（GIS）现场交接验收试验。 2．适用于全部或部分采用SF_6气体作为介质的GIS。	**主要内容：** 明确了GIS在现场安装后、投运前应进行以下现场交接试验项目和技术要求，主要包括： （1）外观及质量检查； （2）主回路电阻测量； （3）SF_6气体的验收试验、SF_6气体湿度测量、气体密封性试验； （4）元件试验、气体密度继电器及压力表校验；	**差异：** 1．本标准与《电气装置安装工程　电气设备交接试验标准》GB 50150—2006的主要差异： （1）本标准9.1规定：气室年漏气率不应大于0.5%。 GB 50150—2006中14.0.4规定：每一个气室年漏气率不应大于1%。 （2）本标准9.3规定：采用灵敏度不低于1×10^{-8}（体积比）的检漏仪检测气室密封性。 GB 50150—2006中14.0.4规定：密封试验采用灵敏度不低于1×10^{-6}（体积比）的检漏仪进行检测。

续表

序号	标准名称/标准文号/时效性	针对性	内容与要点	关联与差异
5		3．72.5kV 以下的 GIS 可参考本标准。 4．介于敞开式和 GIS 之间的成套开关设备可参考本标准。 5．GIS 新安装部分、扩建部分、解体检修部分均应按本标准试验	（5）机械操作及机械特性试验、联锁与闭锁装置检查、辅助回路和控制回路的绝缘试验； （6）主回路绝缘试验、局部放电测量。 **重点与要点：** 1．主回路电阻现场测试值不得超过控制值，应注意与出厂值和三相平衡度的比较。 2．交流耐压试验采用调频电源、电磁式电压互感器经计算不会引起饱和时，应与制造厂协商，与主回路一起进行耐压试验。 3．耐受电压试验加压方式要尽量避免对同一部位重复加压	（3）本标准第 10 章规定：应校验气体密度继电器接点的动作值及返回值。 GB 50150—2006 中 13.0.15 规定：在充气过程中检查气体密度继电器及压力动作阀的动作值。 （4）本标准 8.3 规定：SF_6 气体湿度测量必须在充气至额定气压力下至少静止 24h 后进行，测量时环境湿度一般不大于 85%。 GB 50150—2006 中 14.0.5 规定：测量气体含水量（20℃的体积分数）应在封闭式组合电器充气 48h 后进行。 2．本标准与《气体绝缘金属封闭开关设备技术条件》DL/T 617—2010 的主要差异： （1）本标准 8.3 规定：SF_6 气体湿度测量必须在充气至额定气压力下至少静止 24h 后进行，测量时环境湿度一般不大于 85%。 DL/T 617—2010 中 9.7 规定：SF_6 气体湿度测量应在最后充入气体至少 48h 后进行，测量时环境相对湿度一般不大于 95%。 （2）本标准第 3 章规定的现场试验项目与 DL/T 617—2010 第 9.1 条相比，增加了机械操作及机械特性试验、局部放电测量两项，少一项检查和核实项目。 （3）本标准 9.3.1 规定：当真空度达到 113Pa 时开始计算时间，维持真空泵运转至少 30min 以上。 DL/T 617—2010 中关于抽真空检漏的规定：当试品抽真空到真空度已达到或小于 133Pa 时，再继续抽真空 30min 后停泵。 （4）本标准 9.3.2 规定：历时 5h 后测得的 SF_6 气体含量不大于 15μL/L 为合格。 DL/T 617—2010 无定量检漏合格标准。 （5）DL/T 617—2010 中 9.8 规定：现场绝缘试验应在耐压试验前，其他试验项目完成并合格后进行，耐压试验前应进行试品的绝缘电阻测量，GIS 上所有电流互感器的二次绕组应短路并接地，电压互感器的二次绕组应开路并一点接地。

续表

序号	标准名称/标准文号/时效性	针对性	内容与要点	关联与差异
5				本标准第 13 章无明确要求。 （6）本标准 13.6.2 规定：操作冲击波波头时间一般应为 150μs～1000μs 之间。 DL/T 617—2010 中 9.8.19 规定：操作冲击波到达峰值的时间采用 150μs～10ms 之间为宜
6	《直流换流站二次电气设备交接试验规程》 DL/T 1129—2009 2009 年 12 月 1 日实施	适用于±500 及以下直流换流站二次电气设备交接试验	**主要内容：** 明确了直流换流站二次电气设备的交接试验项目要求及验收标准，主要包括： （1）试验前的准备工作及要求； （2）交流场二次电气设备、换流变压器区域二次电气设备； （3）直流场二次电气设备、阀厅和平波电抗器区域二次电气设备； （4）站用变压器二次设备、站用直流电源系统； （5）不间断电源、阀冷却系统； （6）高压直流控制保护、运行人员控制系统； （7）GPS 装置、通讯系统、其他辅助系统。 **重点与要点：** 1. 在进行交接试验前，应详细检查设备出厂试验记录所填写的项目和内容是否齐全，结果是否正确。 2. 交流试验电源和相应调整设备应有足够的容量，保证在最大试验负载下，通入装置的电压及电流均为正弦波，试验电流及电压的谐波分量不宜超过基波的 5%。 3. 试验支路应设专用安全开关，所接熔断器必须保证选择性。直流电源电压波动范围应在额定值的±5%以内	**关联：** 1. 本标准 6.2.5 规定：电流互感器角比差试验应满足《测量用电流互感器检定规程》JJG 313 的要求。 2. 本标准 6.3.5 规定：电压互感器角比差试验应满足《测量用电压互感器检定规程》JJG 314 的要求。 3. 本标准与《继电保护和电网安全自动装置检验规程》DL/T 995—2006 关联性主要包括： （1）本标准 6.1.2.2 规定：绝缘检查按 DL/T 995—2006 中 6.3.3 进行； （2）本标准 6.4.6 规定：静态继电器校验应按照 DL/T 995—2006 中附录 B 的要求进行，其结果满足设备技术要求； （3）本标准 6.7.2 规定：操作箱检验应满足 DL/T 995—2006 中 6.6 的要求； （4）本标准 6.7.3.3 规定：保护定值检验应满足 DL/T 995—2006 中 6.4 的要求； （5）本标准 6.7.5 规定：线路保护通道试验应满足 DL/T 995—2006 中 6.5 的要求； （6）本标准 6.7.6 规定：整组联动试验应按 DL/T 995—2006 中 6.7 的要求进行。 **差异：** 本标准 6.2.6 规定：电流互感器须进行一次注流试验：在电流互感器一次侧通入不小于一次电流额定值 10%的电流，检查电流互感器的变比、极性以及电流二次回路的正确性。 DL/T 995—2006 中 6.1.2.3 规定：有条件时，自电流互感器一次分相通入电流，检查工作抽头的变比及回路是否正确

续表

序号	标准名称/标准文号/时效性	针对性	内容与要点	关联与差异
7	《高压直流输电工程系统试验规程》 DL/T 1130—2009 2009 年 12 月 1 日实施	1．适用于功率可双向传输的每极一个 12 脉动阀组的双极高压直流输电工程。 2．背靠背直流工程可参考使用	**主要内容：** 1．明确了高压直流输电工程系统试验（包括站系统试验、端对端系统试验）的项目、要求及验收标准。 2．站系统试验项目包括： （1）站系统试验的准备工作及要求； （2）站系统试验项目及要求。 3．端对端系统试验项目包括： （1）端对端系统试验准备工作及要求； （2）功率正送，端对端系统试验项目及要求； （3）功率反送，端对端系统试验项目及要求； （4）试运行。 **重点和要点：** 1．本标准应在换流站相应部分的设备试验及分系统试验完成后执行。 2．工程的最终系统试验范围以工程启动委员会批准的试验方案为准	**关联：** 试验的组织机构应满足《高压直流输电工程启动及竣工验收规程》DL/T 968—2005 的要求。 **差异：** 1．对于整个直流输电系统的总体功能试验，本标准第 3.2 条命名为“端对端系统试验”，DL/T 968—2005 第 2.6 条命名为“系统调试”。 2．本标准与《±800kV 直流输电工程系统试验规程》DL/T 1131—2009 的差异性主要包括： （1）本标准 6.1.10 规定：已办理新设备启动投运申请。 DL/T 1131—2009 中 6.1.10 规定：具备系统试验条件的各方签证已办理。 （2）DL/T 1131—2009 比本标准多两项试验项目： 6.1.2.3 规定：极为双 12 脉动换流器运行中单 12 脉动换流器的退/投试验。 6.2.1.3.6 规定：极控层退出运行试验。 （3）本标准 6.2.2 规定：单极大功率（单极直流额定功率 1/2 及以上）试验。 DL/T 1131—2009 中 6.2.2 规定：单极大功率（单极直流额定功率 1/3 及以上）试验。 （4）本标准 6.2.3 规定：双极低功率（双极直流额定功率 1/5 及以下）试验。 DL/T 1131—2009 中 6.2.3 规定：双极低功率（双极直流电流额定值 1/4）及以下试验。 （5）本标准 6.2.4 规定：双极大功率（双极直流额定功率 1/2 及以上）试验。 DL/T 1131—2009 中 6.2.4 规定：双极大功率（直流电流为直流电流额定值 2/5 及以上）试验。 3．本标准 6.4 规定：试运行时间由工程启动委员会批准的试运行方案确定。

续表

序号	标准名称/标准文号/时效性	针对性	内容与要点	关联与差异
7				DL/T 968—2005 中 5.7 规定：高压直流输电系统连续试运行时间不小于 20 天，背靠背换流站连续试运行时间不小于 168h。 《±800kV 及以下直流输电工程启动及竣工验收规程》DL/T 5234—2010 中 6.0.7 规定：特高压直流输电系统单极连续试运行时间按合同规定不小于 20 天，背靠背换流站连续试运行时间不小于 168h。 DL/T 1131—2009 中 6.4 规定：±800kV 直流输电工程的试运行时间不应少于 20 天
8	《±800kV 高压直流输电工程系统试验规程》 DL/T 1131—2009 2009 年 12 月 1 日实施	适用于功率可双向传输、每站每极包括两个串联 12 脉动换流器的双极±800kV 高压直流输电工程	**主要内容：** 1. 明确了±800kV 高压直流输电工程站系统试验、系统试验的项目、要求及评判标准。 2. 站系统试验主要内容包括： （1）站系统试验的准备工作及要求； （2）站系统试验项目及要求。 3. 系统试验包括： （1）端对端系统试验准备工作及要求； （2）功率正送，端对端系统试验准备工作及要求； （3）功率反送，端对端系统试验项目及要求； （4）试运行要求。 **重点与要点：** 1. 工程的最终系统试验范围以工程启动委员会批准的试验方案为准。 2. 由于每极包括两个串联 12 脉动换流器，存在多种运行方式，本标准编制有多种运行方式的系统试验项目	**关联：** 试验的组织机构应满足《高压直流输电工程启动及竣工验收规程》DL/T 968—2005 的要求。 **差异：** 1. 整个直流输电系统的总体功能试验，本标准 3.2 命名为“端对端系统调试”；DL/T 968—2005 中 2.6 命名为“系统调试”。 2. 本标准与《高压直流输电工程系统试验规程》DL/T 1130—2009 的差异性主要内容包括： （1）本标准 6.1.10 规定：具备系统试验条件的各方签证均已办理。 DL/T 1130—2009 中 6.1.10 规定：已办理新设备启动投运申请。 （2）本标准增加两项试验项目： 6.2.1.2.3 规定：“极为双 12 脉动换流器运行中单 12 脉动换流器的退/投试验”。 6.2.1.3.6 规定：极控层退出运行试验。 （3）本标准 6.2.2 规定：单极大功率（直流电流为额定值的 1/3 及以上）试验。 DL/T 1130—2009 中 6.2.2 规定：单极大功率（单极直流额定功率 1/2 及以上）试验。 （4）本标准 6.2.3 规定：要求进行双极低功率（直流电流额定值的 1/4）及以下试验。 DL/T 1130—2009 中 6.2.2 规定：要求进行双极低功率（双极直流额定功率 1/5 及以下）试验。

续表

序号	标准名称/标准文号/时效性	针对性	内容与要点	关联与差异
8				（5）本标准 6.2.4 规定：要求进行双极大功率（直流电流为直流电流额定值的 2/5 及以上）试验。 DL/T 1130—2009 的 6.2.2 规定：要求进行双极大功率（双极直流额定功率 1/2 及以上）试验。 3. 本标准 6.4 规定：规定±800kV 直流输电工程的试运行时间不应少于 20 天。 DL/T 968—2005 的 5.7 规定：规定高压直流输电系统连续试运行时间不小于 20 天，背靠背换流站连续试运行时间不小于 168h。 DL/T 1130—2009 的 6.4 规定：规定试运行时间由工程启动委员会批准的试运行方案确定。 《±800kV 及以下直流输电工程启动及竣工验收规程》DL/T 5234—2010 的 6.0.7 规定：规定特高压直流输电系统单极连续试运行时间按合同规定不小于 20 天，背靠背换流站连续试运行时间不小于 168h
9	《500kV 串联电容器补偿装置系统调试规程》 DL/T 1304—2013 2014 年 4 月 1 日实施	1. 适用于 500kV 电压等级的串联电容器补偿装置。 2. 其他电压等级的串联电容器补偿装置可参照执行	**主要内容：** 1. 明确了串联电容器补偿装置系统调试的组织等基本要求。 2. 明确了以下方案的编制要求： （1）系统调试方案； （2）系统调试调度实施方案； （3）测试方案； （4）人工单相瞬时短路接地试验。 3. 确定了系统调试进行串补平台带电试验、带串补空载投切试验等 18 个试验项目及试验条件、试验内容及试验结果的判据。 4. 对调试过程中的注意事项和调试报告做出具体要求。 **重点与要点：** 1. 要求系统调试前继电保护、调度方案、通信系统等 10 个方面准备工作已完成。 2. 现场调试前应进行系统调试仿真计算分析，并编制系统调试方案。 3. 系统调试用测试仪器应满足系统调试测试要求	**关联：** 本标准 7.1 规定：规定串补装置系统调试启动带电应具备《110kV 及以上送变电工程启动及竣工验收规程》DL/T 782—2001 中 5.2 规定的条件。 **差异：** 本标准与《串联电容器补偿装置控制保护系统现场检验规程》DL/T 365—2010 有关系统调试方面的差异有： （1）本标准适用于可控串补的系统试验项目，增加了可控串补小负荷下投退试验、可控串补持续高容抗试验； （2）本标准对系统调试项目的试验条件、试验方法、测试内容、判据给出了明确详细的规定，DL/T 365—2010 的规定不具体

续表

序号	标准名称/标准文号/时效性	针对性	内容与要点	关联与差异
10	《1000kV 交流输变电工程系统调试规程》 DL/T 5292—2013 2013 年 8 月 1 日实施	1. 本标准适用于1000kV 交流输变电工程的系统调试。 2. 当 1000kV 交流输变电工程使用可控高压电抗器、固定/可控串联补偿装置等设备时，则应视相应工程技术规范要求，在系统试验项目中增加相应的试验	**主要内容：** 1. 规定了系统调试试验的组织机构、竣工验收、生产准备、仿真研究、测试设备等 9 个方面在系统调试前应具备的基本条件。 2. 明确了系统调试方案、系统调试调度实施方案、测试方案的编制要求。 3. 确定了系统调试进行 1000kV 变压器零起升流试验、1000kV 变压器零起升压试验等 17 个试验项目及试验条件、试验内容及试验结果的判据。 **重点与要点：** 1. 在调试前应进行系统仿真研究。 2. 测试人员预先做好测试系统的校准，测试数据保存方法可靠	**关联：** 1. 本标准 5.2 规定：规定变电站和 1000kV 线路工频电场和工频磁场测试等 3 项测试项目的测试结果应满足《1000kV 变电站电磁环境控制值》DL/T 1188 的要求。 2. 本标准 5.2 规定：规定变压器和电抗器声级及振动测试项目的测试结果应满足《声环境质量标准》GB 3096 和《工业企业厂界环境噪声排放标准》GB 12348 的要求。 3. 本标准 5.10.1 规定：规定交接试验中油样测试结果应符合《电工流体　变压器和开关用的未使用过的矿物绝缘油》GB 2536 的要求，击穿电压符合《运行中变压器油质量》GB/T 7595 要求。 4. 本标准 5.12.3 规定：规定继电保护校验应符合《继电保护和安全自动装置技术规程》GB/T 14285 的相关要求
11	《串联电容器补偿装置　交接试验及验收规范》 DL/T 1220—2013 2013 年 8 月 1 日实施	1. 适用于 220kV～500kV 电压等级的串联电容器补偿装置中的电气一次设备现场交接试验，其他电压等级可参照执行。 2. 全光纤式电流互感器以及带光电转换装置的电流互感器、不适合本标准 5.5 关于电流互感器的规定。	**主要内容：** 明确了串联电容器补偿装置现场交接试验应该遵循的基本原则、试验项目、验收标准，包括： （1）串联电容器补偿装置中电容器、电流互感器等 11 类一次电气设备的交接试验，可按产品技术条件中的标准执行，但不应低于本标准的规定； （2）串联电容器补偿装置二次设备交接试验应遵循的原则、试验内容及试验标准； （3）串联电容器补偿装置进行分系统试验时应遵循的原则、试验项目及试验标准以及试验结果的评判； （4）串联电容器补偿装置系统试验应遵循的原则、试验项目及试验标准以及试验结果的评判。 **重点与要点：** 1. 绝缘试验时，宜将连接在一起的各种设备分离开来单独进行试验。如单独试验困难，可连在一起进行试验，试验标准应采用连接的各种设备中的最低标准。 2. 当电气设备的额定电压与实际使用的额定电压不同时，应按下列规定确定交流耐压试验电压的标准：	**关联：** 1. 本标准 4.2 规定：对地绝缘与相间绝缘为非标准电压等级的电气设备的交流耐压试验电压值，当本标准没有规定时，可根据《高压输变电设备的绝缘配合》GB 311.1 中规定的相邻电压等级按比例采用插入法计算确定。 2. 本标准 5.4.5 规定：套管交流耐压试验值按照 GB 311.1 的要求进行。 3. 本标准与《高压静止无功补偿装置》DL/T 1010.4—2006 的关联性主要内容包括： （1）本标准 5.9 规定：晶闸管阀（仅适用可控串补）的试验项目和要求按照 DL/T 1010.4—2006 第 4.2.3 项和产品技术条件规定执行。 （2）本标准 5.10 规定：阀冷却系统（仅适用可控串补）密闭式水冷却系统的试验项目和要求按照 DL/T 1010.4—2006 中 4.2.4 和产品技术条件规定执行。 4. 本标准与《电气装置安装工程　电气设备交接试验标准》GB 50150—2006 的关联性主要内容包括： （1）本标准 5.5.11 规定：电流互感器的励磁特性曲线试验，试验结果应符合产品技术条件规定。试验方法按照 GB 50150—2006 中附录 E 进行。

续表

序号	标准名称/标准文号/时效性	针对性	内容与要点	关联与差异
11		3．SF_6绝缘和环氧树脂绝缘结构的电流互感器不适合本标准 5.5.4 的规定	（1）采用额定电压较高的电气设备：加强绝缘时，应按设备额定电压的试验标准进行； （2）采用额定电压较高的电气设备：满足产品通用性及机械性能的要求，额定电压与实际的工作额定电压不同时，可按设备实际使用的额定工作电压试验标准进行； （3）采用额定电压较高的电气设备：满足高海拔地区的要求时，应在安装地点按实际使用的额定工作电压的试验标准进行	（2）本标准 5.7.1 规定：要求隔离开关、接地开关的试验项目参照 GB 50150—2006 第 15 章进行。 （3）本标准 5.6.14 规定：SF_6 气体分析应符合 GB 50150—2006 中表 20.0.1 与表 20.0.2 的要求。 **差异：** 1．本标准 5.1.3 规定：规定测量电容器单元绝缘电阻，绝缘电阻不应低于 2000MΩ。 《电气装置安装工程　电气设备交接试验标准》GB 50150—2006 中电容器条款未规定绝缘电阻值标准。 2．本标准 5.8 中绝缘子的试验项目与 GB 50150—2006 相比增加了探伤试验
12	《柔性直流输电工程系统试验规程》 DL/T ×××—×××× 报批稿	1．适用于功率可双向传输的单极对称、单极非对称和双单极对称柔性直流输电工程（含多端柔性直流输电工程）。 2．对于某些柔性直流输电工程所要求的特殊功能/性能，本标准说明：应按其工程技术规范书的要求，增加相应试验项目	**主要内容：** 1．明确了柔性直流输电工程系统试验的项目、方法及评价标准。系统试验包括：换流站项目试验、端对端系统试验、黑启动试验、试运行。 2．换流站项目试验主要包括： （1）不带电顺序操作方式、最终跳闸试验、接口变压器充电试验； （2）换流器充电试验、开路试验； （3）不带直流线路的开路试验、带直流线路的开路试验； （4）STATCOM 运行试验、站用电源切换试验。 3．端对端系统试验主要包括： （1）小功率试验、大功率试验； （2）额定负荷试验、过负荷试验、电网安全稳定试验； （3）故障试验：交流系统故障试验（选项试验）、直流系统故障试验（选项试验）。 **重点与要点：** 1．工程的最终系统试验范围以工程启动验收委员会批准的试验方案为准。 2．试运行期间，应实时监测有关设备各部分的温升。 3．试运行开始前和结束后，应对充油设备取油样进行色谱分析。 4．试运行过程中，应对各项运行数据和设备的运行情况做出详细记录。由试验指挥组编写试运行报告	**关联：** 1．本标准对性能的要求推荐参照《高压直流系统的性能》GB/Z 20996 的要求。 2．本标准参照《电气设备安装工程　电气设备交接试验标准》GB 50150—2006、《高压直流输电工程系统试验规程》DL/T 1130—2009、《高压直流输电工程启动及竣工验收规程》DL/T 968—2005 等标准，结合柔性直流输电工程系统特点编制了柔性直流输电工程系统试验项目、试验方法和评判标准。 3．试验中关于油分析本标准推荐按《变压器油中溶解气体分析和判断导则》GB/T 7252—2001 进行。 4．试验中关于声级测定本标准推荐按《电力变压器　第 10 部分：声级测定》GB/T 1094.10—2003、《电力变压器　第 10.1 部分：声级测定　应用导则》GB/T 1094.101—2008、《6kV～500kV 级电力变压器声级》JB/T 10088—2004 进行。 5．试验中关于温度测量本标准推荐按《带电设备红外诊断应用规范》DL/T 664—2008 进行

续表

序号	标准名称/标准文号/时效性	针对性	内容与要点	关联与差异
13	《柔性直流输电用电压源型换流阀电气试验》 DL/T ×××—×××× 报批稿	1. 适用于高压直流输电或背靠背系统的三相桥式电压源换流器（VSC）的自关断换流阀。 2. 本标准规定的试验是以空气绝缘阀为基础的电压源型换流阀。其他类型的阀也可参照执行	**主要内容：** 明确了柔性直流输电用电压源型换流阀的试验项目、试验方法和评判标准，主要包括： （1）型式试验； （2）出厂试验； （3）现场试验。 **重点与要点：** 1. 型式试验中，为了确认阀端间绝缘没有被换流器运行过程中的快速重复开关应力所破坏，阀端间交流-直流电压试验及局部放电测量需在运行试验之后进行。规定的其他型式试验可按任意顺序进行。 2. 在阀支架结构的绝缘试验之前，阀支架应短路并接地最少2h	**关联：** 1. 本标准推荐局部放电测量按《局部放电测量》GB/T 7354—2003的规定进行。 2. 本标准采用《高电压试验技术　第1部分：一般定义及试验要求》GB/T 16927.1、《高电压试验技术　第2部分：测量系统》GB/T 16927.2、《高压直流输电晶闸管阀　第1部分：电气试验》GB/T 20990.1中推荐的试验技术

第四节 试 验 仪 器

序号	标准名称/标准文号/时效性	针对性	内容与要点	关联与差异
1	《电子测量仪器通用规范》 GB/T 6587—2012 2013年6月1日实施	适用于各种类型的电子测量仪器	**主要内容：** 1. 明确了电子测量仪器（系统和辅助设备）的性能参数要求、试验方法、试验项目和质量检验标准等。 2. 性能参数要求的主要内容包括： （1）外观与结构、尺寸和重量、功能、性能特性； （2）接口、兼容性或相互配合； （3）安全性、环境适应性； （4）包装运输； （5）电磁兼容性、电源适应性、可靠性。 3. 试验项目主要内容包括： （1）基本工作条件、检验条件； （2）外观与结构检查、尺寸和重量检查；	**关联：** 1. 本标准4.6规定：仪器安全性应符合《测量、控制和实验室用电气设备的安全要求　第1部分：通用要求》GB 4793.1—2007的要求。 2. 本标准4.6规定：仪器的电磁兼容性应符合《测量、控制和实验室用的电设备　电磁兼容性要求　第1部分：通用要求》GB/T 18268.1—2010的规定。 3. 本标准第5章规定：电子测量仪器的可靠性应符合《电子测量仪器可靠性试验》GB/T 11463的规定

续表

序号	标准名称/标准文号/时效性	针对性	内容与要点	关联与差异
1			（3）功能检查、性能特性测试； （4）接口、兼容性或互相配合检查； （5）安全试验、环境适应性试验、包装运输试验、电磁兼容性试验、电源适应性试验、可靠性试验。 4．质量检验规程主要内容包括一般规定、检验项目、鉴定检验、质量一致性检验。 **重点与要点：** 在介电强度试验时，如试验电压（交流有效值）超过2kV，仪器在100%电压下只允许进行2次试验，若要再进行试验，则只应施加80%的试验电压	
2	《高电压冲击测量仪器和软件　第1部分：对仪器的要求》 GB/T 16896.1—2005 2005年12月1日实施	适用于高电压和冲击大电流试验中测量用数字记录仪（包括数字示波器），模拟示波器和峰值电压表	**主要内容：** 明确了为满足内容满足相关规定的测量不确定度和程序所要求的测量性能和校验，包括： （1）使用条件、校准和试验方法； （2）输入阻抗； （3）冲击测量用数字记录仪、冲击测量用模拟示波器、冲击测量用峰值电压表。 **重点与要点：** 对于指数电流冲击波，数字记录仪可采用标准冲击发生器产生的雷电冲击全波作校准，而对于10/350μs电流冲击波可采用操作冲击波	**关联：** 1．引用标准《高电压试验技术　第1部分：一般试验要求》GB/T 16927.1—1997已由GB/T 16927.1—2011替代。 2．引用标准《高电压试验技术　第2部分：测量系统》GB/T 16927.2—1997已由GB/T 16927.2—2013替代。 3．本标准明确了为满足GB/T 16927.2中测量不确定度和程序所要求的测量性能和校验的要求
3	《高电压冲击测量仪器和软件　第2部分：软件的要求》 GB/T 16896.2—2010 2011年5月1日实施	1．适用于对冲击电压和冲击电流试验中记录的测量数据进行处理的软件。 2．不能读出TDG标准波形的软件（直接或变换的方式）不适用于本标准。	**主要内容：** 1．对满足相关规定的测量不确定度和程序的软件，本标准明确了试验波形和规定限值，提出了校验软件所需的参考波形组、校验程序、计算方法、数据格式、TDG设置等方面要求。 2．给出了解析波形的选择以及解析波形规定限值。 3．对性能记录内容提出要求。 4．对用户可改进的软件、商用软件和硬件系统的性能校核提出相关要求。 5．规定了处理后的数据应用要求。	**关联：** 1．引用标准《高电压试验技术　第1部分：一般试验要求》GB/T 16927.1—1997已由GB/T 16927.1—2011替代。 2．引用标准《高电压试验技术　第2部分：测量系统》GB/T 16927.2—1997已由GB/T 16927.2—2013替代。 3．本标准8规定按《高电压冲击测量仪器和软件　第1部分：对仪器的要求》GB/T 16896.1—2005要求，应保留原始数据与处理后的数据相互比较。

续表

序号	标准名称/标准文号/时效性	针对性	内容与要点	关联与差异
3		3．本标准不包括可自动处理数据且没有选择项的数字记录仪（指不能读出原始数据的记录仪）	**重点与要点：** 用原始数据和处理后的数据重叠画出曲线是推荐的比较方法	4．对 GB/T 16927.1 没有规定的波形，推荐按照相关技术委员会规定的其他方法估算冲击波形的参数。 **差异：** 与《高压冲击试验测量用仪器和软件　第 2 部分：对软件的要求》IEC 61083-2：1996 相比，增加了冲击电压解析波形、变压器试验中测得的波形、测得的光滑波形、测得的波前有振荡的波形
4	《局部放电测量仪校准规范》 DL/T 356—2010 2010 年 10 月 1 日实施	适用于频率范围 10kHz～500kHz、频宽 40kHz～400kHz，采用脉冲电流法的局部放电测量仪的校准	**主要内容：** 明确了局部放电测量仪的通用技术要求、计量性能要求、校准方法和校准结果处理等内容。 **重点与要点：** 1．局部放电仪应有包括 1pC～1×10^{5}pC 的量程范围。 2．局部放电仪的金属外壳应有专门的接地端子，且不与金属外壳连接的电路之间，应能承受 1500V、1min 工频电压试验，绝缘电阻不小于 5MΩ。 3．局部放电仪应有高频电缆输入接口，接口应能承受 100V 雷电冲击波的过电压试验而不影响其计量性能。 4．局部放电仪在通频带内的灵敏度电压应小于 5μV。 5．局部放电仪各局放量程的刻度一致性误差以及输出指示器的非线性误差均应不超过±10%	**关联：** 本标准基于《局部放电测量》GB/T 7354—2003、《高电压试验技术　第 1 部分：一般定义及试验要求》GB/T 16927.1—2011 编制
5	《高电压测试设备通用技术条件　第 1 部分：高电压分压器测量系统》 DL/T 846.1—2004 2004 年 6 月 1 日实施	适用于国内企业生产的各电压等级的高电压测量系统	**主要内容：** 明确了交流、直流及交直流两用的高电压测量系统的产品分类，技术要求，试验方法，检验规则，标志、包装、运输储存条件及产品随机附件，包括： （1）分压器体分类、测量表计分类； （2）产品型号、技术要求、试验方法； （3）分压器耐压试验、测量刻度因数校验； （4）稳定性试验、测量系统局部放电试验； （5）耐运输能力试验、密封试验、安全性能试验。	**关联：** 1．本标准 5.2.2 规定： （1）温度试验符合《电子测量仪器温度试验》GB 6587.2（已被 GB 6587—2012 代替）的规定。 （2）湿度试验符合《电子测量仪器湿度试验》GB 6587.3（已被 GB 6587—2012 代替）的规定。 （3）振动试验符合《电子测量仪器振动试验》GB 6587.4（已被 GB 6587—2012 代替）的规定。 （4）冲击试验符合《电子测量仪器冲击试验》GB 6587.5（已被 GB 6587—2012 代替）的规定。

续表

序号	标准名称/标准文号/时效性	针对性	内容与要点	关联与差异
5			**重点与要点：** 200kV 以上的测量局部放电用分压器，在额定电压下局部放电量应不大于 10pC，0.8 倍额定电压下局部放电量应不大于 3pC	（5）运输试验符合《电子测量仪器运输试验》GB 6587.6（已被 GB 6587—2012 代替）的规定。 2．本标准 6.1 规定：分压器耐压试验方法以《高电压试验技术　第 1 部分：一般定义及试验要求》GB/T 16927.1 为准。 3．本标准 6.2 规定：测量刻度因数校验应符合《高电压试验技术　第 2 部分：测量系统》GB/T 16927.2 要求
6	《高电压测试设备通用技术条件　第 2 部分：冲击电压测量系统》 DLT 846.2—2004 2004 年 6 月 1 日实施	适用于国内高压实验室使用	**主要内容：** 明确了冲击测量系统应满足的要求、冲击测量系统及其组件的认可和校核方法以及系统被证实满足本部分要求的程序，包括： （1）规范性引用文件、认可冲击测量系统的性能记录； （2）试验程序和一般要求、认可的冲击测量系统的鉴定和使用； （3）雷电冲击电压测量、操作冲击电压测量、标准测量系统。 **重点与要点：** 每一测量系统均应经过验收试验（只进行一次），定期重复性性能试验和经常重复的性能校核	**关联：** 1．本标准 4.2.8 规定：测定阶跃波响应按《高电压试验技术　第 2 部分：测量系统》GB/T 16927.2—1997（已被 GB/T 16927.2—2013 代替）测量输出。 2．本标准 6.1.1 规定：测定刻度因数的稳定性应满足《冲击试验用示波器和峰值电压表》GB/T 813 和《高电压冲击试验用数字记录仪　第 1 部分：对数字记录仪的要求》GB/T 16896.1 的要求
7	《高电压测试设备通用技术条件　第 3 部分：高压开关综合测试仪》 DL/T 846.3—2004 2004 年 6 月 1 日实施	适用于高压开关（高压断路器）动作特性的生产制造、试验及验收等	**主要内容：** 明确了高压开关综合测试仪的以下方面内容： （1）规范性引用文件、产品分类及命名； （2）功能特性、技术参数要求、误差及使用环境条件； （3）试验方法、试验规则； （4）标志、包装、运输、储存。	**关联：** 1．本标准 7.5 规定： （1）供电电源适应性试验按《电子测量仪器　电源频率与电压试验》GB/T 6587.8—1986（已被《电子测量仪器通用规范》GB/T 6587—2012 代替）的要求进行； （2）温度试验按《电子测量仪器温度试验》GB/T 6587.2—1986（已被 GB/T 6587—2012 代替）中的方法进行； （3）湿度试验按《电子测量仪器湿度试验》GB/T 6587.3—1986（已被 GB/T 6587—2012 代替）中的方法进行； （4）振动试验按《电子测量仪器振动试验》GB/T 6587.4—1986（已被 GB/T 6587—2012 代替）中的方法进行；

续表

序号	标准名称/标准文号/时效性	针对性	内容与要点	关联与差异
7			**重点与要点：** 对装有并联电阻的断路器，需把与并联电阻串联的触头都接触瞬间前的合闸时间和主触头都接触瞬间前的合闸时间做出区别	（5）冲击试验按《电子测量仪器冲击试验》GB/T 6587.5—1986（已被GB/T 6587—2012代替）中的方法进行。 2．本标准7.6规定：安全要求试验按《测量、控制和试验室用电气设备的安全要求　第1部分：通用要求》GB 4793.1—1995（已被GB 4793.1—2007替代）中基本绝缘电子测量仪器的要求。 3．本标准7.7规定：可靠性要求试验按《电子测量仪器可靠性试验》GB/T 11463—1989进行。 4．本标准8.1规定：合格判定及抽样方法按《电子测量仪器质量检验规则》GB/T 6593中的规定进行
8	《高电压测试设备通用技术条件　第4部分：局部放电测量仪》 DL/T 846.4—2004 2004年6月1日实施	适用于局部放电测量仪的生产制造、检验、验收和使用	**主要内容：** 1．明确了局部放电测量仪的功能特性、技术要求、试验方法、检验规则及标志、包装、储运方法。 2．试验方法主要内容包括： （1）试验的环境条件、外观质量的检验、示波屏显示特性的检验； （2）系统软件的检验、频带与截止频率的检验、视在电荷量线性度误差的测试； （3）正负脉冲响应不对称度误差测试、量程换挡误差的测试、低重复率脉冲响应误差的测试。 **重点与要点：** 规定视在电荷量的测量基本误差： （1）线性度误差应不大于±10%； （2）对正负脉冲响应的不对称度误差应不大于±10%； （3）量程换挡误差应不大于±10%； （4）低重复率脉冲响应误差应不大于110%	**关联：** 1．本标准5.13及6.16.2规定：耐压测试应参照《测量、控制和试验室用电气设备的安全要求　第1部分：通用要求》GB 4793.1的有关规定。 2．本标准7.3规定：局部放电合格判定按《电子测量仪器质量检验规则》GB/T 6593的要求来进行合格判定
9	《高电压测试设备通用技术条件　第5部分：六氟化硫微量水分仪》	适用于六氟化硫新气、交接及运行电气设备中六氟化硫所含微量水分的测定，也可适用于其他气体中微量水分的测定	**主要内容：** 1．明确了微量水分仪的要求、试验方法、试验规则和标志、标签、使用说明书、包装、运输、储存等内容。 2．试验方法包括： （1）试验设备与仪器、外观检验；	**关联：** 1．本标准5.6规定：时间常数试验按《电解湿度计通用技术条件》JB/T 9356的规定进行。 2．本标准5.7规定： （1）温度试验符合《电子测量仪器温度试验》GB 6587.2（已被GB 6587—2012代替）的规定。

续表

序号	标准名称/标准文号/时效性	针对性	内容与要点	关联与差异
9	DL/T 846.5—2004 2004年6月1日实施		（2）安全性检验、电源电压影响试验； （3）测量误差和测量范围的检验、时间常数试验； （4）环境试验、可靠性试验。 **重点与要点：** 1．微水仪测量范围： （1）电解式微水仪的测量范围应为 0μL/L～1000μL/L； （2）冷凝露点式微水仪和阻容式微水仪的测量范围应为－60℃～－10℃。 2．气路连接管道应尽可能短。从发生器出口至仪器入口的连接管长度不大于2m。所有连接处均应紧固	（2）湿度试验符合《电子测量仪器湿度试验》GB 6587.3（已被 GB 6587—2012 代替）的规定。 （3）振动试验符合《电子测量仪器振动试验》GB 6587.4（已被 GB 6587—2012 代替）的规定。 （4）冲击试验符合《电子测量仪器冲击试验》GB 6587.5（已被 GB 6587—2012 代替）的规定。 （5）运输试验符合《电子测量仪器运输试验》GB 6587.6（已被 GB 6587—2012 代替）的规定。 3．本标准 6.5 规定：抽样方法和要求按《电子测量仪器质量检验规则》GB/T 6593 中的规定进行。 4．本标准 7.4 规定：使用说明书编写内容应符合《工业产品使用说明书总则》GB 9969.1 的规定
10	《高电压测试设备通用技术条件　第6部分：六氟化硫气体检漏仪》 DL/T 846.6—2004 2004年6月1日实施	适用于六氟化硫气体检漏仪的使用、试验、检验、包装和运输	**主要内容：** 1．明确了六氟化硫气体检漏仪的技术要求、试验方法、试验规则以及标志、标签、包装、运输、储存等内容。 2．试验方法主要包括： （1）试验设备与仪器、外观检验； （2）安全性能检查、环境试验、可靠性试验； （3）仪器的检定方法。 3．检验规则包括： （1）检验分类； （2）检验项目； （3）出厂检验、常规检验、型式检验。 **重点与要点：** 技术要求主要有： （1）仪器各点的引用误差应不超过±10%； （2）仪器的灵敏度不应低于 1μL/L； （3）仪器相对于满量程的误差应不超过±5%	**关联：** 1．本标准 5.4 规定： （1）温度试验符合《电子测量仪器温度试验》GB 6587.2（已被 GB 6587—2012 代替）的规定； （2）湿度试验符合《电子测量仪器湿度试验》GB 6587.3（已被 GB 6587—2012 代替）的规定； （3）振动试验符合《电子测量仪器振动试验》GB 6587.4（已被 GB 6587—2012 代替）的规定； （4）冲击试验符合《电子测量仪器冲击试验》GB 6587.5（已被 GB 6587—2012 代替）的规定； （5）运输试验符合《电子测量仪器运输试验》GB 6587.6（已被 GB 6587—2012 代替）的规定。 2．本标准 5.5 规定：可靠性试验按《电子测量仪器可靠性试验》GB/T 11463 的规定进行，并满足标准要求。 3．本标准 5.6 规定：仪器检定方法按《六氟化硫检漏仪检定规程》JJG 914 的规定进行。 4．本标准 6.5 规定：型式检验抽样方法必须满足《电子测量仪器质量检验规则》GB/T 6593 的要求

续表

序号	标准名称/标准文号/时效性	针对性	内容与要点	关联与差异
11	《高电压测试设备通用技术条件　第7部分：绝缘油介电强度测试仪》 DL/T 846.7—2004 2004年6月1日实施	适用于绝缘油介电强度测试仪。该测试仪主要用于电力、石油、化工等部门进行绝缘油的介电强度测试	**主要内容：** 1．明确了绝缘油介电强度测试仪的产品分类、技术要求、试验方法、检验规则、包装、运输、储存等内容。 2．试验方法主要包括： （1）试验条件、外观检查； （2）绝缘电阻的测量、电压测量误差； （3）最高输出电压、试验波形峰值因数； （4）升压速度、击穿保护、安全保护； （5）环境适应性、振动、冲击、跌落试验。 **重点与要点：** 1．绝缘油介电强度测试仪的电压测量误差不应大于±3%。 2．绝缘油介电强度测试仪在试油发生击穿后，应能在20ms内切断油杯上的高压	**关联：** 1．本标准4.3规定：绝缘油介电强度测试仪内的试验变压器容量以及试验油杯、电极的形状和油杯间隙用标准规的尺寸应满足《电力系统油质试验方法——绝缘油介电强度测定法》DL/T 429.9要求。 2．本标准4.5规定： （1）温度试验符合《电子测量仪器温度试验》GB 6587.2规定； （2）湿度试验符合《电子测量仪器湿度试验》GB 6587.3规定。 3．本标准4.6规定：绝缘油介电强度测试仪耐振动、冲击、跌落性能满足《电子测量仪器湿度试验》GB/T 6587.4中的规定
12	《高电压测试设备通用技术条件　第8部分：有载分接开关测试仪》 DL/T 846.8—2004 2004年6月1日实施	适用于电力变压器有载分接（有载调压）开关测试仪的生产和大修	**主要内容：** 1．明确了电力变压器有载分接（有载调压）开关测试仪的产品技术要求、试验方法、检验规则和产品标志、包装、运输、储存等内容。 2．试验方法包括： （1）试验条件、试验设备、外观检查； （2）绝缘性能测试、恒压源测试、恒流源测试； （3）过渡电阻测量误差测量、动作时间测量误差测量； （4）动作顺序测量、环境试验、可靠性试验。 **重点与要点：** 有载分接开关技术要求主要有： （1）过渡电阻的测量范围 0.10Ω～20Ω，分辨率为0.01Ω； （2）过渡电阻在 0.1Ω～1Ω 的范围内最大允许偏差优于±0.1Ω，在 1Ω～20Ω（不含 1Ω）的范围内最大允许偏差优于±1.0%	**关联：** 1．本标准6.10规定： （1）温度试验符合《电子测量仪器温度试验》GB 6587.2规定； （2）湿度试验符合《电子测量仪器湿度试验》GB 6587.3规定； （3）振动试验符合《电子测量仪器振动试验》GB 6587.4规定； （4）冲击试验符合《电子测量仪器冲击试验》GB 6587.5规定； （5）运输试验符合《电子测量仪器运输试验》GB 6587.6规定。 2．本标准6.11规定：可靠性试验按《电子测量仪器可靠性试验》GB/T 11463进行，并满足标准要求。 3．本标准8.2与8.4规定：包装和储存运输应满足《包装储运图示标志》GB 191中的有关规定

续表

序号	标准名称/标准文号/时效性	针对性	内容与要点	关联与差异
13	《高电压测试设备通用技术条件 第9部分：真空开关真空度测试仪》 DL/T 846.9—2004 2004年6月1日实施	适用于电力用真空断路器（真空开关）的真空管的真空度测试仪设计、生产和检验	**主要内容：** 1. 明确了真空开关真空度测试仪的基本技术要求、试验方法、检验规则以及标志、标签、包装、运输、储存等内容。 2. 试验方法包括以下内容： （1）试验条件、试验设备； （2）外观检查、测量误差校验及方法； （3）安全性能试验、环境试验、可靠性试验。 **重点与要点：** 1. 定性测量一般用于判断真空管真空度是否合格，用作定性测量的仪器分辨率宜优于1×10^{-2}Pa。 2. 用作定量测量的仪器真空度在（10^{-4}～10^{-1}）Pa范围内，其允许误差优于$^{+200}_{-80}$%	**关联：** 1. 本标准5.7规定： （1）温度试验符合《电子测量仪器温度试验》GB 6587.2规定； （2）湿度试验符合《电子测量仪器湿度试验》GB 6587.3规定； （3）振动试验符合《电子测量仪器振动试验》GB 6587.4规定； （4）冲击试验符合《电子测量仪器冲击试验》GB 6587.5规定； （5）运输试验符合《电子测量仪器运输试验》GB 6587.6规定。 2. 本标准5.8规定：可靠性试验按《电子测量仪器可靠性试验》GB/T 11463进行，并满足标准要求。 3. 本标准6.5规定：型式检验抽样方法必须满足《电子测量仪器质量检验规则》GB/T 6593的要求。 4. 本标准7.2与7.4规定：包装和储存运输应满足《包装储运图示标志》GB 191中的有关规定
14	《高压介质损耗测试仪通用技术条件》 DL/T 962—2005 2005年6月1日实施	1. 适用于高压介质损耗测试仪的生产、检验、使用和维修。 2. 适用于绝缘油损耗测试仪	**主要内容：** 1. 明确了采用数字测量技术自动测量的高压介质损耗测试仪的定义、技术要求、试验方法、检验规则以及标志、标签、使用说明、包装、运输、贮存等内容。 2. 高压介质损耗测试仪的主要内容包括： （1）使用环境、交流电源、主要技术参数； （2）介损仪应具备的功能； （3）绝缘性能、外观及标记； （4）电源频率与电压试验； （5）温度试验、机械性能、可靠性。 3. 检定高压介质损耗测试仪试验方法、试验项目的内容包括： （1）示值误差校准、示值重复性试验； （2）最小分辨力试验、内附高压电源试验；	**关联：** 1. 本标准第5章规定介损仪应能满足《电子测量仪器》GB/T 6587中的试验要求。 2. 本标准6.1.5规定：外施法的校准方法采用《高压电容电桥》JJG 563—2004附录“等功率法”、附录“低压导纳法”进行介质损耗测试仪的介损挡和比例挡校准。 3. 本标准6.4.4规定：外接高压标准电容器的校准采用直接测量法或代替法校准，校准装置应符合《标准电容器》JJG 183—1992第4章的要求。 4. 本标准6.11规定：可靠性试验按《电子测量仪器可靠性试验》GB/T 11463—1989中表1定时定数截尾试验方案1-1的规定进行。 5. 本标准7.1.2规定：型式检验的抽样与判定按《电子测量仪器质量检验规则》GB/T 6593的要求进行

续表

序号	标准名称/标准文号/时效性	针对性	内容与要点	关联与差异
14			（3）介质损耗测试仪应具备的功能试验； （4）绝缘性能试验、电源频率与电压试验； （5）温湿度试验、机械性能试验、可靠性试验。 **重点与要点：** 1. 介质损耗测试仪的介质损耗因数的测量范围为 0～0.1，在 10kV 试验电压下，电容量的内施法测量范围不小于 40000pF。绝缘油损耗测试仪的电容量测量范围为 20pF～200pF。 2. 介质损耗因数在 0～0.1 的范围内，正接线方式测量时，介质损耗测试仪的固定项误差应不大于 0.0005；反接线方式测量时，介质损耗测试仪的固定项误差应不大于 0.001；绝缘油损耗测试仪的介质损耗因数固定项误差应不大于 0.0002	
15	《变压比测试仪通用技术条件》 DL/T 963—2005 2005 年 6 月 1 日实施	适用于变压器变压比测试仪的生产、检验、使用和维修	**主要内容：** 1. 明确了变压比测试仪的产品技术要求、试验方法、检验规则、标志、包装、运输和贮存等内容。 2. 变压比测试仪要求包括： （1）使用条件、外观、绝缘性能； （2）测量范围、基本误差和准确度等级； （3）相序和连接组别测试功能； （4）最小分辨率、示值重复性； （5）分解功能、环境试验； （6）机械性能试验和可靠性。 3. 检定变压比测试仪的要求包括： （1）试验条件、外观检查、绝缘性能、测量范围； （2）基本误差和准确度等级； （3）相序和连接组别测试功能； （4）最小分辨率、示范重复性、分解功能； （5）环境试验、机械性能试验、可靠性试验。 **重点与要点：** 1. 测试仪应有能在各种相序下测量变压器“＋”“－”	**关联：** 本标准所引用的标准变动如下： 1.《电子测量仪器环境试验总纲》GB/T 6587.1—1986 被 GB/T 6587—2012 替代。 2.《电子测量仪器温度试验》GB/T 6587.2—1986 被 GB/T 6587—2012 替代。 3.《电子测量仪器湿度试验》GB/T 6587.3—1986 被 GB/T 6587—2012 替代。 4.《电子测量仪器振动试验》GB/T 6587.4—1986 被 GB/T 6587—2012 替代。 5.《电子测量仪器冲击试验》GB/T 6587.5—1986 被 GB/T 6587—2012 替代。 6.《电子测量仪器运输试验》GB/T 6587.6—1986 被 GB/T 6587—2012 替代。 7.《电子测量仪器安全试验》GB/T 6587.7—1986 已废止。 8.《电子测量仪器电源频率与电压试验》GB/T 6587.8—1986 被 GB/T 6587—2012 替代

续表

序号	标准名称/标准文号/时效性	针对性	内容与要点	关联与差异
15			极性和不同连接组的功能，如“Dy、Yd、Dd、Yy”等标号以及“Z”形接线等。 2. 测试仪变压比测量的最小分辨力应不低于其准确度等级对应的允许误差的 1/10。 3. 测试仪的实验标准差 s 应不大于其准确度等级对应的允许误差的 1/10	
16	《交、直流仪表检验装置检定规程》 DL/T 1112—2009 2009 年 12 月 1 日实施	1. 适用于能够输出直流电压、电流、电阻和工频（45Hz～65Hz）电压、电流、有功功率以及频率、相位、功率因数等电量的交、直流仪表检验装置的首次检定、后续检定和使用中检验。 2. 适用于仅具有上述功能之一或上述任意两种以及上功能的装置	**主要内容：** 明确了交、直流仪表检验装置检定的具体要求，主要包括： （1）交、直流仪表检验装置检定的技术要求、方法、周期及证书内页数据形式等； （2）交、直流仪表检验装置检定的通用技术要求、计量性能要求、标准器、检定条件、检定项目等； （3）交、直流仪表检验装置在外观、结构、显示、装置磁场、绝缘电阻、绝缘强度、基本误差、输出调节范围、输出调节细度、输出设定准确度、相间影响、相序、输出稳定度、三相不对称度、波形失真度、负载调整率、装置的重复性、直流电压及电流波纹含量等方面的检定方法。 **重点与要点：** 1. 交、直流仪表检验装置的各输出电路、辅助电源与不通电的外露金属部件之间，以及输出电压电路与电流电路之间的绝缘电阻不应低于 10MΩ。 2. 交、直流仪表检验装置首次检定后 1 年进行第一次后续检定，此后后续检定的周期为 2 年	**关联：** 1. 本标准依据《电流表、电压表、功率表及电阻表》JJG 124—2005、《工频单相相位表》JJG 440、《交流电能表检定装置》JJG 597—2005、《交流电能表检验装置检定规程》DL/T 460—2005、《直接作用模拟指示电测量仪表及其附件》GB/T 7676—1998、《电能表检验装置》GB/T 11150—2001 编制。 2. 本标准代替了《交流仪表检验装置检定方法》SD 111—1983、《直流仪表检验装置检定方法》SD 112—1983
17	《电流表、电压表、功率表及电阻表检定规程》 JJG 124—2005 2006 年 4 月 9 日实施	1. 适用于直接作用模拟指示直流和交流（频率 40Hz～10kHz）电流表、电压表、功率表和电阻表（电阻 1Ω～1MΩ）以及测量电流、电压及电阻的万	**主要内容：** 本标准是电流表、电压表、功率表及电阻表的检定导则，主要包括： （1）准确度等级、基本误差、偏离零位、位置影响、功率因数影响等计量性能要求；	**关联：** 1. 本标准依据《通用计量术语及定义》JJF 1001—1998、《测量不确定度评定与表示》JJF 1059—1999、《直接作用模拟指示电测量仪表及其附件》GB/T 7676.1～7676.9—1998 编制。

续表

序号	标准名称/标准文号/时效性	针对性	内容与要点	关联与差异
17		用表的首次检定、后续检定和使用中的检验。 2. 不适用于自动记录式仪表、数字式仪表、电子式仪表、平均值电压表、峰值电压表、泄漏电流表、三相功率表及电压高于600V的静电电压表的检定	（2）外观检查、绝缘电阻测量、介电强度试验、阻尼等通用技术要求； （3）检定条件、检定项目、检定方法、检定结果的处理、检定周期等计量器具控制方法。 **重点与要点：** 1. 仪表应标有仪器名称、制造厂名、出厂编号、CMC标志以及其他保证其正确使用的信息、通用标志和符号，且不应有可以引起测量误差和影响准确度的缺陷。 2. 仪表的所有线路与参考实验“地”之间，施加500V直流电压测得的绝缘电阻不应低5MΩ。 3. 仪表的准确度等级及最大允许误差（即引用误差）应符合表1的规定	2.《通用计量术语及定义》JJF 1001—1998已更新为《通用计量术语及定义》JJF 1001—2011。 3.《测量不确定度评定与表示》JJF 1059—1999已更新为《测量不确定度评定与表示》JJF 1059.1—2012
18	《高绝缘电阻测量仪（高阻计）》 JJG 690—2003 2004年3月23日实施	1. 适用于机内有测试用放大器、其直流额定工作电压不大于1000V、能直接测量1000MΩ以上电阻的数字式指示和模拟式指示高绝缘电阻测量仪的首次检定、后续检定和使用中的检验。 2. 不适用于绝缘电阻表、欧姆计的检定。 3. 不涉及高阻计测量电极的检定	**主要内容：** 1. 计量性能要求： （1）电阻测量基本误差； （2）准确度等级、端钮电压、重复性。 2. 通用技术要求： （1）外观、标志、显示器； （2）分辨力、端钮电压纹波含量、绝缘电阻和绝缘强度。 3. 计量器具控制的内容： （1）检定条件、检定项目、检定方法； （2）检定结果的处理、检定周期。 **重点与要点：** 1. 数字式指示高阻计的显示器在各个量程能够稳定读出的最小数值所对应的电阻值应小于或等于该量程允许误差的1/10。 2. 高阻计端钮电压（直流电压）中纹波含量的均方根值不得超过直流成分的1%	**关联：** 本标准引用标准变化如下： 1.《通用计量术语及定义》JJF 1001—1998被JJF 1001—2011替代。 2.《测量不确定度评定与表示》JJF 1059—1999被JJF 1059.1—2012替代。 3.《测量、控制和实验室用电气设备的安全要求》GB 4793—1995被GB 4793—2007替代。 4.《直流数字电压表及直流模数转换器》GB/T 14913—1994被GB/T 14913—2008替代

续表

序号	标准名称/ 标准文号/时效性	针对性	内容与要点	关联与差异
19	《泄漏电流测量仪检定规程》 JJG 843—2007 2007 年 8 月 28 日实施	1．适用于交直流泄漏电流测试仪(或测量仪)、安全性能综合试验装置中泄漏电流测试部分的首次检定、后续检定和使用中检验。 2．不适用于耐电压测试仪的击穿电流及元器件泄漏电流测试仪和漏电保护测试仪的检定	**主要内容：** 本标准是泄漏电流测量仪（表）检定的导则，内容包括： 1．在计量性能要求中规定了： （1）泄漏电流误差、试验电压误差； （2）输入电阻、输入电路时间常数； （3）绝缘电阻、泄漏电流、工频耐压试验。 2．在通用技术要求中规定了： （1）外观、预置功能； （2）报警功能、频率范围； （3）分辨力。 3．在计量器具控制中规定了： （1）检定条件、检定项目、检定方法； （2）检定结果的处理、鉴定周期。 **重点与要点：** 1．测试仪输出电压最大允许误差为±5%。模拟式指示装置的最大允许误差为其所有刻度的引用误差。 2．当泄漏电流超过预置报警电流值时，测试仪能够自动切断输出试验电压，同时发出报警信号	**关联：** 本标准在《泄漏电流测量仪（表）》JJG 843—1993（已作废）基础上进行了修改，增加了部分内容

附 录

引用标准名录

类别	序号	标 准 名 称	标准号
一、国家标准	1	紧固件验收检查	GB/T 90.1—2002
	2	大垫圈 C级	GB/T 96.2—2002
	3	平垫圈 A级	GB/T 97.1—2002
	4	平垫圈 倒角型 A级	GB/T 97.2—2002
	5	平垫圈 用于螺钉和垫圈组合件	GB/T 97.4—2002
	6	闪点的测定 宾斯基—马丁闭口杯法	GB/T 261—2008
	7	绝缘配合 第1部分：定义、原则和规则	GB 311.1—2012
	8	绝缘油 击穿电压测定法	GB/T 507—2002
	9	高压绝缘子瓷件技术条件	GB/T 772—2005
	10	小垫圈 A级	GB/T 848—2002
	11	标称电压高于1000V的架空线路绝缘子 第1部分：交流系统用瓷或玻璃绝缘子元件 定义、试验方法和判定准则	GB/T 1001.1—2003
	12	标称电压高于1000V的架空线路绝缘子 第2部分：交流系统用绝缘子串及绝缘子串组 定义、试验方法和接收准则	GB/T 1001.2—2010
	13	电力变压器 第1部分：总则	GB 1094.1—2013
	14	电力变压器 第2部分：液浸式变压器的温升	GB 1094.2—2013
	15	电力变压器 第3部分：绝缘水平绝缘试验和外绝缘空气间隙	GB 1094.3—2003
	16	电力变压器 第4部分：电力变压器和电抗器的雷电冲击和操作冲击试验导则	GB/T 1094.4—2005
	17	电力变压器 第6部分：电抗器	GB/T 1094.6—2011
	18	电力变压器 第10部分：声级测定	GB/T 1094.10—2003
	19	电力变压器 第11部分：干式变压器	GB 1094.11—2007
	20	圆线同心绞架空导线	GB/T 1179—2008
	21	电流互感器	GB 1208—2006
	22	钢结构用高强度大六角头螺栓	GB/T 1228—2006
	23	钢结构用高强度大六角螺母	GB/T 1229—2006
	24	钢结构用高强度垫圈	GB/T 1230—2006
	25	钢结构用高强度大六角头螺栓、大六角螺母、垫圈技术条件	GB/T 1231—2006
	26	高压交流断路器	GB 1984—2014

续表

类别	序号	标 准 名 称	标准号
一、国家标准	27	电力金具通用技术条件	GB/T 2314—2008
	28	电力金具试验方法 第1部分：机械试验	GB/T 2317.1—2008
	29	电力金具试验方法 第 2 部分:电晕和无线电干扰试验	GB/T 2317.2—2008
	30	电力金具试验方法 第3部分：热循环试验	GB/T 2317.3—2008
	31	电力金具试验方法 第4部分：验收规则	GB/T 2317.4—2008
	32	防振锤技术条件	GB/T 2336—2000
	33	普通螺纹极限偏差	GB/T 2516—2003
	34	输电线路铁塔制造技术条件	GB/T 2694—2010
	35	架空绞线用镀锌钢线	GB/T 3428—2012
	36	绝缘子串元件的球窝连接尺寸	GB/T 4056—2008
	37	环形混凝土电杆	GB/T 4623—2006
	38	紧固件表面缺陷 螺栓、螺钉和螺柱 一般要求	GB/T 5779.1—2000
	39	紧固件表面缺陷 螺母	GB/T 5779.2—2000
	40	紧固件表面缺陷 螺栓螺钉和螺柱 特殊要求	GB/T 5779.3—2000
	41	电子测量仪器通用规范	GB/T 6587—2012
	42	标称电压高于 1000V 的架空线路绝缘子 交流系统用瓷或玻璃绝缘子元件 盘形悬式绝缘子元件的特性	GB/T 7253—2005
	43	继电保护和安全自动装置基本试验方法	GB/T 7261—2008
	44	运行中变压器油质量	GB/T 7595—2008
	45	电力用油（变压器油、汽轮机油）取样方法	GB/T 7597—2007
	46	分接开关 第1部分：性能要求和试验方法	GB 10230.1—2007
	47	高压开关设备和控制设备标准的共用技术要求	GB/T 11022—2011
	48	交流无间隙金属氧化物避雷器	GB 11032—2010
	49	工业六氟化硫	GB/T 12022—2014
	50	继电保护和安全自动装置技术规程	GB/T 14285—2006
	51	电力电缆导体用压接型铜、铝接线端子和连接管	GB/T 14315—2008
	52	高电压冲击测量仪器和软件 第一部分：对仪器的要求	GB/T 16896.1—2005
	53	高电压冲击测量仪器和软件 第二部分：软件的要求	GB/T 16896.2—2010
	54	高电压试验技术 第2部分：测量系统	GB/T 16927.2—2013
	55	架空绞线用硬铝线	GB/T 17048—2009
	56	高压/低压预装式变电站	GB 17467—2010
	57	海底电缆管道路由勘察规范	GB/T 17502—2009
	58	绝缘油中溶解气体组分含量的气相色谱测定法	GB/T 17623—1998

续表

类别	序号	标　准　名　称	标准号
一、国家标准	59	电工用铝包钢线	GB/T 17937—2009
	60	变流变压器 第2部分：高压直流输电用换流变压器	GB/T 18494.2—2007
	61	架空线路绝缘子 标称电压高于1000V的交流系统用悬垂和耐张复合绝缘子—定义、试验方法及接收准则	GB/T 19519—2014
	62	电力工程直流电源设备通用技术条件及安全要求	GB/T 19826—2005
	63	互感器 第3部分：电磁式电压互感器的补充技术规定	GB 20840.3—2013
	64	互感器 第5部分：电容式电压互感器的补充技术要求	GB/T 20840.5—2013
	65	高压直流输电晶闸管阀 第1部分：电气试验	GB/T 20990.1—2007
	66	高压直流输电系统用直流滤波电容器及中性母线冲击电容器	GB/T 20993—2012
	67	高压直流输电系统用并联电容器及交流滤波电容器	GB/T 20994—2007
	68	标称电压高于1000V架空线路用复合绝缘子串第1部分：标准强度等级和端部附件	GB/T 21421.1—2008
	69	架空导线蠕变试验方法	GB/T 22077—2008
	70	额定电压500kV(U_m=550kV)交联聚乙烯绝缘电力电缆及其附件 第1部分：额定电压500kV(U_m=550kV)交联聚乙烯绝缘电力电缆及其附件 试验方法和要求	GB/T 22078.1—2008
	71	额定电压500kV（U_m=550kV）交联聚乙烯绝缘电力电缆及其附件 第2部分：额定电压500kV（U_m=550kV）交联聚乙烯绝缘电力电缆	GB/T 22078.2—2008
	72	额定电压500kV（U_m=550kV）交联聚乙烯绝缘电力电缆及其附件 第3部分：额定电压500kV（U_m=550kV）交联聚乙烯绝缘电力电缆附件	GB/T 22078.3—2008
	73	高压直流换流站无间隙金属氧化物避雷器导则	GB/T 22389—2008
	74	三相组合式电力变压器	GB/T 23755—2009
	75	绝缘套管油为主绝缘(通常为纸)浸渍介质套管中溶解气体分析(DGA)的判断导则	GB/T 24624—2009
	76	1000kV变电站监控系统技术规范	GB/T 24833—2009
	77	1000kV交流架空输电线路金具技术规范	GB/T 24834—2009
	78	800kV直流输电用油浸式换流变压器技术参数和要求	GB/T 25082—2010
	79	±800kV直流系统用金属氧化物避雷器	GB/T 25083—2010
	80	高压直流隔离开关和接地开关	GB/T 25091—2010
	81	高压直流输电用干式空心平波电抗器	GB/T 25092—2010

续表

类别	序号	标 准 名 称	标准号
一、国家标准	82	高压直流系统交流滤波器	GB/T 25093—2010
	83	高压直流旁路开关	GB/T 25307—2010
	84	高压直流输电系统直流滤波器	GB/T 25308—2010
	85	高压直流转换开关	GB/T 25309—2010
	86	1000kV 变电站监控系统验收规范	GB/T 25737—2010
	87	±800kV 直流系统用穿墙套管	GB/T 26166—2010
	88	高压直流输电系统直流电流测量装置 第 1 部分：电子式直流电流测量装置	GB/T 26216.1—2010
	89	高压直流输电系统直流电流测量装置 第 2 部分：电磁式直流电流测量装置	GB/T 26216.2—2010
	90	高压直流输电系统直流电压测量装置	GB/T 26217—2010
	91	±800kV 高压直流换流站设备的绝缘配合	GB/T 28541—2012
	92	±800kV 特高压直流输电用晶闸管阀电气试验	GB/T 28563—2012
	93	铜包铝线	GB/T 29197—2012
	94	1000kV 断路器保护装置技术要求	GB/T 29323—2012
	95	架空导线用纤维增强树脂基复合材料芯棒	GB/T 29324—2012
	96	架空导线用软铝型线	GB/T 29325—2012
	97	智能变电站技术导则	GB/T 30155—2013
	98	架空绞线用耐热铝合金线	GB/T 30551—2014
	99	±800kV 直流输电线路金具技术规范	GB/T 31235—2014
	100	爆炸危险环境电力装置设计规范	GB 50058—2014
	101	35kV～110kV 变电站设计规范	GB 50059—2011
	102	3kV～110kV 高压配电装置设计规范	GB 50060—2008
	103	66kV 及以下架空电力线路设计规范	GB 50061—2010
	104	电力装置的继电保护和自动装置设计规范	GB/T 50062—2008
	105	交流电气装置的接地设计规范	GB/T 50065—2011
	106	电气装置安装工程 高压电器施工及验收规范	GB 50147—2010
	107	电气装置安装工程 电力变压器、油浸电抗器、互感器施工及验收规范	GB 50148—2010
	108	电气装置安装工程 母线装置施工及验收规范	GB 50149—2010
	109	电气装置安装工程 电气设备交接试验标准	GB 50150—2006
	110	电气装置安装工程 电缆线路施工及验收规范	GB 50168—2006
	111	电气装置安装工程 接地装置施工及验收规范	GB 50169—2014 报批稿
	112	电气装置安装工程 盘、柜及二次回路接线施工及验收规范	GB 50171—2012
	113	电气装置安装工程 蓄电池施工及验收规范	GB 50172—2012
	114	电气装置安装工程 66kV 及以下架空电力线路施工及验收规范	GB 50173—2014

续表

类别	序号	标准名称	标准号
一、国家标准	115	电力工程电缆设计规范	GB 50217—2007
	116	并联电容器装置设计规范	GB 50227—2008
	117	110kV～750kV架空输电线路施工及验收规范	GB 50233—2014
	118	电气装置安装工程 低压电器施工及验收规范	GB 50254—2014
	119	电气装置安装工程 电力变流设备施工及验收规范	GB 50255—2014
	120	电气装置安装工程 爆炸与危险环境电气施工规范	GB 50257—2014 报批稿
	121	110kV～750kV架空输电线路设计规范	GB 50545—2010
	122	330kV～750kV架空输电线路勘测规范	GB 50548—2010
	123	1000kV架空输电线路设计规范	GB 50665—2011
	124	1000kV变电站设计规范	GB 50697—2011
	125	±800kV及以下换流站干式平波电抗器施工及验收规范	GB 50774—2012
	126	±800kV及以下换流站换流阀施工及验收规范	GB/T 50775—2012
	127	±800kV及以下换流站换流变压器施工及验收规范	GB 50776—2012
	128	±800kV构支架施工及验收规范	GB 50777—2012
	129	±800kV直流换流站设计规范	GB/T 50789—2012
	130	±800kV直流架空输电线路设计规范	GB 50790—2013
	131	1000kV系统电气装置安装工程电气设备交接试验标准	GB/T 50832—2013
	132	1000kV构支架施工及验收规范	GB 50834—2013
	133	1000kV电力变压器、油浸电抗器、互感器施工及验收规范	GB 50835—2013
	134	1000kV高压电器（GIS、HGIS、隔离开关、避雷器）施工及验收规范	GB 50836—2013
	135	1000kV输变电工程竣工验收规范	GB 50993—2014
	136	电气装置安装工程串联电容器补偿装置施工及验收规范	GB 51049—2014
	137	1100kV气体绝缘金属封闭开关设备技术规范	GB/Z 24836—2009
	138	1100kV高压交流隔离开关和接地开关技术规范	GB/Z 24837—2009
	139	1100kV高压交流断路器技术规范	GB/Z 24838—2009
	140	1000kV交流支柱绝缘子技术规范	GB/Z 24839—2009
	141	1000kV交流系统用套管技术规范	GB/Z 24840—2009
	142	1000kV交流系统用电容式电压互感器技术规范	GB/Z 24841—2009
	143	1000kV单相油浸式自耦电力变压器技术规范	GB/Z 24843—2009
	144	1000kV交流系统用油浸式并联电抗器技术规范	GB/Z 24844—2009

续表

类别	序号	标 准 名 称	标准号
一、国家标准	145	1000kV 交流系统用无间隙金属氧化物避雷器技术规范	GB/Z 24845—2009
	146	±800kV 特高压直流输电控制与保护设备技术导则	GB/Z 25843—2010
	147	超高压可控并联电抗器控制保护系统技术规范 第 1 部分 分级调节式	2014 报批稿
	148	110（66）kV～220kV 智能变电站设计规范	2014 报批稿
	149	330kV～750kV 智能变电站设计规范	2014 报批稿
二、电力行业标准	1	输电线路杆塔不锈钢复合材料耐腐蚀接地装置	DL/T 248—2012
	2	±800kV 直流架空输电线路检修规程	DL/T 251—2012
	3	330kV～750kV 油浸式并联电抗器使用技术条件	DL/T 271—2012
	4	220kV～750kV 油浸式电力变压器使用技术条件	DL/T 272—2012
	5	±800kV 高压直流设备交接试验	DL/T 274—2012
	6	输电线路杆塔及电力金具用热浸镀锌螺栓与螺母	DL/T 284—2012
	7	架空输电线路施工抱杆通用技术条件及试验方法	DL/T 319—2010
	8	额定电压 66kV～220kV 交联聚乙烯绝缘电力电缆接头安装规程	DL/T 342—2010
	9	设备线夹	DL/T 346—2010
	10	T 型线夹	DL/T 347—2010
	11	局部放电测量仪校准规范	DL/T 356—2010
	12	串联电容器补偿装置控制保护系统现场检验规程	DL/T 365—2010
	13	架空输电线路放线滑车	DL/T 371—2010
	14	输电线路张力架线用牵引机通用技术条件	DL/T 372—2010
	15	复合绝缘子用硅橡胶绝缘材料通用技术条件	DL/T 376—2010
	16	高压直流设备验收试验	DL/T 377—2010
	17	接地降阻材料技术条件	DL/T 380—2010
	18	变压器油带电倾向性检测方法	DL/T 385—2010
	19	电力设备局部放电现场测量导则	DL/T 417—2006
	20	绝缘油中含气量测定方法真空压差法	DL/T 423—2009
	21	电力用油中颗粒污染度测量方法	DL/T 432—2007
	22	高压直流架空送电线路技术导则	DL/T 436—2005
	23	高压直流接地极技术导则	DL/T 437—2012
	24	现场绝缘试验实施导则	DL/T 474.1～5—2006
	25	接地装置特性参数测量导则	DL/T 475 —2006

续表

类别	序号	标准名称	标准号
二、电力行业标准	26	高压交流隔离开关和接地开关	DL/T 486—2010
	27	六氟化硫电气设备中绝缘气体湿度测量方法	DL/T 506—2007
	28	继电保护及控制装置电源模块（模件）技术条件	DL/T 527—2013
	29	高压/低压预装箱式变电站选用导则	DL/T 537—2002
	30	电力系统通信站过电压防护规程	DL/T 548—2012
	31	电力系统动态记录装置通用技术条件	DL/T 553—2013
	32	气体绝缘金属封闭开关设备现场耐压及绝缘试验导则	DL/T 555—2004
	33	高压线路绝缘子空气中冲击击穿试验—定义、试验方法和判据	DL/T 557—2005
	34	高压开关设备和控制设备标准的共用技术要求	DL/T 593—2006
	35	高压交流断路器参数选用导则	DL/T 615—2013
	36	气体绝缘金属封闭开关设备技术条件	DL/T 617—2010
	37	气体绝缘金属封闭开关设备现场交接试验规程	DL/T 618—2011
	38	劣化盘形悬式绝缘子检测规程	DL/T 626—2005
	39	绝缘子用常温固化硅橡胶防污闪涂料	DL/T 627—2012
	40	远动设备及系统 第5-6部分：IEC 60870-5配套标准 一致性测试导则	DL/T 634.56—2010
	41	输变电钢管结构制造技术条件	DL/T 646—2012
	42	六氟化硫气体回收装置技术条件	DL/T 662—2009
	43	母线保护装置通用技术条件	DL/T 670—2010
	44	电力系统继电保护及安全自动装置柜（屏）通用技术条件	DL/T 720—2013
	45	配电网自动化系统远方终端	DL/T 721—2013
	46	变压器油中溶解气体分析和判断导则	DL/T 722—2014
	47	母线焊接技术规程	DL/T 754—2013
	48	悬垂线夹	DL/T 756—2009
	49	耐张线夹	DL/T 757—2009
	50	接续金具	DL/T 758—2009
	51	连接金具	DL/T 759—2009
	52	均压环、屏蔽环和均压屏蔽环	DL/T 760.3—2012
	53	架空线路用预绞式金具技术条件	DL/T 763—2013
	54	电力金具用杆部带销孔六角头带螺栓	DL/T 764—2014 报批稿
	55	架空配电线路金具技术条件	DL/T 765.1—2001
	56	光纤复合架空地线（OPGW）用预绞式金具技术条件和试验方法	DL/T 766—2013
	57	全介质自承式光缆（ADSS）用预绞式金具技术条件和试验方法	DL/T 767—2013

续表

类别	序号	标 准 名 称	标准号
二、电力行业标准	58	110kV 及以上送变电工程启动及竣工验收规程	DL/T 782—2001
	59	交流电力系统金属氧化物避雷器	DL/T 804—2014
	60	±500kV 及以上电压等级直流棒形悬式复合绝缘子技术条件	DL/T 810—2012
	61	进口 110kV～500kV 棒式支柱绝缘子技术规范	DL/T 811—2002
	62	交流输电线路用复合外套金属氧化物避雷器	DL/T 815—2012
	63	光纤复合架空地线	DL/T 832—2003
	64	高电压测试设备通用技术条件 第 1 部分：高电压分压器测量系统	DL/T 846.1—2004
	65	高电压测试设备通用技术条件 第 2 部分：冲击电压测量系统	DL/T 846.2—2004
	66	高电压测试设备通用技术条件 第 3 部分：高压开关综合测试仪	DL/T 846.3—2004
	67	高电压测试设备通用技术条件 第 4 部分：局部放电测量仪	DL/T 846.4—2004
	68	高电压测试设备通用技术条件 第 5 部分：六氟化硫微量水分仪	DL/T 846.5—2004
	69	高电压测试设备通用技术条件 第 6 部分：六氟化硫气体检漏仪	DL/T 846.6—2004
	70	高电压测试设备通用技术条件 第 7 部分：绝缘油介电强度测试仪	DL/T 846.7—2004
	71	高电压测试设备通用技术条件 第 8 部分：有载分接开关测试仪	DL/T 846.8—2004
	72	高电压测试设备通用技术条件 第 9 部分：真空开关真空度测试仪	DL/T 846.9—2004
	73	标称电压高于 1000V 交流架空线路用复合绝缘子使用导则	DL/T 864—2004
	74	杆塔工频接地电阻测量	DL/T 887—2004
	75	六氟化硫气体湿度测定法（重量法）	DL/T 914—2005
	76	六氟化硫气体湿度测定法（电解法）	DL/T 915—2005
	77	六氟化硫气体酸度测定法	DL/T 916—2005
	78	六氟化硫气体密度测定法	DL/T 917—2005
	79	六氟化硫气体中可水解氟化物含量测定法	DL/T 918—2005
	80	六氟化硫气体中矿物油含量测定法（红外光谱分析法）	DL/T 919—2005
	81	六氟化硫气体中空气、四氟化碳的气相色谱测定法	DL/T 920—2005
	82	六氟化硫气体毒性生物试验方法	DL/T 921—2005
	83	高压介质损耗测试仪通用技术条件	DL/T 962—2005
	84	变压比测试仪通用技术条件	DL/T 963—2005

续表

类别	序号	标 准 名 称	标准号
二、电力行业标准	85	继电保护和电网安全自动装置检验规程	DL/T 995—2006
	86	标称电压高于1000V架空线路绝缘子使用导则 第1部分：交流系统用瓷或玻璃绝缘子	DL/T 1000.1—2006
	87	标称电压高于1000V架空线路绝缘子使用导则 第2部分：直流系统用瓷或玻璃绝缘子	DL/T 1000.2—2006
	88	架空输电线路带电安装导则及作业工具设备	DL/T 1007—2006
	89	交流架空线路用复合相间间隔棒技术条件	DL/T 1058—2007
	90	电力设备母线用热塑管	DL/T 1059—2007
	91	架空输电线路导地线补修导则	DL/T 1069—2007
	92	电力变压器绕组变形的电抗法检测判断导则	DL/T 1093—2008
	93	电力变压器用绝缘油选用指南	DL/T 1094—2008
	94	变压器油带电现场测试导则	DL/T 1095—2008
	95	变压器油中颗粒度限值	DL/T 1096—2008
	96	间隔棒技术条件和试验方法	DL/T 1098—2009
	97	防振锤技术条件和试验方法	DL/T 1099—2009
	98	输电线路张力架线用张力机通用技术条件	DL/T 1109—2009
	99	交、直流仪表检验装置检定规程	DL/T 1112—2009
	100	架空输电线路外绝缘配置技术导则	DL/T 1122—2009
	101	直流换流站二次电气设备交接试验规程	DL/T 1129—2009
	102	高压直流输电工程系统试验规程	DL/T 1130—2009
	103	±800kV高压直流输电工程系统试验规程	DL/T 1131—2009
	104	串联电容器补偿装置 交接试验及验收规范	DL/T 1220—2013
	105	输电杆塔用地脚螺栓与螺母	DL/T 1236—2013
	106	1000kV变压器局部放电现场测量技术导则	DL/T 1275—2013
	107	110kV及以下海底电力电缆线路验收规范	DL/T 1279—2013
	108	海底充油电缆直流耐压试验导则	DL/T 1301—2013
	109	500kV串联电容器补偿装置系统调试规程	DL/T 1304—2013
	110	自动准同期装置通用技术条件	DL/T 1348—2014
	111	断路器保护装置通用技术条件	DL/T 1349—2014
	112	变电站故障解列装置通用技术条件	DL/T 1350—2014
	113	电力系统暂态过电压在线测量及记录系统技术导则	DL/T 1351—2014
	114	六氟化硫处理系统技术规范	DL/T 1353—2014
	115	电力用油闭口闪点测定 微量常闭法	DL/T 1354—2014 报批稿
	116	变压器油中糠醛含量的测定 液相色谱法	DL/T 1355—2014 报批稿
	117	六氟化硫电气设备故障气体分析和判断方法	DL/T 1359—2014 报批稿

续表

类别	序号	标 准 名 称	标准号
二、电力行业标准	118	输变电工程质量管理规程	DL/T 1362—2014
	119	电力设备用六氟化硫气体	DL/T 1366—2014
	120	架空输电线路跳线技术条件	DL/T 1372—2014
	121	超高压分级式可控并联电抗器技术规范	DL/T 1376—2014
	122	光纤复合架空地线（OPGW）防雷接地技术导则	DL/T 1378—2014
	123	电力变压器用吸湿器选用导则	DL/T 1386—2014
	124	12kV 高压交流自动用户分接开关设备	DL/T 1390—2014
	125	直流电源系统绝缘监测装置技术条件	DL/T 1392—2014
	126	电力直流电源系统用测试设备通用技术条件　第4部分：直流断路器动作特性测试系统	DL/T 1397.4—2014
	127	330kV～750kV 变电站无功补偿装置设计技术规定	DL/T 5014—2010
	128	输电线路对电信线路危险和干扰影响防护设计规程	DL/T 5033—2006
	129	输电线路对无线电台影响防护设计规程	DL/T 5040—2006
	130	架空送电线路大跨越工程勘测技术规程	DL/T 5049—2006
	131	220kV 及以下架空送电线路勘测技术规程	DL/T 5076—2008
	132	500kV 架空送电线路勘测技术规程	DL/T 5122—2000
	133	架空送电线路钢管杆设计技术规范	DL/T 5130—2001
	134	火力发电厂、变电站二次接线设计技术规程	DL/T 5136—2012
	135	架空送电线路航空摄影测量技术规程	DL/T 5138—2001
	136	架空送电线路杆塔结构设计技术规定	DL/T 5154—2012
	137	220kV～500kV 变电所所用电设计技术规程	DL/T 5155—2002
	138	电力工程物探技术规程	DL/T 5159—2012
	139	电气装置安装工程质量检验及评定规程 第1部分：通则	DL/T 5161.1—2002
	140	电气装置安装工程质量检验及评定规程 第2部分：高压电器施工质量检验	DL/T 5161.2—2002
	141	电气装置安装工程质量检验及评定规程 第3部分：电力变压器、油浸电抗器、互感器施工质量检验	DL/T 5161.3—2002
	142	电气装置安装工程质量检验及评定规程 第4部分：母线装置施工质量检验	DL/T 5161.4—2002
	143	电气装置安装工程质量检验及评定规程 第5部分：电缆线路施工质量检验	DL/T 5161.5—2002
	144	电气装置安装工程质量检验及评定规程 第6部分：接地装置施工质量检验	DL/T 5161.6—2002
	145	电气装置安装工程质量检验及评定规程 第8部分：盘、柜及二次回路接线施工质量检验	DL/T 5161.8—2002

续表

类别	序号	标 准 名 称	标准号
二、电力行业标准	146	电气装置安装工程质量检验及评定规程 第9部分：蓄电池施工质量检验	DL/T 5161.9—2002
	147	电气装置安装工程质量检验及评定规程 第12部分：低压电器施工及验收规范	DL/T 5161.12—2002
	148	电气装置安装工程质量检验及评定规程 第13部分：电力变流设备施工质量检验	DL/T 5161.13—2002
	149	电气装置安装工程质量检验及评定规程 第15部分：爆炸及火灾危险环境电气装置施工质量检验	DL/T 5161.15—2002
	150	10kV～500kV 架空电力线路工程施工质量及评定规程	DL/T 5168—2002
	151	220kV～500kV 紧凑型架空输电线路设计技术规定	DL/T 5217—2013
	152	220kV～750kV 变电站设计技术规程	DL/T 5218—2012
	153	架空送电线路基础设计技术规定	DL/T 5219—2005
	154	城市电力电缆线路设计技术规定	DL/T 5221—2005
	155	高压直流换流站设计技术规定	DL/T 5223—2005
	156	±800kV及以下直流输电接地极施工及验收规程	DL/T 5231—2010
	157	±800kV及以下直流换流站电气装置安装工程施工及验收规程	DL/T 5232—2010
	158	±800kV及以下直流换流站电气装置施工质量检验及评定规程	DL/T 5233—2010
	159	±800kV及以下直流输电工程启动及竣工验收规程	DL/T 5234—2010
	160	±800kV及以下直流架空输电线路工程施工及验收规程	DL/T 5235—2010
	161	±800kV及以下直流架空输电线路工程施工质量检验及评定规程	DL/T 5236—2010
	162	35kV～220kV 变电站无功补偿装置设计技术规定	DL/T 5242—2010
	163	架空输电线路钢管塔设计技术规定	DL/T 5254—2010
	164	±800kV及以下直流输电系统接地极施工质量检验及评定规程	DL/T 5275—2012
	165	±800kV 及以下换流站母线、跳线施工工艺导则	DL/T 5276—2012
	166	输变电工程达标投产验收规程	DL 5279—2012
	167	输变电工程架空导线及地线液压压接工艺规程	DL/T 5285—2013
	168	±800kV 架空输电线路张力架线施工工艺导则	DL/T 5286—2013
	169	±800kV 架空输电线路铁塔组立施工工艺导则	DL/T 5287—2013
	170	架空输电线路大跨越工程跨越塔组立施工工艺导则	DL/T 5288—2013
	171	1000kV 架空输电线路铁塔组立施工工艺导则	DL/T 5289—2013

续表

类别	序号	标准名称	标准号
二、电力行业标准	172	1000kV 架空输电线路张力架线施工工艺导则	DL/T 5290—2013
	173	1000kV 输变电工程导地线液压施工工艺规程	DL/T 5291—2013
	174	1000kV 交流输变电工程系统调试规程	DL/T 5292—2013
	175	1000kV 架空输电线路工程施工质量检验及评定规程	DL/T 5300—2013
	176	1000kV 变电站电气装置安装工程 施工质量检验及评定规程	DL/T 5312—2013
	177	直流输电线路对电信线路危险影响防护设计技术规定	DL/T 5340—2006
	178	750kV 架空送电线路铁塔组立施工工艺导则	DL/T 5342—2006
	179	750kV 架空送电线路张力架线施工工艺导则	DL/T 5343—2006
	180	电力光纤通信工程验收规范	DL/T 5344—2006
	181	高压配电装置设计技术规程	DL/T 5352—2006
	182	城市电力电缆线路初步设计内容深度规程	DL/T 5405—2008
	183	±800kV 高压直流输电系统成套设计规程	DL/T 5426—2009
	184	重覆冰架空输电线路设计技术规程	DL/T 5440—2009
	185	输电线路铁塔制图和构造规定	DL/T 5442—2010
	186	换流站站用电设计技术规定	DL/T 5460—2012
	187	电力工程电缆防火封堵施工工艺导则	DL/T 5707—2014
	188	架空输电线路戈壁碎石土地基掏挖基础设计与施工技术导则	DL/T 5708—2014
	189	柔性直流输电工程系统试验规程	2014 报批稿
	190	柔性直流输电用电压源型换流阀　电气试验	2014 报批稿
三、其他相关行业标准	1	电力变压器试验导则	JB/T 501—2006
	2	真空净油机	JB/T 5285—2008
	3	盘形悬式绝缘子用钢化玻璃绝缘件外观质量	JB/T 9678—2012
	4	高压线路蝶式瓷绝缘子	JB/T 10586—2006
	5	额定电压 10kV(U_m=12kV)至 110kV(U_m=126kV)交联聚乙烯绝缘大长度交流海底电缆及附件 第 2 部分：额定电压 10kV(U_m=12kV)至 110kV(U_m=126kV)交联聚乙烯绝缘大长度交流海底电缆	JB/T 11167.2—2011
	6	额定电压 10kV(U_m=12kV)至 110kV(U_m=126kV)交联聚乙烯绝缘大长度交流海底电缆及附件 第 3 部分：额定电压 10kV(U_m=12kV)至 110kV(U_m=126kV)交联聚乙烯绝缘大长度交流海底电缆附件	JB/T 11167.3—2011
	7	钢结构高强度螺栓连接技术规程	JGJ 82—2011
	8	电流表、电压表、功率表及电阻表检定规程	JJG 124—2005
	9	测量用电流互感器	JJG 313—2010
	10	测量用电压互感器	JJG 314—2010
	11	高绝缘电阻测量仪（高阻计）	JJG 690—2003
	12	泄漏电流测量仪检定规程	JJG 843—2007
	13	镀锌钢绞线	YB/T 5004—2012